U0981605

普通高等教育“十四五”应用型本科规划教材

航空工程材料与成型技术基础

曾　超　罗少敏　薛九天　主编

北京航空航天大学出版社

内 容 简 介

本书共分10章，系统地介绍了航空制造工程领域涉及的主要材料及成型技术，包括材料基础知识、铁碳合金及其相图、金属材料热处理原理及工艺、航空轻合金、高温合金、各类复合材料、金属材料成型技术、复合材料成型技术、材料及成型方法的选用等，内容丰富全面。

本书可作为高等院校航空航天类、机械类及其他相关专业教材使用，也可作为航空航天制造领域相关工程技术人员学习的参考资料。

图书在版编目(CIP)数据

航空工程材料与成型技术基础 / 曾超等主编. -- 北京：北京航空航天大学出版社，2021.7

ISBN 978-7-5124-3515-5

Ⅰ. ①航… Ⅱ. ①曾… Ⅲ. ①航空材料－成型－工艺 Ⅳ. ①V25

中国版本图书馆 CIP 数据核字(2021)第087436号

航空工程材料与成型技术基础

曾 超 罗少敏 薛九天 主编

策划编辑 蔡 喆 责任编辑 蔡 喆

*

北京航空航天大学出版社出版发行

北京市海淀区学院路37号(邮编：100191) http://www.buaapress.com.cn

发行部电话：(010)82317024 传真：(010)82328026

读者信箱：goodtextbook@126.com 邮购电话：(010)82316936

北京宏伟双华印刷有限公司印装 各地书店经销

*

开本：787×1092 1/16 印张：16.25 字数：416千字

2021年7月第1版 2021年7月第1次印刷 印数：2 000册

ISBN 978-7-5124-3515-5 定价：49.00元

前　　言

20 世纪，人类开始踏上航空航天事业的征程。经过百年的发展，航空航天已经成为 21 世纪最活跃、最有影响力的科学技术领域。材料是航空技术发展的基础，引导并推动着航空事业的发展。从重要性而言，航空材料及其技术不仅仅关系到国民经济发展，也影响着国家安全战略布局。传统金属材料正逐渐被先进非金属材料所替代，特别是先进复合材料正成为航空材料的主角，并已形成高温金属材料、复合材料、高分子材料、陶瓷材料并存的局面。

航空工程材料是飞行器设计、制造、维修、管理等的基础，也是制约和影响飞机性能、质量、寿命和安全的重要因素。"航空工程材料"是航空类专业的必修课程，是继"航空航天概论"之后第二门直接与航空航天相关的专业课程，是在整个课程体系中联系基础课程与专业课程的纽带。

在保证知识结构体系完整的前提下，本书编者对部分内容进行了调整与精简，突出基础性、实用性和拓展性，并以航空材料发展为主线，以传统材料、高温材料和复合材料为讲授重点，以波音、空客主要机型和我国大飞机等为载体，讲述航空工程材料的特点和应用。全书共 10 章，按照金属材料基本知识、铁碳合金、热处理、轻合金、高温材料、复合材料、主要材料成型技术以及材料的选择进行组织。每章选编一定量的习题，以引导学生思考和总结。

本书由曾超、罗少敏、薛九天编写。第 2、3、4 章由薛九天编写，第 1、5、6、7 章由罗少敏编写，第 8、9、10 章由曾超编写。本书在编写过程中参考了很多文献资料，主要文献列于书后，在此谨向所有参考文献的作者表示感谢。

由于编者水平有限，编写时间紧迫，书中难免存在错误和不妥之处，恳请读者批评指正。

编　者

2021 年 5 月

目　　录

第 1 章　绪　论 …… 1

1.1　航空工程材料的分类 …… 1

1.1.1　机体材料 …… 2

1.1.2　发动机材料 …… 5

1.2　航空工程材料的演变及发展趋势 …… 8

1.2.1　航空工程材料的演变历程 …… 8

1.2.2　航空工程材料的发展趋势 …… 11

1.3　课程性质和任务 …… 12

思考与练习 …… 13

第 2 章　材料基础知识 …… 14

2.1　材料的性能 …… 14

2.1.1　材料的理化性能 …… 14

2.1.2　材料的力学性能 …… 16

2.1.3　材料的工艺性能 …… 19

2.2　金属的晶体结构 …… 20

2.2.1　晶体结构 …… 21

2.2.2　金属组织和缺陷 …… 22

2.3　纯金属的结晶 …… 23

2.4　合金的结晶 …… 25

2.4.1　合金中的基本相 …… 25

2.4.2　合金的结晶 …… 26

思考与练习 …… 28

第 3 章　铁碳合金及其相图 …… 29

3.1　铁碳合金的基本组织 …… 29

3.1.1　纯铁及其特性 …… 29

3.1.2　铁碳合金的基本相 …… 29

3.2　铁碳合金相图分析 …… 31

3.2.1　铁碳合金相图的特点 …… 31

3.2.2　典型铁碳合金结晶过程分析 …… 33

3.2.3　铁碳合金相图的应用 …… 37

3.3　铁碳合金 …… 37

3.3.1　铁碳合金简介 …… 37

3.3.2　超高强度钢 …… 41

思考与练习 …… 45

第4章 热处理原理及工艺 …… 46
4.1 钢的热处理原理 …… 46
4.1.1 加热时的组织转变 …… 46
4.1.2 冷却时的组织转变 …… 47
4.2 钢的热处理工艺 …… 51
4.2.1 钢的退火 …… 51
4.2.2 钢的正火 …… 53
4.2.3 钢的淬火 …… 54
4.2.4 钢的回火 …… 55
4.3 表面热处理 …… 57
4.3.1 表面淬火 …… 57
4.3.2 化学热处理 …… 59
思考与练习 …… 61
第5章 轻合金 …… 62
5.1 铝合金 …… 62
5.1.1 铝的基本特性与特点 …… 62
5.1.2 铝及铝合金的分类 …… 63
5.1.3 铝合金的强化 …… 69
5.1.4 铝合金在航空航天中的应用 …… 71
5.2 镁合金 …… 77
5.2.1 镁及镁合金的特点 …… 77
5.2.2 镁的合金化 …… 80
5.2.3 镁合金的分类 …… 80
5.2.4 镁合金的热处理 …… 85
5.2.5 镁合金在航空航天中的应用 …… 86
5.3 钛合金 …… 89
5.3.1 钛及钛合金概述 …… 89
5.3.2 钛合金的类型及合金化 …… 93
5.3.3 钛合金的热处理 …… 103
5.3.4 航空结构钛合金 …… 105
5.3.5 航空高温钛合金 …… 110
5.3.6 钛合金在航空领域的应用 …… 115
思考与练习 …… 119
第6章 高温结构材料 …… 120
6.1 高温合金概述 …… 120
6.1.1 高温合金的发展 …… 120
6.1.2 高温合金的分类 …… 123
6.1.3 高温合金的牌号 …… 125
6.1.4 高温合金的制备工艺 …… 131
6.2 镍基高温合金 …… 134
6.2.1 镍基高温合金的特点及航空应用 …… 134

6.2.2　镍基高温合金的分类及热处理 …… 136
6.3　金属间化合物 …… 138
6.3.1　金属间化合物的晶体结构 …… 139
6.3.2　金属间化合物的特点 …… 140
6.3.3　金属间化合物的制备 …… 140
6.3.4　典型金属间化合物及其航空应用 …… 144
6.4　难熔金属及其合金 …… 147
6.4.1　典型难熔金属的特点及航空应用 …… 147
6.4.2　难熔金属的制备 …… 149
思考与练习 …… 150
第7章　复合材料 …… 151
7.1　复合材料概述 …… 151
7.1.1　复合材料的特点及分类 …… 151
7.1.2　复合材料的强化机理与复合原则 …… 152
7.1.3　复合材料的航空航天应用及发展前景 …… 153
7.2　树脂基复合材料 …… 156
7.2.1　树脂基复合材料的分类和特点 …… 157
7.2.2　树脂基体 …… 159
7.2.3　增强材料 …… 163
7.2.4　在航空航天领域的应用 …… 165
7.3　金属基复合材料 …… 167
7.3.1　金属基复合材料的特点 …… 167
7.3.2　金属基复合材料增强体 …… 170
7.3.3　常见金属基复合材料及其应用 …… 175
7.4　陶瓷基复合材料 …… 180
7.4.1　陶瓷基复合材料的特点 …… 180
7.4.2　陶瓷基复合材料增强体 …… 181
7.4.3　常见陶瓷基复合材料及其应用 …… 184
思考与练习 …… 187
第8章　金属材料常用成型技术 …… 188
8.1　金属液态成型 …… 188
8.1.1　铸造成型概述 …… 188
8.1.2　合金的铸造性能 …… 188
8.1.3　砂型铸造 …… 192
8.1.4　特种铸造 …… 193
8.2　金属塑性成型 …… 197
8.2.1　塑性成型概述 …… 197
8.2.2　自由锻造 …… 198
8.2.3　模型锻造 …… 199
8.2.4　板料冲压 …… 200
8.2.5　其他塑性成型方法 …… 203

8.2.6 塑性成型新技术 …… 204
8.3 金属连接成型 …… 205
8.3.1 金属连接成型概述 …… 205
8.3.2 焊条电弧焊 …… 206
8.3.3 埋弧自动焊 …… 207
8.3.4 钨极氩弧焊 …… 208
8.3.5 熔化极氩弧焊 …… 210
8.3.6 CO_2 气体保护焊 …… 211
思考与练习 …… 212
第9章 复合材料成型技术 …… 214
9.1 树脂基复合材料成型技术 …… 214
9.1.1 热压罐成型技术 …… 214
9.1.2 RTM 成型技术 …… 219
9.1.3 VARI 成型技术 …… 221
9.1.4 模压成型工艺 …… 223
9.2 金属基复合材料成型技术 …… 224
9.2.1 固态法 …… 224
9.2.2 液态法 …… 227
9.2.3 原位合成法 …… 232
9.2.4 其他成型技术 …… 233
9.3 陶瓷基复合材料成型技术 …… 234
9.3.1 浆料浸渍热压烧结工艺 …… 234
9.3.2 聚合物先驱体渗透裂解工艺 …… 235
9.3.3 化学气相渗透工艺 …… 236
9.3.4 直接金属氧化工艺 …… 237
9.3.5 液态硅渗工艺 …… 237
思考与练习 …… 238
第10章 材料及成型方法的选用 …… 239
10.1 合理选择航空材料 …… 239
10.1.1 合理选材的意义 …… 239
10.1.2 材料选用需考虑的主要因素 …… 239
10.1.3 选材的一般原则和方法 …… 242
10.2 典型航空零件的选材及成型工艺 …… 244
10.2.1 飞机蒙皮 …… 244
10.2.2 飞机主梁 …… 245
10.2.3 航空发动机压气机涡轮盘/叶片 …… 245
10.2.4 起落架支柱外筒 …… 247
思考与练习 …… 248
参考文献 …… 249

第1章 绪 论

材料是人类社会生存和发展的物质基础，伴随着工业生产和人类生活的方方面面。材料科学对人类经济社会发展和科学研究具有最为直接的推动作用，特别是随着现代制造技术、生物医药技术以及电子信息技术等的高速发展，材料的地位越发重要。通常而言，材料的研发能力在一定程度上体现了一个国家科技水平和综合国力，特别是新材料和高端材料。

航空材料的研究及制备是材料科学与技术领域的重要分支，是推动航空器发展的重要驱动力。在以飞机为代表的航空飞行器的发展过程中，航空材料扮演着极其重要的角色，“一代材料，一代飞行器”便是最为简明的概括。航空材料的更新换代和应用极大地推动并引领着航空技术的进步和发展。

1.1 航空工程材料的分类

航空指飞行器在地球大气层内的飞行活动，更广泛地讲，也指涉及飞行器的设计、制造、维修/维护、运营、管理等的研究开发活动。航空工程材料是制造飞行器、航空发动机及机载设备等所用各种材料的总称。军用飞机包括机体、发动机、机载电子和火力控制四大部分，而民用飞机包括机体、发动机、机载电子和机舱四大部分。无论是军用飞机还是民用飞机，飞机机体和发动机制造材料都是最为重要的结构材料，也是现代航空工程材料研究的主要对象。

在飞行器设计过程中，工程师可以选择的材料超过12万种(其中金属及合金约65 000种，塑料约15 000种，陶瓷约10 000种)。随着新材料的开发，这一数量还在不断增长。受性能、服役环境、成本、寿命等影响，实际上可用于机身和发动机的材料比例小于0.05%。表1.1列出了常见航空工程材料关键因素之间的对比。

表1.1 常见航空工程材料关键因素比较

因 素	铝合金	钛合金	镁合金	高强度钢	镍基高温合金	碳纤维复合材料
成本	低	高	中	中	高	高
密度	轻	中	极轻	重	重	极轻
弹性模量	低/中	中	低	极高	中	高
屈服强度	中	中/高	低	极高	中	高
断裂韧性	中	高	低/中	低/中	中	低
疲劳	低/中	高	低	中/高	中	高
耐蚀性	中	高	低	低/中	高	极高
高温蠕变强度	低	中	低	高	极高	低
可回收性	高	中	中	高	中	极低

航空工程材料的分类与其他工程材料一样，按照化学成分不同可以分为金属材料、无机非金属材料、高分子材料和复合材料，如图1.1所示。

- 航空工程材料
  - 金属材料
    - 有色金属：铝、镁、钛、铜、镍等及其合金
    - 黑色金属：碳钢、合金钢、铸铁等
  - 无机非金属材料：陶瓷、玻璃等
  - 高分子材料：橡胶、纤维、塑料、涂料等
  - 复合材料
    - 聚合物基复合材料
    - 金属基复合材料
    - 无机非金属基复合材料
    - 碳/碳复合材料

图 1.1　航空工程材料的分类

通常，金属材料包括钢、轻合金、高温合金等黑色金属及有色金属；无机非金属材料包括玻璃、陶瓷等；高分子材料包括胶黏剂、橡胶、塑料、密封剂、涂料等；复合材料有聚合物基复合材料、金属基复合材料、无机非金属基复合材料、碳/碳复合材料等。

航空工程材料按使用功能可分为功能材料和结构材料。功能材料的概念最早在 1965 年由美国贝尔实验室的 J. A. Morton 博士提出，是以材料的电、磁、声、光、热、力、化学及生物学等性能作为主要性能指标的材料。结构材料是用于制造实现运动和传递动力或承载载荷的零件材料，一般指的是用于制造飞机机身、机翼、发动机、起落架等的材料。

航空工程材料按照使用部位可分为机体材料、发动机材料、机载设备材料。机体材料一般以轻合金、高强钢、复合材料为主，而发动机材料一般以高温合金、钛合金为主。

1.1.1　机体材料

飞机机体包括机身、机翼、起落架、尾翼和其他部件等。机体结构所用材料的主要特点是大量采用高比强度和高比模量的轻质、高强、高模材料，以提高飞机的结构效率，降低飞机结构质量系数。机体材料目前主要是高性能的金属合金材料，如铝合金、钛合金、高强钢以及复合材料等。表 1.2 为典型飞机结构的受载特点及材料要求。

表 1.2　典型机体结构受载特点及材料要求

结构名称	功　能	特　点	材料要求
机　翼	飞机的主要升力面，承受最复杂和最高水平的应力	飞行过程中，上壁板被压缩，下壁板被拉伸	高的比刚度和比屈服强度，良好的抗应力腐蚀的性能；好的疲劳性能和较低的疲劳裂纹扩展速率(下壁板)
机　身	承受拉伸、压缩、弯曲、扭转载荷以及座舱压力等主要载荷	受力与机翼类似，承受剪力、弯矩、扭矩等	高的比刚度、比强度的材料，好的抗腐蚀能力；较高的疲劳强度和较低的疲劳裂纹扩展速率
梁、框和肋	位于蒙皮下面，用于分配载荷，维持气动外形，增加结构的屈曲强度	承受弯曲	材料性能的要求同上下壁板
起落架	承受飞机自身的重力	承受较高的静态载荷和循环载荷	较高的刚度和强度，可接受的抗应力腐蚀、抗疲劳性能和抗断裂能力
控制面	满足气动需求	受载不大	可大量采用复合材料设计

1. 铝合金

铝合金的密度小、理化性能优良、可加工性能良好，有“飞行金属”之称。近 100 年来，它在航空器机体结构中的应用长盛不衰。飞机用铝合金制造的结构件有蒙皮、框架、螺旋桨、油箱、壁板和起落架支柱等。据波音公司的统计，制造各类民用飞机 31.6 万架，平均每架用铝22 t，波音 B767 客机采用的铝合金约占机体结构质量的 81%。军用飞机因要求有良好的作战性能而相对减少了铝合金的用量，铝制零部件在先进军用飞机中的比例虽低一些，但仍占其自身总质量的 40%～60%。在飞机用材上，亚声速飞机以铝合金为主要结构材料。在马赫数 $Ma<2.5$ 的超声速飞机上，铝合金仍然占据着重要的地位。在 $Ma>2.5$ 的飞机上，由于热障的存在，飞机表面蒙皮温度可达到 200～350 ℃，现有铝合金在性能上已经不能满足要求，一般采用钛合金和蒙皮钢来代替，如 SR－71 和米格－25。

从 20 世纪 50 年代开发出第一代静强度铝合金至今，铝合金为满足航空应用的需求已经发展至第四代耐损伤铝合金。美国在 7075、7050 的基础上加以改进，先后在 20 世纪 80 年代、90 年代和 21 世纪初开发出 7150、7055 和 7085 铝合金。在第一代蒙皮合金 2024 等的基础上加以改进，在 20 世纪 90 年代开发出第二代蒙皮铝合金 2524。表 1.3 列出了波音 B777 用铝合金的主要部位。

表 1.3　波音 B777 用铝合金的主要部位

部　位	材　料	部　位	材　料
上翼面蒙皮	7055—T7751	下缘条	2224—T3511
上翼面长桁	7055—T77511	腹板	2324—T39
下翼面蒙皮	2324—T39	机身蒙皮	2524—T3
下翼面长桁	2224—T3511	侧框（锻件）	7050—T7452
翼梁上缘条	7150—T77511	机身长桁、座椅滑轨	7150—T77511

在第四代铝合金技术发展的同时，铝锂合金也被运用在先进的特大型民用飞机上。铝锂合金具有低密度、高比强度、高比刚度、优良的低温性能，用其替代常规铝合金，可使构件质量减小 10%～15%，刚度提高 15%～20%。空客 A380 飞机选用铝锂合金制造地板梁，A350 飞机选用铝锂合金制造机身蒙皮和地板结构等，其用量高达总结构质量的 23%。我国某型客机实现铝锂合金在地板梁、机身蒙皮、长桁上的应用，使用量约占结构质量的 15%，预期实现减重 5%～10%。铝锂合金被认为是 21 世纪航空航天工程最具竞争力的轻质高强材料之一。

2. 钛合金

钛合金有“21 世纪金属材料”之称，是自 20 世纪 50 年代发展起来的重要的新型结构金属材料。钛合金强度高、耐腐蚀性好、耐热性好，其强度和疲劳性能均好于铝和钢，主要用于航空发动机叶片和盘、发动机挂架、飞机起落架、机身隔框、机翼梁、尾翼接头等重要承力构件。

钛具有同素异构转变现象，通过添加适当的合金元素，使其相变温度及相分含量逐渐改变而得到不同组织的钛合金。室温下钛合金有 α 合金、(α+β)合金和 β 合金三种。自 20 世纪 50 年代美国首次在战斗轰炸机机身非承力部件使用钛合金以来，钛合金在飞机上的使用量逐渐增加，早期波音 B707 飞机上钛合金用量约 0.2%，波音 B777 飞机上则达到 7%～8%，而在波音 B787 上则达到了 14%～15%。钛合金的用量成为衡量现代飞机性能的重要指标之一。

3. 超高强度钢

超高强度钢在飞机上的结构应用主要是起落架。典型的超高强度钢有30CrMnSiNi2A(第二代飞机起落架)、300M(第三代)、Aermet100、S50等。波音B737及其后波音系列客机的起落架基本都采用300M钢作为主材料，美国第三代战机的起落架也基本上都采用300M钢，第四代战机F/A-22和F-35的起落架则采用Aermet100。相比300M钢，Aermet100的强度更高、抗腐蚀性能和疲劳性能更好。

4. 复合材料

复合材料是将两种或两种以上的不同材料通过专门的成型工艺和制造方法制造而成的材料，复合的目的是改进材料性能，使材料高性能化。复合材料具有质量轻、比强度和比刚度高、隔热、隔音、耐高(低)温、耐烧蚀、可设计性、制备灵活、易加工等特点，是航空航天领域的理想材料，也是衡量现代飞行器性能的另一重要指标。

20世纪60年代碳纤维增强复合材料开发并应用于飞机之后，飞机用复合材料经过50多年的发展已经从最初的非承力构件发展到应用于次承力和主承力构件，可获得减轻质量20%～30%的显著效果。目前复合材料在航空航天领域已进入成熟应用期。迄今为止，战斗机使用的复合材料占所用材料总量的30%左右，新一代战斗机将达到40%，轻型运动飞机一般复合材料用量超过70%，直升机和小型飞机复合材料用量将达到70%～80%，甚至会出现全复合材料飞机。表1.4列出了部分飞机复合材料的使用部位及特点。据报道，国产某型飞机机身的尾翼(平尾、垂尾、升降舵)、中央翼、机翼活动面、后压力框、尾锥、后机身均采用先进复合材料，用量达到14%以上。在A380上，高性能复合材料用量达到飞机结构用量的约25%。GE公司研制的GE90系列发动机采用了复合材料风扇转子叶片。美国研制的Lear Fan2100型飞机，是世界上第一架以先进复合材料为主的全复合材料飞机，主要以CFRP和KFRP为主，结构减重达40%。同样的，复合材料在无人机上也得到广泛的应用。无人机复合材料结构主要包括层压板结构、夹层结构，由于其很强的可设计性，在结构部件的整体设计中可以大大减少无人机零、部件数量，典型的应用为翼身融合结构。

表1.4 部分飞机复合材料使用情况

序号	机型	使用部位	特点
1	F-14	水平尾翼安定面、整流罩	硼/环氧蒙皮+全高度铝蜂窝芯
2	CH-47直升机	旋翼桨叶	硼/环氧
3	CH-54直升机	尾翼蒙皮、机身长桁	硼/环氧
4	幻影2000	方向舵	硼/石墨-环氧
5	C—130	机翼翼盒	硼/石墨-环氧
6	F-18	垂尾、平尾、减速板、机翼蒙皮、前缘	石墨-环氧
7	B-1	垂直安定面、水平安定面、机翼前缘缝翼、襟翼、武器舵门、后设备舵门	硼/石墨-环氧面板+全高度铝蜂窝芯，下面板为芳纶/酚醛
8	狂风	升降副翼	石墨/环氧蒙皮+全高度铝蜂窝芯
9	阵风	机翼、机身、压翼、操纵面、起落架、舵门	机身约占50%结构总量
10	F-117A		大于50%结构总量

复合材料相对于传统材料可以获得明显的减重效果，以及可设计性的气动外形布局，成为现代先进战斗机及民机选材十分关注的材料。当然，复合材料也存在易受冲击损伤以及无损检测、修补较困难和成本较高等问题。

1.1.2　发动机材料

发动机是飞机的心脏，而发动机材料则是决定发动机性能的关键因素之一，尤其是发动机热端部件涡轮盘、涡轮叶片。英国最先研制 $Ni_3(Al,Ti)$ 强化的 Nimonic80 合金，用于涡轮喷气发动机的涡轮叶片，在此基础上开发出 Nimonic 系列合金。美国开发出含铝、钛的弥散强化型镍基高温合金，如 Inconel、Mar－M 和 Udmits 等。

先进发动机的高温合金和钛合金用量已分别占发动机质量的 55％～65％和 25％～40％。为不断满足高性能发动机提高推重比、涡轮前温度、涵道比、矢量喷口和降低燃油消耗率、全寿命成本和环境污染等要求，对新型高温结构材料和钛合金提出了更高的要求。

新制造工艺的改进和研发对高温合金的开发起着极大的推动作用，如真空熔炼技术、定向凝固、单晶生长、粉末冶金、机械合金化、陶瓷型芯、等温锻造等，其中定向凝固技术最具代表性。采用定向凝固技术制备的合金，其使用温度接近初熔点的 90％，这为航空发动机叶片的制造提供了极大的优势。另外，从镍基高温合金的发展趋势来看，镍基高温合金已经逐渐形成等轴晶、定向凝固柱晶和单晶合金体系。2010 年之后，美国首先开展目标使用温度为 850 ℃的第四代粉末高温合金研究工作，要求比第三代合金具备更高的使用温度、更高的强度、更高的组织稳定性、更低的疲劳裂纹扩展速率。2015 年，日本国家高温材料科学研究所在第五代单晶合金的基础上推出了第六代单晶合金 TMS－238。与日本第五代单晶合金相比，TMS－238 减少了钼的含量，增加了钴和钛的含量，微观结构更加稳定。俄罗斯几乎与美国在同一个时期开启粉末高温合金的研制工作，发展了具有自身特色的等离子旋转电极法和“热等静压＋等温锻造”工艺制造镍基粉末高温合金。2017 年 9 月，全俄轻合金研究院开展用于制造双金属涡轮盘毛坯的试验工艺研究，并用最新的 VV753P 粉末镍基高温合金制造出了具有可变结构的涡轮盘。VV753P 合金添加高熔点稀有金属钽和铼，极大地提高了合金持久强度、抗蠕变性和高温耐腐蚀性，并降低了疲劳裂纹扩展速率。

高温合金作为发动机的主体材料，其研究没有终点。涡轮盘及叶片高温合金是现今重点开发的方向。此外，网格高温合金、泡沫高温合金、智能高温材料及形状记忆高温合金等新概念材料研究也雨后春笋般涌现，为发动机的性能提升提供了更大的可能性。

图 1.2～图 1.10 所示为国外典型民机及军机的材料使用比例。从图中可以看出铝合金、钛合金、复合材料等主要材料使用比例的显著变化。

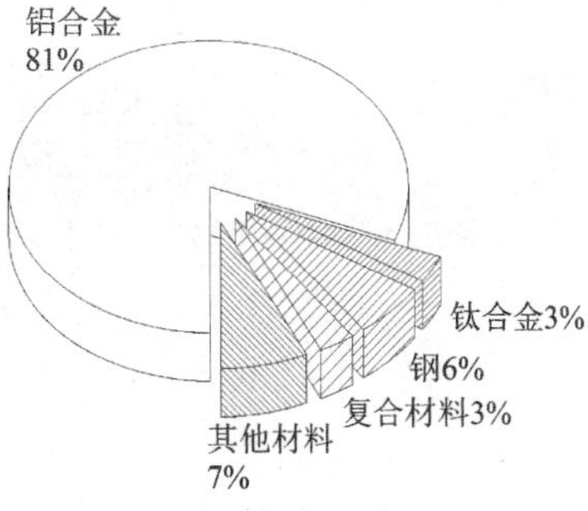

图 1.2　波音 B737 及所用材料比例

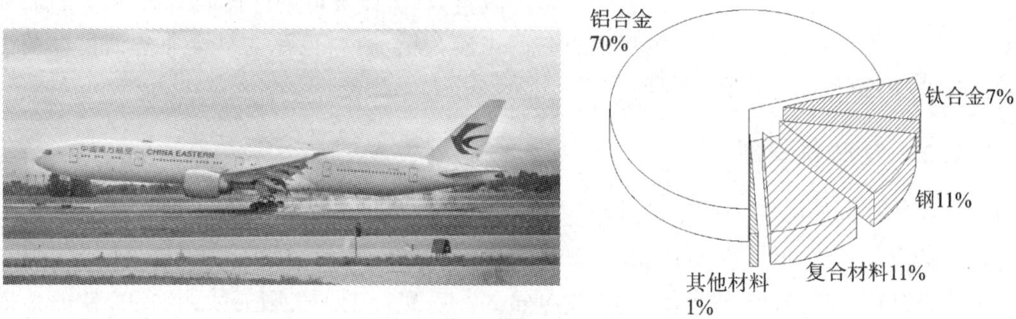

图 1.3　波音 B777 及所用材料比例

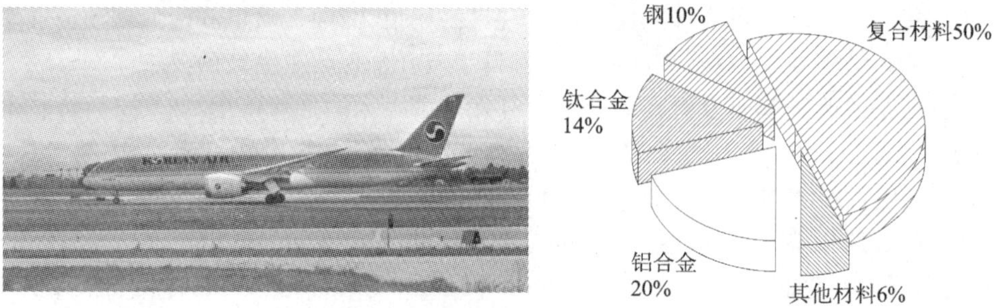

图 1.4　波音 B787 及所用材料比例

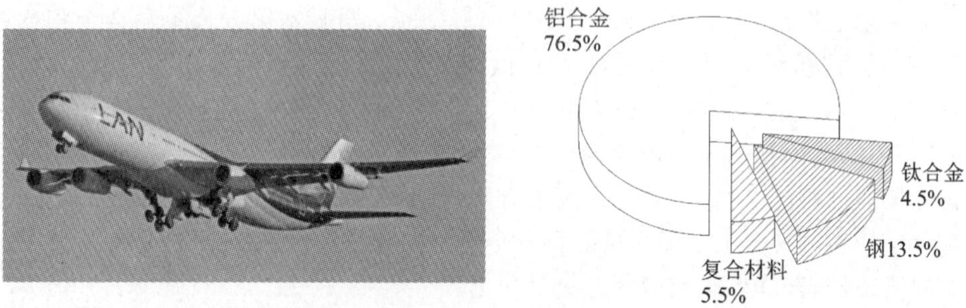

图 1.5　空客 A320 及所用材料比例

图 1.6　空客 A340 及所用材料比例

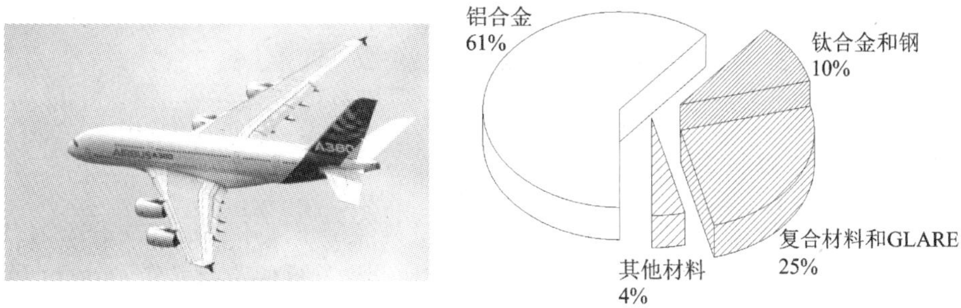

图 1.7　空客 A380 及所用材料比例

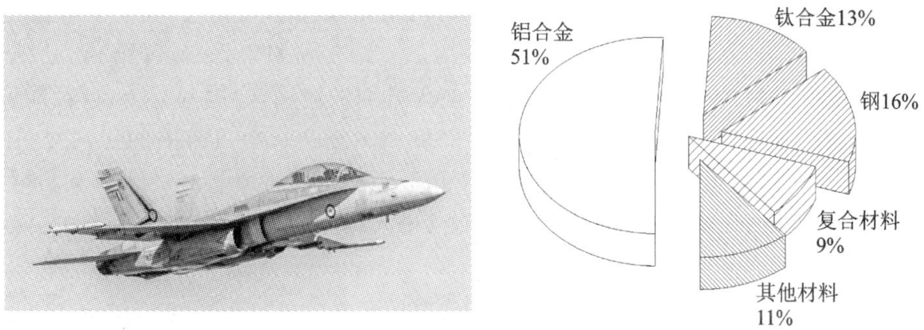

图 1.8　F/A－18“大黄蜂”及所用材料比例

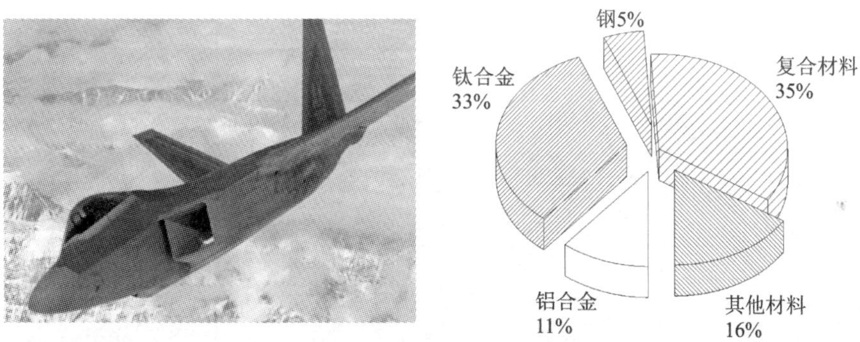

图 1.9　F－22“猛禽”及所用材料比例

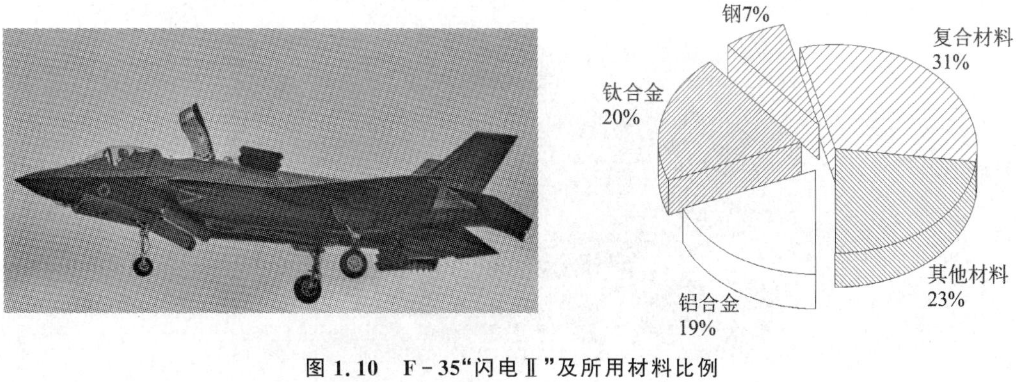

图 1.10　F－35“闪电Ⅱ”及所用材料比例

1.2 航空工程材料的演变及发展趋势

1.2.1 航空工程材料的演变历程

以莱特兄弟的“飞行者 1 号”为起点，飞机结构材料经历了从木材时代向合金时代再到以复合材料为主的时代变迁，也推动了飞机机身材料、发动机材料的跨越式发展。早期的飞机结构简单，所使用的材料以木材、布料为主，典型代表就是莱特兄弟的“飞行者 1 号”。20 世纪 30 年代，随着铝合金、钢铁在飞机结构上的应用，飞机结构逐渐进入全金属时代。1953 年美国道格拉斯公司第一次把含钛材料应用于 DC2T 发动机吊舱以及防火壁上，揭开了钛合金航空应用历史。20 世纪 60 年代末，树脂基复合材料成为航空结构材料，后来碳纤维、硼纤维、芳纶纤维等高级纤维复合材料扩大了复合材料在航空航天方面的应用，金属基复合材料、陶瓷基复合材料进一步扩展了复合材料在航空耐热部件上的使用。复合材料具有高的比强度、比模量以及良好的性能可设计性，因而先进复合材料的使用逐渐成为衡量飞机先进性的重要标志。

飞机结构材料经历了四个阶段的发展，目前已进入第五阶段。图 1.11 所示为其发展的时间线。

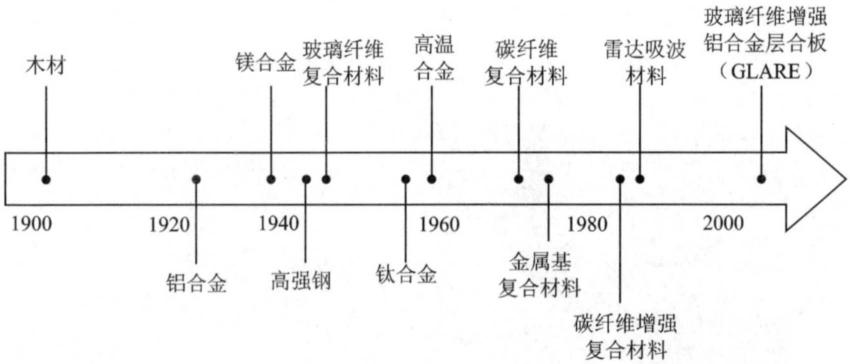

图 1.11 主要航空材料时间线

第一阶段（1903—1919 年）：木、布结构。所用材料以木材、布、绳索、金属丝为主，后发展为木材与金属的混合结构。以木材为主要材料的代表性飞机有“骆驼”战斗机（图 1.12）、“蚊”式战斗轰炸机（图 1.13）。

图 1.12 索普维斯“骆驼”战斗机

图 1.13 “蚊”式飞机

第二阶段(1920—1949 年):铝、钢结构。1912 年德国人汉斯·雷斯涅尔成功设计了世界上第一架用纯铝制成的全金属单翼飞机。1920 年以后,德国率先开发出了“杜拉铝”2017 合金,并应用于“容克”F13 机身结构上,从此航空工业进入高速发展时期。在随后的 40 多年间,铝合金在飞机机体材料方面一直占据着主导地位。到 20 世纪 30 年代末,全金属飞机承力蒙皮逐渐成为普通的结构形式。这一时期的典型为“喷火”式战斗机(图 1.14),这是英国第一种成功采用全金属承力蒙皮的作战飞机,也是当时欧洲最优秀的活塞式战斗机之一。

图 1.14 “喷火”式战斗机

第三阶段(1950—1969 年):铝、钛、钢结构。1940 年卢森堡科学家 W. J. Kroll 用镁还原 $TiCl_4$ 制得了纯钛。从此,镁还原法(又称为克劳尔法)和钠还原法(又称为亨特法)成为生产海绵钛的工业方法。1948 年美国杜邦公司用克劳尔法制出 2 t 海绵钛,开始了钛的工业化生产。20 世纪 50 年代,钛合金开始被用作航空结构材料,并逐渐成为发动机高温部位的主要材料。这一时期的典型为 F-4“鬼怪”战斗机(图 1.15)、SR-71“黑鸟”侦察机(图 1.16)。

第四阶段(1970 年至 21 世纪初):铝、钛、钢、复合材料结构(以铝为主)。20 世纪 70 年代初,大型飞机开始使用先进复合材料作为结构材料。随着生产技术的不断成熟和复合材料的广泛推广,复合材料在飞机上的应用逐渐扩大,并成为继铝、钛、钢之后的第四大航空材料。但铝合金在适应性、力学性能以及成本等方面的综合优势相对突出,因而铝合金仍然是主要的航空材料。这一时期的典型为空客 A320、波音 B777 及 B-2、F-14、F-22。

图 1.15　F-4"鬼怪"战斗机

图 1.16　SR-71"黑鸟"侦察机

第五阶段(21世纪初至今):复合材料、铝、钛、钢结构(以复合材料为主)。复合材料在航空领域的优势日益凸显。一般认为金属材料转向复合材料可以减重10%~40%,结构成本降低15%~30%。飞机制造中复合材料的用量已成为衡量飞机先进性的重要指标。空客A350XWB和波音B787飞机的复合材料用量分别达到52%和50%,这是航空航天复合材料发展的新里程碑。随着飞机性能的不断提高,先进复合材料在飞机上的应用必将进一步增加,传统的铝、钢将进一步减少。

"克克计较"在现代飞机设计和制造中体现的更加明显。目前,飞机机体结构用材情况主要表现在复合材料和钛合金用量增加,传统铝合金和钢材用量逐渐减少。从20世纪70年代起,军用飞机已开始大量使用钛合金,后续看不出明显的变化趋势;而民用飞机使用钛合金较晚,增长趋势较为明显。图1.17所示为大型客机的铝材、钛合金和复合材料的用量,可以看出波音系列和空客系列客机在铝合金、钛合金和复合材料使用上的趋势。

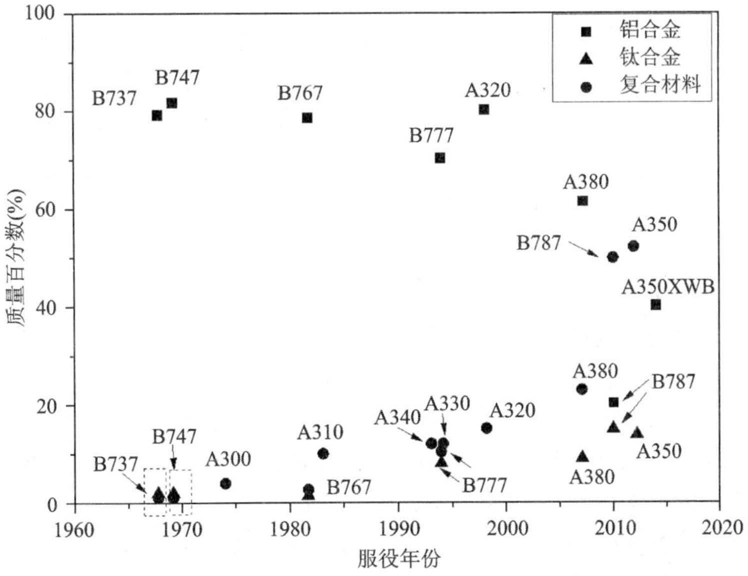

图 1.17　不同材料使用量

1.2.2　航空工程材料的发展趋势

随着材料科学与技术的发展，航空材料的发展不断加速，其发展趋势必然是成本逐渐降低、种类逐渐增多、性能逐渐提高。具体体现为：传统金属材料潜力继续得到挖掘，高性能金属材料开发迎来新的拐点，先进复合材料发展势头迅猛，前沿材料技术推动原理验证和工程应用加速落地。

以铝合金为代表的传统的轻质金属材料在现代材料技术的推动下焕发出新的活力，可谓大有作为，典型的如机身材料中的铝锂合金。20 世纪 20 年代研制出来的第一代铝锂合金延展性弱、韧性差、加工困难、价格昂贵；1970 年后第二代铝锂合金也展现出强度不高、塑性较低等缺点；第三代铝锂合金在添加锂元素时，更加注重合金强度与疲劳裂纹扩展性能之间的平衡，通过降低锂含量及优化热处理制度，获得了良好的综合性能。用其制造飞机结构，可使飞机结构减轻 25%，耐蚀性比传统铝锂合金高出 46%，抗疲劳性能提高 25%，降低飞机阻力 6%。此外，与复合材料比较，可加工性也得以改善，并可使用传统铝合金制造工艺，利用现有加工设备及供应链，还可 100%回收。

高性能金属材料开发和制造迎来新的拐点，提升了在航空上的应用。同时轻量化和复合化是高性能金属结构材料发展的必然方向。轻质耐高温金属和金属纳米复合材料是高性能金属材料发展的重点。2016 年 5 月，美国轻质材料制造创新研究所启动了钛合金和铝锂合金项目，旨在通过改进计算模型，更好地预测发动机材料。2016 年洛克希德·马丁公司与 IBC 先进合金等公司合作，开发出新型铝铍合金 Beralcast，用专门的铸造工艺替代传统的粉末冶金，解决了铝铍合金两相熔点和固相温度相差大、难以铸造，以及价格高昂、费时、报废率高等问题。该技术可用于 F-35 光电瞄准系统的惯性平台外壳制造，能显著节省制造成本、缩短制造周期。

高熵合金由多种近似等量的金属混合而成，更轻、更强、更耐热、耐腐蚀和耐辐射，甚至具有独特的力学、电磁特性，有望从本质上颠覆传统金属的设计理念和制备工艺。这种新一代材料有望通过提升其高温和室温下的疲劳性能和蠕变性能来进一步提高航天高温结构部件性能。

镁合金是潜力巨大的航空材料，但传统工艺制造镁合金需要大量的助熔剂，耗资巨大。莫斯科国立大学开发新的助熔剂，降低了熔化金属表面的爆燃点，同时提高了镁铸件的耐腐蚀性，减少了合金成分的损失，并保证了合金化学成分的稳定。该技术使镁浇铸成本降低了20%～30%。

先进复合材料是航空材料重要研究对象，耐高温、智能化是先进复合材料未来发展的主要方向。碳纤维、陶瓷基复合材料和树脂基复合材料是发展的重点。其中，树脂基复合材料预浸料产品实现跨代发展，性能大幅提高。2019 年 6 月日本东丽复合材料公司 T1100/3960 通过势必锐航空系统公司的考核验证，该材料比东丽公司上一代产品模量提升 20%，具有良好的可生产性。热塑性树脂基复合材料在主结构件应用方面的探索取得进展，使之成为热固性树脂基复合材料的替代方案。2017 年 3 月，荷兰国立航空航天实验室(NLR)采用碳纤维增强热塑性复合材料取代了钢或钛合金，制造出了商用飞机发动机吊舱翼梁，标志着轻质低成本热塑性复合材料主承力部件研制成功。2016 年 1 月，由日本东丽、帝人、三菱丽阳和东京大学等组成的研究团队开发出在高温环境下不易熔化的丙烯纤维原料，使碳纤维生产速度提高 10 倍。2019 年 2 月，英国罗罗公司成功测试了超扇发动机复合材料。陶瓷基复合材料通过改性碳化硅纤维达到了增韧和提升耐温能力的目的，为下一代发动机部件应用开拓了技术途径。2016 年 8 月美国航空航天局(NASA)表示在“革命性航空概念”项目的支持下，研究人员正研究陶瓷基复合材料和防护涂层，替代目前在航空发动机中应用的镍基高温合金。

以液态金属、超材料、石墨烯、纳米技术等为代表的前沿材料技术加快了原理验证和工程应用。2016 年 10 月，日本研究人员开发出室温条件下透明强磁性材料。2019 年 10 月，美国空军研究实验室的研究人员开发出可用于可穿戴设备的一种全新的液态金属网络系统。石墨烯的吸波、石墨烯树脂涂层的隔热、雷击、侵蚀防护等性能使其在航空航天上具有极其广阔的应用空间。

总而言之，航空航天工业未来的成功，无论是在新飞机的成本-效益制造方面，还是在成本-效益上延长现有飞机的使用寿命方面，都有赖于对现有材料的不断改进和新材料的开发。材料的改进和革命性材料的开发将不断推动航空技术的进步。

1.3 课程性质和任务

航空工程材料课程是航空类各专业的学科平台课程，是从生产实际发展而来的，贯穿飞行器设计、制造、维护、生产管理全生命周期，具有较强的科学性、理论性和实践性。本课程在内容上以传统材料为基础，从金属力学性能、铁碳合金相图、热处理入手，以钢、三大轻合金、高温合金材料、复合材料、航空新材料为主线进行讲解，最后简单讲解不同材料的成型工艺。课程将材料化学成分、组织结构、力学性能、材料选择及应用有机结合。

本课程的主要内容包括以下三部分：第一部分为航空材料基础，包括金属结构及组织、铁碳合金、金属热处理及热处理工艺、超高强度钢等；第二部分为常用航空工程材料，包括三大轻合金(铝合金、钛合金、镁合金)、高温结构材料、复合材料等；第三部分为材料常用成型技术，包括金属材料常用成型技术、复合材料成型技术以及材料及成型方法的选用等。

本课程以“性能→选型→应用”为学习主线，可使学生对工程材料的基本理论知识、航空新材料的发展趋势以及新的加工方法和工艺有较为全面的了解，使学生能够初步认识飞行器材料选择过程中所遇到的实际问题并提出相应的解决方案，理解“性能-成本-效益”分析方法，为以后实际工作中的零件结构和工艺设计、质量检测与控制、维修维护以及新材料、新技术开发等奠定基础。

通过本课程的学习，学生应达到以下基本要求：

- 了解航空工程材料的分类、发展趋势；
- 掌握金属力学性能、晶体结构、铁碳合金相图、热处理等金属学的基本知识；
- 掌握航空工程材料的分类、牌号（或代号）、性能特点及用途；
- 掌握现代飞机主要工程材料（机体材料、发动机材料）的性能特点及应用，能够根据零件的工作条件选用材料；
- 了解与本课程有关的新材料、新工艺、新技术及其发展趋势。

思考与练习

1. 航空材料的特点及服役要求有哪些？
2. 航空材料的发展趋势是怎样的？

第2章　材料基础知识

材料所表现出的性能与材料的微观组织及内部结构密切相关。同一材料在不同的条件下的力学性能也是不同的。从本质上讲,力学性能、物理性能及化学性能等取决于材料的化学成分和内部组织结构。因此,有必要研究材料内部的原子排列形式、原子之间的结合及其对材料性能的影响。

2.1　材料的性能

选择工程材料时,其性能是要首先考虑的重要因素。材料的性能包括使用性能和工艺性能。使用性能是指金属材料为保证机械零件或工具正常使用应具有的性能,即在使用过程中所表现出来的特性,主要包括物理性能、化学性能、力学性能等。工艺性能是指材料在被加工过程中适应各种冷热加工的性能,如热处理性能、铸造性能、锻压性能、焊接性能及切削加工性能等。

2.1.1　材料的理化性能

1. 材料的物理性能

材料的物理性能通常包括密度、熔点、导热性、导电性、热膨胀性和磁性等。

(1) 密　度

密度是指单位体积的质量。密度直接关系到零件的质量大小。在航空航天领域,密度是材料选择的关键性能指标之一。按照密度大小,把金属分为轻金属和重金属。一般密度小于4.5 g/cm^3 的称为轻金属,大于4.5 g/cm^3 的称为重金属。

为衡量航空航天材料力学性能的优劣,引入比强度和比刚度两个重要参数。比强度为抗拉强度与密度之比。比刚度为弹性模量与密度之比。比强度越大的材料,对于同样载荷所使用的材料质量越小。

(2) 熔　点

熔点是指材料从固态转变为液态的转变温度。纯金属都有固定的熔点。合金的熔点取决于合金的成分。通常材料的熔点越高,高温性能越好。工业上一般把熔点低于700 ℃的金属或合金称为易熔金属或易熔合金,把熔点高于700 ℃的金属或合金称为难熔金属或难熔合金。熔点是金属和合金冶炼、铸造、焊接重要的工艺参数,也是选择材料的重要参数之一。

(3) 导热性

金属传导热量的能力称为导热性。导热性的大小用热导率(λ)来衡量。金属材料的热导率越大,其导热性越好。合金的导热能力比纯金属差。

导热性好的金属的散热性也好。材料的导热性直接影响材料的使用性能和加工性能,在制定焊接、铸造、锻造和热处理工艺时,必须考虑材料的导热性,防止金属材料在加热或冷却过程中形成较大的内应力,以免金属材料发生变形和开裂。

（4）导电性

导电性是指工程材料传导电流的能力。衡量材料导电性能的指标是电阻率，电阻率越小，工程材料的导电性越好。导电性跟导热性一样，随合金化学成分的复杂化而减弱。

（5）热膨胀性

金属材料随着温度变化而膨胀、收缩的特性称为热膨胀性。通常而言，金属热胀冷缩。热膨胀性的大小用线膨胀系数 α_L 和体膨胀系数 α_V 来表示。体膨胀系数近似为线膨胀系数的 3 倍。

热膨胀性是材料使用中需要考虑的，如轴孔配合、零件制造与测量，在制定焊接、热处理、铸造等工艺时也必须考虑材料的热膨胀影响，以减少工件的变形与开裂。

（6）磁　性

金属材料在磁场中被磁化而呈现磁性的强弱能力称为磁性，通常用磁导率来表示。物质的磁性可以分为抗磁性、顺磁性、反铁磁性、铁磁性、亚铁磁性。磁性材料可以分为软磁材料和硬磁材料。软磁材料容易被磁化，导磁性能良好，但外加磁场去掉后，磁性基本消失。硬磁材料在去磁后仍然能保持磁场，磁性不易消失。

表 2.1 所列为常用金属材料的物理性能。

表 2.1　常用金属材料的物理性能

金属名称	元素符号	密度(20 ℃) $\rho/(kg\cdot m^3\times10^{-3})$	熔点/℃	热导率 $\lambda/(W\cdot m^{-1}\cdot K^{-1})$	线膨胀系数(0～100 ℃) $\alpha_L/(℃^{-1}\cdot10^{-6})$	电阻率 $\rho/(\Omega\cdot m\times10^{-8})$
铁	Fe	7.84	1 538	75.4	11.76	9.7
铝	Al	2.689	660.1	221.9	23.6	2.655
铜	Cu	8.96	1 083	393.5	17.0	1.67～1.68(20 ℃)
镁	Mg	1.74	650	153.7	24.3	4.47
钛	Ti	4.508	1 677	15.1	8.2	42.1～47.8
镍	Ni	8.90	1 453	92.1	13.4	6.48
铬	Cr	7.19	1 903	67	6.2	12.9
钨	W	19.3	3 380	166.2	4.6(0 ℃)	5.1

2. 材料的化学性能

材料的化学性能是指金属抵抗周围介质侵蚀的能力，包括耐腐蚀性和热稳定性。

（1）耐腐蚀性

材料的耐腐蚀性是指在常温或高温时材料抵御腐蚀介质的侵害能力。应当指出，材料耐腐蚀性是材料化学性质的一部分。金属材料的腐蚀可分为两大类：化学腐蚀和电化学腐蚀。

化学腐蚀是金属在干燥气体或不带电的流体中，由于化学作用而在金属表面上生成极易剥落的脆性化合物，例如与 O_2、H_2S、SO_2、Cl_2 等生成氧化物、硫化物和氯化物等。

电化学腐蚀是金属和电解质构成原电池，较活泼金属被不断溶解，且产生电流的现象，如金属管道在土壤中的腐蚀。电化学腐蚀比化学腐蚀快，大多数腐蚀属于此类腐蚀。

（2）热稳定性

热稳定性是指工程材料在高温下抵抗氧化的能力。

在高温条件下工作的设备，如锅炉、加热设备、喷气发动机上的部件需要选择热稳定性好的材料制造。

2.1.2 材料的力学性能

力学性能是指材料在外力作用下所表现出来的性能。材料的力学性能是设计和制造机械零件或工具的主要依据，也是评定材料质量的重要判据。力学性能包括强度、塑性、硬度、冲击韧性、疲劳强度等。

工程材料在加工及使用过程中所受的外力称为载荷。材料受到的载荷主要有静载和动载两种形式。

1. 静载下材料的力学性能

静载指大小不变或变动很慢的载荷，通常是材料缓慢的加载过程。如飞机停放时起落架支柱上受到的载荷便是静载荷。静载条件下材料的力学性能包括强度、硬度和塑性。

(1) 强　度

材料在外力作用下抵抗破坏（变形或断裂）的能力称为强度。根据加载方式（如拉伸、压缩、弯曲、剪切、扭转）的不同，强度指标有 6 种，如屈服强度、抗拉强度、抗压强度、抗弯强度、抗剪强度、抗扭强度等。其中抗拉强度（R_m）和屈服强度（R_{eH}、R_{eL}）使用最多。

按照国标将被测的金属材料制成一定形状和尺寸的标准试样（圆形和矩形），通过拉伸试验，可以得到材料拉伸力与伸长量之间的关系曲线，即拉伸曲线，如图 2.1 所示。曲线上 Oa 段为弹性变形阶段，ae 段为屈服阶段，em 段为变形强化阶段，mu 段为断裂阶段。

材料在弹性变形范围内（Oa 段），应力与应变呈正比，此时应力与应变的比值称为弹性模量，以 E 表示，单位为 MPa 或 GPa。弹性模量 E 表征材料对弹性变形的抗力。在工程上，弹性模量称为材料的刚度。零件的刚度除与材料的刚度有关外，还与零件的结构、尺寸等因素有关。

屈服强度是指试样在拉伸过程中，力不增加（保持恒定）仍能继续伸长（变形）时的应力，如图 2.1 中的 a 点。屈服强度表征材料对明显塑性变形的抗力，分为上屈服强度（R_{eH}）和下屈服强度（R_{eL}），如图 2.2 所示。上屈服强度是试样发生屈服而力首次下降前的最高应力。下屈服强度是试样在屈服期间，不计初始瞬时效应时的最低应力。

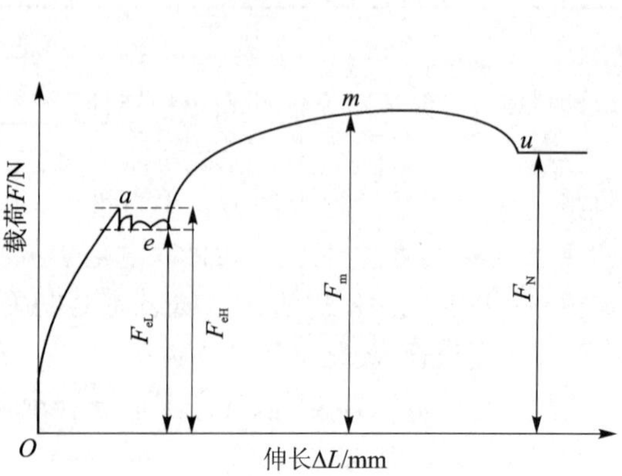

图 2.1　低碳钢拉伸曲线

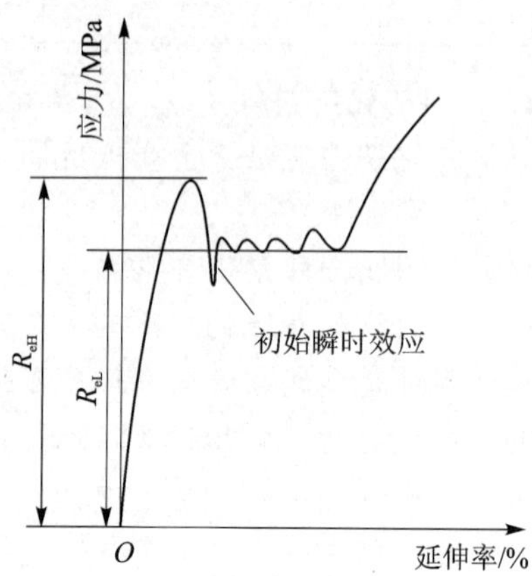

图 2.2　上屈服强度和下屈服强度

图 2.1 中 m 点处是材料在拉断前所能承受的最大应力，称为抗拉强度（或强度极限），以符号 R_m 表示，单位 MPa。

$$R_m = \frac{F_m}{S_0}$$

式中，F_m 为拉断前试样所能承受的最大载荷，S_0 为试样的原始横截面积。

抗拉强度的物理意义是表征材料对最大均匀变形的抗力，表示材料在拉伸条件下能够承受最大载荷时的应力值。对于塑性材料，抗拉强度表示材料抵抗大量均匀塑性变形的能力；对于脆性材料，它表示抵抗断裂的能力。抗拉强度是机械零件设计时的一项重要依据，也是评定金属材料强度的重要指标之一。

(2) 塑　性

塑性的物理意义是表征材料断裂前具有的塑性变形能力。材料的塑性常用断后伸长率 A 和断面收缩率 Z 来表示。

断后伸长率是试样拉断后标距的伸长与原始标距长度的百分比，以符号 A 表示。

$$A = \frac{l_u - l_0}{l_0} \times 100\%$$

式中，l_0 为原始标距，l_u 为试样被拉断后的标距。

试样拉断处的横截面积减小量与试样原来横截面积之比为断面收缩率，用符号 Z 表示。

$$Z = \frac{S_0 - S_u}{S_0} \times 100\%$$

式中，S_0 为试样原始截面积，S_u 为试样拉断后的最小截面积。

断面收缩率不受试样尺寸的影响，能较准确地反映材料的塑性。材料的塑性指标 A、Z 数值越高，材料的塑性加工性能越好。一般认为，零件在保证一定强度要求的前提下，塑性指标高，则零件的工作安全可靠性高。飞机和发动机上的许多薄壁零件，如蒙皮、翼肋、燃烧室零件等都是冷压成型的，使用的材料都应具有良好的塑性。

(3) 硬　度

硬度是衡量金属材料软硬程度的性能指标，是指材料抵抗局部塑性变形的能力。硬度高，材料的耐磨性就好。材料的硬度通常采用压入法测定。根据测量方法的不同，常用的硬度指标有布氏硬度、洛氏硬度和维氏硬度等，见表 2.2。

表 2.2　3 种硬度的比较

分　类	压　头	公　式	特　点
布氏硬度	10 mm 钢球或碳化钨球	$\mathrm{HBW} = 0.102 \times \frac{2F}{\pi D(D - \sqrt{D^2 - d^2})}$	优点是测量的压痕面积大，误差小；缺点是测量步骤稍复杂
维氏硬度	金刚石棱锥	$\mathrm{HV} = 18.1917 \frac{F}{d^2}$	优点是测量精度高，测量的硬度值范围宽；缺点是试验过程较为繁琐，且要求被测材料表面的光洁度高
洛氏硬度	顶角为 120° 的金刚石圆锥；直径为 1.588 mm 的淬火钢球	$\mathrm{HR} = \frac{K - h}{0.002}$（$K$ 为常数）	优点是操作简便、迅速，可在硬度计的表盘上直接读出硬度值，压痕小，对材料的破坏性小，可测量成品件；缺点是测量时是点接触，材料的组织均匀性及其缺陷等对硬度测量值的影响较大

硬度是检验毛坯、成品、热处理工件的重要性能指标，零件图中都注有零件的硬度要求。如一般刀具、量具等要求 60～63HRC，机器结构零件要求 25～45HRC，弹簧零件要求 40～52HRC，适宜切削加工的硬度 18～35HRC。

2. 动载下材料的力学性能

动载主要有冲击载荷和交变载荷两种。冲击载荷指以很大速度作用在物体上的载荷，例如飞机起落架在起飞和降落时起落架会受到很大的冲击载荷，发动机轴在发动机启动或变速时也会受到冲击载荷。交变载荷指大小反复变化的载荷，或大小与方向都反复变化的载荷，例如飞机单向活门中的弹簧，就受到大小反复变化的交变载荷。

动载下材料的力学性能主要有冲击韧性、断裂韧性、疲劳强度、磨损等。

(1) *冲击韧性*

冲击韧性是材料在冲击载荷作用下抵抗破坏的能力，用符号 a_k 表示，通过冲击吸收功与试样缺口处界面面积计算得到。冲击韧性是强度和塑性的综合表现。

冲击韧性通常是在冲击试验中测定的。图 2.3 所示为摆锤式冲击试验机。将待测试样（U 形或 V 形）水平放在试验机支座上，缺口背向摆锤的冲击方向；摆锤举起至一定高度 H_1；摆锤自由落下，冲断试件，并向反向升起一定高度 H_2。根据能量守恒即可计算得到冲击吸收功（A_k）。

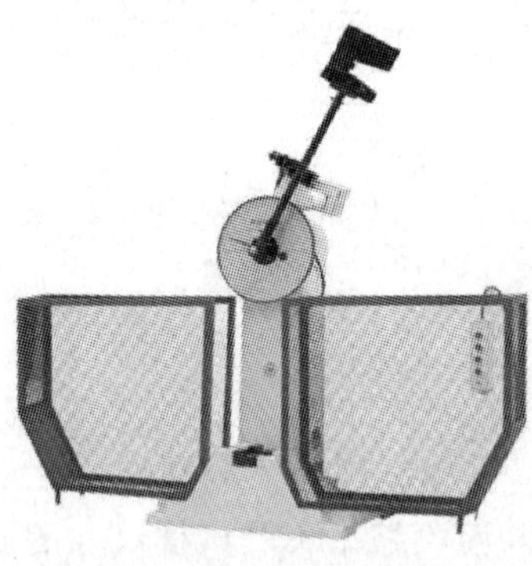

图 2.3 摆锤式冲击试验机

冲击吸收功越大，材料韧性越好。冲击吸收功与温度有关，还与试样形状、尺寸、表面粗糙度、内部组织和缺陷等有关。冲击韧性通常作为选择材料的参考，不直接用于零件的设计计算。

(2) *疲劳强度*

直升机的旋翼、发动机的轴和叶片、各种齿轮、弹簧等零件，工作过程中在大小、方向随时间呈周期性变化的交变应力的作用下会产生裂纹而断裂，这种现象称为疲劳破坏。

疲劳破坏是机械零件失效的主要原因之一。大约 80%以上机械零件失效属于疲劳破坏。疲劳断裂与静载荷作用下的断裂不同，无论是脆性材料还是韧性材料，疲劳断裂都是突然发生的，疲劳断裂时并没有明显的宏观塑性变形。引起疲劳断裂的应力很低，常常低于材料的屈服点。疲劳破坏的宏观断口由两部分组成，即疲劳裂纹的策源地及扩展区（光滑部分）和最后断裂区（粗糙部分）。

疲劳曲线是疲劳应力与疲劳寿命的关系曲线，即 $S-N$ 曲线（见图 2.4），是确定疲劳极限、建立疲劳应力判据的基础。曲线表明，承受的交变应力 σ 越大，断裂前应力循环的周次就越小；应力循环周次随承受的交变应力下降而增加，交变应力低于某一值时，应力循环周次可达无限多次而不发生疲劳断裂。疲劳极限是指金属材料在无限多次交变载荷作用下而不致发生断裂的最大应力，又称为疲劳强度，用 σ_{-1} 表示。

3. 高低温下材料的力学性能

前面讨论的材料的力学性能是在常温条件下测定的，而很多零件需要在高温或低温下使用，例如航空发动机叶片的使用温度高达 1 000 ℃，用 Cr-Mo-V 钢制造的汽轮机转子使用温度约为 550 ℃等。在高温或低温下，材料所表现出来的力学性能与常温下有很大不同。对于在高温或低温环境下使用的零部件，必须讨论材料在高温或低温下的力学性能。

(1) 高温蠕变

当温度 $T \geqslant (0.3 \sim 0.5) T_m$（$T_m$ 为熔点，单位为 K）时，金属材料在恒载荷的持续作用下，发生与时间相关的塑性变形，称为蠕变；相应的应变与时间关系曲线称为蠕变曲线，如图 2.5 所示。蠕变是高温下金属力学行为的一个重要特点。蠕变程度可以用蠕变强度和持久强度来表示。

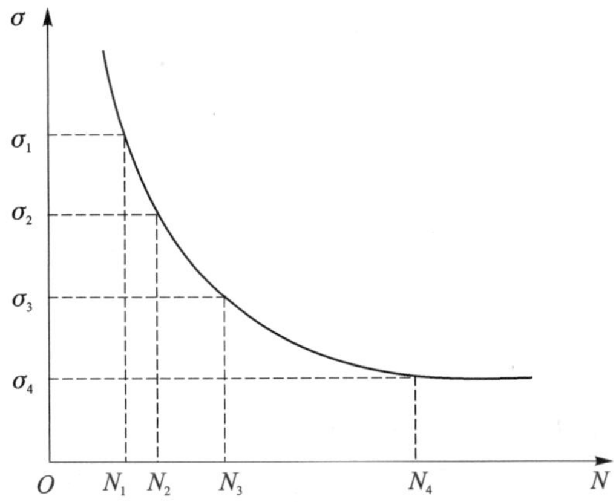

图 2.4　S－N 曲线

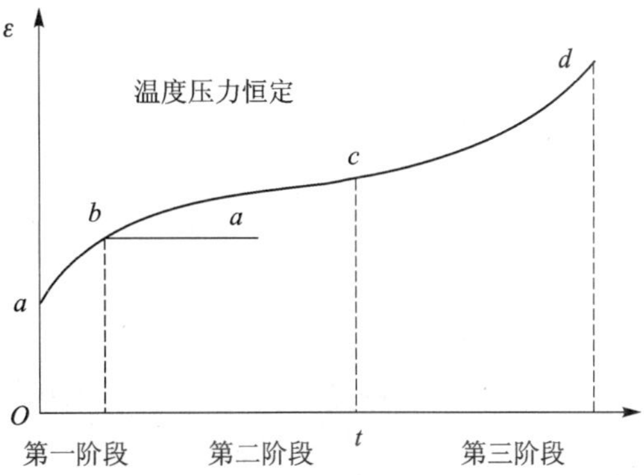

图 2.5　蠕变曲线

根据蠕变速率的变化情况可以将蠕变过程分为三个阶段：*ab* 段为蠕变第一阶段，其蠕变速率随时间而逐渐减小，故又称为减速蠕变阶段；*bc* 段为蠕变第二阶段，又称恒速蠕变或稳态蠕变阶段，即其蠕变速率保持恒定；蠕变第三阶段（*cd* 段）的蠕变速率随时间延长急剧增大直至断裂，称为加速蠕变阶段。

蠕变强度是高温长时载荷作用下材料对变形的抗力指标，是高温强度设计的重要依据。它有两种表示方法：① 在给定温度和规定时间内达到规定的变形量的蠕变极限（$\sigma'_{\delta/\tau}$）；② 在给定温度下，恒定蠕变速度达到规定值时的蠕变极限（σ'_{v}）。

持久强度是指材料在高温长时载荷作用下抵抗断裂的能力，用在给定温度下材料经过规定时间发生断裂的应力值来表示。这里所指规定时间是以机组的设计寿命为依据的。如 $\sigma_{100}^{800} = 500$ MPa 表示材料在 800 ℃下保持 100 h 内所能承受最大应力为 500 MPa。

(2) 低温脆性

材料的冲击吸收功随温度降低而降低，当试验温度低于 T_k（冷脆临界转变温度）时，冲击吸收功明显下降，材料由韧性状态变为脆性状态，这种现象称为低温脆性现象。多数材料在低温时出现脆性，一旦出现脆性，可以在不大的应力下发生断裂，叫作脆断。T_k 越低，材料越不易脆断，表明其低温韧性好。

2.1.3　材料的工艺性能

工艺性能（也称加工性能）是指材料在被加工过程中适应各种冷热加工的性能，包括铸造性、锻压性、焊接性、切削加工性、热处理性能等。材料的工艺性能是决定材料加工可能性或难易程度的关键因素。材料工艺性能的好坏直接影响制造零件的工艺方法和质量以及制造成本，所以选材时必须充分考虑工艺性能。本书第8章将会详细介绍金属材料常用成型技术。

1. 铸造性

铸造是将熔化的金属浇注到铸型内，待其冷却后获得所需毛坯或零件的形状和尺寸的工艺方法。铸造性是金属材料在铸造成形过程中获得形状准确、内部组织良好铸件的能力，表示金属铸造成形时的难易程度。铸件质量与金属铸造密切相关。金属的铸造性主要包括流动性、收缩性、吸气性、氧化性、偏析倾向等指标，其中流动性和收缩性对铸件质量影响较大。熔点低、流动性好、收缩率小、偏析倾向小的材料铸造性也好，铸件组织紧密，成分均匀。

2. 锻压性

锻压指利用金属材料所具有的塑性变形规律，在外力的作用下通过塑性变形，获得具有一定形状、尺寸和力学性能的零件或毛坯的加工方法。它是锻造和冲压的总称，又称为压力加工。

锻压性能是指金属经受塑性变形而不开裂的能力。锻压性的优劣常用金属的塑形和变形抗力来综合衡量。塑形越好，变形抗力越小，则锻压性能越好。影响锻压性能的主要因素是内在因素和变形条件。

3. 焊接性

焊接是通过加热或加压，或者同时加热加压，并且用或不用填充材料，使工件达到结合的一种方法。焊接性能包括接合性能、使用性能。由于焊接熔化时容易氧化、吸气、导热性过高或过低、热胀冷缩严重、塑性差，因此在焊接加热时焊缝附近金属容易引起组织和性能改变的金属材料的焊接性都较差。钢材焊接性能的好坏主要取决于它的化学组成，而其中影响最大的是碳元素。低碳钢、低碳合金钢的焊接性较好，而铸铁、铝合金焊接较困难。

4. 切削加工性

金属材料进行切削加工时的难易程度称为材料的可切削性或切削加工性。在切削加工时，切削刀具不易磨损，切削力较小，切削后零件表面光滑，这种材料的切削加工性就比较好。

切削加工性能一般用切削后的表面质量(以表面粗糙度高低衡量)和刀具寿命来表示。影响切削加工性的因素很多，主要有材料的化学成分、组织、硬度、韧性、导热性和形变硬化等。此外，切削刀具的几何形状、耐磨性、切削速度等因素也影响切削加工性。

5. 热处理性

热处理是将材料在固态下加热到一定温度，进行必要的保温，并以适当的速度冷却到室温，以改变材料的内部组织，从而得到所需性能的工艺方法。它是强化金属材料、提高产品质量和寿命的主要途径之一。因此，绝大部分重要的机械零件在制造过程中都必须进行热处理。热处理相关内容将在第4章中详细讲解。

热处理工艺性能反映材料热处理的难易程度和产生热处理缺陷的倾向，主要包括淬透性、回火稳定性、回火脆性及氧化脱碳倾向性和溶火变形开裂倾向性等。其中主要考虑其淬透性，即材料接受淬火的能力。含锰、铬、镍等合金元素的合金钢淬透性比较好，碳钢的淬透性较差。铝合金的热处理要求较严，进行固溶处理时加热温度离熔点很近，温度的必须保持在±5 ℃以内。

2.2 金属的晶体结构

固态物质按其原子(离子或分子)的排列是否有序，可分为晶体和非晶体两大类。内部原子(离子或分子)在三维空间有序规则地排列的物体称为晶体。晶体特点有:有固定的熔点(合金熔点为一小段温度范围);有规则的几何外形;各向异性。常用的金属、合金、氯化钠等都是晶体。

内部原子(离子或分子)在三维空间呈无序堆积状排列的物体称为非晶体(也称玻璃体),如玻璃、沥青、松香等。非晶体的特点有:结构无序;没有固定的熔点;各向同性;成分组成范围变化大。

非晶体结构是短程有序,即在很小的尺寸范围内存在着有序性,而晶体为长程有序但内部也有缺陷,在很小的尺寸范围内也存在着无序性,所以两者之间也有共同点。

2.2.1　晶体结构

1. 晶体结构基本概念

(1) 晶　格

为研究晶体内部原子的排列情况,人为地将晶体中的原子看作刚性小球,原子有规律地堆积和排列就形成金属晶体。将原子简化为一个点,并用假想的几何线条将原子中心连接起来形成空间格架,这种描述了原子在晶体中的排列方式的空间格架称为晶格,如图 2.6 所示。

(2) 晶　胞

晶体中原子排布具有一定的规律。在分析晶体结构时,只需要选取一个能够反映晶体特征的最小几何单元即可。能够完整地反映晶格特征的最小几何单元称为晶胞,如图 2.7 所示。从另一方面而言,晶格是一定数目的大小、形状和位向相同的晶胞的排列组合。

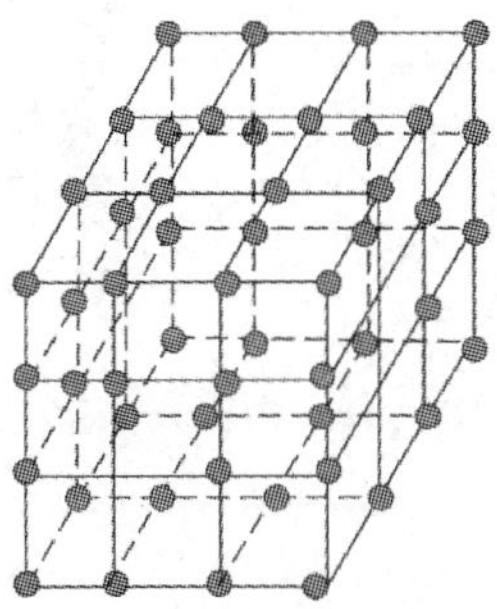

图 2.6　晶　格

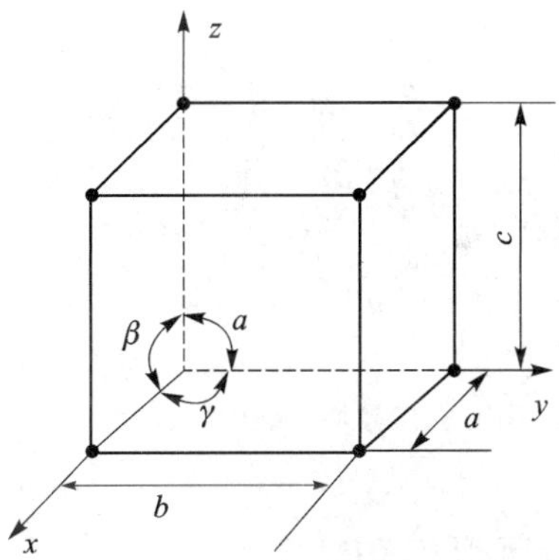

图 2.7　晶　胞

(3) 晶格常数

不同元素原子的大小、排列是不同的,组成的晶胞的形状和大小各异,需要用一定的特征参数进行描述,这就是晶格常数。晶格常数包括晶胞的棱边长度 a、b、c 和棱边夹角 α、β、γ,如图 2.7 所示。当棱边长度 $a=b=c$,棱边夹角 $\alpha=\beta=\gamma=90°$时,这种晶胞称为简单立方晶胞。由简单立方晶胞组成的晶格称为简单立方晶格。

(4) 晶面与晶向

金属晶体中通过原子中心的平面称为晶面。通过原子中心的直线,可代表晶格空间的方向,称为晶向。

2. 常见金属晶格类型

常见的金属晶格类型主要有体心立方晶格(bcc)、面心立方晶格(fcc)和密排六方晶格(hcp)。绝大多数金属属于以上三类晶格类型。

(1) 体心立方晶格(bcc)

体心立方晶格的晶胞为立方体,如图 2.8 所示。晶格常数 $a=b=c$,$\alpha=\beta=\gamma=90°$。立方体的八个角和晶胞中心各有一个原子,每个晶胞实际上只占有角上原子的 1/8,而中心的原子为该晶胞所独有,故晶胞中实际原子数为 2 个。属于这种晶格类型的金属有 Cr、W、Mo、V、α-Fe 等约 30 种。

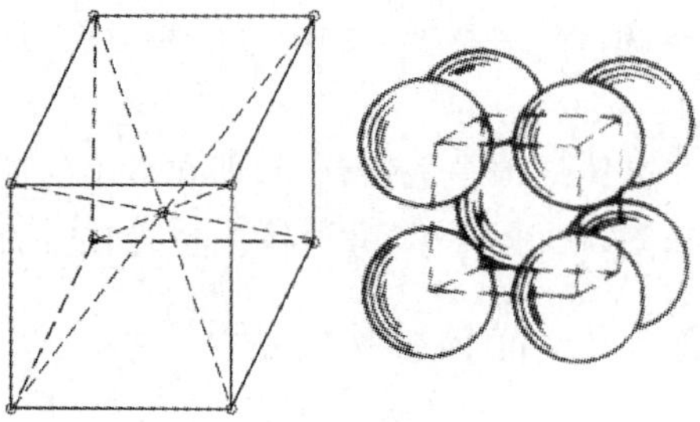

图 2.8　体心立方晶格示意图

(2) 面心立方晶格(fcc)

面心立方晶格的晶胞为立方体,如图 2.9 所示。立方体的八个角上和六个面的中心各有一个原子,每个晶胞实际上只占有角上原子的 1/8,每个面中心原子为相邻两个晶胞共有,故晶胞中实际原子数为 4 个。属于这种晶格类型的金属有 Al、Cu、Ni、Pb、γ-Fe 等约 20 种。

(3) 密排六方晶格(hcp)

密排六方晶格的晶胞为正六方柱体,如图 2.10 所示。在柱体的每个角和上下底面的中心以及柱体内(3 个原子)存在原子,晶胞中实际原子数为 6 个。属于这种晶格类型的金属有 Mg、Zn、Be、Cd 等。

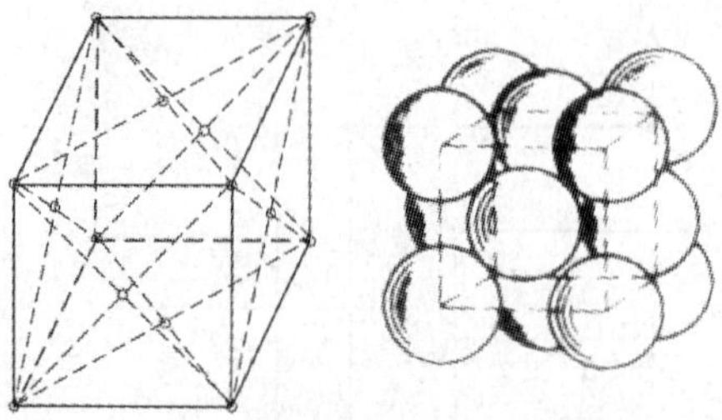

图 2.9　面心立方晶格示意图

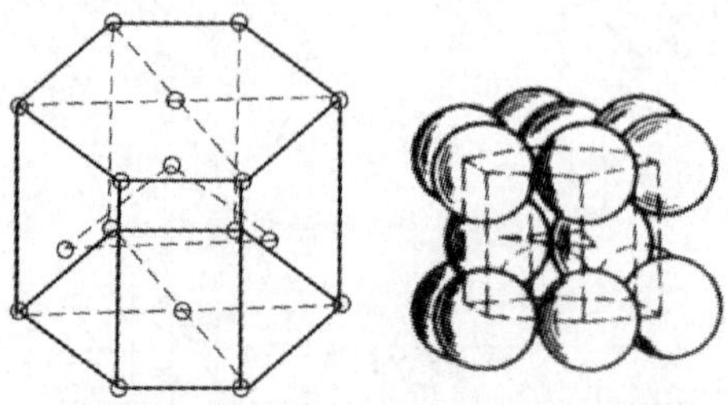

图 2.10　密排六方晶格示意图

2.2.2　金属组织和缺陷

1. 单晶体和多晶体

把晶格位向完全一致的晶体称为单晶体,又称理想晶体。但实际上平常使用的金属都是由很多小晶体组成的,晶体与晶体之间的晶格位向彼此不同,将这些外形不规则的颗粒状小晶体称为晶粒。晶粒与晶粒之间的界面称为晶界,由多个晶粒组成的晶体称为多晶体,如图 2.11 所示。

2. 晶体缺陷

金属属于多晶体。实际金属由于多方面原因(如结晶条件、原子运动及加工条件)的影响,内部存在各种各样的晶体缺陷。根据晶体缺陷的几何特点其常分为点缺陷、线缺陷和面缺陷三大类。

(1) 点缺陷

点缺陷是指长、宽、高尺寸都很小的缺陷。常见的点缺陷是空位和间隙原子，如图 2.12 所示。晶格中某个原子脱离了平衡位置，形成空结点，称为空位。某个晶格间隙挤进了原子，称为间隙原子。

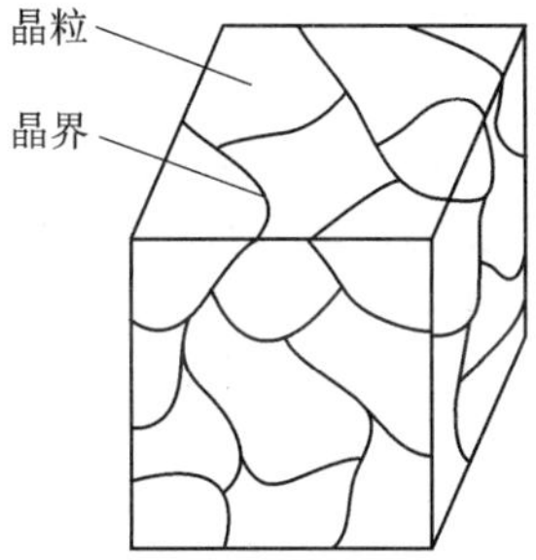

图 2.11　多晶体

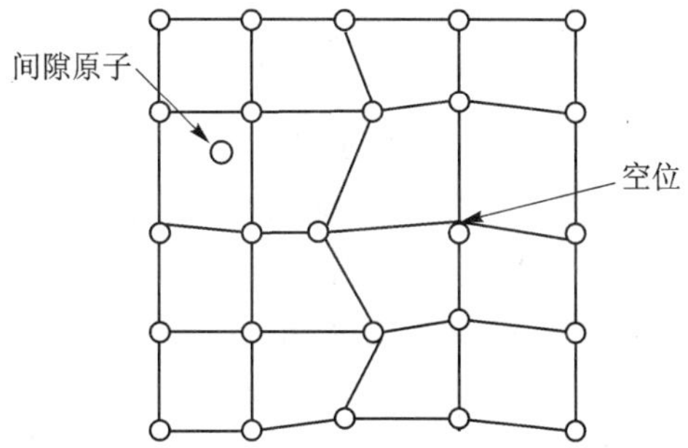

图 2.12　点缺陷示意图

(2) 线缺陷

线缺陷是指在空间的一个方向上尺寸很大，其余两个方向上尺寸很小的缺陷。晶体中最普通的线缺陷就是位错。位错可认为是晶格中一部分晶体相对于另一部分晶体的局部滑移造成的。滑移部分与未滑移部分的交界线即为位错线，如图 2.13 所示。位错的存在对金属的强度有着重要的影响。

(3) 面缺陷

面缺陷是在两个方向的尺寸很大、第三个方向的尺寸很小而呈面状的缺陷。面缺陷包括晶界和亚晶界，如图 2.14 所示。晶界处实际上是原子排列逐渐从一种位向过渡到另一种位向的过渡层，该过渡层的原子排列是不规则的。亚晶界实际上是由一系列刃型位错所组成的小角度晶界。金属的晶粒越细，则晶界越多，对塑性变形的阻碍作用越大，金属的强度、硬度越高。同样地，亚晶界愈多，强度就愈高。

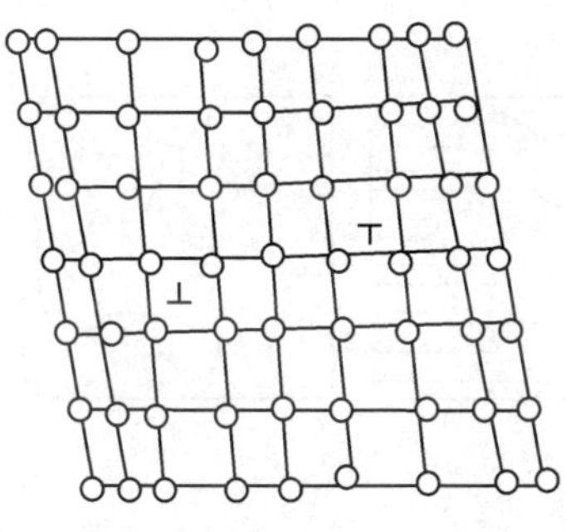

图 2.13　位错平面示意图

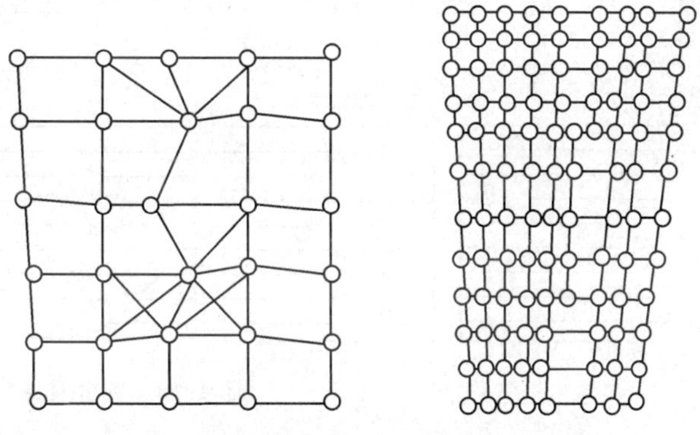

图 2.14　晶界和亚晶界示意图

2.3　纯金属的结晶

金属材料大多要经过熔化、冶炼和铸造，即由液态变成为固态。我们把液态金属的凝固过程叫作结晶。结晶是一个从不完整、无规则的原子群向有规则的完整晶体的转变过程。不同的结晶过程,晶体的结构和性能也不相同。掌握金属的结晶过程和变形规律,对改善金属材料的组织和性能具有重要的意义。本节主要研究纯金属和合金的结晶。

1. 过冷现象

为研究纯金属的结晶,通常将纯金属加热到熔化状态,然后缓冷。在冷却过程中得到一系列时间与温度对应数据,将温度与时间相关数据绘制成的曲线成为冷却曲线,如图 2.15 所示。由冷却曲线可见,液态金属随着冷却时间的增长温度不断下降,但当冷却到某一温度时,随着冷却时间的增长其温度并不下降,在冷却曲线上出现一个水平线,这个水平线段所对应的温度就是纯金属进行结晶的温度。

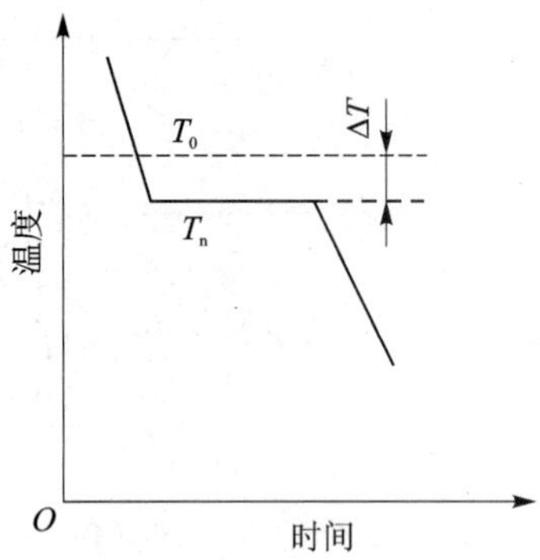

图 2.15　纯金属冷却曲线

金属在极其缓慢的冷却条件下(平衡条件下)所测得的结晶温度称为理论结晶温度(T_0)。但在实际生产中,液态金属结晶时,冷却速度都比较大,金属总是在理论结晶温度 T_0 以下的某一温度 T_1 才开始结晶,温度 T_1 称为实际结晶温度。金属实际结晶温度 T_1 低于理论结晶温度 T_0 的现象称为过冷现象。理论结晶温度与实际结晶温度之差 ΔT 称为过冷度,$\Delta T = T_0 - T_1$。过冷是金属结晶的必要条件。金属结晶时,过冷度的大小与冷却速度、金属性质、金属纯度等有关。冷却速度越快,金属的实际结晶温度越低,过冷度也就越大。

2. 纯金属的结晶过程

纯金属的结晶发生在冷却曲线的水平段。从微观的角度看,金属结晶是由晶核的形成和长大这两个基本过程组成,如图 2.16 所示,即:① 首先从金属液体中形成一些结晶核心(称为晶核);② 随着时间的推移,已形成的晶核不断长大,并继续产生新的晶核,直到液体金属全部消失、晶体彼此接触为止。晶核长大的实质就是原子由液体向固体表面的转移。

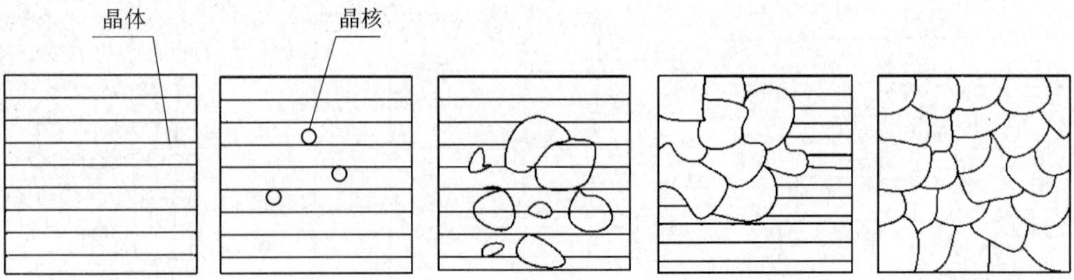

图 2.16　纯金属结晶过程

结晶时,由每个晶核长成的晶体就是一个晶粒。结晶后的金属是由许多晶粒组成的多晶体。晶粒大小对金属的力学性能影响很大。实验研究表明:晶粒大小对硬度影响很大,晶粒越细,硬度越高。一般来说,细化晶粒是提高金属常温性能的有效方法之一。金属晶粒大小取决于结晶时的形核率 N(单位时间、单位体积内所形成的晶核数目)与晶核的长大速度(单位时间内生长的长度),二者比值越大,晶粒越细小。因此,细化晶粒的根本途径是控制形核率。常用的细化晶粒方法有以下 3 种。

(1) 增大过冷度

金属结晶时的冷却速度愈大，则过冷度愈大。实践证明，增加过冷度，使金属结晶时形成的晶核数目增多，则结晶后可获得细晶粒组织。例如，在铸造生产中，常用金属型代替砂型来加快冷却速度，可达到细化晶粒的目的。

(2) 变质处理

变质处理是铸件在浇注前向液态金属中加入变质剂，从而细化晶粒的方法。

(3) 振动处理

在金属结晶过程中，采用机械振动、超声波振动和电磁振动等方法，使正在长大的晶体折析、破碎，也能增加晶核数目，从而细化晶粒。

2.4　合金的结晶

由于纯金属的强度、硬度一般都较低，而且冶炼困难，价格较高，在使用上受到很大的限制。在工程上，实际使用的金属材料大多数是合金。合金是由两种或两种以上的金属元素或金属元素与非金属元素组成的具有金属特性的物质。组成合金的最基本的、独立的物质叫作组元。根据组成合金组元数目的多少，合金可以分为二元合金、三元合金和多元合金。例如 Fe－C 合金、Ti－Al－V 合金。凡化学成分大致均一、具有相同晶体结构与相同的物理、化学性质，并有界面相互分隔开的均匀组成部分称为相。由数量、形态、大小和分布方式不同的各种相组成了合金的组织。

2.4.1　合金中的基本相

根据构成合金的各组元之间相互作用的不同，固态合金的相结构可分为固溶体和金属化合物两大类。

1. 固溶体

合金在固态下，组元间仍能互相溶解而形成的均匀相称为固溶体。与溶液类似，形成固溶体后，晶格保持不变的组元称为溶剂，晶格消失的组元称为溶质。固溶体的晶格类型与溶剂组元相同。

根据溶质原子在溶剂晶格中所占据位置的不同，可将固溶体分为置换固溶体和间隙固溶体两种。

(1) 置换固溶体

溶质原子置换了溶剂晶格中某些结点位置上的溶剂原子而形成的固溶体称为置换固溶体，如图 2.17(a)所示。形成置换固溶体时，溶质原子在溶剂晶格中的溶解度主要取决于两者晶格类型、原子直径的差别和它们在元素周期表中的相互位置。

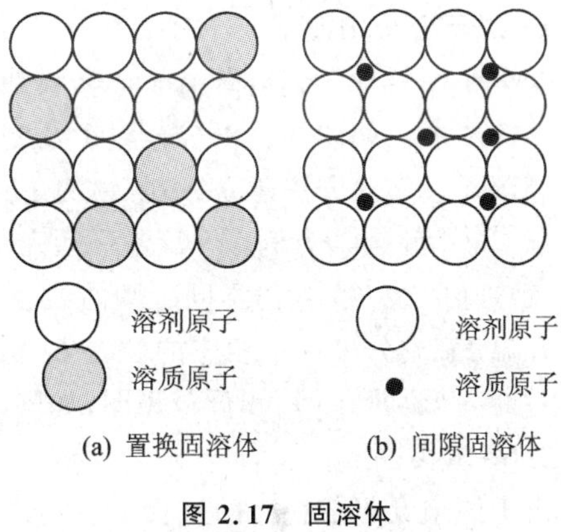

(a) 置换固溶体　　(b) 间隙固溶体

图 2.17　固溶体

(2) 间隙固溶体

若溶质原子在溶剂晶格中并不占据结点的位置，而是处于各结点间的空隙中，这种形式的固溶体称为间隙固溶体。溶质原子半径很小而溶剂晶格间隙较大，两者半径的比值小于或等于0.59才能形成间隙固溶体。一般过渡族元素(溶剂)与尺寸较小的碳、氮、氢、硼、氧等元素易形成间隙固溶体。

无论是置换固溶体还是间隙固溶体，都会使固溶体的晶格产生畸变。晶格畸变增加位错移动的阻力，使晶格间的滑移变得困难，进而提高了合金抵抗塑性变形的能力，使金属材料的强度、硬度升高，而塑性下降。这种通过溶入溶质元素形成固溶体，使金属材料的强度、硬度升高的现象称为固溶强化。固溶强化是提高金属材料力学性能的重要途径之一。

2. 金属化合物

合金组元间发生相互作用而形成一种具有金属特性的物质称为金属化合物。金属化合物的组成一般可用化学分子式来表示。金属化合物也可以溶入其他元素的原子，形成以金属化合物为基的固溶体。常见的金属化合物有三种类型，见表2.3。

金属化合物是许多合金的重要组成相，一般有较高的熔点、较高的硬度和较大的脆性。合金中含有金属化合物后，其强度、硬度和耐磨性有所提高，而塑性和韧性则降低。

表2.3 金属化合物的分类

分类		特点	示例
正常价化合物		严格遵守原子价规律的化合物	Mg_2Si，Mg_2Sn，Mg_2Pb，Cu_2Se 等
电子化合物		服从电子浓度规律	CuZn，Cu_3Sn，Cu_5Si 等
间隙化合物	间隙相	非金属元素的原子半径与金属元素的原子半径的比值小于0.59	TiC，WC，VC 等
	复杂晶体结构的间隙化合物	非金属元素的原子半径与金属元素的原子半径的比值大于0.59	Fe_3C，Mn_3C，Cr_7C_3，$Cr_{23}C_6$ 等

2.4.2 合金的结晶

合金的结晶过程也是在过冷的条件下形成晶核与晶核长大的过程，与纯金属遵循着相同的结晶规律。由于合金成分中包含两个或两个以上的组元，其结晶过程除受温度影响外，还受化学成分及组元间相互作用等因素的影响，结晶过程比纯金属复杂。同一个合金系，因成分不同，组织也不同；成分相同的合金，其组织随温度的不同而变化。因此，要掌握合金组织的特点、性能以及变化规律，必须首先了解合金的结晶过程。合金的结晶分析需要借助合金相图。

1. 二元合金相图

合金相图又称合金平衡图或合金状态图，是表示在平衡条件下，合金成分、温度和组织之间关系的图形。相图是分析合金组织及变化规律的重要工具，也是确定热加工工艺的重要依据。相图通过实验方法建立，最常用的是热分析法。

以Cu-Ni合金为例：① 配置一系列不同成分的Cu-Ni合金(Cu的含量从100%到0)，测定其冷却曲线；② 找出不同冷却曲线上的相变点(合金结晶开始及终了温度)，并将各临界点标在温度-成分坐标中相应的位置上；③ 连接相同意义的临界点，得到成分、温度和组织之间关系的图形，即Cu-Ni合金相图，如图2.18所示。

2. 基本相图

由于两组元组成合金的过程中有不同的组成方式，所以形成的相图不一样。常见的相图

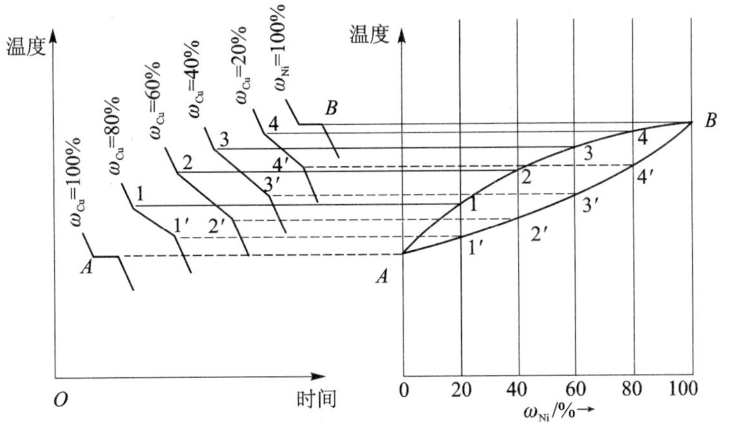

图 2.18　Cu－Ni 合金相图的建立

有匀晶相图、共晶相图和共析相图等。

(1) 匀晶相图

两组元在液态与固态均可彼此无限溶解的合金相图称为匀晶相图，如图 2.19 所示。这类相图的二元合金系有 Cu－Ni、Cu－Au、Au－Ag、Fe－Ni、W－Mo、Cr－Mo 等。

(2) 共晶相图

合金的两组元在液态下无限互溶，在固态下有限溶解并发生共晶转变的相图称为共晶相图，如图 2.20 所示。这类相图的二元合金系有 Pb－Sb、Pb－Sn、Cu－Ag、Al－Ag 等。

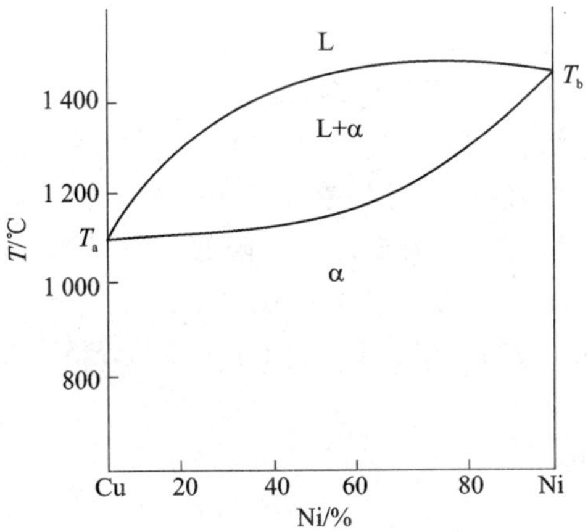

图 2.19　匀晶相图(Cu－Ni 合金相图)

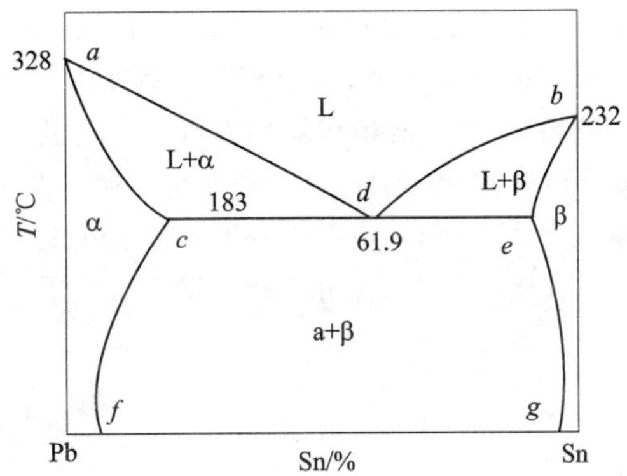

图 2.20　共晶相图(Pb－Sn 合金相图)

(3) 共析相图

合金的两组元在液态下无限互溶，低温下有限互溶，有共析反应的相图称为共析相图，如图 2.21 所示。共析是固态下 γ 在共析温度下共同析出 α 和 β 形成共析体，因此是纯粹固态下的相变。

3. 合金的结晶过程

合金的结晶与合金中元素的含量、冷却温度、冷却速度等密切相关。下面以 Cu－Ni 合金相图为例，简单讲解合金的结晶过程。

如图 2.22 所示，最左侧温度轴线上 A 点（1 083 ℃）为纯铜的熔点，最右侧温度轴线上 B 点（1 452 ℃）为纯镍的熔点。横坐标为 Ni 的含量。位置 1 处 Ni 含量为 0，即此处为纯铜，向右侧移动至位置 2 处时，Ni 含量逐渐增加至 100%（纯镍），相对而言，Cu 的含量逐渐减少至 0。Aa_1B 线（AB 上凸线）为液相线，Ab_1B 线（AB 下凹线）为固相线。液相线和固相线将整个相图区域分成三个部分：液相线以上为液相区（L），固相线以下合金全部为固态（α），液相线与固相线所夹区域为固液共存区（L＋α）。

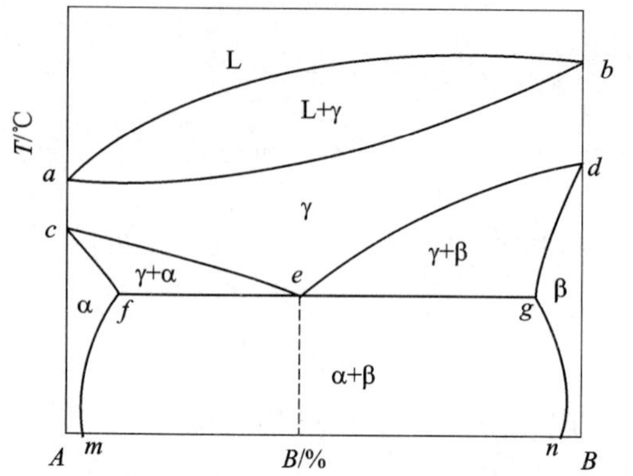

图 2.21 共析相图

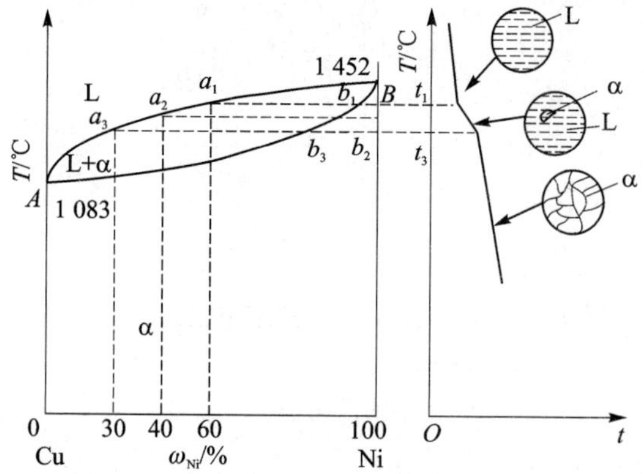

图 2.22 Cu－Ni 合金相图及冷却曲线

任何成分的 Cu－Ni 合金的冷却过程都是相似的，所以选定任一成分分析都能完整描述合金的结晶规律。以 Ni 含量为 60%（$\omega_{Ni}=60\%$）Cu－Ni 合金为例，成分垂线与液相线、固相线相交于 a_1、b_3 点，分别对应温度 t_1、t_3。合金由液态开始冷却时，温度高于 t_1 时全部为液相；缓冷至 t_1 时，开始结晶析出 α 相，随着温度继续下降，α 相不断增多，温度在 $t_1 \sim t_3$ 范围内合金为 L＋α 相；缓冷至 t_3，液相全部转变为 α 相，继续冷却合金组织不再变化。

结晶过程中，液相与固相通过原子扩散不断转变，液相成分沿液相线 Ba_1A 方向变化，固相成分沿着固相线 Bb_1A 方向变化。通过观察可以发现，随着温度不断降低（$t_1 \rightarrow t_3$），α 相中 Ni 含量不断降低（α 相不断析出），最后在温度 t_3 处达到平衡，此时 $\omega_{Ni}=60\%$。

与其他类型的合金相图对应的合金的结晶过程的分析与以上 Cu－Ni 合金结晶分析类似。

思考与练习

1. 材料的力学性能指标有哪些？

2. 合金组织有哪些类型？其结构和性能有何特点？

3. 解释以下名词：

（1）合金；（2）晶体；（3）相；（4）晶界。

4. 什么叫过冷度？为什么金属结晶时必须过冷？

5. 常见的金属晶格类型有哪些，简述各自的特点。

6. 以 Pb－Sn 合金相图为例：（1）写出图中主要点、线和区的含义；（2）分析 $\omega_{Sn}=50\%$ 的合金的结晶过程。

第 3 章　铁碳合金及其相图

钢铁是现代工业和生产生活中最常见、应用最广泛的金属材料。钢铁和铸铁主要由铁元素和碳元素组成，故又称为铁碳合金。铁碳合金中含碳量在 0.02%～2.11%范围内的称为碳钢，含碳量在 2.11%～4.3%范围内的称为铸铁，含碳量在 4.3%～6.69%范围内的很少应用。当碳的质量分数大于 6.69%时，铁碳合金的脆性很大，已无实用价值。因此，本章讨论的铁碳合金中含碳量在 6.69%以下。

铁碳合金相图是指在平衡条件下（极其缓慢加热或冷却），不同成分的铁碳合金在不同温度下所处状态或组织的图形，是研究钢和铸铁的重要理论基础。利用铁碳合金相图对典型成分的铁碳合金的结晶过程进行分析，可进一步掌握铁碳合金成分-温度-组织-性能之间的关系，从而合理地对零件进行选材，是制定热加工、热处理、冶炼和铸造等工艺的依据。

3.1　铁碳合金的基本组织

3.1.1　纯铁及其特性

工业纯铁是指杂质含量为 0.10%～0.20%的纯铁。纯铁具有一定的强度，塑性好，硬度低。纯铁的熔点为 1 538 ℃，冷却曲线如图 3.1 所示。纯铁在冷却过程中会发生同素异构转变。对于纯铁而言，纯铁在 1 538 ℃时为体心立方晶格（bcc）的 δ－Fe，在 1 394 ℃时转变为面心立方晶格（fcc）的 γ－Fe，而在 912 ℃时又转变为体心立方晶格（bcc）的 α－Fe，继续冷却晶格类型将不再变化。

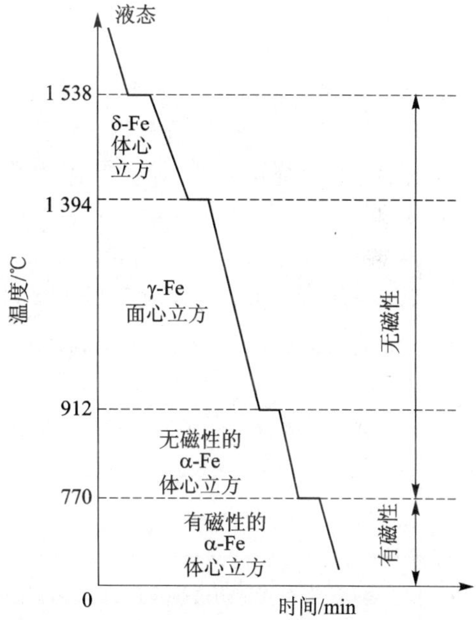

图 3.1　纯铁冷却曲线及晶体结构变化

纯铁的同素异构转变如下：

$$\delta - Fe \xrightleftharpoons{1\,394℃} \gamma - Fe \xrightleftharpoons{912\ ℃} \alpha - Fe$$

3.1.2　铁碳合金的基本相

在固态铁碳合金中，由于温度和含碳量的不同，碳与铁可以形成固溶体，也可以形成化合物，还可以是固溶体与化合物形成的机械混合物。铁碳相图中的基本相有铁素体、奥氏体、渗碳体、珠光体和莱氏体，见表 3.1。

1. 铁素体

铁素体是碳溶解在 α-Fe 中形成的间隙固溶体，用符号 F 或 α 表示。铁素体为体心立方晶格，碳原子处于 α-Fe 的晶格间隙中。由于体心立方晶格的间隙小，因此其溶解碳量极微。727 ℃时碳最大溶解度为0.021 8%，室温状况下几乎为零。

铁素体显微组织呈灰色并有明显大小不一的颗粒形状，晶界曲折。铁素体室温时的性能与纯铁相似，强度、硬度低，塑性和韧性好。

2. 奥氏体

奥氏体是碳溶入 γ-Fe 中形成的间隙固溶体，用符号 A 或 γ 表示。奥氏体为面心立方晶格，晶格间隙较大，因此其溶解碳能力较强。1 148 ℃时碳最大溶解度为 2.11%，727 ℃时碳最大溶解度为 0.77%，随着温度的下降，溶解度逐渐减小。

奥氏体的显微组织与铁素体的显微组织相似，呈多边形晶粒，但晶界较铁素体平直。奥氏体的强度和硬度不高，但具有良好的塑性，是铁碳合金中重要的高温相。

3. 渗碳体

渗碳体是铁和碳相互作用而形成的一种具有复杂晶体结构的金属化合物，化学分子式为 Fe_3C。渗碳体含碳量为 6.69%，熔点为 1 227 ℃，硬度很高，塑性和韧性极低，脆性大。渗碳体是钢中的主要强化相，常以片状、球状、网状等形式与其他相共存。

4. 珠光体

珠光体是由铁素体和渗碳体组成的机械混合物，用符号 P 表示。珠光体中碳的质量分数平均为 0.77%。其性能介于铁素体和渗碳体之间，强度比铁素体高，脆性比渗碳体低，具有较好的综合力学性能。它是钢的主要组织。珠光体显微组织呈层片状特征，表面具有珍珠光泽。

5. 莱氏体

碳的质量分数为 4.3%的液态铁碳合金冷却到 1 148 ℃时，同时结晶出奥氏体和渗碳体的多相组织称为高温莱氏体，用符号 Ld 表示。在 727 ℃以下，莱氏体由珠光体和渗碳体组成，称为低温莱氏体，用符号 Ld′表示。莱氏体的性能与渗碳体相似，硬度很高，塑性很差。

表 3.1 铁碳合金的基本组织性质及特点

名 称	符 号	定 义	性能特点
铁素体	F 或 α	碳溶解在 α-Fe 中形成的间隙固溶体	最大含碳量 0.02%，性能与纯铁相近，强度和硬度低，塑性和韧性好
奥氏体	A 或 γ	碳溶入 γ-Fe 中形成的间隙固溶体	最大含碳量 2.11%，存在于高温下，高塑性，低变形抗力，常作为锻造形态组织
渗碳体	Fe_3C	铁和碳形成的化合物	最大含碳量 6.69%，硬度很高，脆而硬，但强度很低，塑性、韧性几乎为零
珠光体	P	铁素体和渗碳体组成的机械混合物	最大含碳量 0.77%，其性能介于铁素体和渗碳体之间，具有较高的强度和足够的韧性
莱氏体	Ld Ld′	在 1 148 ℃时结晶出奥氏体和渗碳体(高温莱氏体 Ld)；在 727 ℃以下由珠光体和渗碳体组成(低温莱氏体 Ld′)	最大含碳量 4.3%，脆而硬，塑性极差

3.2 铁碳合金相图分析

3.2.1 铁碳合金相图的特点

铁碳合金相图是表示在缓慢冷却(或缓慢加热)的条件下,不同成分的铁碳合金的状态或组织随温度变化的图形。完整的铁碳相图如图 3.2 所示。横坐标为含碳量的质量百分数,纵坐标为温度。横坐标上任一点均代表一种成分的铁碳合金,例如图中 E 点表示含碳量为 2.11%(ω_C=2.11%)的铁碳合金。相图中的特征线是把具有相同转变性质的各个成分合金的开始点和终了点,分别用光滑曲线连接起来得到的。整个铁碳相图则被各条特征线划分为不同区域,称为相区。

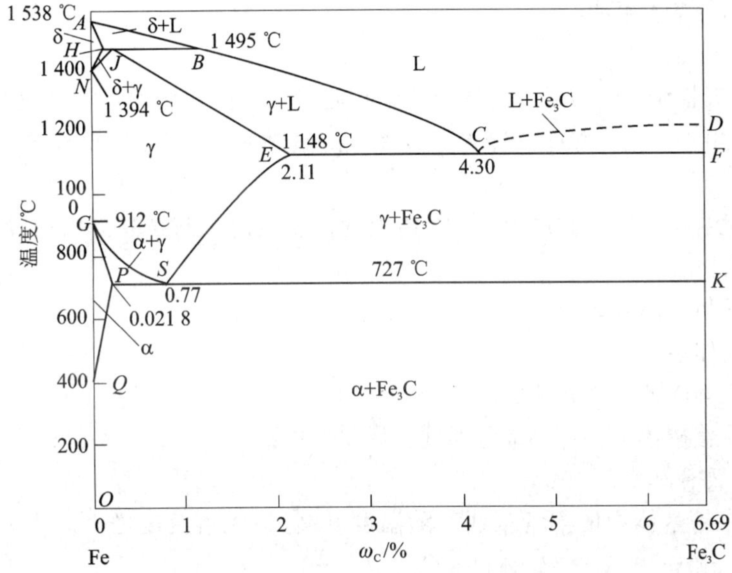

图 3.2 Fe－Fe_3C 相图

1. 铁碳相图中的主要特征点

铁碳相图中的主要特征点及其含义见表 3.2。

表 3.2 铁碳相图中各特征点及含义

特征点	温度/℃	含碳量/%	含 义
A	1 538	0	纯铁的熔点
B	1 495	0.53	包晶转变时的液相成分
C	1 148	4.30	共晶点
D	1 227	6.69	渗碳体的熔点
E	1 148	2.11	碳在 γ－Fe 中的最大溶解度
F	1 148	6.69	共晶渗碳体成分点

续表 3.2

特征点	温度/℃	含碳量/%	含　义
G	912	0	同素异构转变点
H	1 495	0.09	碳在 δ-Fe 中的最大溶解度
J	1 495	0.17	包晶点
K	727	6.69	共析渗碳体成分点
N	1 394	0	同素异构转变点
P	727	0.021 8	碳在 α-Fe 中的最大溶解度
S	727	0.77	共析点

由图 3.2 可见，铁碳相图中的特征线由若干曲线和水平线组成，主要包括一般特征线、三条重要特征线和三条水平线。

(1) 一般特征线

ABCD 线：液相线。任何成分的铁碳合金在此线以上处于液态(L)，液态合金缓冷至 *AC* 线时，开始结晶出奥氏体(A)；缓冷至 *CD* 线时，液体中开始结晶出渗碳体(一次渗碳体 Fe_3C_I)。

AHJECF 线：任何成分的铁碳合金缓冷至此温度线时全部结晶为固相，加热到此温度线时合金开始熔化。

BC 线：奥氏体结晶开始线。

JE 线：奥氏体结晶终了线。

GP 线：奥氏体转变成铁素体的终了线。

CD 线：一次渗碳体 Fe_3C_I 结晶开始线。

(2) 三条重要特征线

PQ 线：碳在铁素体中的溶解度线。随温度升高，最大溶解度增大。从 727 ℃开始冷却时，从铁素体中开始析出三次渗碳体(Fe_3C_{III})。

ES 线：碳在奥氏体中的溶解度线(又称 A_{cm} 线)。含碳量在 0.77%～2.11%范围内的铁碳合金随着温度从 1 148 ℃冷至 727 ℃时，奥氏体中过剩的碳以渗碳体(二次渗碳体 Fe_3C_{II})形式析出。因此，*ES* 线又称为 Fe_3C_{II} 析出线。

GS 线：铁素体析出开始线(又称 A_3 线)。它是合金冷却过程中自奥氏体中析出铁素体的开始线，也是加热合金时铁素体完全溶入奥氏体的终了线。

(3) 三条水平线

HJB 线：包晶转变线。含碳量为 0.09%～0.53%的铁碳合金，冷却至 1 495 ℃时将发生包晶转变，对应的温度(1 495 ℃)称为包晶温度。包晶转变时，成分为 *H* 点的 δ 固溶体和成分为 *B* 点的液相相互作用，转变为成分为 *J* 点的奥氏体。反应式为

$$L_B + \delta_H \xrightleftharpoons{1\,495\ ℃} A_J$$

ECF 线：共晶转变线。含碳量在 2.11%～6.69%的铁碳合金，冷却至 1 148 ℃将发生共晶转变，对应的温度(1 148 ℃)称为共晶温度。对于铁碳合金，共晶反应后得到奥氏体和渗碳体的两相机械混合物，即莱氏体(Ld)，反应式为

$$L_C \xrightleftharpoons{1\ 148\ ℃} Ld(A_E + Fe_3C_F)$$

合金继续冷却到 727 ℃时会从共晶奥氏体中析出二次渗碳体，剩余的奥氏体全部转变为珠光体，此时的组织称为低温莱氏体(Ld′)。

PSK 线：共析转变线(又称 A_1 线)。含碳量大于 0.021 8%的铁碳合金，冷却至 727 ℃将发生共析转变。共析转变的产物是成分为 *P* 点的铁素体和成分为 *K* 点的渗碳体构成交替重叠的层片状机械混合物，即珠光体(P)，反应式为

$$A_S \xrightleftharpoons{727\ ℃} P(F_P + Fe_3C_K)$$

铁碳相图中的主要特征线及其含义见表 3.3。

表 3.3 铁碳相图中特征线及含义

特征线	名 称	含 义
ABCD	液相线	此线以上的区域是液相区，液态合金冷却到此线温度时，便开始结晶
AHJECF	固相线	合金冷却到此线温度时将全部结晶成固态
HJB	包晶转变线	含碳量在 0.09%～0.53%范围内的铁碳合金在 1 495 ℃时发生包晶转变
ECF	共晶转变线	含碳量大于 2.11%的铁碳合金冷却至 1 148 ℃时发生共晶转变，生成莱氏体
PSK	共析转变线(A_1 线)	含碳量大于 0.0218%的铁碳合金冷却至 727 ℃时发生共析转变，生成珠光体
ES	A_{cm} 线	碳在奥氏体中的溶解度曲线。二次渗碳体(Fe_3C_{II})析出线
PQ	固溶线	碳在铁素体中的溶解度线，温度由 727 ℃降至室温时，析出三次渗碳体(Fe_3C_{III})
GS	A_3 线	冷却时，由奥氏体向铁素体转变的开始线；加热时，铁素体完全转变为奥氏体的线

2. 铁碳相图中的主要相区

铁碳相图中由不同线段分割组成不同的相区，主要包括 5 个单相区、7 个双相区和 3 个三相区，见表 3.4。

表 3.4 铁碳相图中的相区

相 区	组 织
单相区	L 液相区，δ 固溶体区，γ 奥氏体区，α 铁素体区，Fe_3C 渗碳体区
双相区	L+δ，L+γ，L+Fe_3C，δ+γ，γ+α，α+Fe_3C，γ+Fe_3C
三相区	L+δ+γ(*HJB* 线)，L+γ+Fe_3C(*ECF* 线)，γ+α+Fe_3C(*PSK* 线)

3.2.2 典型铁碳合金结晶过程分析

1. 铁碳合金的分类

铁碳相图(见图 3.2)中左上角转变部分在实际应用时意义并不大，为方便研究，一般将其进行简化处理，得到简化的铁碳相图，如图 3.3 所示。根据含碳量的不同，将铁碳合金分为：工业纯铁、钢和白口铸铁，见表 3.5。

2. 典型结晶过程分析

下面根据简化铁碳相图(见图 3.4)，分析不同含碳量情况下，由液态冷却结晶过程中的组织成分变化。

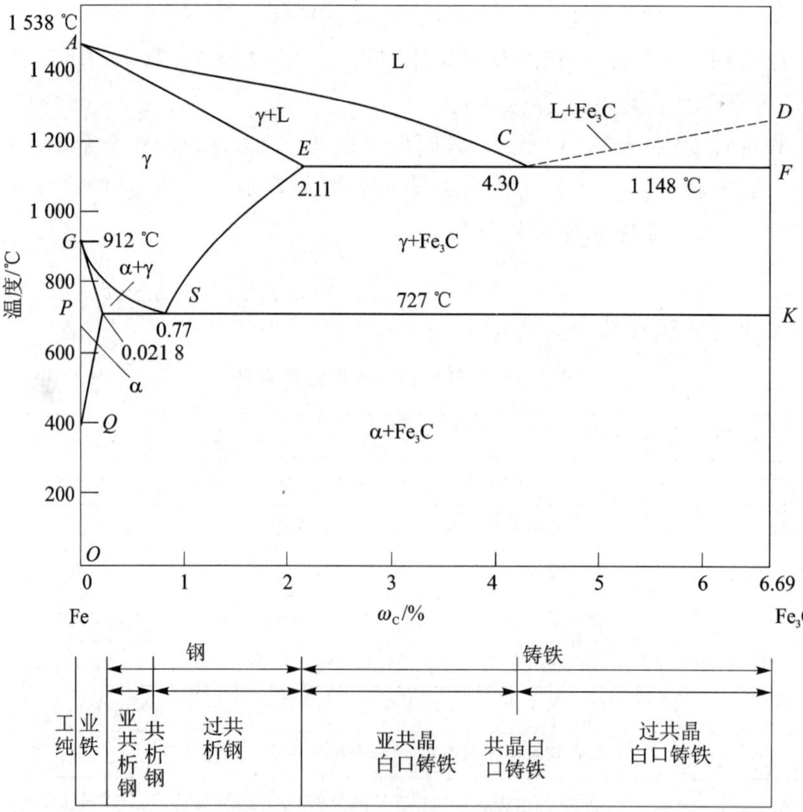

图 3.3　简化 Fe - Fe_3C 相图及分类

表 3.5　铁碳合金分类

分　类	含碳量	细　分	室温组织
工业纯铁 ($\omega_C \leqslant 0.021\,8\%$)	—	—	F
钢 ($0.021\,8\% < \omega_C \leqslant 2.11\%$)	$0.021\,8\% < \omega_C < 0.77\%$	亚共析钢	F+P
	$\omega_C = 0.77\%$	共析钢	P
	$0.77\% < \omega_C \leqslant 2.11\%$	过共析钢	$P+Fe_3C_{II}$
白口铸铁 ($2.11\% < \omega_C < 6.69\%$)	$2.11\% < \omega_C < 4.3\%$	亚共晶白口铸铁	$P+Fe_3C_{II}+Ld'$
	$\omega_C = 4.3\%$	共晶白口铸铁	Ld'
	$4.3\% < \omega_C < 6.69\%$	过共晶白口铸铁	$Ld'+Fe_3C_I$

(1) 共析钢

图 3.4 中Ⅰ位置为含碳量 0.77%的共析钢。合金在点 1 温度以上全部为液相；缓慢冷却至点 1 时，开始逐渐结晶出奥氏体；随着温度的下降，奥氏体逐渐增多，冷却至点 2 时，液相全部结晶为奥氏体；合金在点 2 和点 3 之间温度范围内为单一奥氏体组织，冷却至 727 ℃(点 3)时开始发生共析转变，从奥氏体中析出铁素体和渗碳体，构成珠光体组织。在点 3 以下继续缓冷过程中将有少量三次渗碳体析出，由于其在钢中影响不大，故一般忽略不计。相变过程为

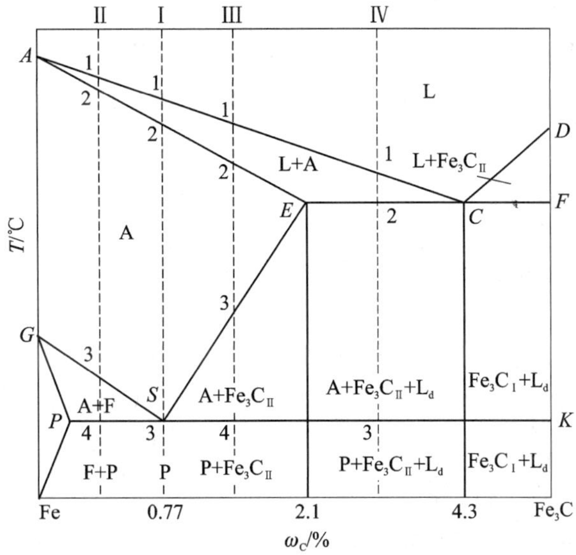

图 3.4　简化铁碳相图

$$L \xrightarrow{\text{结晶}} L + A \xrightarrow{\text{进入单相区}} A \xrightarrow{\text{到达共析点}} A_S$$

$$\xrightarrow{\text{共析转变}} F_P + Fe_3C \xrightarrow{\text{冷却}} F + Fe_3C + Fe_3C_{Ⅲ}(\text{少}) \longrightarrow P(F + Fe_3C)$$

利用杠杆定律可以计算出室温下珠光体中铁素体(F)和渗碳体(Fe_3C)的相对含量,即

$$F\% = \frac{6.69 - 0.77}{6.69 - 0.0008} \times 100\% = 88.5\%$$

$$Fe_3C\% = 11.5\%$$

(2) 亚共析钢

图 3.4 中Ⅱ位置为含碳量 0.021 8%～0.77%的亚共析钢。合金在点 1 温度以上全部为液相;缓慢冷却至点 1 时,开始结晶出奥氏体,在点 1 和点 2 之间温度范围为 L+A;在点 2 和点 3 之间温度范围内为单一奥氏体组织;冷却至点 3 时,将从奥氏体中析出铁素体,同时随着温度的降低,铁素体含量不断增多;冷却至点 4 将发生共析转变,生成珠光体,少量三次渗碳体从铁素体中析出,最终亚共析钢在室温下的组织为铁素体和珠光体。随着含碳量的增加,珠光体量增多,铁素体量减少。相变过程为

$$L \xrightarrow{\text{结晶}} L + A \xrightarrow{\text{进入单相区}} A \xrightarrow{\text{进入两相区}} A + F$$

$$\xrightarrow{\text{冷却}} P_P + A_S \xrightarrow{\text{冷却}} P + F$$

冷却过程中铁素体成分沿着 GP 线变化,奥氏体成分沿着 GS 线向共析成分接近,在点 3 和点 4 之间组织为奥氏体和铁素体。如果用完整的铁碳相图分析,区别在于:缓冷至点 1 时液相中结晶出 δ 相,此后为 L+δ 相;随后在 HJB 线发生包晶转变生成奥氏体。

(3) 过共析钢

图 3.4 中Ⅲ位置为含碳量 0.77%～2.11%的过共析钢。合金在点 1 温度以上全部为液相;缓慢冷却至点 1 时,开始结晶出奥氏体,在点 1 和点 2 之间温度范围为 L+A;在点 2 和点 3 之间温度范围内为单一奥氏体组织;冷却至点 3 时,奥氏体中含碳量达到饱和,碳以二次渗

碳体(Fe_3C_{II})的形式析出,继续冷却时二次渗碳体增多,奥氏体减少;冷却至点 4 时,奥氏体发生共析转变,形成珠光体。过共析钢的室温组织为珠光体和网状二次渗碳体。相变过程为

$$L \xrightarrow{结晶} L + A \xrightarrow{进入单相区} A_S \xrightarrow{进入两相区} A_S + Fe_3C_{II} \xrightarrow{冷却} P + Fe_3C_{II}$$

(4) 亚共晶白口铸铁

图 3.4 中Ⅳ位置为含碳量 2.11%~4.3%的亚共晶白口铸铁。合金在点 1 温度以上全部为液相;缓慢冷却至 AC 线上点 1 时,开始结晶出奥氏体,在点 1 和点 2 之间温度范围为 L+A;冷却至点 2 时,发生共晶转变,形成莱氏体;在点 2 和点 3 之间温度范围内,奥氏体的成分沿着 ES 线变化,并不断析出二次渗碳体(Fe_3C_{II});冷却至点 3 时,发生共析转变,形成珠光体。亚共晶白口铸铁的室温组织为珠光体(P)+二次渗碳体(Fe_3C_{II})+低温莱氏体(Ld′)。随着含碳量增加,组织中变态莱氏体量增多,其他量相对减少。相变过程为

$$L \xrightarrow{结晶} L + A \xrightarrow{共晶转变} A + Fe_3C_{II} + Ld \xrightarrow{共析转变} P + Fe_3C_{II} ++ Ld'$$

共晶白口铸铁和过共晶白口铸铁的结晶过程中相变分析与此类似。

3. 铁碳合金含碳量、组织、性能相互之间关系

(1) 含碳量对组织的影响

由铁碳相图可知,任何成分的铁碳合金在室温下的组织均由铁素体和渗碳体两相组成。随着含碳量的变化,铁素体含量和渗碳体含量相对变化,形状和分布也各不相同。工业纯铁中($\omega_C \leqslant 0.0218\%$)组织为铁素体,随着含碳量增加,铁素体减少,同时渗碳体增加,直至 $\omega_C=6.69\%$时铁素体含量为 100%。随着含碳量增加,室温下铁碳合金的组织变化为

$$\begin{aligned}&F + Fe_3C_{III} \longrightarrow F + P \longrightarrow P \longrightarrow P + Fe_3C_{II} \longrightarrow P + Fe_3C_{II} + Ld' \\ &\longrightarrow Ld' \longrightarrow Ld' + P + Fe_3C_{I}\end{aligned}$$

(2) 含碳量对力学性能的影响

铁碳合金的力学性能取决于组织中铁素体与渗碳体的相对含量及分布状况。含碳量越高,钢的强度和硬度越高,而塑性和韧性越低。当含碳量小于 0.8%时,随着钢中含碳量的增加,钢的强度、硬度呈直线上升,塑性、韧性降低。当含碳量超过 0.8%时,随着钢中含碳量的增加,由于网状渗碳体的出现,钢的硬度升高,强度开始降低,塑性、韧性继续降低。因此,为了保证工业用钢具有足够的强度和适当的塑性、韧性,其含碳量一般不超过 1.3%~1.4%。对于含碳量大于 2.11%的白口铸铁,由于组织中有大量的渗碳体,硬度高,塑性和韧性差,难切削和锻压,一般用作耐磨零件。

(3) 含碳量对工艺性能的影响

铁碳合金中铁素体为软、韧相,渗碳体为硬、脆相。铁素体对于塑性提高有益,而渗碳体对于硬度提高有益。因此,低碳钢中 F 较多,塑性好,切削加工时产生切削热大,易粘刀,不易断屑,表面粗糙度值大。高碳钢中 Fe_3C 多,刀具磨损严重,故切削加工性也差。中碳钢中 F 和 Fe_3C 的比例适当,切削加工性好。当高碳钢中的 Fe_3C 呈球状时,也可改善切削加工性。

单相奥氏体组织可锻性好,钢的含碳量增加,可锻性下降,所以低碳钢的可锻性好。随着钢中含碳量的增加,钢的塑性下降,可焊性下降。为了保证获得优质焊接接头,应优先选用低碳钢(含碳量小于 0.25%的钢)。

钢液的流动性随含碳量的增加而提高。铸铁因其液相线温度比钢低,相同条件下,其流动性总是比钢好。亚共晶铸铁随着含碳量的增加,结晶温度间隔减少,流动性增加。共晶成分流

动性最好。过共晶铸铁随着含碳量的增加,流动性变差,枝晶偏析严重,分散缩孔增大。铸铁件一般选择共晶成分或接近共晶成分的铁碳合金。

3.2.3　铁碳合金相图的应用

Fe－Fe_3C 相图在工程实际中主要用于材料选用、加工工艺制定两个方面。

铁碳合金相图反映了成分、组织与性能之间的关系,根据组织能大概判断出相应的力学性能,可以指导钢铁材料的选用。要求零件塑性、韧性好,可以选用低碳钢(含碳量 0.10%～0.25%);要求零件强度、塑性及韧性都较好,可以选用含碳量适中(0.25%～0.60%)的中碳钢;要求零件硬度高、耐磨性好,可以选用高碳钢(含碳量 0.6%～1.3%)。

铁碳合金相图可以指导铸造工艺制定,找出不同成分的铁碳合金的熔点,从而确定合适的熔化、浇注温度。在锻造方面,应选择在相图中奥氏体单相区中的适当温度范围内进行。制定热处理工艺时,可以根据不同成分选择热处理工艺,确定热处理操作的加热温度等。

3.3　铁碳合金

3.3.1　铁碳合金简介

铁碳合金中最基本的组元是铁和碳两种元素。工业上按照含碳量的不同(见图 3.3),将含碳量小于 2.11%的铁碳合金称为钢。钢又按照化学成分的差异可分为碳(素)钢和合金钢两大类。碳钢力学性能较低,淬透性小,抗蚀性和耐热性差,在现代飞机上很少使用。含碳量大于 2.11%的铁碳合金称为铸铁。铸铁的含碳量一般为 2.5%～4.0%,具有优良的铸造性能、耐磨性。

1. 钢

(1) 钢中的杂质及合金元素

碳钢是由生铁冶炼获得的合金,除铁、碳为其主要成分外,还含有少量的锰、硅、硫、磷等杂质。为获得一定的力学性能和工艺性能,可有目的地加入合金元素形成合金钢。钢中的合金元素有铬、锰、镍、钨、钼等金属元素,也有硅、氮、硼等非金属元素。表 3.6 列出了几种元素对碳钢性能的影响。

表 3.6　几种元素对碳钢性能的影响

元　素	影　响
硫	有害元素。以 FeS 的形式存在于钢中,钢在 1 000～1 200 ℃进行热加工时,易导致钢开裂
磷	有害元素。能提高钢的强度、硬度,但使塑性、韧性急剧下降,在低温时引起冷脆
锰	有益元素。锰含量不高时,对钢性能影响不大。有较好的脱氧能力,可使钢中的 FeO 还原成铁,改善钢的质量;与硫能生成 MnS,以减轻硫的有害作用;产生固溶强化,提高钢的强度和硬度
硅	有益元素。含硅量不高时,对钢性能影响不大。消除 FeO 对钢质量的影响;产生固溶强化,提高钢的强度和硬度

(2) 钢的分类

钢的分类方法很多,主要是根据含碳量、钢材质量、用途、冶炼方法等进行分类。

1）按照化学成分分类

按照化学成分可分为碳钢和合金钢两类。

碳钢按照含碳量不同可以分为低碳钢（$\omega_C \leqslant 0.25\%$）、中碳钢（$0.25\% < \omega_C \leqslant 0.6\%$）和高碳钢（$\omega_C > 0.6\%$）三类。

合金钢按合金元素的含量可分为低合金钢（合金元素总量<5%）、中合金钢（合金元素总量为5%～10%）和高合金钢（合金元素总量>10%）三类。合金钢按合金元素的种类可分为锰钢、铬钢、硼钢、铬镍钢和硅锰钢等。合金钢按照用途可以分为合金结构钢、合金工具钢和特殊钢；合金结构钢包括渗碳钢、调质钢、超高强度钢、弹簧钢、轴承钢等；合金工具钢包括刃具钢、模具钢、量具钢等；特殊钢包括不锈钢、耐热钢、耐磨钢、磁钢等。

2）按照钢的质量分类

按照钢中有害杂质S、P含量可以分为普通钢（$\omega_S \leqslant 0.055\%$、$\omega_P \leqslant 0.045\%$）、优质钢（$\omega_S \leqslant 0.040\%$、$\omega_P \leqslant 0.040\%$）、高级优质钢（$\omega_S \leqslant 0.030\%$、$\omega_P \leqslant 0.035\%$）。

3）按照钢的用途分类

按照钢的用途，主要可以分为碳素结构钢、碳素工具钢。碳素结构钢主要用来制造各种金属结构零部件，多数是低碳钢和中碳钢；碳素工具钢主要用来制造各种工具、模具、量具等，多属于高碳钢。

（3）钢的牌号及用途

GB/T 221—2008（钢铁产品表示方法）规定了钢铁产品牌号的表示方法。下面列出几类常见钢铁产品的排号组成。碳钢的牌号及用途见表3.7。

表3.7　碳钢的牌号及用途

分　类	编号示例	常用牌号	用　途
碳素结构钢和低合金结构钢	Q235-AF	Q195，Q215，Q235，Q255，Q275	一般用于型材供应的工程结构件，制造不太重要的机械零件及焊接件
优质碳素结构钢	45	08F，10F，45，50，65，15Mn，45Mn，60Mn	用于制造曲轴、传动轴、齿轮、连杆等重要零件
合金结构钢	12CrMoV	30CrMnA，20SiMn2MoV，20Cr，30CrMnSiNi2A，40CrNi2Si2MoVA	广泛用于各种机械零件
碳素工具钢	T8	T7，T7A，T8，T8A，T8Mn，T9，T10	制造需较高硬度、耐磨性，又能承受一定冲击的工具
铸钢	ZG200-400	ZG200-400，ZG230-450，ZG270-500，ZG310-570	形状复杂的需要采用铸造成形的钢质零件

1）碳素结构钢和低合金结构钢

碳素结构钢和低合金结构钢的牌号通常由四部分组成。

第一部分：前缀符号＋强度值（以N/mm^2或MPa为单位），其中通用结构钢前缀符号为代表屈服强度的拼音的字母Q，专用结构钢的前缀符号可参见国标；第二部分（必要时）：钢的质量等级，用英文字母A、B、C、D、E、F……表示；第三部分（必要时）：脱氧方式表示符号，即沸腾钢、半镇静钢、镇静钢、特殊镇静钢分别以F、B、Z、TZ表示，镇静钢、特殊镇静钢表示符号通常可以省略；第四部分（必要时）：以符号表示产品用途、特性或工艺方法。例如，Q235-AF表示屈服点为 235 MPa 的 A 级沸腾钢，Q235－C 表示屈服点为 235 MPa 的 C 级镇静钢。

根据需要，低合金高强度结构钢的牌号也可以采用二位阿拉伯数字(表示平均含碳量，以万分之几计)加规定的元素符号及必要时加代表产品用途、特性和工艺方法的表示符号，按顺序表示。

2）优质碳素结构钢

优质碳素结构钢牌号通常由五部分组成。优质碳素弹簧钢的牌号表示方法与优质碳素结构钢相同。

第一部分：以二位阿拉伯数字表示平均含碳量(以万分之几计)；第二部分(必要时)：表示较高含锰量的优质碳素结构钢，加锰元素符号 Mn；第三部分(必要时)：表示钢材冶金质量，即高级优质钢、特级优质钢分别以 A、E 表示，优质钢不用字母表示；第四部分(必要时)：以脱氧方式表示符号，即沸腾钢、半镇静钢、镇静钢分别以 F、B、Z 表示，但镇静钢表示符号通常可以省略；第五部分(必要时)：以符号表示产品用途、特性或工艺方法。例如 08F 表示平均含碳量为 0.08％的优质碳素结构钢(脱氧方法为沸腾钢)。含锰量较高(0.7％～1.00％)的钢末尾标出锰元素符号，如 65Mn 为含锰量较高、平均含碳量为 0.65％的优质碳素结构钢。

3）合金结构钢

合金结构钢牌号通常由四部分组成。

第一部分：以二位阿拉伯数字表示平均含碳量(以万分之几计)。第二部分：合金元素含量，以化学元素符号及阿拉伯数字表示。具体表示方法为：平均含量小于 1.50％时，牌号中仅标明元素，一般不标明含量；平均含量为 1.50％～2.49％、2.50％～3.49％、3.50％～4.49％、4.50％～5.49％……时，在合金元素后相应写成 2、3、4、5……。第三部分：钢材冶金质量，即高级优质钢、特级优质钢分别以 A、E 表示，优质钢不用字母表示。第四部分(必要时)：以符号表示产品用途、特性或工艺方法。例如，25Cr2MoVA 表示含碳量 0.22％～0.29％、Cr 含量 1.5％～1.80％、Mo 含量 0.25％～0.35％、V 含量 0.15％～0.30％，A 表示高级优质钢。

4）碳素工具钢

碳素工具钢牌号通常由四部分组成。

第一部分：碳素工具钢表示符号 T；第二部分：阿拉伯数字表示平均含碳量(以千分之几计)；第三部分(必要时)：较高含锰量碳素工具钢，加锰元素符号 Mn；第四部分(必要时)：钢材冶金质量，即高级优质碳素工具钢以 A 表示，优质钢不用字母表示。例如 T8MnA 表示含碳量 0.80％～0.90％、Mn 含量 0.40％～0.60％，A 表示高级优质钢。

5）铸钢

铸钢的含碳量一般控制在 0.15％～0.60％范围内。铸钢的编号方法为：以铸钢的汉语拼音首字母 ZG 后附加两组数字来表示，后面的第一组数字表示最低屈服强度值，第二组数字表示最低抗拉强度值，单位都是 MPa。例如，ZG200－400 表示屈服强度不低于 200 MPa，抗拉强度不低于 400 MPa 的碳素铸钢。

2. 铸　铁

(1) 铸铁的分类

铸铁中含碳量大于 2.11％，铸铁中 C、Si 含量较高，C 大部分甚至全部以游离状态石墨(G)的形式存在。根据碳在铸铁中的存在形式，可将铸铁分为灰口铸铁、麻口铸铁和白口铸铁。根据石墨的形态不同，铸铁可分为灰铸铁、可锻铸铁、球墨铸铁和特殊性能铸铁(如耐磨铸铁、耐蚀铸铁、耐热铸铁)等,见表3.8。

表3.8 铸铁的分类

分类形式	类 别	特 点
碳的存在形式	灰口铸铁	C大部分或全部以石墨形式存在,断口呈暗灰色,工业上应用最多、最广的铸铁
	麻口铸铁	C大部分以渗碳体形式存在,少部分以石墨形式存在,组织介于白口铸铁和灰口铸铁之间,断口黑白相间,构成麻点,性能硬而脆,切削加工困难,工业上很少使用
	白口铸铁	C全部以渗碳体形式存在,断口呈银白色,组织中存在大量莱氏体,性能硬而脆,切削加工较困难,主要用作炼钢原料
石墨的形态	灰铸铁	片状石墨分布在金属基体组织上,具有一系列优良的性能,常用来制造机床床身、底座等耐压零部件
	球磨铸铁	石墨呈球状分布,显微组织由球形石墨和金属基体两部分组成,具有良好的铸造性能、减摩性、切削加工性等优良性能,但也有过冷倾向大,易产生白口现象和缩松等缺陷
	可锻铸铁	显微组织由团絮状石墨和金属基体组成,机械性能介于灰铸铁与球墨铸铁之间,有较好的耐蚀性,但由于退火时间长,生产效率极低,使用受到限制,故一般用于制造形状复杂,工作时受振动而对强度、韧性要求较高的零件
	蠕墨铸铁	石墨短而厚,端部较圆,形同蠕虫,力学性能介于灰铸铁与球墨铸铁之间,有良好的导热性和耐热性,并且耐磨性、减振能力和铸造性能优良,铸造工艺简单,成品率高,适用于制造重型机床床身、机座、活塞环、液压件等

(2) 铸铁的牌号

根据GB/T 5612—2008(铸铁牌号表示方法),铸铁基本代号由表示该铸铁特征的汉语拼音字的第一个大写正体字母组成,当两种铸铁名称的代号字母相同时,可在该大写正体字母后加小写正体字母来区别。当要表示铸铁的组织特征或特殊性能时,代表铸铁组织特征或特殊性能的汉语拼音字的第一个大写正体字母排列在基本代号的后面。铸铁代号及实例见表3.9。

表3.9 各种铸铁名称、代号及牌号(GB/T 5612—2008)

铸铁名称	代 号	牌号示例	铸铁名称	代 号	牌号示例
灰铸铁	HT		耐热球墨铸铁	QTR	QTR Si5
灰铸铁	HT	HT250	耐蚀球墨铸铁	QTS	QTS Ni20Cr2
奥氏体灰铸铁	HTA	HTA Ni20Cr2	蠕墨铸铁	RuT	RuT420
冷硬灰铸铁	HTL	HTL Cr1Ni1Mo	可锻铸铁	KT	
耐磨灰铸铁	HTM	HTM Cu1CrMo	白心可锻铸铁	KTB	KTB350-04
耐热灰铸铁	HTR	HTR Cr	黑心可锻铸铁	KTH	KTH350-10
耐蚀灰铸铁	HTS	HTS Ni2Cr	珠光体可锻铸铁	KTZ	KTZ650-02
球墨铸铁	QT		白口铸铁	BT	
球墨铸铁	QT	QT400-18	抗磨白口铸铁	BTM	BTM Crl5Mo
奥氏体球墨铸铁	QTA	QTA Ni30Cr3	耐热白口铸铁	BTR	BTRCrL6
冷硬球墨铸铁	QTL	QTL Cr Mo	耐蚀白口铸铁	BTS	BTSCr28
抗磨球墨铸铁	QTM	QTM Mn8-30			

当以化学成分表示铸铁的牌号时，合金元素符号及名义含量（质量分数）排列在铸铁代号之后。牌号中，常规碳、硅、锰、硫、磷元素一般不标注，有特殊作用用时，才标注其元素符号及含量。合金化元素的含量大于或等于 1%时，在牌号中用整数标注；小于 1%时，一般不标注；只有对该合金特性有较大影响时，才标注其合金化学元素符号。合金化元素按其含量递减次序排列，含量相等时按元素符号的字母顺序排列。

当以力学性能表示铸铁的牌号时，力学性能值排列在铸铁代号之后。当牌号中有合金元素符号时，抗拉强度值排列于元素符号及含量之后，之间用“-”隔开。牌号中代号后面有一组数字时，该组数字表示抗拉强度值，单位为 MPa；当有两组数字时，第一组表示抗拉强度值，单位为 MPa，第二组表示伸长率值，单位为%，两组数字间用“-”隔开。具体示例如下：

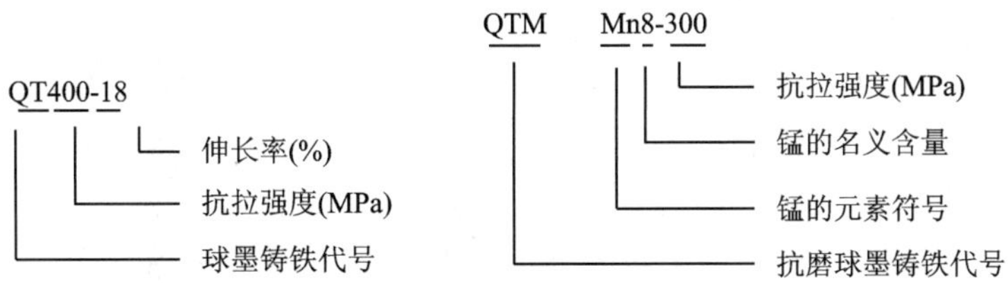

3.3.2　超高强度钢

随着飞机向大型、高速、高机动性方向的发展，要求尽可能地减小飞机构件自身的质量，因此必须提高钢材的比强度，即要求进一步提高钢材的强度。习惯上，将抗拉强度大于 1 500 MPa，屈服强度大于1 400 MPa 的钢称为超高强度钢。在性能上要求具有：所要求的强度；合适的塑性、韧性和尽可能小的缺口敏感性；高的疲劳强度，足够的耐热性和一定的抗应力腐蚀性能；可焊性。

超高强度钢是在合金调质钢的基础上，加入多种合金元素而发展起来的。按照钢材中所含合金元素的总量，大致可分为中（5%～10%）、低合金超高强度钢（5%以下）和高合金超高强度钢（10%以上）。按结构功能将航空超高强度钢分为两大类：一类是飞机机体结构用钢；一类是传动和转动零部件用钢。

1. 飞机机体结构用超高强度钢

经过几十年的研究、发展，飞机机体结构用超高强度钢可分为：低合金超高强度钢、二次硬化（中合金）中温超高强度钢、高合金超高强度钢、超高强度不锈钢，见表 3.10。

表 3.10　超高强度钢的特点及应用

分　类	牌号示例	特　点	应　用
低合金超高强度钢	30CrMnSiNi2A 40CrNi2MoVA 45CrNiMo1VA 40CrNiMoV	含碳量 0.3%～0.45%，合金含量小于 5%；利用碳强化马氏体，经淬火＋低温回火，在回火马氏体组织状态下使用，或等温淬火，在贝氏体状态下使用；加工成型性和焊接性能较低；耐蚀性抗氧化性差	用于制作飞机起落架、连接轴等结构件及固体火箭发动机壳体等
中合金超高强度钢	4Cr5MoVSi 20Ni9Co4CrMo1V H11 mod	主要合金元素为 Cr、Mo、V；具有较高的比强度，抗氧化性，热强性较好；多用于热作模具钢	飞机后框架、平尾轴、起落架、梁、着陆钩、螺栓等

续表 3.10

分类	牌号示例	特点	应用
高合金超高强度钢	AF1410 9Ni-4Co-45 HY180	合金元素含量大于10%，含碳量较低，含有较多的镍、钴等元素；具有优良的综合力学性能	可取代其他钢种用于飞机起落架、螺栓等关键承力构件
超高强度不锈钢	0Cr13Ni8Mo2Al 0Cr17Ni7Al 0Cr15Ni7Mo2Al	来自高Cr马氏体强化和450～650 ℃回火析出碳化物和/或金属间化合物强化	用于制作飞机薄壁结构、座板门闩、化工设备耐蚀结构等

(1) 低合金超高强度钢

低合金超高强度钢是在合金调质钢的基础上发展起来的，含碳量一般在0.3%～0.45%，其合金元素含量小于5%。低合金超高强度钢的强度主要决定于含碳量，随着含碳量增加，钢的强度、硬度提高，但塑性、韧性下降，工艺性能(成形性、可焊性)也随之恶化。在低合金超高强度钢中，通常加入锰、铬、硅、镍、钼、钒等合金元素，目的是提高淬透性和马氏体抗回火能力，以及抑制奥氏体晶粒长大，细化组织。低合金超高强度钢最终热处理为淬火加低温回火或等温淬火，使用状态下的组织为回火马氏体或下贝氏体。低合金超高强度钢的缺点是对缺口氢脆和应力腐蚀较敏感，受回火温度限制，使用温度较低。低合金超高强度钢主要用于室温下工作的承力构件，包括飞机的起落架、主梁及其他关键承力零部件。典型钢种有30CrMnSiNi2A、40CrNi2MoA、45CrNiMo1VA、40Si2Ni2CrMoVA、406、D406A、D406B、28Cr3SiNiWMoV、37SiMnCrNiMoV、G50、40CrMnSiMoVA(GC-4)、25(30)CrNiWV等。常用低合金超高强度钢的化学成分与主要力学性能见表3.11。

表3.11 低合金超高强度钢的化学成分和主要力学性能

牌号	化学成分/%							R_m/MPa	K_{IC}/(MPa·m$^{1/2}$)
	C	Si	Mn	Cr	Ni	Mo	V		
AISI4340	0.4	0.3	0.7	0.8	1.8	0.25	—	1 800～2 100	57
300M	0.4	1.6	0.8	0.8	0.8	0.4	0.08	1 900～2 100	74
D6AC	0.4	0.3	0.9	1.2	0.7	1.1	0.1	1 900～2 100	68
30CrMnSiNi2A	0.3	1.0	1.2	1.0	1.6	—	—	1 570～1 810	64
40CrMnSiMoVA	0.4	1.4	1.0	1.4	—	0.5	0.1	1 800～2 100	71

20世纪50年代初，美国在AISI4130钢的基础上增加碳元素及镍元素的含量，成功研制出第1个被广泛认同的低合金超高强度钢AISI4340。碳元素的增加能够有效提高马氏体基体的强度，镍元素的增加对于残余奥氏体的存在是有利的，使得材料的塑韧性得到提升，可有效避免AISI4130钢出现裂纹易扩展的问题，但AISI4340钢存在低温回火脆性。美国国际镍公司于1952年在AISI4340的基础上，提高硅元素含量(提高回火抗力及延缓裂纹扩展)，并添加0.05%～0.10%的钒元素，开发了300M钢。1964年开始用于美国C-5A大型军用运输机起落架，并从60年代开始，广泛应用于飞机起落架(图3.5)、飞机结构件等关键部件。

AISI4340 和 300M 低合金超高强度钢虽具有高强度，但断裂韧度和抗应力腐蚀能力较差，因而其应用受到一定的限制。美国于 20 世纪 60 年代初研制 D6AC(4340 改进钢)，D6AC 钢的屈强比很高，延性很好，具有很好的缺口韧性和冲击韧性，可焊，特别适合应用于飞机和导弹结构。20 世纪 70 年代中，D6AC 逐渐取代了其他合金结构钢而被大量应用。

图 3.5　某型飞机起落架(300M)

俄罗斯代表性钢有 30ХГСН2А 和 40ХН2СМА（ЭИ643）钢。30ХГСН2А 是 30ХГ 添加 1.4%～1.8%的镍而成，从而提高了钢的强度、塑韧性及淬透性，并派生出了系列钢种。40ХН2СМА 在 40ХН2МА 基础上发展而成，与 300M 性能接近。40ХН2СВА 是 W 代 Mo 的钢种，又研制了新型经济型的低合金超高强度钢 35ХСН3МIА（ВКС－8）和 35ХС2Н3М1ФА(ВКС－9)，其 R_m 分别可达到 1 800～2 000 MPa 和 1 950～2 150 MPa。

40CrMnSiMoVA(GC－4)是我国于 1958 年开始研制的第一个超高强度钢，无镍，含有少量的钒，能细化晶粒，可提高钢的塑性和韧性，保证具有良好的综合机械性能，可代替 30CrMnSiNi2A 钢制造重要受力零件如起落架、机翼大梁等。40CrNi2SiMoVA 是我国按照美国 AMS6417B 和 MIL－S－8844C 标准仿制 300M 钢。406 钢是我国自行设计和自行研制的低合金超高强度钢，$R_m>1\ 715$ MPa，$K_{IC}>72$ MPa·$m^{1/2}$，相当于美国 D6AC 钢。然后又在 406 钢的基础上开发了 D406A 钢，通过降低含碳量和采用 VM＋VAR 冶炼技术，提高了纯净度。

(2) 二次硬化(中合金)中温超高强度钢

中合金超高强度钢合金元素含量为 5%～10%，含碳量为 0.3%～0.45%，加有较多量的铬、钼、钒等元素，回火时具有二次硬化现象，一般在淬火加过回火状态下使用，回火温度的高低取决于选用的二次硬化合金元素。其强度来自马氏体相变和 550 ℃以上回火产生的二次硬化，工作温度可达 300～500 ℃，其缺点是对缺口和应力腐蚀较为敏感。这类合金的特点是在具备 1 700 MPa 抗拉强度的同时具有承受 500 ℃高温的能力，适用于 500 ℃以下的中温高强度构件，如飞机起落架、梁、承力框架和螺栓等。典型钢种有 4Cr5MoSiV(H11)、4Cr5MoSiV1(H13)、HST100(120、140)、38Cr2Mo2VA(GC－19)、H11 mod、H－13 等。

(3) 高合金超高强度钢

高合金超高强度钢合金元素含量大于 10%，含碳量较低，含有较多的镍、钴等元素。高合金超高强度钢的超高强度是通过马氏体相变以及二次强化或者时效强化的双重作用获得的。高合金超高强度钢主要有两大系列：一类是由 9Ni－4Co 钢发展而来的 Ni－Co－Cr－Mo 系二次硬化钢，典型钢种有 HP9－4－25、HP9－4－30、HP9－4－45、AF1410 等；另一类是 18Ni 型马氏体时效钢，典型钢种有 18%Ni(200)、18%Ni(250)、18%Ni(300)。

高合金超高强度钢具有高强、高韧、低的缺口敏感性和良好的焊接、成形性能，是超高强度钢的发展方向，特点是具有优良的综合力学性能，可取代其他钢种用于飞机起落架、螺栓等关键承力构件。常用高合金超高强度钢的化学成分与主要力学性能见表 3.12。

表 3.12　高合金超高强度钢的化学成分与主要力学性能

牌　号	化学成分/%					R_m/MPa	$R_{p0.2}$/MPa	K_{IC}/(MPa·$m^{1/2}$)
	C	Ni	Co	Cr	Mo			
9Ni-4Co-45	0.45	7.75	4	0.28	0.27	1 900	1 700	—
HY180	0.11	10	8	2	1	1 380	1240	260
AerMet 100	0.23	11.5	13.4	2.9	1.2	1 930～2 030	1 620～1 750	≥110
AerMet 310	0.25	11	15	2.4	1.4	2 170	1 896	71

Fe-C-Mo-Cr-Ni-Co 系合金是在 9Ni-4Co 钢的基础上发展起来的，10Ni-8Co 的 HY180 钢是 1965 年由美国 U.S. 钢公司开发出来的优良高韧性超高强度钢，主要应用于深海舰艇壳体、海底石油勘探装置等。由于不能满足航空航天器对超高强度钢的高强韧性的要求，其一直未能在航空航天结构上获得应用。在 HY180 改进基础上，1978 年开发了 10Ni-14Co 的 AF1410 超高强度合金钢，该钢以极高的强韧性、良好的加工性能和焊接性能成为受航空界欢迎的一种新型高强度钢。在保持 AF1410 超高强度合金钢良好韧性的基础上，为进一步提高其强度以及在海水环境中的抗应力腐蚀开裂性能和降低韧脆性转变温度，AerMet 100 超高强度合金钢得以开发，并应用在 F/A-22 战斗机起落架(图 3.6)和 F-18 舰载机的起落架上。AerMet 310 是在 AerMet 100 基础上发展起来的，其化学成分与 AerMet 100 基本相同，但 C 和 Mo 含量提高，Cr 含量降低，其强度可达2 170 MPa，属于镍钴系列铁基合金，为新一代合金钢系列。

图 3.6　F/A-22 起落架(AerMet 100)

(4) 超高强度不锈钢

超高强度不锈钢强度来自高 Cr 马氏体强化和 450～650 ℃回火析出碳化物和/或金属间化合物强化。其中一类是马氏体沉淀硬化不锈钢(常见的“PH”钢)，利用马氏体相变强化和沉淀硬化机理；另一类是马氏体时效不锈钢(常见的“Custom”钢)，采用低碳板条马氏体和时效强化机理，目前这类钢是不锈钢中强度水平最高的。超高强度不锈钢主要用于制造航空器件构件、高压容器和高应力腐蚀化工设备零件等。典型钢种有 PH13-8Mo(0Cr13Ni8Mo2Al)、69111、Custom465、Custom475、17-7PH 等。

Ferrium S53(0.21C-14Co-10Cr-5.5Ni-2Mo-1W-0.3V)钢是 20 世纪末由美国 QuesTak 公司研发的一种宇航结构件用耐腐蚀超高强度不锈钢。从现有的数据来看，Ferrium S53 钢的抗拉强度约为 1 930 MPa，屈服强度约为 1 580 MPa，断裂韧性大于 55 MPa·$m^{1/2}$。现采用 Ferrium53 钢来取代其他材料就不需要镀镉和随后的处理过程，并且耐应力腐蚀断裂性能优于 300M 和 4340。

Ferrium S53 不锈钢的特点有：耐蚀相当于 15-5PH H900；强度优于或相当于 300M(见表 3.13)；耐应力腐蚀破裂 KI_{scc}≥16.5 MPa；具有最大耐疲劳的最佳显微组织结构特征；对抗磨损和疲劳件的表面硬度可达到甚至高于 67HRC；高强度高韧性细条状马氏体基体组织。

表 3.13　三种高强度钢力学性能的比较

力学性能	300M	AerMet 100	Ferrium S53
0.2%屈服强度/MPa	1 689	1 758	≥1 586
抗拉强度/MPa	1 993	1 965	≥1 931
断后伸长率/%	9.5	14	≥8
断面收缩率/%	31	65	≥30
硬度 HRC	53	54	≥67
断裂韧度/($MPa \cdot m^{1/2}$)	57	115	≥55

2. 传动部件用超高强度钢

传动部件用超高强度钢可以分为马氏体时效型超高强度钢和轴承齿轮钢。

(1) 马氏体时效型超高强度钢

马氏体时效型超高强度钢的强度来自含有 18%以上 Ni 的奥氏体空冷得到的低 C、高合金马氏体和时效过程中合金元素 Mo、Ti、Al 等弥散析出形成的中间相。马氏体时效钢通常按强化元素分为“T”型和“C”型:“T”型马氏体时效钢的强化元素为 Ti,不添加 Co 元素;“C”型马氏体时效钢的强化元素为 Co。该类钢在航天领域主要用作固体燃料发动机火箭壳体,在航空领域用于发动机风扇轴和低压涡轮轴等部件。典型钢种有 C200(250、300、350)、T250 等。

(2) 轴承齿轮钢

轴承齿轮钢经过三代发展,逐渐向超高强度、高韧性、耐蚀和良好的渗碳(氮)工艺性能方向发展。第三代轴承齿轮钢以 CSS-42L 和 C69 为代表,芯部具有超高强度、表层经硬化后具有高硬度,是目前各国研发的重点方向。该类钢使用部位有直升机传动系统减速器、发动机主轴承、齿轮等。

思考与练习

1. 解释下列概念并说明其性能和显微组织特性:

(1) 铁素体;(2) 奥氏体;(3) 渗碳体;(4) 珠光体。

2. 以铁碳合金为例,说明包晶转变、共晶转变、共析转变的转变过程和显微组织。

3. 画出简化铁碳相图,并解释各特征线的含义以及各相区产物。

4. 根据铁碳相图解释下列现象:

(1) 在进行热轧和锻造时,将钢材加热到 1 000～1 250 ℃;

(2) 铆钉一般采用低碳钢;

(3) 在 1 100 ℃时,含碳量为 0.4%的钢能锻造,含碳量为 4.0%的铸铁不能锻造;

(4) 室温下含碳量为 0.9%的碳钢比含碳量为 1.2%的碳钢强度高。

5. 钢中常见的杂质有哪些,对钢的性能有何影响?

6. 碳钢常见的分类方法有哪些?说明下列钢的名称及数字、符号的含义。

(1) 45 钢;(2) Q215-A;(3) T8。

7. 灰铸铁、球墨铸铁、可锻铸铁在组织上的根本区别是什么?其组织对力学性能有什么影响?

8. 超高强度钢性能上有何特点,简述其应用。

第 4 章 热处理原理及工艺

热处理是指将固态金属或合金采用适当的方式进行加热、保温和冷却，以获得所需要的组织与性能的工艺。热处理不仅可提高机械零件的使用性能，而且可以改善材料的加工性能。

热处理工艺的种类很多，通常根据其加热、冷却方法的不同及钢组织和性能变化的特点分为普通热处理（如退火、正火、淬火、回火等）和表面热处理（如表面淬火、化学热处理等）两大类。热处理种类较多，但基本上包括加热、保温、冷却三个阶段。不同热处理工艺的共同点是：只改变内部组织结构，不改变表面形状与尺寸。影响热处理效果的因素较多，改变加热温度、保温时间、冷却速度等都会引起微观组织的转变，进而改变材料性能。

本章主要以钢为对象，讲述热处理的原理和热处理工艺。加热和冷却是热处理过程中两道关键的工序，在加热或冷却条件下，钢的内部组织发生转变。因而，掌握钢在加热和冷却过程中组织变化的规律，是合理选择热处理工艺并制定工艺参数的前提。

4.1 钢的热处理原理

4.1.1 加热时的组织转变

由 Fe－Fe_3C 相图可知，碳钢在缓慢加热或冷却过程中，在 *PSK* 线（A_1 线）、*GS* 线（A_3 线）和 *ES* 线（A_{cm} 线）上都要发生组织转变。因此，任一成分碳钢的固态组织转变的相变点，都可由 *PSK* 线、*GS* 线和 *ES* 线来确定。实际热处理生产中，加热和冷却都是在非平衡状态下进行的，因此组织转变温度都会偏离平衡相变点，表现出加热时偏向高温，冷却时偏向低温。将加热时的各相变点用 A_{c1}、A_{c3}、A_{ccm} 表示，冷却时的各相变点用 A_{r1}、A_{r3}、A_{rcm} 表示，以区别于平衡相变点。图 4.1 所示为钢的临界温度在铁碳相图上的位置。

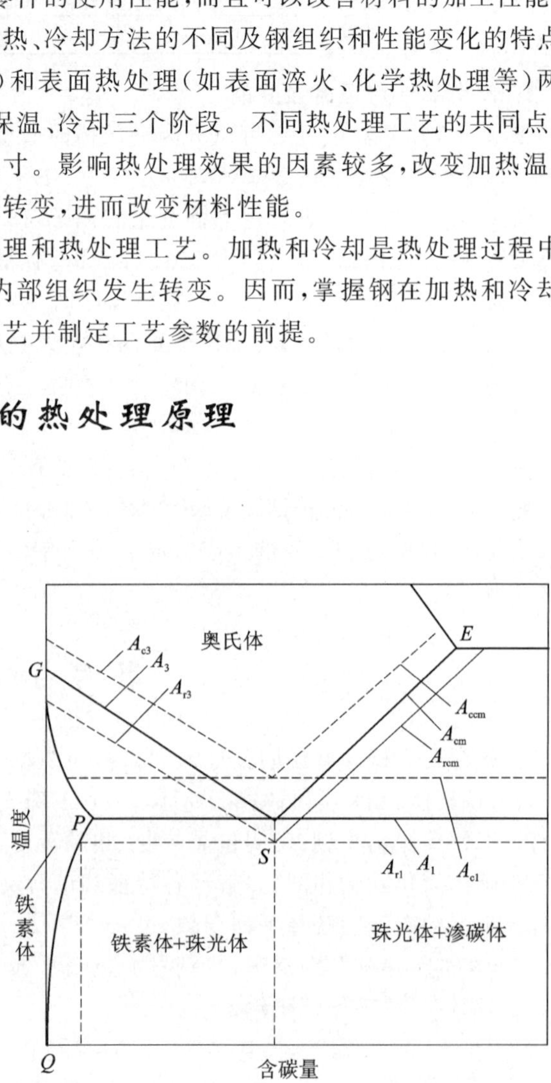

图 4.1 钢在加热和冷却时的临界温度

1. 奥氏体的形成

共析钢、亚共析钢和过共析钢分别被加热到 A_1 线、A_3 线和 A_{cm} 线以上温度并保持一定时间后才能获得单相奥氏体组织。下面以共析钢为例来分析奥氏体的形成过程。

室温下共析钢的平衡组织为珠光体，加热到 A_{c1} 温度时，便会发生珠光体向奥氏体的转变，即

$$P(F+Fe_3C)\xrightarrow{A_{c1}}A$$

珠光体向奥氏体的转变是由成分相差悬殊、晶格完全不同的两相(体心立方晶格的铁素体和复杂晶格的渗碳体),转变成另一种成分和晶格的单相固溶体(面心立方晶格的奥氏体,$\omega_C=0.77\%$)。在整个转变过程中,发生 $\alpha\to\gamma$ 的同素异构转变和 Fe_3C 的溶解,并伴随着铁原子和碳原子的扩散。珠光体向奥氏体的转变也是以形核和核长大的方式进行的,其转变的基本过程包括晶核的形成与长大、残余渗碳体的溶解和奥氏体的均匀化。

① 奥氏体晶核的形成与长大。奥氏体的晶核优先在铁素体与渗碳体的相界面处形成。奥氏体晶核形成后逐渐长大,由于接触界面含碳量不同,碳在奥氏体中从高含量处向低含量处扩散,促使铁素体向奥氏体转变及渗碳体的溶解,奥氏体向铁素体和渗碳体两个方向长大。

② 残余渗碳体的溶解。由于 $\alpha\to\gamma$ 转变速度大于渗碳体的溶解速度,致使奥氏体晶核向铁素体一方的长大速度大于向渗碳体一方的长大速度,铁素体完全消失时,还有一部分渗碳体残留下来。在保温过程中,残余的渗碳体将逐渐溶入奥氏体中,直至全部消失。

③ 奥氏体的均匀化。渗碳体完全溶解后,奥氏体内碳浓度不均匀,通过继续延长保温时间,使碳原子充分扩散,才能使奥氏体的含碳量趋于均匀。

2. 奥氏体晶粒的长大

在奥氏体转变刚完成时,得到的晶粒是细小的。但随着保温时间的延长或温度的升高,奥氏体晶粒会长大,而晶粒的大小会影响组织的性能。奥氏体晶粒越细小,冷却转变后钢组织的晶粒也越细小,其强度较高,塑性和韧性较好;反之,组织粗大,力学性能下降。因此,钢在热处理加热过程中,加热温度和保温时间必须限制在一定的范围内,以便获得细小而均匀的奥氏体晶粒。

奥氏体晶粒的大小用奥氏体晶粒度级别来表示。晶粒大小可以参见 GB/T 6394—2017《金属平均晶粒度测定方法》。

影响奥氏体晶粒大小的因素有加热温度、保温时间、加热速度、含碳量和合金元素等。

① 加热温度和保温时间:加热温度越高,晶粒长大速度越快,奥氏体晶粒越容易粗化。延长保温时间也会引起晶粒长大,但后者的影响要比前者小得多。为了获得细小的奥氏体晶粒,应合理地选择加热温度与保温时间。

② 加热速度:加热速度越快,实际奥氏体化温度越高,形核率越大,晶粒越小。

③ 钢的化学成分:一般钢中的含碳量越高,奥氏体晶粒的长大倾向将增大。

4.1.2　冷却时的组织转变

冷却过程对热处理后的组织与性能起着极其重要的作用。采用不同的冷却速度和冷却方式,可以获得不同的组织和性能。在热处理的过程中,常用的冷却方式有等温冷却和连续冷却,如图 4.2 所示。等温冷却是将钢由加热温度迅速冷却到 A_{r1} 以下某一温度,保持一定时间后,再冷却到室温,而连续冷却是钢由加热温度连续冷却到室温。

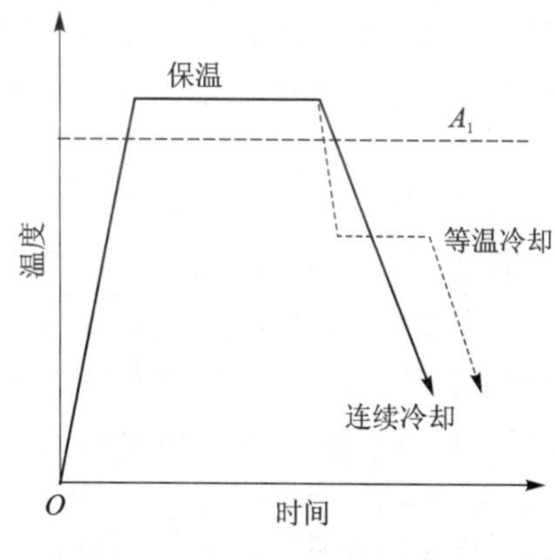

图 4.2　热处理两种冷却方式

1. 奥氏体的等温转变

(1) C 曲线

温度在 A_1 以上时,奥氏体是稳定的。温度降到 A_1 以下后,奥氏体即处于过冷状态,这种奥氏体称为过冷奥氏体。过冷奥氏体是不稳定的,有自发向稳定态转变的趋势。因而,钢在冷却过程中组织转变的实质是过冷奥氏体向稳定态组织的转变。

为研究过冷奥氏体的转变时间、转变产物的组织特征与性能,以温度为纵坐标,时间为横坐标,绘制共析钢的过冷奥氏体等温转变图(也称为温度-时间-组织转变关系曲线,TTT 曲线),该曲线呈"C"形,又称为 C 曲线,如图 4.3 所示。

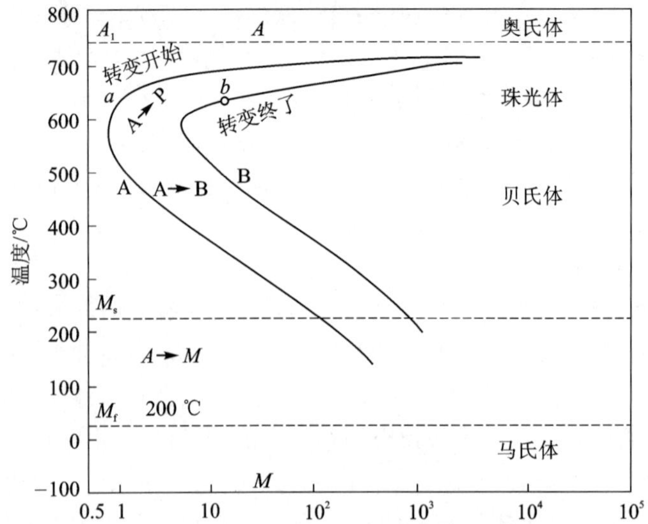

图 4.3 共析钢过冷奥氏体等温转变图

由图 4.3 可以看出,C 曲线上包含两条曲线、两条水平线以及一个特征现象,同时整个图幅区域被分成几个典型转变区域。在 A_1 线以上,奥氏体处于稳定状态。

C 曲线上左部分为过冷奥氏体转变的开始线,它的左方是过冷奥氏体区,处于尚未转变而准备转变阶段(称为孕育期);右曲线为过冷奥氏体转变终止线,它的右方转变已经完成,是奥氏体转变产物区。在两条曲线之间是过渡区,转变正在进行。在不同等温温度下,孕育期的长短不同。C 曲线的拐弯处("鼻尖",约 550 ℃)过冷奥氏体最不稳定,转变最快。

C 曲线上两条水平线分别为马氏体开始转变线 M_s(过冷奥氏体转变为马氏体的开始温度),马氏体转变终了线 M_f(过冷奥氏体转变为马氏体的终止温度)。整个 C 曲线范围中过冷奥氏体在 A_1 线以下的不同温度范围内(A_1 线~M_f 线),可发生三种不同类型的转变:高温珠光体型转变、中温贝氏体型转变和低温马氏体型转变。

(2) 等温转变的组织和性能

根据共析钢过冷奥氏体在不同温度区域内转变产物和性能的不同,可分为高温、中温及低温转变区,即珠光体型、贝氏体型和马氏体型的转变。

1) 珠光体型转变

过冷奥氏体在 A_1~550 ℃之间的高温区等温转变的产物为片层状的珠光体,即渗碳体片与铁素体片组成的共析体。按其层间距的大小,可分为珠光体、索氏体(细珠光体)和托氏体

(极细珠光体)三种。珠光体片层较粗,形成温度为 A_1～650 ℃,用符号 P 表示;索氏体片层较细,形成温度为 650～600 ℃,用符号 S 表示;托氏体片层更细,形成温度为 600～550 ℃,用符号 T 表示。三种组织实质上都是铁素体和渗碳体的机械混合物,仅片层粗细不同,并无本质差异。表 4.1 为三种组织的基本信息的对比表。

表 4.1　珠光体型组织

组织名称	形成温度/℃	符　号	组织特性	硬度 HRC	共同特点
珠光体	A_1～650	P	片层较粗	<20	无本质区别,都是铁素体和渗碳体的机械混合物,也没有严格的界限
索氏体	650～600	S	片层较薄	20～35	
托氏体	600～550	T	片层极薄	35～42	

2) 贝氏体型转变

转变温度在 550 ℃～M_s(230 ℃)温度范围内,形成由过饱和铁素体和渗碳体组成的混合物(贝氏体,符号 B)。等温温度不同,贝氏体的形态不同,其性能也不相同。根据组织形态和转变温度的不同,贝氏体一般可分为上贝氏体($B_上$)和下贝氏体($B_下$)两种。上贝氏体是由在 500～350 ℃范围内由许多互相平行的过饱和铁素体片和分布在片间的断续细小的短杆状渗碳体组成的,显微组织呈羽毛状。下贝氏体是在 350 ℃～M_s 范围内由针叶状的过饱和铁素体和分布其上的极为细小的渗碳体粒子组成的,显微组织特征是黑色针叶状。表 4.2 所列为贝氏体组织的特点对比。

表 4.2　贝氏体型组织分类

组织名称	形成温度/℃	符　号	组织特性	特　点	硬度 HRC
上贝氏体	500～350	$B_上$	羽毛状	强度低,塑性差,脆性大	40～45
下贝氏体	350 ℃～M_s	$B_下$	黑色针叶状	硬度、强度较高,塑性和韧性较好,综合力学性能优良	45～55

3) 马氏体型的转变

转变温度在 M_s～M_f 温度范围内,形成碳在 a－Fe 中的过饱和固溶体(马氏体,符号 M)。马氏体转变是在一定温度范围内(M_s～M_f)连续冷却时完成的,无孕育期,形成速度很快,但也要经过形核和长大过程。马氏体转变一般不能进行到底,过冷到 M_f 以下的温度仍有一定量奥氏体存在(残余奥氏体),直至－50 ℃(M_f)时,过冷奥氏体才全部转变成马氏体。

马氏体组织形态有片状(针状)和板条状两种。其组织形态主要取决于奥氏体的含碳量,奥氏体中 ω_C>1.0%时,马氏体呈凸透镜状,称片状马氏体(又称针状马氏体、高碳马氏体)。ω_C<0.25%时,马氏体呈板条状,称板条马氏体(又称低碳马氏体)。若 ω_C 在 0.25%～1.0%范围内,则为片状和板条状马氏体的混合组织。奥氏体中含碳量越高,淬火组织中针状马氏体量越多,板条马氏体量越少。高硬度是马氏体性能的主要特点。马氏体的硬度主要取决于马氏体中的含碳量。

(3) C 曲线的影响因素

① 含碳量:碳溶入奥氏体后会增强奥氏体的稳定性,转变需要的孕育期变长,C 曲线向右移动。故碳钢中以共析钢的过冷奥氏体最为稳定。但总的来说,含碳量对 C 曲线的影响较小。

② 合金元素：常用合金元素（除 Co 外）溶入奥氏体中都会使 C 曲线向右移，增加过冷奥氏体的稳定性，合金元素对 C 曲线的影响较大。

③ 加热温度和保温时间：温度越高，保温时间越长，奥氏体成分越均匀，同时晶粒越大，晶界面积则减少，这样会降低过冷奥氏体转变的形核率，使孕育期变长，C 曲线右移。

2. 奥氏体连续冷却时的转变

在实际生产中，热处理多采用连续冷却的方式。因此，研究过冷奥氏体在连续冷却时的组织转变规律有重要的现实意义。连续冷却转变曲线（CCT 曲线）是将钢加热到奥氏体状态后，在不同冷却速度下测出奥氏体转变开始点和终了点的温度和时间，并标在温度-时间坐标系中，分别连接开始点和终了点而得到的。

图 4.4 所示为用膨胀法测定的共析碳钢连续冷却转变曲线。图中 P_s 线为珠光体转变开始线，P_f 线为珠光体转变终了线，K 线为珠光体转变中止线。由图可见，连续冷却转变曲线只有 C 曲线的上半部分，没有下半部分，即连续冷却转变只发生珠光体和马氏体转变，而不发生贝氏体转变。这是因为贝氏体转变的孕育期长，连续冷却时尚未发生贝氏体转变，奥氏体已过冷到 M_s 点而发生了马氏体转变。注意到图中冷却速度线 v_k 与连续冷却转变曲线相切，称为马氏体临界冷却速度，是奥氏体在连续冷却过程中不发生分解，全部转变为马氏体的最小冷却速度。v_k 越大，获得马氏体需要的冷却速度越大；v_k 越小，则获得马氏体需要的冷却速度越小，越容易得到马氏体。

将 CCT 曲线与 C 曲线对比，可以发现两种曲线形状上大体相同，但也存在一些不同：① CCT 曲线位于 C 曲线的右下方，其孕育期稍长，转变温度略低；② CCT 曲线无贝氏体型组织转变区，当冷却曲线与转变中止线（K 线）相交时，过冷奥氏体转变中止；③ 连续冷却时珠光体型组织转变是在一定温度范围内进行的，其层片间距因转变温度不同而不同，在较高温度下形成的层片间距要大一些。

由于奥氏体连续冷却曲线的测定比较困难，生产中常用等温转变曲线（C 曲线）定性地估计连续冷却转变过程。图 4.5 中冷却速度 v_1 相当于随炉冷却的速度，根据它与 C 曲线相交的位置，可估计出奥氏体将转变为珠光体；冷却速度 v_2 相当于在空气中冷却的速度，根据它与

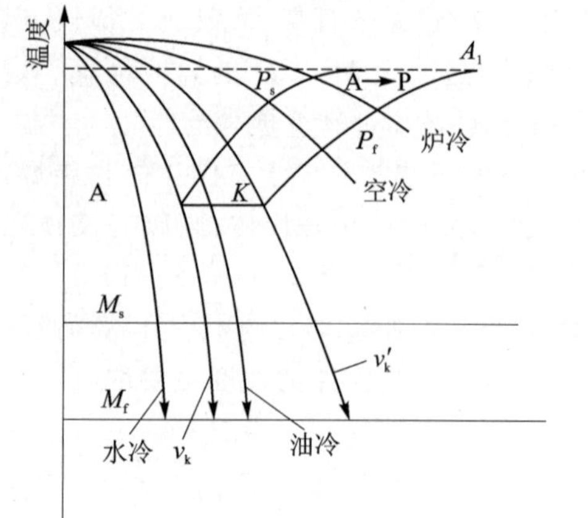

图 4.4 共析碳钢连续冷却转变曲线

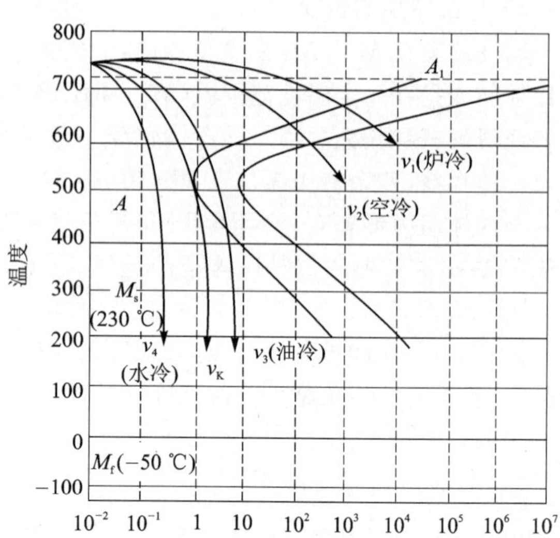

图 4.5 共析钢等温转变曲线在连续冷却时的应用

C线相交的位置,可估计出奥氏体将转变为索氏体;冷却速度 v_3 相当于油冷的速度,根据它与C曲线相交的位置,可估计出有一部分奥氏体将转变为托氏体,剩余的奥氏体冷却到 M_s 线以下开始转变为马氏体,最终得到托氏体、马氏体和残余奥氏体的混合组织;冷却速度 v_4 是相当于水冷的速度,它不与C曲线相交,一直过冷到 M_s 线以下开始转变为马氏体。

4.2　钢的热处理工艺

为使金属零件的性能满足要求,通常要安排各种热处理工序。最基本的热处理工艺有退火、正火、淬火和回火等。图4.6所示为四种热处理工艺的区别。热处理的工序有可能安排在机械加工过程之前,也有可能安排在加工过程中。按照热处理在机械加工过程中的作用,生产上常把热处理分为预先热处理和最终热处理。

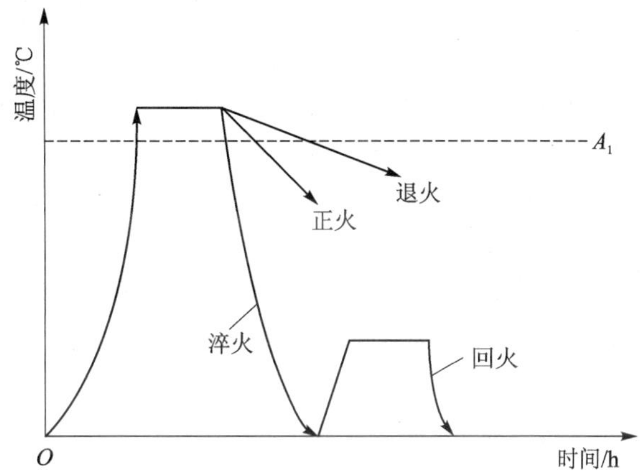

图 4.6　四种热处理工艺

预先热处理是为随后的加工和最终热处理做准备,如提高待加工材料的塑性,改善切削加工性能,其工序位置一般安排在毛坯成型之后,或机械粗加工之后、精加工之前。通常情况下,退火和正火用于预先热处理,以消除和改善前一道工序所造成的某些组织缺陷(如晶粒粗大、粗细不均匀、枝晶偏析等),消除残余内应力,也为随后的加工及热处理做好组织和性能上的准备。最终热处理是为了使零件获得所需要的使用性能,如降低材料的应力和脆性。最终热处理后的零件硬度一般较高,除磨削外通常不需要进行其他切削加工,一般安排在半精加工之后,磨削加工之前,如淬火和回火。

4.2.1　钢的退火

退火是将工件加热到临界点以上或在临界点以下某一温度保温一定时间后,以缓慢的冷却速度(炉冷、坑冷、灰冷)进行冷却的热处理工艺。退火主要用于铸、锻焊毛坯或半成品零件,为预备热处理,退火后获得珠光体型组织。

退火的主要目的是:

① 消除在前一工序(如锻造、轧制、铸造等)中所产生的内应力,防止变形和开裂;

② 降低硬度,提高塑性,改善冷压和切削等工艺性;

③ 细化晶粒,改善组织,以提高钢的力学性能,并为最终热处理做好组织准备。

根据钢的成分、组织状态和退火目的不同,退火工艺可分为完全退火、等温退火、球化退火、均匀化退火、去应力退火等。图4.7为碳钢的各种退火工艺的温度范围。

(1) 完全退火

完全退火是把钢加热到 A_{c3} 以上30～50 ℃,保温一定时间,随炉冷至600 ℃以下,然后出炉空冷。完全退火又称重结晶退火。完全退火目的在于细化晶粒,消除过热组织,降低硬度和改善切削加工性能。由于冷却速度较慢,完全退火还可以消除内应力。

完全退火主要适用于亚共析钢,用于锻、轧、铸、焊等热加工后的钢件毛坯,退火后的组织为铁素体和珠光体。过共析钢不宜采用完全退火,这是因为过共析钢加热到 A_{ccm} 以上,在随后的缓慢冷却过程中,二次渗碳体将以网状形态沿奥氏体晶界析出,降低钢的强度和韧性。

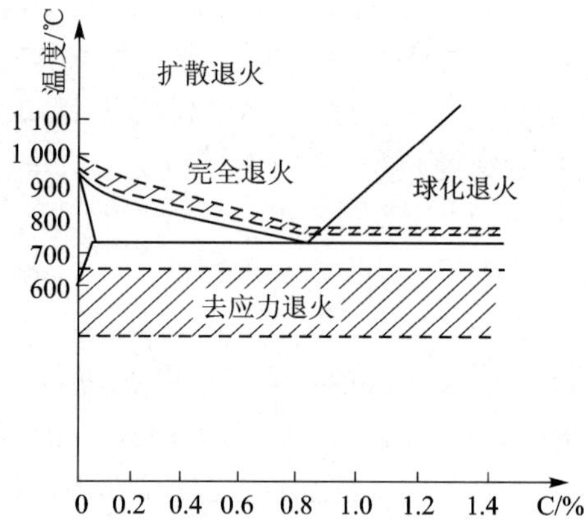

图 4.7 碳钢的各种退火工艺温度范围

(2) 等温退火

完全退火很费工时,生产中常用等温退火来代替。等温退火是钢经奥氏体化后,以较快速度冷却到珠光体转变温度区间的某一温度,等温一定时间,使过冷奥氏体发生珠光体转变,然后以较快的速度(一般为空冷)冷至室温。等温退火的加热工艺与完全退火相同,但组织转变易于控制,能获得均匀的预期组织,耗时更短,多用于尺寸较大的零件或奥氏体比较稳定的合金钢的退火。

(3) 球化退火

球化退火是将共析钢或过共析钢加热到 A_{c1} 以上 20～30 ℃,保温一定时间后,随炉缓冷至室温,或快冷到略低于 A_{c1} 温度,保温后出炉空冷,使钢中碳化物球状化的退火工艺。

球化退火主要用于共析钢和过共析钢,目的是使钢中的渗碳体球状化,降低钢的硬度,提高塑性,改善切削加工性能,获得均匀的组织,改善热处理工艺性能,为以后的热处理做好组织准备。

(4) 扩散退火(均匀化退火)

扩散退火是将钢加热到 A_{c3} 以上 150～200 ℃,保温 10～15 h,然后再随炉缓冷至 350 ℃,出炉空冷的工艺。均匀化退火主要用于优质合金钢的铸锭、铸件或锻坯,目的是使钢中成分能进行充分扩散而达到均匀化。扩散退火后钢的晶粒很粗大,一般要再进行完全退火或正火处理。

(5) 去应力退火

去应力退火是将钢加热到低于 A_1 的某一温度(一般为 500～650 ℃),保温一定时间后缓慢冷却的工艺。其目的是消除由于塑性变形、焊接、切削加工、铸造等形成的残余应力,稳定尺寸,减少使用过程中的变形。由于去应力退火温度低于 A_1,所以去应力退火时不发生组织变化。

表 4.3 为几种常用退火工艺的比较。

表 4.3 常用退火工艺比较

名 称	工 艺	组 织	目 的	应 用
完全退火	加热到 A_{c3} 以上 30～50 ℃,炉冷至 600 ℃,再空冷	F+P	细化晶粒,消除铸造成分不均匀,降低硬度,提高塑性	亚共析钢的铸锻、轧件,焊接件

续表 4.3

名　称	工　艺	组　织	目　的	应　用
等温退火	亚共析钢加热到 A_{c3} 以上 30～50 ℃，共析钢或过共析钢加热 A_{c3} 以上 20～40 ℃，较快冷却到 A_{r1} 以下某温度，等温一段时间，再空冷	F+P;P;P+Fe_3C	细化晶粒，消除铸造偏析，降低硬度，提高塑性	合金钢，大型铸钢件
球化退火	加热 A_{c1} 以上 20～30 ℃，然后缓冷	片状珠光体和网状渗碳体组织转变为球状	降低硬度，改善切削性能，提高塑性韧性，为淬火作组织准备	共析、过共析钢及合金钢的锻件、轧件等
扩散退火	加热 A_{c3} 以上 150～200 ℃，保温后缓冷	粗大组织(组织严重过热)	改善或消除成分偏析，使成分均匀化	合金钢铸锭及大型铸钢件或铸件
去应力退火	加热至 500～650 ℃，保温然后缓冷至 300～200 ℃，再空冷	无变化	消除残余应力，提高尺寸稳定性	铸、锻、焊、冷压件及机加工件

4.2.2　钢的正火

正火是将钢加热到 A_{c3}(亚共析钢)或 A_{ccm}(共析钢和过共析钢)以上 30～50 ℃，保温一定时间后出炉，在空气中冷却的热处理工艺。

正火的主要目的是细化晶粒，均匀组织，调整硬度等。正火主要应用于：① 对于普通结构零件，作为最终热处理，细化晶粒以提高力学性能；② 对于低、中碳钢，作为预先热处理，获得合适的硬度便于切削加工；③ 对于过共析钢，正火可抑制渗碳体网的形成，为球化退火做好组织准备。

正火与完全退火相比：在工艺上正火的冷却速度稍快；对于共析钢和过共析钢，正火和退火的加热温度范围不同；在组织上，正火后组织为索氏体(S)，退火后组织为珠光体(P)，组织细，强度和硬度有所提高；在生产上，正火生产周期较短，设备利用率较高，节约能源，成本较低，因此得到了广泛的应用。

退火和正火具有一定的相似性，实际生产中又可互相替代，但在工艺设计时也应遵循一定的原则：① 考虑切削加工性，为避免刀具磨损过快，对于低、中碳结构钢以正火作为预先热处理比较合适，高碳结构钢和工具钢则以退火为宜，中碳以上的合金钢一般都采用退火以改善切削性。② 考虑使用性能，对工件性能要求不高且后续不再淬火和回火处理的，一般采用正火来提高力学性能。同时应注意的是，对于复杂形状零件，为避免产生裂纹，宜采用退火处理。③ 考虑经济性，正火比退火周期短，耗能少，操作简单，经济性更好，因而一般情况下优先采用正火。正火与退火工艺曲线如图 4.8 所示。

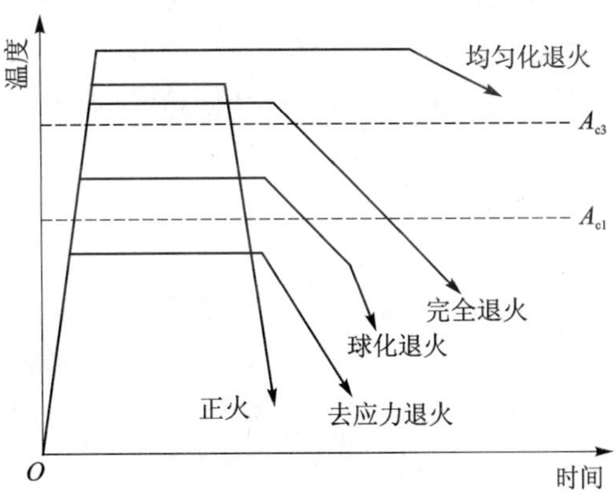

图 4.8　正火与退火工艺

4.2.3 钢的淬火

淬火是将钢加热到 A_{c1} 或 A_{c3} 以上 30～50 ℃,在此温度下保持一段时间后,以大于该钢的淬火临界冷却速度进行快速冷却,以获得马氏体或贝氏体组织的热处理工艺。淬火是钢最主要的强化手段之一。淬火通常获得马氏体组织。为获得优良的综合力学性能,淬火必须和回火相互配合。

淬火工艺主要包括淬火加热温度、淬火介质、淬火方法。淬火工艺的选择需要根据钢的成分、零件的大小形状等,结合 C 曲线合理地确定。

(1) 淬火加热温度

淬火加热温度主要应根据其相变点来确定,如图 4.9 所示。在一般情况下,亚共析钢的淬火温度为 A_{c3} 以上 30～50 ℃,目的是获得均匀而细小的马氏体。温度低于 A_{c3} 时,铁素体的存在会降低钢的硬度;加热温度过高,则引起奥氏体晶粒粗化,淬火后马氏体组织也粗大,使钢严重脆化。

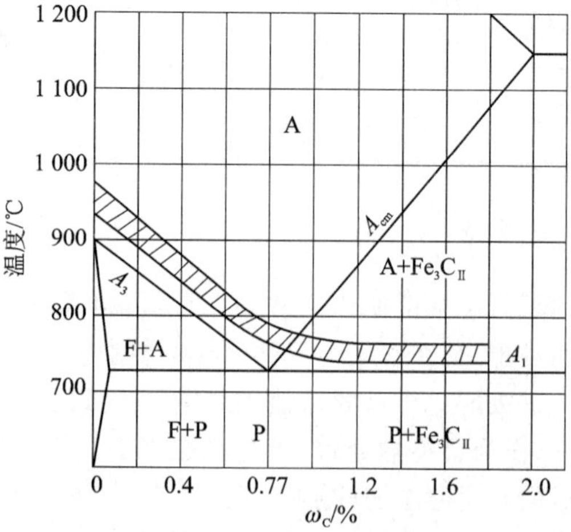

图 4.9 淬火温度的选择

共析钢和过共析钢的淬火温度为 A_{c1} 以上 30～50 ℃,目的是淬火冷却后获得细小片状马氏体和细小球状渗碳体的混合组织,以提高钢的耐磨性。加热温度在 A_{ccm} 以上时,奥氏体晶粒粗大,淬火后的马氏体粗大,钢的脆性增加。同时渗碳体减少,残余奥氏体增多,钢的硬度和耐磨性降低。

(2) 淬火加热时间

加热时间包括升温和保温两段时间。保温的目的是使零件内外温度达到一致,并使室温组织转变为奥氏体或主要为奥氏体和均匀的化学成分。保温时间的长短,应根据钢的成分特点、零件尺寸、装炉量、摆放情况和加热介质来确定。一般来讲,含碳量越高,含合金元素越多,导热性越差,保温时间越长;零件的厚度或直径尺寸越大,装炉量越大,保温时间也越长。在空气为介质的加热炉中加热速度慢,则保温时间长;而在熔融的盐炉中加热速度快,保温时间相应缩短。

(3) 淬火介质

冷却是淬火工艺中最重要的工序,必须保证工件得到马氏体,而又使工件变形尽可能小,更不能造成开裂。对于冷却速度的控制,实际上是通过冷却介质来实施的。常用的淬火介质有水、盐水、油、熔化盐、空气等。表 4.4 列出了常用淬火介质的特点和应用范围。

由 C 曲线可知:在鼻尖附近(约 550 ℃)需要快冷,以防止过冷奥氏体中途分解成部分非马氏体组织。而在 650 ℃以上或 400 ℃以下,为了减小淬火冷却过程中工件截面上内外温差引起的热应力,防止变形和开裂,冷却速度应该缓慢,特别是在 M_s 以下,冷却速度更应缓慢。

(4) 淬火方法

正确的淬火方法能保证工件淬火时获得马氏体组织并避免开裂、防止变形。常用的淬火方法有单液淬火、双液淬火、分级淬火和等温淬火。几种常用淬火方法的比较见表 4.5。

表 4.4　常用淬火介质的特点和应用范围

淬火介质	冷却速度/(℃·s^{-1})		特　点	应　用
	200～300 ℃	550～650 ℃		
水(18 ℃)	270	600	高温冷速快,可保证工件淬硬,低温冷速快,工件易变形开裂,冷却能力对水温敏感,杂质使冷却能力下降	尺寸较小、形状简单的碳钢零件
水(50 ℃)	100	270		
盐水	300	1 200	冷却能力强,工件表面质量好,硬度均匀,易变形开裂,易腐蚀。淬火后必须进行清洗	形状简单、硬度要求高且均匀、表面光洁度高、变形要求不严格的碳钢
矿物油	20～50	100～200	低温冷速慢,工件不易变形、开裂,高温冷速慢,工件易分解,淬不硬,易老化、易燃,油温增加,冷却能力增加	过冷奥氏体稳定性较高的一些合金钢或小尺寸的碳钢

表 4.5　常用淬火方法比较

淬火方法	工　艺	特　点	应　用
单液淬火	将加热后的工件浸入一种淬火介质(通常为水或油),直到零件冷至室温	操作简单,易于实现自动化生产;缺点是零件易产生较大内应力,易产生变形甚至开裂	形状简单、变形要求不大的工件
双液淬火	将加热的工件先投入一种冷却能力强的介质中冷却,然后在 M_s 点以下区域时转入冷却能力小的另一种介质中冷却	可以减小零件的内应力及由此而引起的变形和开裂的可能性;工艺不好掌握,操作控制有一定难度,造成性能不够稳定	形状中等复杂程度的高碳钢小零件和尺寸较大的合金钢零件
分级淬火	将加热好的零件先放入温度为 M_s 附近的盐浴或碱浴中冷却,保持一段时间,使零件内外温度达到均匀后,立即取出,并放入空气中或油中继续冷却,使马氏体在较缓慢的冷却速度下转变	减轻淬火应力,防止工件变形和开裂	一般用于形状复杂的碳钢或合金钢的小型零件
等温淬火	将钢件奥氏体化后,冷却到高于 M_s 温度的熔盐中等温保持,以获得韧性好的下贝氏体组织	可降低钢件的内应力,减少变形,零件具有相当高的强度、硬度,以及良好的塑性、韧性相配合的综合力学性能	适用于形状复杂、尺寸较小、精度要求较高而又具有较高硬度和韧性的零件

除了以上几种常用的淬火方法,为了减少或消除钢中残余奥氏体可以进行冷处理。冷处理是零件进行常规淬火处理冷却到室温后,继续在一般制冷设备或低温介质中冷却的工艺。冷处理可以减少钢中残留奥氏体的数量,得到尽量多的马氏体,有利于提高钢的硬度和耐磨性,并使尺寸稳定,多用于精密量具及滚动轴承等零件的处理。

4.2.4　钢的回火

回火是将淬火钢加热到 A_{c1} 以下某一温度,保温一定时间,然后冷却(一般为空冷)至室温的热处理工艺。回火是淬火的后续工序,决定了钢的最终组织和性能。回火的主要目的是:

① 降低脆性，消除内应力，防止工件进一步变形或开裂；② 稳定组织，获得稳定的尺寸和形状；③ 获得所需要的组织和性能。

1. 回火时的组织转变

在回火过程中，随着温度的升高，组织中不稳定的马氏体和残余奥氏体向稳定的铁素体和碳化物转变。淬火钢的回火组织的转变可以分为四个阶段。

(1) 马氏体的分解(200 ℃以下)

马氏体内过饱和的碳原子以亚稳定碳化物(Fe_2C)形式析出，使马氏体的过饱和度降低。但这时的马氏体仍为过饱和的固溶体。这种过饱和固溶体及与其共格的碳化物所构成的组织称为回火马氏体。淬火马氏体的力学性能，其中高碳回火马氏体的强度、硬度高，塑性、韧性差，而低碳回火马氏体的强度、硬度较高，塑性、韧性较好。

(2) 残余奥氏体转变(200～300 ℃)

残余奥氏体本质上与原过冷奥氏体并无不同。残余奥氏体的分解在 200～300 ℃之间进行。马氏体分解并转变为回火马氏体，降低了对残余奥氏体的压力，促使其转变为下贝氏体。这个阶段转变后的组织主要是回火马氏体。马氏体分解造成的硬度降低与残余奥氏体分解引起的硬度升高相互补偿，所以钢的强度、硬度下降不大。

(3) 碳化物的转变(300～450 ℃以下)

回火温度上升到 300～450 ℃范围内时，碳原子的扩散能力增加，过饱和的固溶体变为含碳量趋于平衡的铁素体，亚稳定的碳化物也逐渐转变为稳定的渗碳体。此时的钢组织由未再结晶的针状铁素体与大量弥散分布的细小的渗碳体所构成，称为回火托氏体。钢的硬度降低，淬火应力基本消除。

(4) 渗碳体的长大和铁素体的再结晶(450 ℃～A_{c1})

回火温度上升到 450 ℃以上时，渗碳体颗粒不断聚集长大。当温度高于 500 ℃时，形成块状铁素体与球状渗碳体的混合组织，称为回火索氏体。钢的强度、硬度不断降低，但韧性却明显改善。温度过高，接近 A_{c1} 渗碳体会继续聚集长大，组织就会成为球化体。

在回火过程中，由于组织发生了变化，钢的性能也随之改变，总的变化规律是随加热温度的升高，钢的强度、硬度下降，而塑性、韧性提高。温度越高，其变化越明显。为防止回火后重新产生应力，一般回火后采用空冷。

2. 回火的分类

根据对工件性能要求的不同，按回火温度的范围可将回火分为低温回火、中温回火和高温回火。表 4.6 列出了三种回火工艺的对比。

表 4.6 不同回火类型的比较

回火类型	温度范围/℃	组 织	硬度 HRC	目 的	应 用
低温回火	150～250	回火马氏体	58～64	保持淬火钢的高硬度和高耐磨性前提下，降低其淬火内应力和脆性	用于处理各种高碳钢的各种工模具、机械零件等
中温回火	350～500	回火托氏体	35～50	获得高的屈强比、弹性极限和较高的韧性	用于弹簧和热作模具的热处理
高温回火	500～650	回火索氏体	25～35	获得强度、硬度和塑性、韧性都较好的综合力学性能	广泛用于汽车、拖拉机、机床等的重要结构零件

习惯上将淬火加高温回火相结合的热处理称为调质处理。调质处理一般作为最终热处理,也可以作为表面淬火和化学热处理的预先热处理。钢经正火和调质处理后的硬度值相近,但由于钢经调质处理后不仅强度较高,而且塑性与韧性更显著地超过了正火状态,所以重要的结构零件一般都进行调质处理,而不采用正火。

通常来说,钢的回火性能只与回火温度有关而与冷却速度无关,也就是随着回火温度的升高,淬火钢的塑性、韧性同时提高,但冲击韧性在某些温度范围内不但不提高反而下降,这种现象叫作回火脆性。回火脆性根据温度范围的不同分为低温回火脆性(或第一类回火脆性)和高温回火脆性(或第二类回火脆性)。低温回火脆性发生在 300 ℃左右回火时,这种回火脆性无法避免。高温回火脆性发生在 450～650 ℃回火时,这类回火脆性主要发生在含 Cr、Ni、Si、Mn 等元素的合金结构钢中,可以用回火后快冷的方法或尽量减少钢中的杂质元素含量以及加入少量钨、钼等元素来解决。

4.3　表面热处理

机械零件根据使用场景的不同而具有不同的使用要求,如承受冲击载荷的齿轮、曲轴、凸轮等表面要求具有一定的硬度和耐磨性,而材料内部又要求具有一定的强度和足够的韧性。单独用材料选择和普通热处理很难同时满足以上要求。为此,可以采用表面热处理的方法。表面热处理就是仅改变工件表层的组织或化学成分的一种热处理方法。常用的钢的表面热处理的方法有表面淬火和化学热处理两大类。

4.3.1　表面淬火

表面淬火是对钢的表面快速加热至淬火温度,当热量还未传至工件心部时立即进行淬火。表面淬火不改变钢表层的成分,仅改变表层的组织。表面淬火后表面获得硬而耐磨的马氏体组织,而心部仍为原来塑性及韧性较好的退火、正火、调质等状态的组织。表面淬火获得高硬度的表面层和有利的残余应力分布,可提高工件的耐磨性和疲劳强度。

表面淬火一般适用于中碳钢和中碳低合金钢(如 45,40Cr,40MnB 等)。按加热方法的不同,表面淬火可分为感应加热表面淬火、火焰加热表面淬火、电接触加热表面淬火、激光加热表面淬火等。生产中广泛应用的表面淬火方法有感应加热淬火、火焰加热淬火。

1. 感应加热淬火

感应加热表面淬火是利用感应电流通过工件所产生的热效应,使工件表面受到局部加热,并进行快速冷却的淬火工艺。具体来讲,就是将工件放入感应线圈,感应圈通以一定频率的电流时,感应圈内部和周围产生同频率的交变磁场,工件中产生感应电流。由于集肤效应,感应电流主要集中在工件表层,使工件表面迅速加热到淬火温度。随即喷水冷却,使工件表层淬硬。

电流透入零件表层的深度主要决定于电流频率和加热时间,电流频率越高,电流透入的深度越小,即淬硬层的深度越小。根据所用电流频率的不同,感应加热通常可分为高频(200～300 kHz)加热、中频(2.5～8 kHz)加热、工频(50 Hz)加热等。三种感应加热的对比见表 4.7。

相对于普通淬火,感应加热表面淬火具有以下特点:

① 加热速度快,生产效率高。一般只要几秒到几十秒的时间就把零件加热到淬火温度,

便于实现机械化、自动化，适宜于成批生产。

② 硬度较高而脆性较低。淬火后表面得到细小的隐晶马氏体，硬度比普通淬火高 2～3HRC，且脆性较低，变形较小，工件表面不易氧化、脱碳，表面质量好。

③ 工件表层存在残余压应力，疲劳强度较高。

表 4.7　三种感应加热淬火的比较

类　别	频率范围/kHz	淬硬层深度/mm	应　用
高频加热	200～300	1～2	主要用于中小模数齿轮、小型轴等的表面淬火
中频加热	2.5～8	2～10	主要用于要求淬硬层较深的零件，如较大直径的轴类和较大模数的齿轮的表面淬火
工频加热	50	10～20	主要用于要求淬硬层深的大直径零件，如轧辊的表面淬火等

2. 火焰加热淬火

火焰加热表面淬火是用乙炔-氧或煤气-氧的混合气体燃烧的火焰，喷射至零件表面上，使它快速加热到淬火温度后立即喷水冷却，从而获得预期的硬度和淬硬层深度的一种表面淬火方法，如图 4.10 所示。

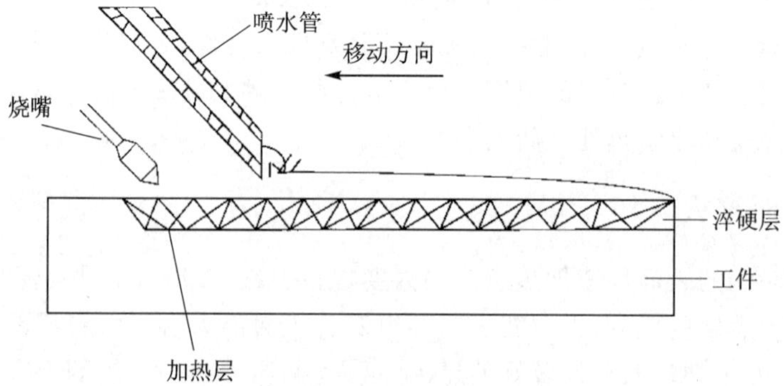

图 4.10　火焰加热表面淬火

火焰加热表面淬火的淬硬层深度一般为 2～6 mm。火焰加热设备简单、成本低、灵活性大，但温度不易控制准确，易出现过热、过烧、淬火质量不稳定，适用于单件或小批量生产的各种零件。

感应加热表面淬火和火焰加热表面淬火的比较见表 4.8。

表 4.8　表面淬火的比较

名　称	加热温度	冷却方式	目　的	特　点	应用范围
感应加热淬火	A_{c3} 以上 100 ℃	喷水或乳化液	使工件表层具有高硬度、耐磨性，心部具有足够的强度和韧性	表层获得极细马氏体，比普通淬火高出 2～3HRC，心部为原始组织。生产率高，适于大批生产	主要适用于中碳结构钢和中碳低合金钢，也可用于工具钢制作承受小载荷冲击和交变载荷的工具、量具等
火焰加热淬火		—		设备简单、成本低，生产效率低，质量控制比较困难	用于单件小批生产、局部淬硬的工具、大型轴、齿轮类零件

4.3.2　化学热处理

对于表面承受剧烈摩擦，承受很大动载荷，又要求表面耐蚀性、耐热性好，此时应采用化学热处理来满足这些要求。化学热处理是将零件放置在某种化学介质中保温，使介质中某些原子渗入零件表层，从而改变表层的化学成分、组织和性能的热处理工艺，目的是为了表面强化和改善工件表面的物理化学性能，即提高工件的表面硬度、耐磨性、疲劳强度、热硬性和耐腐蚀性等。与表面淬火工艺相比，化学热处理的主要特点是：表面层不仅有组织的变化，而且有化学成分的变化。

根据渗入元素的不同，化学热处理分为渗碳、渗氮、碳氮共渗、渗硼和渗硫等。

1. 钢的渗碳

渗碳是向钢的表层渗入碳原子，目的是使增碳的表面层经淬火和低温回火后，获得高的硬度、耐磨性和疲劳强度。与表面淬火相比，渗碳主要用于对表面有较高耐磨性要求，并承受较大冲击载荷的零件。渗碳用钢为低碳钢及低碳合金钢。渗碳过程包括分解、吸收和扩散。渗碳方法主要有固体渗碳、液体渗碳和气体渗碳。气体渗碳生产率高，劳动条件较好，渗碳气氛易控制，渗碳层均匀，易实现机械化和自动化，是生产中最常用的热处理工艺。表 4.9 所列为气体渗碳和固体渗碳的比较。

表 4.9　渗碳工艺比较

渗碳方法	工　艺	特　点
气体渗碳	将零件放入密封的渗碳炉中，加热至 900～950 ℃，通入含碳的气体或直接滴入含碳的液体（如煤油、甲醇等），这些渗碳剂在高温下分解，产生活性原子	零件加热较快，生产所需时间较短；渗碳层深度和浓度可以得到比较精确的控制；劳动条件较好，得到广泛应用
固体渗碳	将工件放入装满固体渗碳剂的渗碳箱中，用盖和耐火泥密封后加热至 900～950 ℃，保温足够长时间，得到一定厚度的渗碳层	设备简单，投资少，但渗碳速度慢，生产率低，劳动条件差，质量不易控制

工件渗碳后，其表面的含碳量最高，通常在 0.8%～1.1%范围内。由表面向中心过渡时，碳量逐渐降低，直至原始含碳量。因此，工件从渗碳温度慢冷至室温后的组织由表面向中心依次为过共析组织、共析组织、过渡区亚共析组织、原始亚共析组织。一般渗碳件的表层为高碳回火马氏体＋碳化物＋残余奥氏体，心部为低碳回火马氏体（或含铁素体、托氏体）。

工件渗碳后必须进行淬火和低温回火。渗碳淬火工艺常采用直接淬火法、一次淬火法和二次淬火法。三种渗碳后热处理方法的比较见表 4.10。

表 4.10　三种渗碳后热处理方法的比较

热处理方法	工　艺	特　点
直接淬火法	将工件从渗碳炉取出后，经空气中预冷到略高于钢的临界温度，直接淬入水中或油中	马氏体较粗，残余奥氏体也较多，耐磨性和韧性稍差，变形较大。只适合于渗碳后奥氏体晶粒细小的钢或性能要求不高的零件
一次淬火法	把渗碳件从渗碳炉中取出后，先在空气中冷却（正火），然后重新加热淬火	在生产上应用较多，适用于要求比较高的渗碳零件

续表 4.10

热处理方法	工 艺	特 点
二次淬火法	把渗碳件从渗碳炉中取出后，在空气中冷却（正火），然后重新加热淬火。第一次淬火加热到850～900 ℃，第二次淬火加热到750～800 ℃	工艺复杂，生产效率较低，成本高，变形大，只用于要求表面高耐磨性和心部高韧性的零件

2. 钢的渗氮

渗氮（氮化）是向钢的表面渗入氮原子的过程。渗氮的主要目的是提高零件表层含氮量以增强表面硬度和耐磨性，提高疲劳强度，同时还能提高工件的耐蚀性。渗氮广泛用于各种要求疲劳强度高的零件以及要求变形小和具有一定耐热、耐腐蚀特性的耐磨零件，如内燃机的曲轴、镗床主轴、精密齿轮、量规、铸模和阀门等。常用的渗氮方法主要有气体渗氮和离子渗氮，二者的比较见表 4.11。

表 4.11 两种渗氮方法的比较

渗氮方法	工 艺	特 点
气体渗氮	将工件放在密封的炉内加热，并通氨气	渗氮温度低，工件变形小，氧化脱碳少；渗氮后工件表面硬度可达HV850～1 200；可用于精度要求高、又有耐磨要求的零件，但由于渗氮层较薄，不适于承受重载的耐磨零件
离子渗氮	将要氮化的零件放入真空炉，零件接高压电源的阴极，与零件相对的炉壁接阳极，或根据零件的形状制作相应的电极插入真空炉中，炉内抽真空后，通入氨气	氮化时间短，仅是气体氮化时间的 1/5～1/2，氮化层质量高，脆性低，工件变形极小，适用于处理精密零件和复杂零件；节能、无环境污染、表面干净、无需其他加工等优点。设备较复杂，价格较贵；零件形状复杂或截面悬殊大时很难达到同一表面硬度和氮化层深度

与渗碳相比，氮化工件具有以下特点：

① 零件渗氮后不再进行热处理，只进行磨削和抛光。为保证零件内部的力学性能，在氮化前需要进行调质处理，以使心部组织具有较高的强度和韧性。

② 表面硬度可达 65～72HRC，具有较高的耐磨性。

③ 氮化表面形成致密氮化物组成的连续薄膜，具有一定的耐腐蚀性。

渗氮的缺点有：① 时间太长，要得到 0.2～0.5 mm 的氮化层，氮化时间约为 30～50 h；② 氮化层较脆，较薄，不能承受太大的接触压力；③ 所用的钢材受到限制，必须使用 Al、Cr、Mo、Ti、V 等元素的合金钢。

3. 钢的碳氮共渗

碳氮共渗就是在一定温度下，同时向零件表面渗入碳和氮的化学热处理工艺，主要目的是提高工件的表面硬度、耐磨性和疲劳强度。目前常用的是气体碳氮共渗，而气体碳氮共渗又以中温和低温为主，二者的对比见表 4.12。

碳氮共渗是渗碳和渗氮工艺的综合，兼有两者的长处，有逐步代替渗碳的趋势。其主要优点有：① 渗层性能好。共渗层比渗碳层的耐磨性和疲劳强度更高，比渗氮层有更高的抗压强度和较低的表面脆性。② 渗入速度快。由于氮的渗入不仅降低了渗层的临界点，还增加了碳的扩散速度。③ 变形小。碳氮共渗温度比渗碳低，晶粒不会长大，适宜于直接淬火，可以减小变形。④ 不受钢种限制。各种钢铁材料都可以进行碳氮共渗。碳氮共渗的缺点是共渗层较薄，易产生黑色组织。

表 4.12　两种气体碳氮共渗方法的比较

气体碳氮共渗方法	常用介质	工　艺	特点及应用
中温气体碳氮共渗	煤油＋氨气，煤气＋氨气，甲醇＋丙烷＋氨，三乙醇胺，三乙醇胺＋20%尿素	共渗温度 820～880 ℃，保温 1～2 h，共渗层可达 0.2～0.5 mm	表面硬度高，渗层较深，硬度变化较缓，具有良好的耐磨性和较小的表面脆性，适用材料为低碳钢或低碳合金钢
低温气体碳氮共渗	尿素，甲酰胺	共渗温度 520～570 ℃，共渗时间 1～3 h，共渗层可达 0.1～0.4 mm	处理温度低，时间短，工件的变形小，广泛用于耐磨工件的热处理；共渗层较薄，共渗层的硬度梯度较大，不宜在重载条件下工作

工件经共渗处理后，需进行淬火和低温回火才能提高表面硬度和心部强度。由于共渗温度不高，钢的晶粒不会长大，一般都采用直接淬火。钢件经碳氮共渗及淬火后，得到的是含氮的马氏体组织，耐磨性比渗碳更好。共渗工艺和渗碳相比，具有时间短、生产效率高、表面硬度高、变形小等优点，但共渗层较薄，主要用于形状复杂、要求变形小的小型耐磨零件。

思考与练习

1. 什么是热处理？它对零件性能和制造的影响是什么？

2. 以共析钢为例，简述奥氏体形成的基本过程。

3. 共析钢的等温冷却转变曲线与连续冷却转变曲线有什么不同？原因是什么？

4. 珠光体、贝氏体、马氏体组织分别有哪几种？它们在形成条件、组织形态和性能方面有何特点？

5. 正火与退火的主要区别是什么？生产中应如何选择正火与退火？

6. 制造下列零件或工具，应采用什么热处理工艺？获得什么组织？其性能如何？

① 虎口钳；② 锉刀；③ 弹簧垫圈；④ 承力螺栓；⑤连杆(30～35HRC)。

7. 选择下列钢件的回火温度，并说明回火目的、回火后组织。

① 40Cr 钢主轴；② T12 钢锉刀。

8. 表面淬火的目的是什么？表面淬火前应进行何种预先热处理？

第 5 章　轻合金

金属种类繁多，应用广泛，通常分为黑色金属和有色金属两大类。黑色金属包括铁、铬、锰及其合金，其余除铁、铬、锰以外的铝、镁、钛、铜、锌等金属及其合金统称为有色金属。铝、镁、钛等金属因密度小而被称为轻合金。轻合金具有密度小、比强度高、耐热、耐腐蚀以及良好的导热性和导电性等特点，被广泛应用于航空、航天、汽车、船舶等行业。

铝、镁、钛是飞机结构中不可缺少的结构材料，用量最多，在民用飞机结构（不含发动机）中，铝合金约占机体结构质量的 50%～80%。

本章主要介绍在航空上具有广泛用途的铝合金、镁合金和钛合金的相关知识。

5.1　铝合金

铝是地壳中含量最高的金属元素，密度为 2.7 g/cm^3，熔点为 660 ℃，具有密度小、导热性好、易于成型等优点，在航空航天、交通运输、轻工建材等领域具有广泛的应用，是轻合金中应用最广泛、用量最大的合金。

5.1.1　铝的基本特性与特点

铝元素是周期表中第三周期主族元素，具有面心立方结构。纯铝的主要物理性能见表 5.1。

表 5.1　纯铝的主要物理性能

性　能	高纯铝 ω_{Al}=99.996%	工业纯铝 ω_{Al}=99.5%
原子序数	13	13
原子量	26.9815	26.9815
密度(20 ℃)/(kg·m^{-3})	2 698	2 710
熔点/℃	660.24	约 650
沸点/℃	2 060	2 060
比热容(100 ℃)/(J·kg·K^{-1})	934.92	964.74
热导率(25 ℃)/(W·m·K)$^{-1}$	235.2	222.6(0 状态)
热膨胀系数(20～100 ℃)/(μm·m·K)$^{-1}$	24.58	23.5
热膨胀系数(100～300 ℃)/(μm·m·K)$^{-1}$	25.45	25.6
电导率/(S·m^{-1})	64.94	59(0 状态)
电阻率(20 ℃)/(μΩ·m)	0.026 7(0 状态)	0.029 22(0 状态)

铝具有一系列比其他有色金属、钢铁、塑料和木材等更优良的特性，如密度小，仅为 2.7 g/cm^3，约为铜或钢的 1/3，具有良好的耐蚀性和耐酸性，良好的塑性和加工性能，良好的导热性和导

电性，良好的耐低温性能，对光、热、电波的反射性好，无磁性，基本无毒等优点。此外，铝合金的高温、成型、切削加工等性能也较好。因此，铝在航空、航天、汽车、交通运输、桥梁、建筑、电子电气、能源动力、冶金化工、机械制造等各领域都获得了广泛的应用。表 5.2 列出了铝的基本特性及主要应用领域。

表 5.2　铝的基本特性及主要应用领域

基本特性	主要特点	主要应用领域
质量小	铝的密度为 2.7 g/cm^3，与铜(密度 8.9 g/cm^3)相比，约为其 1/3。铝制品或用铝制造的物品质量小，可以节省承载耗能	用于制造飞机、轨道车辆、汽车、船舶、桥梁、高层建筑和质量小的容器等
强度好	铝的力学性能不如钢铁，但它的比强度高，可以添加铜、镁、锰、铬等合金元素，制成铝合金，再经热处理而得到很高的强度。铝合金的强度比普通钢好，也可以和特殊钢媲美	用于制造桥梁(特别是吊桥、可动桥)、飞机、压力容器、集装箱、建筑结构材料、小五金等
加工容易	铝的延展性优良，易于挤出形状复杂的中空型材，适于拉伸加工及其他各种冷热塑性成型	受力结构部件框架，一般用品及各种容器、光学仪器及其他形状复杂的精密零件
美观，适于各种表面处理	铝及其合金的表面有氧化膜，呈银白色，相当美观。如果经过氧化处理，其表面的氧化膜更牢固，而且还可以用染色和涂刷等方法制造出各种颜色和光泽的表面	建筑用壁板、器具装饰、装饰品、标牌、门窗、幕墙、汽车和飞机蒙皮、仪表外壳及室内外装修材料等
耐蚀性、耐气候性好	铝及其合金，因为表面能生成硬且致密的氧化薄膜，很多物质对它不产生腐蚀作用。选择不同合金，在工业地区、海岸地区使用，也会有很优良的耐久性	门板、车辆、船舶外部覆盖材料、厨房器具、化学装置、屋顶瓦板、电动洗衣机、海水淡化、化工石油、材料、化学药品包装等
耐化学药品	与硝酸、冰醋酸、过氧化氢等化学药品不反应，有非常好的耐药性	用于化学装置、包装及酸和化学制品包装等
导热、导电性好	导热、导电率仅次于铜，为钢铁的 3～4 倍	电线、母线接头、锅、电饭锅、热交换器、汽车散热器、电子元件等
对光、热、电波的反射性好	对光的反射率，抛光铝为 70%，高纯度铝经过电解抛光后为 94%，比银(92%)还高。铝对热辐射和电波有很好的反射性能	照明器具、反射镜、屋顶瓦板、抛物面天线、冷藏库、冷暖器的隔热材料
无磁性	铝是非磁性体	船上用的罗盘、天线、操舵室的器具等
无毒	铝本身没有毒性，与大多数食品接触时溶出量很微小。由于表面光滑、容易清洗，故细菌不易停留繁殖	食具、食品包装、鱼罐、鱼仓、医疗机器、食品容器等
吸声性	铝有吸收声波的性能	用于室内天棚板等
耐低温	在温度低时，铝的强度反而增加，无脆性，是理想的低温装置材料	冷藏库、冷冻库、南极雪上车辆、氧及氢的生产装置

5.1.2　铝及铝合金的分类

纯铝比较软，富有延展性，易于塑性成型。根据各种不同的用途，可在纯铝中加入不同合金元素，使其具有更优良的组织，从而具有更高的强度和其他性能，生产出满足各种性能和用途的铝合金。根据铝合金的成分、组织和工艺特点，可以将其分为铸造铝合金和变形铝合金两大类。变形铝合金是将铝合金铸锭通过压力加工(轧制、挤压、模锻等)制成半成品或模锻件，要求有良好的塑性变形能力。铸造铝合金则是将熔融的合金直接浇铸成形状复杂的甚至是薄壁的成型件，要求具有良好的铸造流动性。

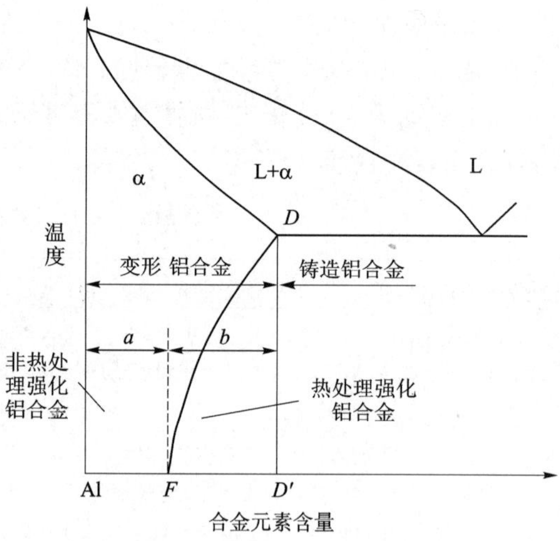

图 5.1　铝合金分类示意图

工程上常用的铝合金大多具有与图 5.1 类似的相图。由图可知，位于 D 点成分以左的合金，在加热至高温时能形成单相固溶体组织，合金塑性高，适用于压力加工，故称变形铝合金。位于 F 点以左成分的变形铝合金，在固态时始终是单相，不能进行热处理强化，因而被称为非热处理强化型铝合金。位于 F 和 D' 之间的铝合金，由于合金元素在铝中有溶解度的变化，会析出第二相，可以通过热处理使合金强度提高，因此称为热处理强化型铝合金。

铝及铝合金的分类如表 5.3 所列。

表 5.3　铝及铝合金的分类

类　别			合金名称	合金系列	性能特点	例
铝及铝合金	变形铝合金	非热处理强化型铝合金	纯铝	—	比较软，富有延展性，易于塑性成型	1000
			防锈铝	Al－Mn 系	耐蚀性、压力加工性与焊接性能好，但强度低	3A21
				Al－Mg 系		5A05
		热处理强化型铝合金	硬铝	Al－Cu－Mg 系	力学性能高	2A11、2A12
			超硬铝	Al－Cu－Mg－Zn 系	室温强度高	7A04
			锻铝	Al－Mg－Si－Cu 系	锻造性能好	2A50、2A14
				Al－Cu－Mg－Fe－Ni 系	耐热性能好	7075
			铝锂合金	Al－Li 系	强度高，耐蚀性好	8089
	铸造铝合金		简单铝硅合金	Al－Si 系	铸造性能好，不能热处理强化，力学性能较低	ZL102
			特殊铝硅合金	Al－Si－Mg 系	铸造性能良好，能热处理强化，力学性能较高	ZL101
				Al－Si－Cu 系		ZL107
				Al－Si－Mg－Cu 系		ZL105、ZL110
				Al－Si－Mg－Cu－Ni 系		ZL109
			铝铜铸造合金	Al－Cu 系	耐热性能良好，铸造性能与耐蚀性较差	ZL201
			铝镁铸造合金	Al－Mg 系	力学性能高，耐蚀性好	ZL301
			铝锌铸造合金	Al－Zn 系	能自动淬火，易于压铸	ZL401
			铝稀土铸造合金	Al－RE 系	耐热性能好	ZL207

1. 变形铝合金

根据国家标准 GB/T 16474—2011 规定，变形铝及铝合金可直接引用国际四位数字体系牌号。未命名或未注册为国际四位数字体系牌号的变形铝及铝合金，应采用四位字符牌号命名。四位字符体系牌号的第一、三、四位为阿拉伯数字，第二位为英文大写字母(C、I、L、N、O、P、Q、Z 字母除外)。牌号的第一个数字表示铝及铝合金的组别，具体如表 5.4 所列。1 表示 Al 含量不小于 99.00%的纯铝，2 表示以 Cu 为主要合金元素的铝合金，3 表示以 Mn 为主要合金元素的铝合金，4 表示以 Si 为主要合金元素的铝合金，5 表示以 Mg 为主要合金元素的铝合金，6 表示以 Mg 和 Si 为主要合金元素的铝合金，7 表示以 Zn 为主要合金元素的铝合金，8 表示以其他合金为主要合金元索的铝合金。除改型合金外，铝合金组别按主要合金元素(6××系按 Mg_2Si)来确定。主要合金元素指极限含量算术平均值为最大的合金元素。当有一个以上的合金元素极限含量算术平均值同为最大时，应按 Cu、Mn、Si、Mg、Mg_2Si、Zn、其他元素的顺序来确定合金组别。牌号的第二位字母表示原始纯铝或铝合金的改型情况，最后两位数字用以标识同一组中不同的铝合金或表示铝的纯度。

表 5.4　铝及铝合金组别系列

组　别	牌号系列
纯铝(铝含量不小于 99.00%)	1×××
以铜为主要合金元素的铝合金	2×××
以锰为主要合金元素的铝合金	3×××
以硅为主要合金元宗的铝合金	4×××
以镁为主要合金元素的铝合金	5×××
以镁和硅为主要合金元素并以 Mg_2Si 相为强化相的铝合金	6×××
以锌为主要合金元素的铝合金	7×××
以其他合金为主要合金元索的铝合金	8×××
备用合金组	9×××

铝含量不低于 99.00%时为纯铝，其牌号用 1×××系列表示。牌号的最后两位数字表示最低铝百分含量。当最低铝百分含量精确到 0.01%时，牌号的最后两位数字就是最低铝百分含量中小数点后的两位。牌号第二位的字母表示原始纯铝的改型情况。如果第二位字母为 A，则表示为原始纯铝；如果是 B～Y 的其他字母，则表示为原始纯铝的改型，与原始纯铝相比，其元素含量略有改变。

变形铝合金的牌号用 2×××～8×××系列表示。牌号的最后两位数字没有特殊意义，仅用来区分同组中不同的铝合金。牌号第二位的字母表示原始合金的改型情况。如果牌号第二位的字母是 A，则表示为原始合金；如果是 B～Y 的其他字母，则表示为原始合金的改型合金。表 5.5 和表 5.6 列出了一些变形铝合金在飞机上的应用及主要特性。

2. 铸造铝合金

铸造铝合金按加入的主要元素的不同，分为 Al - Si 系、Al - Cu 系、Al - Mg 系和 Al - Zn 系四种合金。合金牌号用“铸铝”的拼音首字母“ZL”后跟三位数字表示。第一位数字表示合金系列，1 为 Al - Si 系合金，2 为 Al - Cu 系合金，3 为 Al - Mg 系合金，4 为 Al - Zn 系合金。

第二、三位数字表示合金的顺序号，如 ZL201 表示 1 号铝铜系铸造铝合金，ZL107 表示 7 号铝硅系铸造铝合金。部分航空航天类铸造铝合金的主要特性及用途见表 5.7。

表 5.5 变形铝合金在飞机各部位应用的典型实例

应用部位	应用的铝合金
机身蒙皮	2024－T3，7075－T6，7475－T6
机身桁条	7075－T6，7475－T76，7075－T73，7150－T77
机身框架和隔框	2024－T3，7075－T6，7050－T6
机翼上蒙皮	7075－T6，7150－T6，7055－T77
机翼上桁条	7－75－T6，7150－T6，7055－T77，7150－T77
机翼下蒙皮	2024－T3，7475－73
机翼下桁条	2024－T3，7075－T6，2224－T39
机翼下壁板	2024－T3，7075－T6，7175－T3
翼肋和翼梁	2024－T3，7010－T76，7175－T77
尾翼	2024－T3，7075－T6，7050－T76

表 5.6 典型铝合金的主要特性及用途

牌　号	主要特性	用途举例
1060 1050A 1200	导电、导热性能好，耐蚀性高，塑性高，强度低	铝箔用于制造蜂窝结构、电容器及导电体
1035 1100	导电、导热性能好，耐蚀性高，塑性高，强度低，焊接性能好，切削性不良，易成型加工	飞机通风系统零件，电线，电缆保护管，散热片
3A21 (3003)	O 状态塑性高，HX4 时塑性好，热处理不能强化，耐蚀性好，焊接性能良好，切削性不佳	副油箱，汽油，润滑油导管，用于深拉法加工的低负荷零件和铆钉
5A02	O 状态的塑性高，HX4 时塑性也好，热处理不能强化，耐蚀性与 3A21 合金相近，疲劳强度较高，电阻焊和氢原子焊接性良好，氩弧焊时易形成热裂纹，焊缝的气密性不高，焊缝强度为基体强度的 90%～95%，焊缝塑性高，抛光性能良好，O 时的切削性能不良，HX4 时切削性能良好	焊接油箱，汽油润滑油导管，其他中等载荷零件，铆钉线和焊丝
5A03 (5154)	O 状态的塑性高，HX4 时塑性尚可，不能热处理强化，焊接性能好，焊缝气密性好，焊缝强度为基体的 90%～95%，O 时的切削性能不良，HX4 耐蚀性好	中等强度的焊接结构件，冲压零件和框架等
5A06 (5056)	强度与耐蚀性好，O 状态的塑性高，焊接性能好，焊缝气密性好，焊缝强度为基体的 90%～95%，切削性能良好	焊接容器，受力零件，蒙皮，骨架零件等
5B05 (5056)	O 状态的塑性高，不能热处理强化，焊接性能良好，焊缝气密性好，铆钉应经过阳极化处理	铆接铝合金与镁合金结构的铆钉
2A01	热态、冷态下塑性都好，铆钉在固溶处理和时效处理后铆接，在铆接的过程中不受热处理后的时间限制，铆钉需经阳极氧化处理	中等强度和工作温度不超过 100 ℃的结构用铆钉

续表 5.6

牌　号	主要特性	用途举例
2A02	热塑性高，挤压半成品有形成粗晶化倾向，可热处理强化，耐蚀性能比 2A70 和 2A80 合金高，有应力腐蚀倾向，切削性能好	工作温度为 200～300 ℃的涡轮喷气发动机、轴向压气机叶片等
2A04	抗剪强度和耐热性较高，压力加工性能和 2A12 合金相同，在淬火和退火状态下塑性较好，可热处理强化，普通腐蚀性能与 2A12 合金相近，在 150～250 ℃形成晶间腐蚀的倾向比 2A12 合金要小，铆钉在新淬火状态下铆接	用于铆接工作温度为 125～250 ℃的结构
2B11	抗剪强度中等，在退火、新淬火和热态下塑性好，可热处理强化，铆钉必须在淬火 2 h 后铆完	中等强度铆钉
2B12	在淬火状态下的铆接性能较好，必须在淬火后 20 min 内铆完	铆钉
2A10	热塑性与 2A11 合金相同，冷塑性较好，可在时效后的任何时间内铆接，铆钉需经阳极氧化处理	用于制造强度较高的铆钉，温度超过 100 ℃时有晶间腐蚀倾向
2A11	在退火、新淬火和热状态下的塑性较好，可热处理强化，焊接性能不好，焊缝气密性较好，焊接的塑性低，包铝板材有良好的耐蚀性，温度超过 100 ℃后有晶间腐蚀倾向，阳极氧化处理可显著提高挤压材与锻件的耐蚀性	中等强度的飞机结构件，如骨架零件，连接模锻件，支柱，螺旋桨叶片，螺栓，铆钉
2A12	在退火、新淬火和热状态下的塑性较好，可热处理强化，焊接性能不好，焊缝的塑性低，耐蚀性不高，有晶间腐蚀倾向，阳极氧化处理可显著提高挤压材与锻件的耐蚀性	除模锻外，可用作飞机的主要受力部件，如骨架零件，蒙皮，隔框，翼肋，铆钉
2A06	压力加工性能与切削性能与 2A12 合金相同，在退火和新淬火状态下的塑性较好，可热处理强化，耐蚀性不高，在 150～250 ℃有晶间腐蚀倾向，焊接性能不好	板材用于 150～250 ℃工作的结构，在 200 ℃工作的时间不宜大于 100h
2A16	热塑性较好，无挤压效应，可热处理强化，焊接性能较好，未热处理的焊缝强度为基体的 70%，耐蚀性不高，阳极氧化处理后可以显著提高耐蚀性能，切削加工性能较好	用于制造在 250～350 ℃工作的结构，如轴向压缩机叶轮圆盘，板材用于焊接室温和高温容器及气密舱等
6A02 (6151)	热塑性高，T4 时塑性较好，耐蚀性与 3A21 及 5A02 合金相当，但在人工时效状态下有晶间腐蚀倾向，淬火与时效后的切削性能较好	高塑性与高耐蚀性的飞机发动机零件，直升机桨叶，形状复杂的锻件与模锻件
2A50	热塑性高，可热处理强化，T6 状态下材料的强度与硬铝相近，工艺性能较好，有挤压效应，耐蚀性较好，有晶间腐蚀倾向，电阻焊、点焊性能良好，电弧焊与气焊性能较差	形状复杂的中等强度的锻件和模锻件
2B50	热塑性比 2A50 合金要高，可热处理强化，焊接性能与 2A50 相近，切削性能较好	复杂形状零件，如压气机轮，风扇叶轮
2A70	热塑性好，工艺性能比 2A80 合金稍好，可热处理强化，高温强度高，无挤压效应，电阻焊、点焊性能良好，电弧焊与气焊性能较差	内燃机活塞，在高温下工作的复杂锻件，高温结构板材
2A80	热塑性好，可热处理强化，高温强度高，无挤压效应，焊接性能与 2A70 相近，耐蚀性较好，有应力腐蚀开裂倾向	压气机叶片，叶轮圆盘，活塞，其他在高温下工作的发动机零件
2A14	热塑性好，切削性能良好，可热处理强化，高温强度高，有挤压效应，电阻焊、点焊性能良好，电弧焊与气焊性能较差，耐蚀性不高	承受高负荷的飞机自由锻件与模具零件

续表 5.6

牌　号	主要特性	用途举例
7A03	在淬火与人工时效状态下塑性较高，可热处理强化，室温抗剪强度较高，耐蚀性较好	受力结构铆钉，当工作温度低于125 ℃时可取代 2A10 合金铆钉
7A04	高强度合金，在退火与新淬火状态下塑性与 2A12 合金相近，在 T6 状态下用于飞机结构，强度高，塑性低，点焊性能与切削性能良好	主要受力构件，大梁，加强框蒙皮，接头，起落架零件
7A05	强度较高，热塑性尚好，不易冷校正，耐蚀性与 7A04 合金相同，切削加工性能良好	高强度形状复杂锻件，如桨叶
7A09 (7075)	强度高，在退火与新淬火状态下稍次于同状态的 2A12 合金，稍优于 7A04 合金，在 T6 状态下塑性显著下降。7A09 合金板的静疲劳、缺口敏感性、应力腐蚀开裂性能稍优于 7A04 合金，棒材的这些性能与 7A04 合金相当	飞机蒙皮结构件和主要受力零件
7A33	可热处理强化的 Al－Zn－Mg 系耐腐蚀高强度结构铝合金，具有高的抗海水和海洋大气腐蚀的能力；没有晶间腐蚀、应力腐蚀和剥落腐蚀倾向；强度与 2A12 铝合金的相当，还有高的断裂韧性、工艺塑性和低的缺口敏感性；可以点焊与滚焊	可用于制造水上飞机、舰载和沿海区域使用的直升机，飞机蒙皮构件，可替代 2A12 铝合金
7075 (B95)	可以生产各种半成品的 Al－Zn－Mg－Cu 系的超硬铝合金，是目前航空航天工业应用最广的变形铝合金之一，可以 T6、T73 和 T76 状态应用。T6 材料强度最高，断裂韧性较低，对应力腐蚀敏感，且因其韧性随温度降低而下降，不适宜在低温下应用；T73 材料强度最低，但断裂韧性高和抗应力腐蚀开裂和剥落腐蚀的能力强；T76 状态材料的强度比 T73 状态的高，抗应力腐蚀开裂的能力又比 T6 状态的高；7075 合金的静态强度比 2024、2124 铝合金的高，疲劳性能与其相当，在 O 状态与 W 状态有良好的室温成形性能；可以电阻焊，不宜熔焊	长期使用温度不宜超过 150 ℃；飞机构件的主要材料，用于制造蒙皮、翼梁、隔框、长桁、起落架及液压系统零部件等
8090	可热处理强化的 Al－Li－Cu－Mg 系合金，强度与 2A14 铝合金的相当，密度降低 10%，弹性模量高 10%	航空航天器蒙皮，桁条、加强筋等类零件

表 5.7　部分航空航天类铸造铝合金的主要特性及用途

合金牌号	主要特性	用　途
ZL101	可热处理强化 Al－Si－Mg 系合金，流动性高，气密性好，热裂倾向性小，抗蚀性和可焊性良好，是一种应用广泛的铸造铝合金	要求气密性的承受中等载荷的飞机结构零件、仪器仪表附件、发动机零件、燃油泵壳体等
ZL102	Al－Si 系共晶型合金，流动性好，无热裂与疏松倾向，气密性较高，力学性能低，可切削性差	用压力铸造和金属型铸造形状复杂的薄壁非受力零部件
ZL104	Al－Si－Mg 系合金，可热处理强化，铸造性能优良，强度比 ZL101、ZL102 铝合金的高，但形成针孔的倾向性大，熔炼工艺较复杂	适于砂型、金属型铸造，可以压铸，可用于铸造中等载荷、工作温度不超过180 ℃的飞机和发动机零部件
ZL201	Al－Cu－Mn 系合金，室温力学性能较高，可焊性与可切削性均好，有疏松及热裂倾向	工作温度可至 300 ℃，中等复杂的飞机受力件

续表 5.7

合金牌号	主要特性	用　途
ZL205A	抗拉强度最高的铸造铝合金之一，力学性能与某些变形铝合金相当，有较大的热裂与显微疏松倾向，T5 状态铸件综合性能良好，T6 状态铸件抗拉强度最高，T7 状态既有高的强度又有相当强的抗应力腐蚀性能	铸造大载荷零件，如飞机挂梁、框、肋、臂及导弹连接框，火箭发动机前裙、后裙等关键零件
ZL206	可热处理强化的高强度耐热 Al－Cu－RE 合金，成分比 ZL208 铝合金的简单，有良好的工艺性能，其他性能与 Al－Cu 系合金的相当	砂型等铸造的在 250～350 ℃工作的发动机零部件和附件
ZL208	可热处理强化的 Al－Cu－Ni－Co－Zr 系合金，综合性能良好，可在 250～300 ℃长期工作，瞬时工作温度可达 350 ℃，铸造性能较好，可切削性好	在 250～350 ℃工作的航空发动机零件等
ZL303	不可热处理强化的 Al－Mg 系合金，抗蚀性与可切削性均优，可焊性与耐热性高于 Al－Si 系合金，室温力学性能较低	砂型与金属型铸造耐腐蚀零件
ZL112Y	Al－Si－Cu 系压铸合金，铸造性能良好，力学性能较高，气密性与抗热裂性高	压铸复杂薄壁、力学性能高的飞机附件和仪表壳等
ZL401	有较强自然时效能力的 Al－Zn 系合金，铸造性能、可焊性、室温力学性能均好，热强性、抗蚀性差，密度大，可以进行人工时效	复杂薄壁飞机附件和仪表零件等

5.1.3　铝合金的强化

纯铝的力学性能较低，不宜制作承受较大载荷的结构零件。通过合金化、热处理或其他强化方式，可以使铝合金在保持密度小、耐蚀性好等条件下，得到显著的强化。铝合金的强化方式主要有以下几种。

1. 固溶强化

纯铝中加入合金元素，形成固溶体，引起晶格畸变，阻碍位错运动，使铝合金产生固溶强化，强度得以提高。根据合金化的一般规律，形成无限固溶体或高浓度的固溶体合金时，不仅可以获得高的强度，还能获得优良的塑性与良好的压力加工性能。Al－Cu、Al－Mg、Al－Si、Al－Zn、Al－Mn 等二元合金一般都能形成有限固溶体，且具有较大的极限溶解度，因此具有良好的固溶强化效果。

2. 形变强化

对于纯铝及不能热处理强化的铝合金，如 Al－Si、Al－Cu、Al－Mn 等合金，通常只能以退火态或冷作硬化状态使用。冷作硬化可使简单形状的工件强度提高，塑性下降。经冷作硬化的铝合金，需进行再结晶退火，以达到消除加工硬化和获得细小晶粒的目的。大多数铝合金在变形度为 50%～70%时，开始再结晶温度为 280～300 ℃，再结晶退火温度为 300～500 ℃，保温时间为 0.5～3 h。退火温度也可低于再结晶温度，得到多边化组织或部分再结晶组织，以获得介于冷变形和再结晶之间的性能。这种不完全退火方法通常用于不能热处理强化的铝合金。

铝合金在淬火后经过一定量的塑性变形，然后进行时效处理的复合工艺称为形变时效。塑性变形后的合金的位错密度增加，时效时易产生过渡相，可加速人工时效过程，提高铝合金的常温力学性能及热强性。

3. 过剩相强化

如果铝中加入的合金元素过多，超过其在铝中的极限溶解度，则在固溶处理加热时，就有一部分不能溶入固溶体而形成第二相，称为过剩相。在铝合金中，这些过剩相通常是硬而脆的金属间化合物，它们阻碍位错运动，使合金强化，即为过剩相强化。在生产中，常采用此方法来强化铸造铝合金和耐热铝合金。过剩相数量越多，分布越弥散，强化效果越大。但过剩相太多，则会使强度和塑性都降低。

4. 时效强化

合金元素对铝的另一种强化作用是通过热处理实现的，但由于铝没有同素异构转变，所以其热处理相变与钢不同。铝合金的热处理强化主要是由于合金元素在铝合金中有较大的固溶度，且随温度的降低而急剧减小，所以铝合金经加热到某一温度淬火后，可以得到过饱和的铝基固溶体。这种过饱和铝基固溶体放置在室温或加热到某一温度时，其强度和硬度随时间的延长而增大，但塑性和韧性降低，这个过程称为时效。在室温下进行的时效称为自然时效，在加热条件下进行的时效称为人工时效。时效过程中使铝合金的强度、硬度增高的现象称为时效强化或时效硬化，其强化效果是依靠过程中所产生的时效硬化现象来实现的。

Al－Cu 合金相图如图 5.2 所示。现以 Cu 含量为 4%的 Al－Cu 合金为例说明铝的时效强化。铝铜合金的时效强化过程分为以下四个阶段。

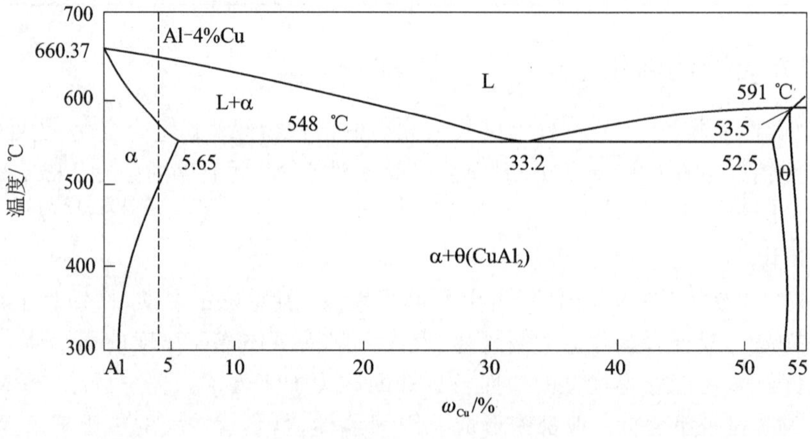

图 5.2　Al－Cu 二元合金相图

第一阶段：在过饱和 α 固溶体的某一晶面上产生铜原子偏聚现象，形成铜原子富集区（GPI 区），从而使 α 固溶体产生严重的晶格畸变，位错运动受到阻碍，合金强度提高。

第二阶段：随着时间延长，GPI 区进一步扩大并发生有序化，形成有序的富铜区，称为 GPII 区，其成分接近 $CuAl_2$（θ 相），称为中间状态，常用 θ″表示。θ″的析出，进一步加重了 α 相的晶格畸变，使合金强度进一步提高。

第三阶段：随着时效过程的进一步发展，铜原子在 GPII 区继续偏聚。当铜与铝原子之比为 1∶2时，形成与母相保持共格关系的过渡相 θ′。θ′相出现的初期，母相的晶格畸变达到最大，合金强度达到峰值。

第四阶段：时效后期，过渡相 θ′从铝基固溶体中完全脱落，形成与基体有明显相界面的独立的稳定相 $CuAl_2$，称为 θ 相。此时 θ 相与基体的共格关系完全破坏，共格畸变也随之消失。随着 θ 相质点的聚集长大，合金明显软化，强度、硬度降低。

图 5.3 所示为硬铝合金在不同温度下的时效曲线。由图中可以看出，提高时效温度，可以使时效速度加快，但获得的强度值比较低。在自然时效条件下，时效进行得十分缓慢，约需 4～5 天才能达到最高强度值。而在 −50 ℃时，时效过程基本停止，各种性能没有明显变化，所以降低温度是抑制时效的有效办法。

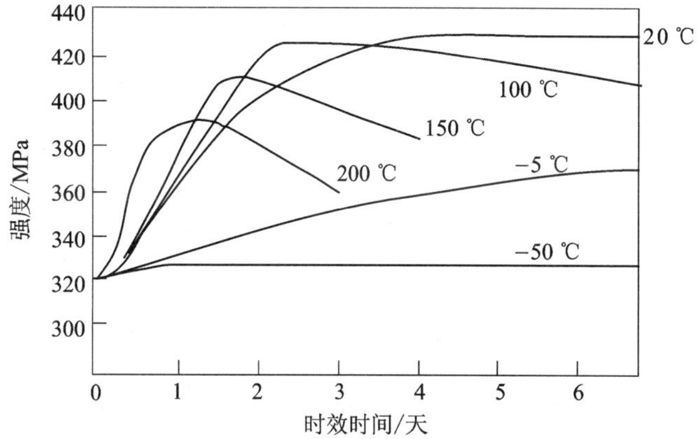

图 5.3　硬铝合金在不同温度下的时效曲线

5. 细晶强化

许多铝合金组织都是由 α 固溶体和过剩相组成的。若能细化铝合金的组织，包括细化 α 固溶体或细化过剩相，可以使合金得到强化。由于铸造铝合金组织比较粗大，实际生产中常常利用变质处理的方法来细化合金组织。变质处理时，浇注前在熔融的铝合金中加入合金质量 2%～3%的变质剂（如钠盐、含铝的锶、硼、稀土、碳、钛等中间合金），以增加结晶核心，使组织细化。经过变质处理的铝合金可得到细小均匀的共晶体加初生 α 固溶体组织，从而显著提高铝合金的强度及塑性。

5.1.4　铝合金在航空航天中的应用

1. 铝合金在航空航天中的应用概况

现代航空航天装备不断趋向轻量化、长寿命和高可靠性（如我国大客机将由 6 万飞行小时、5 万次起落次数增加到 9 万飞行小时、8 万次飞行起降和 30 日历年的服役寿命；长征五号火箭的运载能力系数需提高 15%～20%），服役性能不断趋于极端化。因此，作为航空航天装备主体的轻合金型大型构件，必须保证超轻超强的基本性能。航空铝合金具有密度小、比强度高、耐腐蚀性强、成型好与成本低等一系列优点，成为现代航空航天和武器装备发展必不可少的关键材料。

例如，我国自行设计研制的第二代战斗机机体结构用材中，铝合金占 80%以上，第三代战斗机机体结构用材中铝合金仍占 60%～70%，世界上最大的商用飞机空客 A380 的铝合金用量占 61%，波音公司研发的 C－17 军用运输机的铝合金用量占 69.3%。

总体来说，近年来铝合金在民用飞机结构上的用量约为 70%～80%，在军用飞机结构上的用量为 40%～60%。表 5.8 和表 5.9 分别列出了国外某些民用飞机与军用飞机的用材结构比例。

表 5.8　某些军用飞机用材结构比例

质量分数,%

机　种	材　料				
	钢	铝合金	钛合金	复合材料	购买件及其他
F-104	20.0	70.7	0	0	10.0
F-4E	17.0	54.0	6.0	3.0	20.0
F-14E	15.0	36.0	25.0	4.0	20.0
F-15E	4.4	35.8	26.9	12.0	20.9
飓风	15.0	46.5	15.5	3.0	20.0
F-16A	4.7	78.3	2.2	4.2	10.6
F-18A	13.0	50.9	12.0	12.0	12.1
AV—8B	0	47.7	0	26.3	26.0
F-22	5	15	41	24	15
EF2000	0	43	12	43	2
F-15	5.2	37.3	25.8	1.2	30.5
L42	5	35	30	30	0
S37	0	45	20	15	20
苏-27	0	64	18	0	18

表 5.9　某些民用飞机用材结构比例

质量分数,%

机　种	材　料			
	铝合金	钢铁	钛合金	复合材料
B747	81	13	4	2
B767	80	15	2	3
B767-200	74.5	15.4	5.1	5.0
B757	78	12	6	4
B777	70	11	8	11
B787	20	10～15	15	50
A300	76	13	6	5
A320	26.5	13.5	45	15
A340	70	11	7	12
A380	60	10	5	25
MD—82	74.5	12.0	6.0	7.5

铝合金在飞机上的应用非常广泛,主要用于机翼和机身。表 5.10 是铝合金在某客机各部位的应用情况。在该客机主结构铝材中用得最多的是 2×××系和7×××系铝合金。据统计,变形铝合金 2524-T3 约占板材总用量的 60%,7×××系铝合金 7050、7150、7055 约占 35%。

表 5.10　铝合金材料在某客机中的应用

序　号	合金牌号	主要使用部位
1	2024(包铝)	机身蒙皮、机翼下壁板
2	2124	中温下对强度和稳定性有要求的部位
3	2026	机翼下桁条
4	2324	蒙皮、机翼下桁条、机翼下壁板
5	2524	机身蒙皮、机翼下壁板、机身框架、隔框
6	2219	发动机短舱零件
7	6061	要求有高塑性和高抗腐蚀性的飞机零件、飞机管件
8	7050(挤压件)/7050(板材)	截面受高载荷的主要结构件，如机翼上壁板、梁等
9	7055	飞机翼上壁板、机翼上桁条
10	7075/7075(包铝)	飞机结构的重要受力零件、接头等
11	7150	机翼上壁板、梁、机身桁条、机身框架、隔框、机翼上桁条、翼肋和翼梁
12	7175	飞机结构主要承力部件
13	7475	机翼蒙皮、机翼下壁板、梁和隔框等

我国某型飞机上铝合金的使用如表 5.11 所列。该型飞机的前机身、中机身、中后机身、机头与机翼结构件几乎全是用铝材制造的。总体上，该型飞机铝合金工件总质量占其总净质量的 65%。我国某型两栖飞机所用铝合金主要以耐腐蚀的 5××× 系列为主(5083、5056)，也有 1××× 系列和 3××× 系列。

表 5.11　铝合金在某型飞机中的应用

部　段	零部件	铝合金	部　段	零部件	铝合金
前机身	长桁	钣弯 7075 - T62，挤压材 2196 - T8511/2099 - T83	中机身	前、后梁加强框	7085 - T7452
	普通框	2024 - T42		龙骨梁缘条	7450 - T77511
	旅客观察窗框	7075 - T73 锻件		龙骨梁腹板	7075 - T6 薄板
	客舱地板梁及支柱	2196 - T8511/2099 - T83		气密地板	2024 - T3
	货仓门框	7050 - T7451		地板转折梁	7075 - T73511
	铰链	铝合金锻件	起落架	外锁链杆、外筒、上撑杆、防扭臂、锁连杆、侧撑杆	7050 - T7452
机头	长桁	钣弯 7075 - T62，挤压材 2196 - T8511/2099 - T83	机翼	上蒙皮	7055 - T7751
	缘条	7075 - T73511		上长桁	7055 - T76511
	加强件	7150 - T77511，2020 - T3511		机翼前后梁	7050 - T7451
	壁板	7050 - T7451		机翼后梁内段	7085 - T7651
	门框	7075 - T7351		主起支撑接头	7085 - T7452

几乎全部铝合金都在航空工业上得到了应用，作为结构材料的主要是 Al－Cu－Mg 系合金与 Al－Zn－Cu－Mg 系合金。各国材料工作者多年来一直致力于研究和开发各种高性能铝合金，已取得了很多成果，特别是在高强高韧铝合金的研究开发方面，成果十分显著。各种铝合金的成功研制，逐步提高了材料的强度，改善了材料的断裂韧性和抗腐蚀等性能，从而大幅度提高了航空铝合金构件的极端服役性能。根据含有金属元素的不同，铝合金分为 9 个大类（或 9 个系列），其中，2×××（Al－Cu－Mg 系）与 7×××系（Al－Zn－Mg－Cu 系）是常用的变形铝合金，具有高的强度、优良的抗疲劳强度和良好的抗应力腐蚀性能，被广泛用于制造高性能航空航天构件。

2. 超高强度铝合金在航空航天中的应用

这类材料具有 600 MPa 以上的抗拉强度，能保持较高的韧性和耐蚀性，且成本较低，在很多领域取代了昂贵的钛合金，成为目前军用飞机和民用飞机等交通运输工具中不可缺少的重要轻质材料。

早在 20 世纪 30 年代，人们就开始研究 Al－Zn－Mg－Cu 系合金，但由于该合金存在严重的腐蚀现象而未得到实际应用。20 世纪中期，通过在合金中添加 Mn、Cr、Ti 等微量元素来提高抗应力腐蚀性能，开发出了 7075 合金和 B95 高强铝合金，并用于制造飞机部件，由此开始研究超高强度铝合金。随后又通过改善成分和制造工艺进一步提高高强度铝合金综合性能，用于制造交通运输领域的结构件及其他高承力结构件。国内超高强度铝合金的研究开发起步较晚，20 世纪 80 年代才开始研制 Al－Zn－Mg－Cu 系高强度铝合金。目前在普通 7×××系铝合金的生产和应用方面已实现工业化生产，产品主要包括 7075 和 7050 等合金。

20 世纪 90 年代中期，我国采用常规半连续铸造法制出了 7A55 超高强度铝合金及强度更高的 7A60 合金。该时期的铝合金制造水平已经接近国外同期的水平。

超高强度 Al－Zn－Mg－Cu 系铝合金具有以下突出特点：

① Zn 和 Mg 含量较高。Zn 的质量分数为 7%～12%，Mg 的质量分数为 2%～3%，Zn 与 Mg 质量比大于 3.0，Zn 和 Mg 在合金中形成主要强化相 $MgZn_2$。$MgZn_2$ 相在合金中的溶解度随温度的降低而急剧下降，具有很强的时效硬化能力。在固溶极限范围内，提高 Zn 和 Mg 含量可以大大提高合金强度，但会导致合金的韧性和抗应力腐蚀开裂性能下降。

② 在 Zn 含量较高的合金中加入 2%～3%（质量分数）的 Cu，能同时提高强度、塑性、耐蚀性和重复加载抗力。曾有研究者认为，高 Zn 合金中，Cu 原子溶入 GP 区，可以提高 GP 区的稳定温度范围，延缓时效析出。Cu 原子还可溶入 η' 和 η 相中，降低晶界和晶内的电位差，提高合金的抗应力腐蚀能力。对于 $m(\mathrm{Zn})/m(\mathrm{Mg})$ 较大的合金，即使 Cu 含量较高，仍保持较强的韧性。在超高强铝合金中保持较高的 $m(\mathrm{Zn})/m(\mathrm{Mg})$ 和 $m(\mathrm{Cu})/m(\mathrm{Mg})$ 是得到良好性能的基础。

③ 超高强铝合金一般添加 0.05%～0.15%（质量分数）的 Zr。Zr 和 Al 结合形成 Al_3Zr 金属间化合物，这种金属间化合物有两种结构和形态：从溶体中直接析出的 Al_3Zr 为四方结构，可显著细化合金的铸态晶粒；另一种是铸锭均匀化过程中析出的球形粒子，具有 L12 结构，与基体共格，具有强烈抑制热加工过程中再结晶的作用。在时效过程中，次生的 Al_3Zr 粒子可加速 $\eta'(MgZn_2)$ 相的析出。此外，含 Zr 合金淬火敏感性不强，合金的淬透性提高。总的来说，微量 Zr 可提高合金强度、断裂韧度和抗应力腐蚀性能。

④ Fe 和 Si 是有害杂质，在合金中主要以不溶和难溶的 AlFeSi 等脆性相的形式存在，热

加工变形后，容易形成沿变形方向断续排列的带状组织。塑性变形过程中，由于基体与脆性相变形不协调，容易在相界面上形成孔隙，产生微细裂纹，成为宏观裂纹的发源地，显著降低了合金的断裂韧度。目前，超高强铝合金中 Fe 和 Si 等杂质的含量一般控制在 0.1%～0.05%(质量分数)以下。

3. 超塑性铝合金在航空航天中的应用

20 世纪 70 年代初，国外为了减轻飞机结构质量，降低油耗，在研究高性能铝合金和铝锂合金的同时，加强了对铝合金整体构件的加工制造技术开发，铝合金的超塑性成型是关键技术之一。铝合金要获得良好的超塑性，先决条件是合金的显微组织应该是等轴、均匀的细晶，尺寸为 5～12 μm，且有好的热稳定性。铝合金的超塑性是以在高温和非常低的应变速率下变形时所呈现的非常大的延展性来表征的。

在超塑性铝合金发展过程中，部分研究者通过添加锗、硅等合金元素，利用动态(连续)再结晶获得细晶，极细微的 Al_3Zr 弥散相对促进连续再结晶和延缓晶粒长大起着关键作用。更多研究者则通过特殊的形变热处理使 7××× 和 2××× 铝合金(特别是 7475 和 7075)获得微观组织稳定的等轴细晶，从而使商用的 7475 和 7075 合金获得可超塑性变形的性能。后来研究者们又利用温/冷轧工艺，通过合金静态(非连续)再结晶研制成功了细晶 7475 铝合金板，获得了纵向晶粒为 8.33 μm，横向晶粒度为 8.02 μm，用其超塑成型的机翼前缘和电子设备前面板等结构件，在功能上可实现与 F-5E/F 战斗机相应结构件的互换。

随着超塑性铝合金及其成型技术的发展，部分航空航天结构件被超塑性铝合金结构件所代替，并利用其优良的综合性能，使得所需结构件数量大幅度降低，质量大幅度减轻，成本降低。

4. 铝锂合金在航空航天中的应用

铝锂合金具有低密度、高强度和高比刚度等特点，用其代替常规高强度铝合金，能使结构件质量减轻 8%～20%，刚度提高 15%～20%。据波音公司测试，采用铝锂合金制造波音飞机，其质量可以减轻 14.6%，燃料节省 5.4%，飞机制造成本下降 2.1%，每架飞机每年的飞行费用可降低 2.2%。铝锂合金被认为是 21 世纪航空航天飞行器主要的结构材料之一。

自 1924 年第一个铝锂合金 Sclreoul(Al-12Zn-3Cu-0.6Mn-0.1Li)诞生以来，铝锂合金经过 70 年的发展逐步应用于航空航天。1957 年美国 Alcoa 公司克服了熔炼上的难点，生产出了含锂 1.1%的铝锂合金，命名为 2020 合金。1958 年美国航空公司对其做了首次评估，主要评估了塑性、韧性，次年将其用于海军警戒机的机翼蒙皮和尾翼水平安定面，实现减重 6%，先后服役 20 年，未发现腐蚀、应力腐蚀、疲劳破坏等问题。后期在 USAF 航空损伤容限设计准则指导下，2020 合金于 1969 年被放弃。之后苏联研制出独特的 1420 合金(Al-Li-Mg-Zr)系，比 2020 合金的密度更低而弹性模量更高，1971 年开始用于航空器并扩大到苏-27、米格-25、米格-29、舰载飞机、图 204 等多种飞机上。欧洲于 20 世纪 80 年代推出 8090 合金和 2091 合金，用于取代 2024 合金；同时美国推出高强型 2090 合金，作为 7075 合金的换代产品。至 20 世纪 80 年代末期，西方国家已经基本完成了铝锂合金的制造技术研究并开始转入应用方面。

表 5.12 是航空航天中常用的 2090、2091 和 8090 铝锂合金的物理性能表。2090 和 8090 是最有前景的二代铝锂合金，很有应用潜力，但由于某些缺陷，一直未能打开更广阔的应用空间。EH101 直升机(1984 年)最初设想采用 AA2091，最终选用 8090 系列，由于可以减重 8%～

10%，机身框架构件采用的都是8090合金。

表5.12 几种常用航空航天铝锂合金的物理性能

性 能	合 金		
	2090	2091	8090
密度/(g·cm^{-3})	2.59	2.58	2.55
熔化温度/℃	560～650	560～670	600～655
电导率/(S·m^{-1})	17～19	17～19	17～19
25 ℃时的热导率/(W·m^{-1}·K)	84～92.3	84	93.5
100 ℃时的比热容/[J·(kg·K)$^{-1}$]	1 203	860	930
20～100 ℃时平均线胀系数/(10^{-6}K^{-1})	23.6×10^{-6}	23.9×10^{-6}	21.4×10^{-6}
弹性模量/GPa	76	75	77
泊松比	0.34	—	—

虽然铝锂合金中铜元素仍是含量最大的合金化元素，但习惯上仍将含铝锂的合金称为铝-锂(Al-Li)合金。Al-Li合金大发展，在发挥该系合金的比模量、比强度优势基础上，进一步优化Li含量，并重视微合金化的作用，减少材料的各向异性，发展高综合性能Al-Li合金。同时，重视Al-Li合金专用的高洁净度大规格铸锭、保护性气氛熔铸、塑性变形、热处理等专用技术的研发，提高该系铝合金的韧性、耐蚀性、耐损伤性和成型性，以及材料的组织性能均匀性。

国际上开展的新一代Al-Li合金研究中，已经开发了1460、2097、2197、2195等Al-Li合金，其中2097-T861合金已在F-16飞机的后机身隔框、中机身大梁上应用。2198-T8×合金具有高强、高损伤容限及高热稳定性，良好的成型和焊接性能。最近研发的低Li含量Al-Cu-Li合金2050、2060将Cu含量降低至4.0%以下，并添加微量Mn、Ag等元素，体现了新一代高强铝合金降低密度的发展趋势。厚至152 mm的2050-T851板材，不仅性能优于7050-T77451，而且密度更低，强度、韧性、疲劳裂纹扩展抗力及耐热性能均提高，替代7050可减重5%。第三代铝锂合金已经被广泛地应用在航空航天领域。早期应用的如AA2195厚板用作航天飞机的外挂储油箱，AA2297和AA2397用作F-16舱板及军用飞机上的其他零部件。

第三代铝锂合金的研发始于20世纪80年代，并持续至今。与第二代(一般在2%以上)相比，第三代铝锂合金大幅降低了锂的含量(0.75%～1.8%)，此外还对成分进行了重要调整。为了提高强度，添加了Ag和Zn。Zn可以改善耐腐蚀性。除Zr外，还添加有Mn(第二代中也含有)，以便控制再结晶和织构。因此，新研发的性能优势显著的铝锂合金系列覆盖了运输机所有重要结构部位和应用。1983年美国铝业推出第三代铝锂合金，2009年铝锂合金被纳入美国航天材料标准，已实现规模化工业生产。2021年我国西南铝业成功试制出国产大飞机项目专用的第三代铝锂合金。

在民机应用方面，空客A350采用了铝锂合金制造机身蒙皮与地板结构，其用量为机身质量的22%；A380机身蒙皮、地板梁、机翼前后缘均使用了铝锂合金；在庞巴迪C系飞机中，先进铝锂合金材料部件已经占到飞机材料总量的20%；波音787和EH101多用途直升飞机也大量采用了铝锂合金。

我国某型客机的第三代铝锂合金材料用量达到约8.8%。其前机身大部段首次采用第三代铝锂合金材料，主要有2198-T8、2096-T8511、2099-T83等，如图5.4所示。该飞机的机身蒙皮、长桁、地板梁、座椅滑轨、边界梁、客舱地板支撑立柱等部件都使用了第三代铝锂合金，其机体结构质量占比达到7.4%，获得综合减重7%的收益。

图5.4 某客机前机身大部段

5.2 镁合金

镁是10种常见的有色金属之一，是地壳中排位第八的富有元素，其蕴藏量为2.77%，同时也是海水中的第三富有元素，约占海水质量的0.13%。中国是世界上镁资源最丰富的国家，储量居世界首位，已探明的菱镁矿保有储量为30.09亿吨，约占世界探明储量的1/4。在所有的结构金属中，镁的密度最低，纯镁的密度仅为1.738 g/cm^3。

2015年全球镁产能为165.45万吨，产量约为100.2万吨，我国同期的镁工业产量为62.22万吨。在镁中添加合金元素，可以形成具有各种性能的合金，满足不同的需求。

5.2.1 镁及镁合金的特点

1. 纯镁的特点

镁元素是周期表中ⅡA族碱土金属元素，具有密排六方晶体结构，密度小，比强度、比刚度高，韧性好、减振性强，热容量低，凝固速度快，压铸性能好，切削加工性能优异。纯镁的主要物理性能如表5.13所列，镁的优点如表5.14所列。

表5.13 镁的主要物理性能

性 能	值
原子序数	12
原子量	24.305
密度(20 ℃)/(g·cm^{-3})	1.738
熔点/℃	650
沸点/℃	1090
比热容(100 ℃)/[J·(kg·K^{-1})]	1072
热导率(27 ℃)/[W·(m·K)$^{-1}$]	156
热膨胀系数(20~100 ℃)/[μm·(m·K)$^{-1}$]	26.1
热膨胀系数(20~200 ℃)/[μm·(m·K)$^{-1}$]	27.1

表 5.14 镁的主要优点

特性分类	基本特性	优 点
资源丰富，价格较低	地壳中分布广，储量大	镁元素约占地壳质量的 2.35%，仅次于氧、硅、铝、铁、钙、钠和钾，居第 8 位。我国是世界上镁矿资源最丰富的国家之一，镁资源占全球储量的 22.5%
	海水和盐湖中的镁取之不尽，用之不竭	镁是海水中的第三富有元素，约占海水质量的 0.13%，在 1 m^3 海水中大约含有 1 kg 镁，如果每年用海水生产 100 万吨镁，可以生产 23 万年
	廉价的原镁	20 世纪 90 年代以前，由于镁价格波动太大，镁产品的最终使用商不敢涉及与镁相关的产品；20 世纪 90 年代以后，随着科学技术的进步，原料和能源成本迅速降低，原镁的成本快速下降，价格也不断降低
性能优异	比强度、比刚度高	镁合金的比强度高于铝合金和钢铁，略低于比强度最高的纤维增强塑料。其比刚度与铝合金和钢铁相当，远远高于纤维增强塑料。因此，在相同的强度和刚度情况下，用镁合金可以减轻零件质量，对国防、航空、汽车及便携式电子器材等行业均有重要的意义
	减振性能好	镁合金与铝合金、钢、铁等相比，具有较低的弹性模量，在同样的受力条件下，可消耗更大的变形功，具有降噪、减振功能，可承受较大的冲击振动负荷。镁合金具有极好的滞弹吸振能力，其减振性是铝合金的 5～30 倍，塑料的 20 倍，钢铁的 50～1 000 倍
	良好的铸造性能	镁与铁几乎不发生反应，熔炼时可用铁坩埚，对坩埚的侵蚀少，压铸时对压铸模的侵蚀少；镁合金的比热容和结晶潜热小，流动性好，充型流动速度约为铝合金的 1.25 倍，压铸生产效率比铝合金高 40%～50%
	尺寸稳定性高	不需要退火和消除应力就具有尺寸稳定性是镁合金的一个很突出的特性，体积收缩率仅为 4%～6%，是铸造金属中收缩量最低的一种合金
	优良的切削加工性能	镁合金的切削速度大大高于其他金属，可减少切削加工时间，切削时对刀具的消耗很低。镁合金、铝合金、铸铁、低合金钢切削同样零件消耗的功率比值为 1:1.8:3.5:6.3。镁合金机加工多在干状态下进行，不用切削液便可改善零件表面加工质量、减少摩擦力和提高刀具寿命，不需磨削和抛光便能获得平滑光洁的表面
	良好的磁屏蔽性	镁合金具有优于铝合金的磁屏蔽性能，能更好地阻隔电磁波，适合制作发出电磁干扰的电子产品的壳、罩，尤其是紧靠人体的手机
	高散热性	镁合金的导热能力是工程塑料 ABS 的 350～400 倍，适用于元件密集的电子产品。镁合金的散热性能不但比塑料好得多，与铝合金比也略胜一筹
	再生性	废旧镁合金铸件可再熔化，并作为 AZ91、AM50 或 AM60 的二次材料可再铸造。镁合金的熔化潜热比铝合金低，熔炼消耗的能量低。更为重要的是，镁合金中的杂质可以通过相对简单的冶金法清除，这种方法符合环保要求，使镁合金比许多塑料更具吸引力
减重节能	国防军事领域减重节能	在军事领域方面，使用镁合金不仅可以提高飞行器的机动性能，还可以降低航天器（火箭、飞船等）的发射成本，镁合金非常适合用于制造飞机、导弹、飞船、卫星、轻武器等重要武器装备的零件
	汽车领域降低能耗、减少污染	采用镁合金制造汽车传动零部件，不仅能够减轻汽车自身质量、降低油耗，而且有助于质量的优化分布，改善汽车的驾乘舒适性和安全性

续表 5.14

特性分类	基本特性	优　点
生物效应	镁与人体有良好的生物相容性	镁是人体不可或缺的元素，作为医用植入材料，与现有进入临床使用的医用金属相比，具有更好的生物相容性。它参与蛋白质合成，能激活体内多种酶，调节神经肌肉和中枢神经系统的活动，保障心肌正常收缩。镁几乎参与人体所有的新陈代谢过程，镁在适当的代谢条件下不会对人体产生不良影响
	镁可以在人体内降解	镁经过人体体液分解后可发生多种代谢反应，而且可以促进体内能量转运、储存和利用。此外，镁具有很低的标准电极电位，在人体体液中生成的镁离子可被周围肌体组织吸收，通过体液排出体外，因此镁可以被人体完全降解，是一种难得的金属生物材料
	镁是骨生长的必须元素	镁离子可促进钙的沉积，促进骨细胞的形成，加速骨的愈合。初步的细胞毒性研究表明，镁对骨髓细胞的生长没有抑制作用，即没有细胞溶解现象
	镁合金具有合适的物理力学性能	镁合金的密度与人骨吻合，符合理想接骨板的要求。镁合金在所有金属材料中具有最高的比强度，比钛合金高。镁合金的弹性模量的绝对值较低，与人骨的弹性模量值接近。镁合金在骨折愈合初期可以提供稳定的力学环境，逐渐而不是突然降低其应力遮挡作用，使骨折部位逐步增大至生理水平的应力刺激，从而加速愈合，防止局部骨质疏松和再骨折
	镁合金成型性好，资源丰富，价格低	镁合金可以通过精密铸造、挤压、冲压、机械加工等多种方式获得需要的各种形状的产品

2. 镁合金的特点

镁合金是在纯镁的基础上加入 Al、Zn、Mn 等元素形成的，是实际应用中最轻的金属结构材料。除了具有纯镁的基本特性外，其比强度和比刚度很高，广泛用于航空、航天、汽车及电子产品制造，被誉为“21 世纪的绿色工程结构材料”。镁合金的性能优点如下：

① 密度小，比强度、比刚度高。镁合金密度是现有工程用金属中最小的，是钢的 1/5，锌的 1/4，铝的 2/3。镁合金的强度虽然比铝合金低，但由于密度小，镁合金的比强度明显高于铝合金和钢，比刚度与铝合金和钢相当，远远高于工程塑料，为一般塑料的 10 倍。

② 减振性好。由于镁合金弹性模量小，受外力作用时弹性变形功较大，即吸收能量较多，所以能承受较大的冲击或振动载荷，因此飞机起落架轮毂多采用镁合金制造。

③ 切削加工性好。镁合金具有优良的切削加工性能。若切削镁合金所需功率为 1，则铝合金为 1.8，铸铁为 3.5，软钢为 6.3。镁合金可以采用高速切削，易于进行研磨和抛光。

④ 铸造性能优良。镁合金的热容量低、凝固速度快、压铸性能好，具有良好的流动性和快速凝固率，能防止过量收缩以保证尺寸公差。与生产同样的铝合金铸件相比，其生产效率提高 40%～50%，且铸件尺寸稳定、精度高、表面光洁度好。工程中镁合金应用最多的是铸件，且 90%以上为压铸件。

镁合金具有许多优点，但其缺点也相对明显，主要包括：

① 耐蚀性差。镁具有很高的化学活性。镁合金与不同类金属接触时易发生电偶腐蚀。因此，镁合金在使用时要采取防护措施，如氧化处理、涂漆保护等。

② 高温强度低。镁合金的高温强度、蠕变性能较低，限制了镁合金在高温（150～350 ℃）场合的应用。

5.2.2 镁的合金化

纯镁的抗拉强度只有 115 MPa,不宜直接用作结构材料。在纯镁中加入一定量的其他合金元素形成镁合金,可适当提高镁合金的力学性能并改善其工艺性能,充分发挥其密度小的特性,使之成为航空、汽车、电子等领域的重要材料。在镁中加入的合金元素主要有 Al、Zn、Mn、Zr 以及稀土元素 RE(如 La、Ce、Pr、Nd 等)。合金元素加入到镁中,产生了固溶强化、析出强化、弥散强化、细晶强化等几种形式的强化作用,使其强度和硬度都得以提高。

(1) Al 和 Zn

Al 和 Zn 的主要作用是提高镁合金在室温下的力学性能。加入镁合金中的铝和锌的含量分别不超过 10%～11%和 4%～5%时起固溶强化作用。超过溶解度后分别与镁形成金属化合物 $Mg_{11}Al_{12}$ 和 MgZn,它们在淬火、时效时能起到强化作用。Al 还可提高合金的流动性,在提高合金强度和硬度的同时,还能拓宽凝固区,改善铸造性能。少量的 Zn 可使固溶体强化,提高耐蚀性,但含量过高会扩大合金的结晶间隙,使铸造性能变差。

(2) Mn 和 Zr

Mn 能提高合金的耐蚀性,改善耐热性,并细化晶粒,同时溶于 Mg 中起固溶强化作用;Zr 主要起细化晶粒、提高合金的力学性能作用。

(3) 稀土元素

在镁合金中添加的稀土一般为混合稀土,各种稀土元素(如 La、Ce、Pr、Nd 等)在合金中的作用相似,主要是提高镁合金的耐热性,使工作温度达 300 ℃左右。RE 是耐热镁合金的主要添加元素。此外,稀土元素还可以细化晶粒,降低合金的氧化速率,减少显微疏松和热裂倾向,改善铸造性能和焊接性能,一般无应力腐蚀倾向,其耐腐蚀性不亚于其他镁合金。Mg－RE 系合金还有良好的铸造工艺性和热变形能力。

5.2.3 镁合金的分类

按照化学成分,镁合金主要划分为 Mg－Al、Mg－Mn、Mg－Zn、Mg－RE 等二元系,及 Mg－Al－Zn、Mg－Zn－Zr、Mg－RE－Zr 等三元系及其他多组元系镁合金。按照加工工艺可分为变形镁合金和铸造镁合金两大类。根据是否含锆可以分为含锆镁合金和无锆镁合金两大类。

1. 按合金成分

(1) Mg－Al－Zn 系合金(AZ 系)

Mg－Al－Zn(AZ)系合金属于中等强度高塑性镁合金,其室温强度、塑性和耐腐蚀性匹配较好,且价格较低,是目前牌号最多、应用最广的镁合金系列。基于铝元素的加入,在提高合金强度和硬度的同时,拓宽合金凝固区间,改善合金铸造性能,主要形成了以 AZ31、AZ61、AZ80 为代表的变形镁合金和以 AZ91 为代表的铸造镁合金。与变形镁合金相比,铸造镁合金的应用尤其广泛,在欧洲有 85%以上的 AZ 系列产品均为铸件。铸造镁合金具有优良的铸造性能和切削加工性能,常用于航空动力系统,如发动机、直升机传动系统等的机匣及壳体类零部件,能很好地满足零部件对合金性能的要求。

室温下 AZ 系镁合金组织主要由 α－Mg 和非连续网状分布的低熔点 $\beta-Mg_{17}Al_{12}$ 组成。受低熔点第二相高温软化影响,AZ 系镁合金的使用温度不能超过 120℃,否则会导致合金强度和蠕变性能急剧下降。针对航天应用的耐热性问题，可通过添加少量 Si、Ca、Sr、稀土元素等来改善合金的高温强度与抗蠕变性能。加 Si 后形成的 Mg_2Si 硬质相可在以细小弥散形式分布的情况下，使合金获得较高的强度和延伸率。

AZ91 铸造镁合金是最典型和常用的 AZ 系合金，其铸造性、耐蚀性和力学性能均较好，主要用于复杂薄壁件的压铸成型。该合金的高温力学性能和抗蠕变性能主要是通过添加 Ce、Y、Nd、Sc 等稀土元素来提高。

(2) Mg－Zn－Zr 系合金(ZK 系)

Mg－Zn－Zr 系合金属于高强度变形镁合金。Zr 元素的添加为结晶提供了异质形核核心，可加快形核速率，细化合金铸态组织，同时还能显著缩小合金的结晶区间，减少合金的缩松、热裂等铸造缺陷，提高合金的铸造性能和力学性能。目前，铸态 ZK61 合金由于力学性能好和承载能力高，已在飞机轮毂、起落架支架等受力件上替代 AZ91 铸造镁合金使用。但在工业应用中，通常将 Zr 的质量分数控制在 0.6%～0.8%，以获得最大的晶粒细化效果和强化效果，如 ZK60 等。

ZK60 合金铸态组织主要由 α－Mg 基体和 MgZn、$MgZn_2$ 共晶组织组成，共晶组织铸态下主要以片层状、鱼骨状、颗粒状等分布于晶界和枝晶间。虽然 Zr 元素提高了合金的强度，但其塑性变形能力较 AZ 系镁合金要差，因而通常采用变形和热处理来改善合金性能。ZK60 变形镁合金受强度和塑性的影响，应用有限，还处于研究探索之中。ZK60 主要采用稀土元素改性，以提高合金的强度与塑性。

为开发更高强度和抗蠕变性能的 ZK 系镁合金，研究人员开始向合金中添加稀土元素。稀土元素的加入使合金铸态组织中出现了 Mg－Zn－RE 化合物，并以分离共晶体分布于晶界处，从而提高合金的强度和塑性，同时，添加一定量的稀土元素还可大大改善合金的铸造性能。其中，具有代表性的 ZE41 和 EZ33 合金已得到广泛应用。ZE41 合金在 150 ℃时仍能保持机械性能不变，主要以铸态形式应用于变速箱。EZ33 因其良好的高温抗蠕变性能而被广泛应用于喷气发动机。

(3) Mg－RE 系合金

传统的 Mg－RE 系合金主要是 WE 系列镁合金，具有强度高、耐热性好、综合性能良好等众多优点，得到较为广泛的使用。最典型的合金是强度较好的 WE54(Mg5Y－4RE)合金，以及综合力学性能良好的 WE43(Mg－4Y－3RE)合金。近年来，国内对 WE 系列合金的研究，除在 WE 合金上应用新发展的加工方法外，主要集中在对 WE 系列合金的成分改良上，以发展自主知识产权的耐热镁合金。对 WE 系列合金的成分改良，多集中在稀土元素的添加上。

除了以上合金系的镁合金外，还有其他新型高性能镁合金，如新型 Mg－Gd 系高强镁合金、新型 Mg－Gd 系中等强度高塑性镁合金、新型 Mg－Li 系高塑性镁合金等。Mg－Gd 合金是俄罗斯的 ROKHLIN 于 20 世纪 70 年代在苏联拜可夫冶金研究所的研究基础上发展起来的。稀土元素钆(Gd)在 Mg 合金中有较大的固溶度(最大固溶度 23.49%)，且 Gd 在 Mg 中的固溶度随温度变化较大，能同时对镁合金进行固溶强化和第二相强化。Mg－Gd 的金属间化合物还具有较高的熔点，适合发展热稳定性好、强度高的镁合金。此外，当 Mg－Gd 合金中含有 Y、Zn 等元素时，可生成强度较高且塑性良好的长周期堆垛有序结构的 Mg－RE－Zn 三元或多元金属间化合物。该结构能在保持合金高强度的同时，提高合金的塑性。因此，Mg－Gd 合金成为近年来高强镁合金研究的热点。Mg－Li 合金是工程应用中最轻的无毒金属结构材料，其比强度为钢铁的 20 倍以上，高于常见的其他种类合金，合金塑性得到很大改善。Mg－Li 合金在 4K 的极低温下仍能表现出高达 12％的塑性，还可吸收高能射线，是航天领域中优选的高性能镁合金材料。

2. 按加工工艺分

按照国标《变形镁及镁合金牌号和化学成分》(GB/T 5153—2016)的规定：

(1) 纯镁牌号以“Mg＋数字”的形式表示，Mg 后的数字表示 Mg 的质量分数，如 Mg99.95，表示 Mg 的质量分数为 99.95％。

(2) 变形镁合金牌号以“英文字母＋数字＋英文字母”的形式表示。前面的英文字母是其最主要的合金组成元素代号，其后的数字表示其最主要的合金组成元素的大致含量。最后面的英文字母为标识代号，用以标识各具体组成元素相异或元素含量有微小差别的不同合金。例如 AZ41M 中 A 表示名义含量(质量分数)最高的合金元素 Al 含量大致为 4％，Z 表示名义含量(质量分数)次高的合金元素 Zn，含量大致为 1％，M 为标识代号。元素符号及代号如表 5.15 所列。

表 5.15　元素符号及代号

元素代号	元素名称	元素代号	元素名称	元素代号	元素名称	元素代号	元素名称
A	铝	F	铁	M	锰	S	硅
B	铋	G	钙	N	镍	T	锡
C	铜	H	钍	P	铅	W	镱
D	镉	K	锆	Q	银	Y	锑
E	稀土	L	锂	R	铬	Z	锌

按照国标《铸造镁合金》(GB/T 1177—2018)的规定：铸造镁合金的代号由镁及主要合金元素的化学符号组成(混合稀土用 RE 表示)。主要合金元素后面跟有表示其名义含量的数字(名义含量为该元素平均含量的修约化数值)。如果合金元素的名义含量不小于 1，该数字用整数表示；如果合金元素的名义含量小于 1，一般不标数字。在合金牌号前面冠以字母 Z(“铸”字汉语拼音的第一个字母)表示铸造合金。若合金元素多于两个，除对表示合金的特性是必不可少的合金元素外，不必把所有的合金元素都列在牌号中。在牌号中主要合金元素按名义含量的递减次序排列；当名义含量相等时，按其化学符号字母顺序排列。

铸造镁合金代号由字母 Z、M(“铸”、“镁”的汉语拼音第一个字母)及其后面的数字组成，其中数字表示合金的顺序号。对于 ZM5A，其中的字母 A 表示该合金配料时所使用的镁锭是采用蒸馏法生产的高纯镁锭。铸造镁合金的状态代号有：F 为铸态，F1 为人工时效，T2 为退火，T4 为固溶处理加人工时效，T6 为固溶处理加完全人工时效。部分高强铸造镁合金和变形镁合金的性能如表 5.16 所列。

(1) 变形镁合金

变形镁合金是指可用挤压、轧制、锻造和冲压等塑性成型方法加工的镁合金。由于镁合金为密排六方晶格，传统上被视为一种塑性变形难、压力加工性能差的金属，但多数镁合金具有较好的铸造性能。变形镁合金具有更高的强度、塑性。部分变形镁合金的牌号、性能及应用如表 5.17 所列。

表 5.16　部分高强铸造镁合金和变形镁合金

合金成分	成型工艺	拉伸性能		
		≥R_m/MPa	≥$R_{p0.2}$/MPa	≥A_5/%
Mg－9Al－2Sn－0.1Mn	金属模铸造	292	154	5
Mg－7Zn－4Al	压铸	338	—	12.1
Mg－8.0Zn－1.0Al－0.5Cu－0.5Mn	金属模铸造	372	228	16
Mg－3Nd－0.2Zn－Zr	金属模铸造	300	140	11
	挤压	325	314	19.3
Mg－6Gd－2Sm－Zr	金属模铸造	360	204	8.1
	挤压	410	312	4.9
Mg－10Gd－3Y－Zr	金属模铸造	370	241	4.1
	挤压	491	436	3～6
Mg－5Al－0.3Mn－1.5Ce	金属模铸造	203	88	20
	热轧	318	225	9
Mg－11Al－3Zn－0.4Mn	挤压	353	—	9.5
Mg－9Zn－0.6Zr－0.6Er	挤压	372	342	18
Mg－14.4Zn－3.3Y	挤压	380	365	8
Mg－10Er－2Cu	挤压	380	320	15
Mg－2.7Nd－0.2Zn－0.4Zr	挤压	417	394	2.6
Mg－8.2Gd－3.8Y－1.0Zn－0.4Zr	挤压＋热轧	473	372	10.2
Mg－3Y－1.5Zn	等通道转角挤压	473	445	6.2

表 5.17　部分变形镁合金

新牌号	旧牌号	合金组别	产品状态	力学性能			应　用
				R_m/MPa	$R_{p0.2}$/MPa	A/%	
M2M	MB1	Mg－Mn	板材退火	206	118	8	板材焊接件和模锻件，形状简单、受力不大的耐蚀零件
AZ40M	MB2	Mg－Al	棒材挤压	275	177	10	形状复杂的锻件和模锻件
AZ41M	MB3		板材退火	280	190	18	板材、模锻件
AZ61M	MB5		棒材挤压	294	235	12	棒材、锻件、模锻件
AZ62M	MB6		棒材挤压	320	210	14	棒材
AZ80M	MB7		棒材时效	340	240	15	棒材、锻件、模锻件、高强度构件
ME20M	MB8	Mg－Mn	板材退火	245	157	18	板材可制作飞机蒙皮、壁板及内部零件，型材和管材可制造对汽油和润滑油耐蚀零件
ZK61M	MB15	Mg－Zn	棒材时效	329	275	6	室温下承受大载荷的零件，如机翼、长桁翼肋等，使用温度不超过 150 ℃

航空工业应用较多的变形镁合金是 ZK61M(MBI5)，属 Mg－Zn－Zr 系合金，抗拉强度 250 MPa，是镁合金中最高的。MB15 是可热处理强化的高强度变形镁合金，热挤压后人工时效(160～170 ℃，10～24 h)状态下使用，主要用于热挤压制品及模锻件。该合金室温强度高，室温拉伸强度、屈服强度、塑性、韧性均优于其他镁合金，综合性能好，具有良好的热塑性变形能力、切削性、耐腐蚀性能，但焊接性能差，可用于制造 150 ℃下的受力构件，常用来制作承受较大负荷的零件，如飞机的机翼长桁、翼肋等。该合金的缺点是焊接性能差，不宜用作焊接结构件，合金的使用温度不超过 150 ℃。

(2) 铸造镁合金

铸造镁合金是以镁为基体加入其他合金元素形成的可用铸造方法生产的镁合金。铸造镁合金按照性能特点可分为高强镁合金和耐热镁合金，按照合金化元素可分为 Mg－Al－Zn 系铸造镁合金、Mg－Zn－Zr 系铸造镁合金、Mg－RE－Zr 系铸造镁合金。铸造镁合金占镁合金总量的 90%以上，而压铸是镁合金成型的主要方法。

高强铸造镁合金具有较高的强度，良好的铸造工艺性能，但耐热性较差，使用温度一般不超过 150 ℃。铸造镁合金具有优良的铸造性能和切削加工性能，常用于航空发动机、直升机传动系统等的机匣及壳体类零部件，能够很好地满足零件对材料的性能要求。部分铸造镁合金的性能及应用如表 5.18 所列。

在铸造镁合金中添加微量稀土元素，能有效改善合金组织和微观结构，提高合金室温和高温力学性能，还可增强合金的耐蚀性。因此，在镁合金中添加稀土元素，一方面能有效改变镁合金腐蚀层结构，强化阴极相控制，影响合金腐蚀的电化学过程，从而提高镁合金的耐蚀性能；另一方面可净化镁合金表面层，使表面活性点减少或消除，提高镁合金的耐蚀性能。

表 5.18 部分铸造镁合金的室温力学性能(摘自 GB/T 1177—2018)

<table>
<tr><th rowspan="2">合金牌号</th><th rowspan="2">合金代号</th><th rowspan="2">热处理状态</th><th colspan="3">力学性能≥</th><th rowspan="2">特 点</th><th rowspan="2">应 用</th></tr>
<tr><th>R_m/MPa</th><th>$R_{p0.2}$/MPa</th><th>A/%</th></tr>
<tr><td>ZMgZn5Zr</td><td>ZM1</td><td>人工时效</td><td>235</td><td>140</td><td>5.0</td><td>属于高强度铸造镁合金，流动性较好，但热裂倾向大，不易焊接；抗拉强度和屈服强度高，力学性能、耐蚀性较好</td><td>飞机轮毂、轮缘、隔框及支架等</td></tr>
<tr><td>ZMgZn4RE1Zr</td><td>ZM2</td><td>人工时效</td><td>200</td><td>135</td><td>2.5</td><td>流动性好，不易产生热裂纹，焊接性能好，高温性能好，耐蚀性能好，但力学性能比 ZM1 低</td><td>用于 200 ℃以下工作的发动机零件及要求屈服强度较高的零件，如发动机机座、蒸馏舱、电机机壳等</td></tr>
<tr><td rowspan="2">ZMgRE3ZnZr</td><td rowspan="2">ZM3</td><td>铸态</td><td>120</td><td>85</td><td>1.5</td><td rowspan="3">流动性稍差，形状复杂零件的热裂倾向较大，焊接性较好，其室温力学性能较低，在 200～250 ℃下的持久强度和蠕变极限高</td><td rowspan="3">一般用于高温工作和要求高气密性的零件，如发动机增压机匣、飞机进气管、扩散器壳体等</td></tr>
<tr><td>退火</td><td>120</td><td>85</td><td>1.5</td></tr>
<tr><td>ZMgRE3Zn3Zr</td><td>ZM4</td><td>人工时效</td><td>140</td><td>95</td><td>2.0</td></tr>
</table>

续表 5.18

合金牌号	合金代号	热处理状态	力学性能≥			特点	应用
			R_m/MPa	$R_{p0.2}$/MPa	A/%		
ZMgAl8Zn ZMgAl8ZnA	ZM5 ZM5A	铸态	145	75	2.0	航空工业上应用最多的铸造镁合金。具有优良的铸造性能,热裂倾向小,焊接性良好,力学性能较高,但耐蚀性较差,适合于生产各类长期工作温度不超过 150 ℃ 的铸件	一般用于飞机、发动机、仪表及其他高载荷的零件,如机舱连接隔框、舱内隔框
		人工时效	155	80	2.0		
		固溶处理+自然时效	230	75	6.0		
		固溶处理+完全人工时效	230	100	2.0		
ZMgNd2ZnZr	ZM6	固溶处理+完全人工时效	230	135	3.0	具有良好的室温和高温力学性能,铸造性、焊接性优良,是综合性良好的合金	用于制造飞机发动机的后减速机匣,飞机液压恒速装置支架、机翼翼肋以及各种壳体和承力机构,工作温度可达 250 ℃
ZMgZn8AgZr	ZM7	固溶处理+自然时效	265	110	6.0	力学性能很高,充型性良好,显微疏松倾向大,难于焊接	可用于高应力零件,如飞机轮毂、外筒以及形状简单的受力构件
		固溶处理+完全人工时效	275	150	4.0		

在航空工业中应用较多的铸造镁合金是 ZM5(ZMgAl8Zn),由于合金中含有较多的 Al,可形成 $Mg_{17}Al_{12}$ 强化相,通过热处理使合金的强度提高,广泛用于制造飞机、发动机、仪表等承受较大载荷的结构件或壳体;耐热镁合金的室温强度相对较低,但耐热性较高,可在 200~250 ℃下长期工作,短时使用温度可达 300 ℃,主要用于制造在 250 ℃以下工作的高气密性零件。

5.2.4 镁合金的热处理

镁合金的热处理方式与铝合金类似,常用的热处理方法有退火、固溶处理和时效处理等。热处理方式需要根据镁合金成分、产品性能和使用状态等来确定。镁合金热处理的最主要的特点是固溶和时效处理时间长,淬火时不需要进行快速冷却,通常在静止的空气或者人工强制流动的气流中冷却。另外,绝大多数镁合金对自然时效不敏感,淬火后在室温下放置仍可保持淬火状态的原有性能。由于镁合金的强烈氧化倾向容易引起燃烧,所以热处理加热炉内应保持一定的中性气氛或通入惰性气体进行保护。

(1) 退 火

铸件中的残余应力一般不大,但是镁合金的弹性模量较低,很小的应力就会使铸件发生明显弹性应变。去应力退火可以在不显著影响力学性能的前提下彻底消除铸件中的残余应力。对某些热处理强化效果不显著的镁合金(如 ZM3),去应力退火则为最终热处理状态。

(2) 人工时效

人工时效可消除镁合金铸锭在塑性变形过程中所产生的加工硬化效应,恢复和提高塑性,也可以消除变形镁合金制品在冷热加工、焊接过程中所产生的残余应力。

(3) 淬火(固溶处理)

淬火可以同时提高合金的抗拉强度和延伸率。

(4) 淬火(空冷)+人工时效

淬火(空冷)+人工时效可以提高镁合金的屈服强度,但是会降低部分塑性,主要应用于Mg-Al-Zn和Mg-RE-Zr系列镁合金。

(5) 热水淬火+人工时效

热水淬火+人工时效用于Mg-Zn系合金和对冷却速度敏感性较高的Mg-RE-Zr系合金。淬火(空冷)+人工时效的热处理使强度提高40%~50%,而该热处理可提高60%~70%,提高强化效果且伸长率保持原有水平。

镁合金成型工艺主要分为液态成型工艺和固态成型工艺。液态成型主要包括重力铸造、低压铸造、压铸、半固态铸造、挤压铸造等。固态成型又称塑性加工成型,包括挤压、锻造、轧制、冲压、拉深等。此外,还有一些新型成型技术,如快速凝固/粉末冶金、喷射沉积等。

5.2.5 镁合金在航空航天中的应用

镁合金在航空航天领域的应用具有重要意义。高性能镁合金的成功应用,可大幅减重和缩小航天零部件的体积,从而降低能耗,简化结构,降低加工难度,节约加工成本。在航空工业中,镁合金主要用于制造设备支架、仪器仪表壳体、操纵系统支座、座舱骨架、发动机附件机匣、直升机变速箱、发动机架、机轮轮毂等零部件,其中镁合金铸件超过90%。

20世纪20年代镁合金开始应用于航空领域,在使用之初镁合金耐蚀性差的缺点被掩盖。但到了七八十年代,由于发现镁合金的耐蚀性差,特别是电化学腐蚀以及抗疲劳和蠕变的性能差,加上铝合金的迅速发展,镁合金的用量大幅度减少。进入21世纪以后,镁及镁合金又重新回归航空航天的舞台。欧盟自1996年以来通过实施"框架计划"FP4、FP5、FP6对镁合金开展了一系列的研究工作。发展到第三代战斗机后,镁合金主要用于座舱骨架等非承力或受力较小、需要承受冲击和减震的部位。考虑到耐蚀性,舰载机基本不使用镁合金。法国的"台风"战斗机,在座舱盖和座舱骨架使用镁合金铸件。英国的"鹞"式战斗机也是在座舱等部位使用镁合金,但在由"鹞"式战斗机改型的"海鹞"舰载机,考虑到镁合金耐蚀性差,去掉了全部镁合金。由于气候的原因,苏系飞机使用较多的镁合金。据报道,苏-27(见图5.5)单机使用变形镁合金超过50 kg,主要用于承力不大的蒙皮、长桁、维持外形的垫块等部位,应用铸造镁合金部件170余件,分布在机身、机翼、舵翼等多个部位,其中主要为座舱区域零件、连接件、支架以及边条等。20世纪镁合金在航空航天领域的应用如表5.19所列。

图5.5 苏-27战斗机

表 5.19 20 世纪镁合金在航空航天领域的应用

年 代	应 用
20 世纪 20 年代	飞机螺旋桨
20 世纪 30 年代	发动机曲柄箱、发动机零件、气球吊篮、客机座椅、起落轮
20 世纪 40 年代	JU88 起落架支持框，FW190 遮风支架、起落架、Hell&Ju90 部件，BMW801 发动机部件、机枪支架环、无线电设备底座、定向仪、尾轮、B-36 轰炸机部件
20 世纪 50 年代	RR Dart 发动机部件，S55 直升机发动机基座，火箭和导弹零部件，直升机齿轮箱、车轮及发动机部件、主起落轮，C-121 和 C-124 运输机地板横梁
20 世纪 60 年代	B-47 和 B-52 主起落轮、卫星零部件，HC 直升机地板，飞机座舱顶棚框架，Appllo 振动监测设备，S-64B 起落架齿轮箱
20 世纪 70 年代	F-20 减速装置及座舱顶棚框、CH53E 直升机传送箱
20 世纪 80 年代	直升机传动系，PWI00 涡轮发动机部件，Garrett TPF331 等涡轮发动机部件、恒速传动、辅助动力设备、进气管、喷气发动机传动齿轮箱

镁合金在轰炸机和运输机中的应用较多，使用的部位较为分散，有机身、座舱、操纵系统、起落架机轮等。这些主要还是从减轻质量、增加航程、增加载运质量来考虑的。20 世纪 50 年代的 B-36 轰炸机被称为“镁合金使用的奇迹”，共使用 8.6 t 镁合金，其中包括 0.7 t 镁锻件和 0.3 t 镁铸件，25%的蒙皮采用镁合金，实现减轻质量 855 kg，使航程扩大了 306 km。据报道，美国 B-52H 轰炸机(图 5.6)使用镁合金板材 635 kg，挤压型材 90 kg，铸件超过 200 kg，使用部位集中在起落架机轮、操纵系统等非承力或次承力结构。俄罗斯的图-16 战略轰炸机采用镁合金铸件制造座舱骨架。伊尔-76 运输机使用大量的镁合金，如摇臂、维护口盖骨架、舱门骨架、操纵系统拉杆支座等。美国现役的 KC435“同温层油船”加油机襟副翼的驱动变速箱壳体采用镁合金铸件。波音 B767 的反向推力器格栅、座舱骨架以及座椅等采用镁合金铸件。

镁合金在直升机上主要应用于变速系统壳体和减速机匣，这样可以使旋翼获得更大的升力。随着耐热镁合金的使用和发展，使直升机能在振动、沙尘、腐蚀、高温的环境下服役。UH60“黑鹰”直升机、CH47“支努干”直升机以及 AH64“阿帕奇”武装直升机(图 5.7)的变速箱均采用 ZE41 镁合金铸件。最新型的 AH64D 用最新研发的 Elektron21 镁合金替代 ZE41，

图 5.6 镁合金在 B-52H 轰炸机上应用

图 5.7 镁合金在“阿帕奇”武装直升机上应用

用于制造变速箱和座舱部位的零件。由美国贝尔直升机公司和意大利阿古斯塔公司联合研制的BA609双发侧旋翼直升机(军民两用)其转轴变速箱为WE43镁合金铸件,单件质量达到12 kg。镁合金在直升机主减速机匣上的应用如表5.20所列。

表5.20 镁合金铸件在直升机主减速机匣上的应用

直升机型号	镁铸件质量/kg	牌号
SA330美洲豹	63	RZ5
A129猫鼬	100	RZ5
CH47D支奴干	200	RZ5
NH90	26	WE43
EC120	18	WE43
BK117	38	MSR-B
MBB105	37	RZ5
MD500防卫者	14	E43
S76精神	110	RZ5
S92直升客车	200	WE43
UH60A黑鹰	150	RZ5

目前,国外已研究出的高温镁合金,如WE43、WE54被广泛应用于新型航空发动机齿轮箱和直升机的变速系统中,能较好地服役于振动、沙尘、腐蚀、高温等恶劣环境,如西科斯基公司的S92型直升机、贝尔BA-609型倾斜旋翼飞机和欧洲的NH90直升机。同时,EQ21、EQ22、ZE41、AM50、AM80、AZ91等镁合金也在飞机零部件上得到了应用,如座椅、踏板、轮子,以及各种电子附件等。国外飞机镁合金使用情况如表5.21所列。

表5.21 国外飞机镁合金使用情况

飞机型号	使用部位	牌号
B-52H	机轮、机身	AZ92
B767	机身、发动机壳体	AZ91/AZ92
AH64C	转轴变速箱	ZE41
UH60	转轴变速箱	ZE41
F-16	发动机壳体、机匣	QE22
F-22	发动机壳体、机匣	WE43
F-22	发动机壳体、机匣	WE43
AH64D	转轴变速箱、座舱	Elektron 21

飞机发动机中一些形状复杂、承力较小的典型结构为镁合金铸件提供了合适的应用平台,因而镁合金在飞机发动机中的应用较多,镁铸件在直升机发动机结构质量中占2%,主要用于制造中介机匣、附件机匣以及驱动变速系统的外壳等,充分利用镁合金轻质高强、铸造性能良好的特性实现发动机减轻质量、增加推重比的目的。"全球鹰"无人机配装的罗罗公司

AE3007 发动机的中介机匣采用 ZE41 镁合金铸件。F－16、F－418、F－22 等飞机采用附件传动系统“AMAD”，通过发动机和机身采用分离附件设计，减少飞机与发动机之间的连接接头，从而大大缩短发动机换装的时间。“AMAD”系统壳体多为 ZE41 镁合金铸件，F－16 和 F－418 飞机配装的 F410 发动机附件机匣以及 F－22 飞机配装的 F119 发动机变速箱壳体均为 WE43 镁合金铸件。

国内飞机使用镁合金的趋势和部位与国外基本相同。早期飞机大量使用 ME20M（MB8）、ZK61M（MB15）等变形镁合金，用于制造非承力框、机身等结构，使用 ZM3、ZM5、ZM6、ZM7 等铸造稀土镁合金制造飞机各种发动机箱体、传送箱、电源装置、座舱骨架、系统支架、操纵系统等结构。

国内外航空航天领域对镁合金的需求基本一致。国外镁合金的研发和应用较早，在 20 世纪已经开发了 AZ91E、EZ33、ZE41、QE22、EQ21、WE43、WES4 等不同成分镁合金用于航空航天领域。美国、德国和欧洲其他发达国家对镁合金的研究开展了多个项目，取得很多成果，其工业基础也比较雄厚。我国对镁合金的研究较晚。在“十五”期间，我国在攻关计划和 863 计划中相继启动相关镁合金材料的开发及产业化工作，有效地推动了我国镁合金的应用。目前，在高性能镁合金的开发方面，我国新研发的镁合金与国外商用合金在合金成分上有微小的差别。国内外飞机对于镁合金应用的部位是一致的，在工程应用的差距主要有：耐蚀镁合金的应用、高强耐热镁合金的应用、腐蚀防护措施、铸件的成品率。

5.3　钛合金

飞行器在稠密大气中作超声速飞行时，受激波与机体间高温压缩气体的加热和机体表面与空气强烈摩擦的影响，飞行器蒙皮的温度会随 *Ma* 数的提高而急剧上升，这种现象称为“热障”。当飞行器飞行速度达到 3*Ma* 时，其前端温度可达到 350 ℃，已经超过铝合金的极限温度，从而使其强度大大降低。在 400～500 ℃时，铝合金的强度和硬度急剧下降，丧失了工作能力。钛合金的出现为解决飞机结构的热障问题提供了新的材料。

钛是地壳中蕴藏量仅次于铝、铁、镁的金属元素。钛及钛合金是 20 世纪 40 年代末发展而来的一类新型金属材料，具有密度小、耐蚀性好、比强度和比刚度高、可加工性良好等特点而被广泛用于航空航天、海洋工程、化工冶金、生物医疗、汽车、体育休闲、电力等领域，特别是在航空航天领域逐渐开始替代传统金属材料而成为最具应用前景的轻质抗高温结构材料之一，被誉为“21 世纪金属材料”。

5.3.1　钛及钛合金概述

1. 钛及钛合金的性质

（1）纯钛的性质

钛（Ti）是银白色金属，熔点为 1 668 ℃，相对密度为 4.5 g/cm^3，介于钢和铝之间。钛位于元素周期表的第ⅣB 族，原子序数 22，属于难熔轻金属。钛具有密度小、比强度和比刚度高、导热系数低、耐高温低温性能好，耐腐蚀能力强、生物相容性好等特点，被誉为“太空金属”“海洋金属”“现代金属”和“战略金属”。

钛是同素异构体，在低于 882.5 ℃时呈密排六方晶格结构，称为 α 钛；在 882.5 ℃以上呈体心立方晶格结构，称为β钛。α钛具有良好的塑性，但弹性模量小，压力加工性能不如钢。工业纯钛和一般纯金属不同，具有相当高的强度、良好的塑性、焊接性和较高的热强度，因此可以制成板材、棒材、线材等，也可以用来制造350 ℃以下工作的、强度要求不高的零件及冲压件，如飞机蒙皮、构架、隔热板、发动机部件、柴油机活塞、连杆及耐海水等腐蚀介质下工作的管道阀门等。钛及钛合金的应用如表5.22所列。

表5.22 钛及钛合金的应用

应用领域	利用性质	用途举例
航空航天	质量轻、比强度高、耐高温低温、耐腐蚀	飞机框梁、起落架、紧固件等；发动机的风扇、压气机盘件和叶片等转动件；火箭发动机和人造卫星壳体、燃料箱、压力容器、载人宇宙飞船船舱等
海洋工程	耐腐蚀、比强度高	海水淡化用管道；海洋石油钻探用泵、阀、管件等
化工冶金	耐高温低温、耐腐蚀	用于氯碱、纯碱、塑料、石油化工、冶金、制盐等工业的电解槽、反应器、蒸馏塔、浓缩器、分离器、热交换器、管道、电极等
生物医疗	生物相容性好、耐腐蚀、无磁性、形状记忆功能	人工关节、人工植牙和正牙、心脏起搏器、心血管支架、手术器械等
体育器械	质量轻、比强度高、耐腐蚀	高尔夫球头、网球拍、羽毛球拍、台球杆、登山棍、滑雪杖、冰刀等
生活用品	质量轻、比强度高、耐腐蚀	眼镜架、手表、拐杖、钓鱼竿、厨具、数码产品壳体、工艺品、装饰品等
舰船	耐腐蚀、比强度高	潜艇耐压壳体、螺旋桨、喷水推进器、海水换热系统、舰船泵、阀及管路等
兵器装备	质量轻、比强度高、耐腐蚀	坦克和装甲车的装甲材料、榴炮弹零部件、反坦克导弹舱机和架体、迫击炮底座和支架等
汽车	质量轻、比强度高、弹性好、耐高温低温、耐腐蚀	汽车的排气和消音系统、承重弹簧、连杆和螺栓等

工业纯钛中含有H、C、O、Fe、Mg等杂质元素，少量杂质可使钛的强度和硬度显著升高，塑性和韧性明显降低。工业纯钛主要包括TA1ELI（ELI表示低间隙）、TA1、TA1-1、TA2ELI、TA2、TA3ELI、TA3、TA4ELI、TA4。

钛的化学性质极为活泼，但钛表面可以生成一层致密的氧化膜，在大气、海水、高温气体等介质中具有极高耐蚀性，因此钛在大气和海水中有优良的耐蚀性，在硫酸、盐酸、硝酸、氢氧化钠等介质中都很稳定。钛的抗氧化能力优于大多数奥氏体不锈钢，但高温高浓度盐酸和硫酸、干燥氯气、氢氟酸和高浓度磷酸等介质对钛有较大的腐蚀作用。

(2) 钛合金的性质

钛合金是以钛为基础，添加钒、铝、钼、铬等其他可强化钛金属性能的元素，经过熔炼、锻造、轧制、挤压等生产和加工工艺制成的结构材料。钛合金相对于铝合金、钢铁等其他结构材料，具有以下突出的优点。

1) 比强度高

钛合金的密度一般在4.5 g/cm^3左右，仅为钢的60%。纯钛的强度接近普通钢，一般在300～500 MPa范围内，经过合金化处理后，一些高强度钛合金的强度已经超过许多合金结构钢。钛合金与其他合金性能对比如表5.23所列。钛合金的比强度远大于其他金属结构材料，可用于新一代飞机和发动机的构件、骨架、机翼梁、蒙皮、紧固件及起落架部件等。

表 5.23　钛合金与其他合金性能对比

材　料	密度/(g·cm^{-3})	热处理状态	拉伸极限 R_m/MPa	比强度 R_m/ρ	耐蚀性
合金结构钢	7.9	热处理强化	1 274～1 470	16～19	一般
可热处理钛合金	4.51	热处理强化	1 274～1 372	27～29	强
铝合金	2.7	热处理强化	490～588	18～20	较强
镁合金	1.82	热处理强化	245～274.4	15～16	弱

2）热强度高

钛的熔点高，再结晶温度也高，因而钛合金具有较高的热强度。钛合金的工作温度比铝合金高(铝合金在 150 ℃时比强度明显下降)，在 550～600 ℃范围内的较高温度下仍能保持所要求的强度，可在 450～500 ℃范围内的温度下长期工作。

3）抗蚀性好

钛合金表面能形成一层由氧化物和氮化物组成的致密的保护膜，具有很好的抗蚀性能。钛合金在潮湿大气、海水、氧化性酸(硝酸、硫酸等)和大多氨有机酸中，其抗蚀性相当于或超过不锈钢；对点蚀、酸蚀、应力腐蚀的抵抗力特别强；但对还原性介质的抗蚀性相对较差。钛合金作为一种高抗蚀性材料已在化工、造船及医疗等部门得到广泛应用。

4）低温性能好

钛合金在低温和超低温下，仍能保持其力学性能。低温性能好、间隙元素低的钛合金，如 TA7ELI，可在－253 ℃下还能保持一定的塑性。因此，钛合金也是一种重要的低温结构材料。

5）化学活性大

钛的化学活性大，与大气中 O、N、CO、CO_2、蒸气、氨气等产生强烈的化学反应。含碳量大于 0.2%，会在钛合金中形成硬质 TiC；温度较高时，与 N 作用也会形成硬质 TiN 表层；在 600 ℃以上时，钛吸收氧形成硬度很高的硬化层。吸收气体而形成的硬脆表层深度可达 0.1～0.15 mm，硬化程度为 20%～30%。钛的化学亲和性大，易与摩擦表面产生粘附现象。

钛合金主要有以下缺点。

1）切削加工性能差

钛的导热系数低(15.24 W/(m·K))，约为铁的 1/5，铝的 1/13，镍的 1/4，而钛合金的导热系数比钛的导热系数下降约 50%，因而切削时容易升温，也容易黏刀、黏结磨损，降低切削速度，又缩短了刀具寿命，影响了表面粗糙度。同时钛合金的弹性模量约为钢的 1/2，故其刚性差、易变形，不宜制作细长杆和薄壁件。

2）热加工工艺性能差

加热到 600 ℃以上时，钛及其合金极易吸收 H_2、N_2、O_2 等气体而使其变脆。因此，对铸造、锻压、焊接和热处理都带来一定的困难，其热加工工艺过程只能在真空或保护气氛中进行。

3）冷压加工性能差

由于钛及其合金的屈强比值较高，冷压加工成型时回弹较大，冷压加工成型困难，一般需采用热压加工成型。

4）硬度较低，抗磨性差

不宜用来制造承受磨损的零件。

2. 钛的制备

钛在自然界中仅以氧化物形式存在。金属钛生产主要用钛铁矿(TiO_2)、金红石($FeTiO_3$)两种矿物。钛矿主要分布在澳大利亚、南非、加拿大、印度、中国等国家,其中加拿大、中国、印度主要是岩矿,澳大利亚、美国主要是砂矿,南非两种都比较丰富。我国已经探明的钛矿储量丰富,主要分布在四川、河北、云南、广西、广东。

目前世界上90%以上的钛矿用于生产钛白粉,4%~5%的钛矿用于生产金属钛,其余钛矿用于制造电焊条、合金、碳化物、化学品等。图5.8所示为钛产业链示意图。

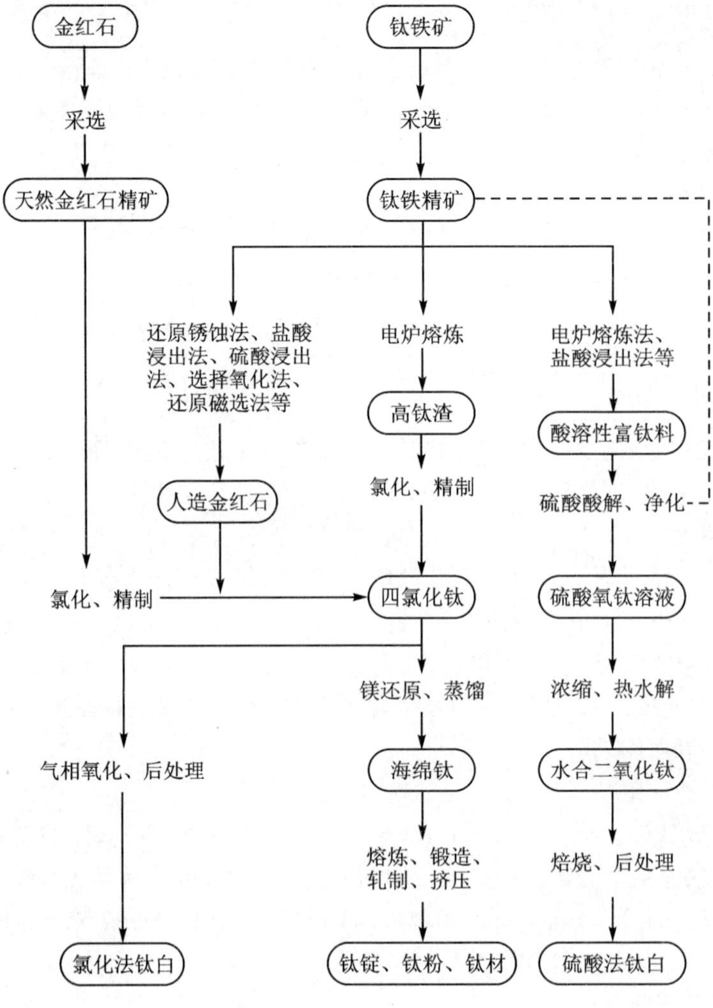

图5.8 钛产业链示意图

目前工业海绵钛的生产方法有亨特法(钠热还原法)和克劳尔法(镁热还原法),现今主流方法是克劳尔法,其包括三大流程:氯化、精制和镁还原。氯化工艺主要是通过富钛料(高钛渣或者金红石)和氯气在氯化炉内发生反应,生成粗四氯化钛气体,该气体经过提纯后得到精四氯化钛,然后在还原蒸馏炉内由镁还原制备海绵钛。这一工艺相对成熟、产能高、产品质量好、三废排放少,但是也存在流程长、工序多、设备复杂、反应温度高、腐蚀强等缺点,生产投入也较高。

钛白粉(TiO_2)的工业生产方法有硫酸法和氯化法。硫酸法生产工艺成熟,设备简单,缺点是生产流程长,对环境污染严重;氯化法技术先进,产能大,产品质量高,其白度和粒度分布范围窄,氯气还可以循环使用,缺点是对原料要求太严格,原料必须是 TiO_2 含量 90%~95%的天然或人造金红石或钛渣。金属钛的制备主要通过将海绵钛熔炼为钛铸锭,通过进一步的冶炼加工,得到各种形状的钛材,进而进入航空航天、石油化工、海洋能源、医疗体育等产业。

我国钛合金行业发展始于"一五"期间。北京航空材料研究所(现中航工业航材院)于 1957 年成立钛合金研究实验室。1965 年我国研制出飞机发动机叶片用钛合金并于次年成功装机。1976 年宝鸡有色金属加工厂(现宝钛股份)完成建设并逐步投产,标志着我国钛合金产业化的开端。经过几十年的发展,我国钛合金品种逐渐齐全,已形成系列化产品,但与国际先进水平仍有差距。国外著名的钛材制造企业有日本东邦钛公司、美国钛金属公司、俄罗斯阿维斯玛钛镁联合企业、伊鲁卡资源有限公司等。国内则以宝钛集团、西部金属材料、西部超导、遵义钛业、攀钢钒钛等为代表。国内研究机构以中航工业北京航空材料研究院、西北有色金属研究院、中国科学院金属研究所为代表。

5.3.2　钛合金的类型及合金化

钛合金按照物理形态可以分为板材、带材、管材、丝材、型材、铸件和锻件等,按照应用领域可以分为化工、航空航天、船舶、海洋工程、冶金、电力、医疗、体育休闲用钛合金等。按照功能用途不同,钛合金可以分为高强度钛合金、耐蚀钛合金、常温结构钛合金和高温钛合金(热强钛合金)、高强高韧(α+β)型钛合金、阻燃钛合金、Ti-Al 系金属间化合物、颗粒增强钛基复合材料、航空用钛合金、民用钛合金等。按退火组织不同,钛合金可分为 α 型钛合金、β 型钛合金和(α+β)型钛合金,分别用 TA、TB、TC 加顺序号来表示;还可以根据组织进一步划分为 α 钛合金、近 α 钛合金、(α+β)型钛合金、近亚稳定 β 型钛合金、亚稳定 β 型钛合金和稳定 β 型钛合金。国内外航空领域部分常用钛合金牌号如表 5.24 所列。

表 5.24　部分航空领域常用钛合金

合金分类	合金牌号	国　别	名义化学成分
α 钛合金	TA7	中国	Ti-5Al-2.5Sn
	TA18	中国	Ti-3Al-2.5V
	BT5-1	俄罗斯	Ti-5Al-2.5Sn
近 α 钛合金	TC1	中国	Ti-2Al-1.5Mn
	OT4	俄罗斯	Ti-0.8Al-0.8Mn
	IMI685	美国	Ti-6Al-5Zr-0.5Mo-0.3Si
(α+β)型钛合金	TC4	中国	Ti-6Al-4V
	BT3-1	俄罗斯	Ti-6Al-2.5Mo-2Cr-0.3Si-0.5Fe
	Ti-6246	美国	Ti-6Al-2Sn-4Zr-6Mo
近亚稳定 β 型钛合金	BT22	俄罗斯	Ti-5Al-5Mo-5V-1Fe-1Cr
亚稳定 β 型钛合金	BT15	俄罗斯	Ti-3Al-7Mo-5V-11Cr
稳定 β 型钛合金	4201	美国	Ti-33Mo

钛在合金化时，由于添加元素的种类和数量不同，钛的相变温度将发生变化，同时α和β相区亦发生变化，这样在室温下得到的组织也将不同。根据合金元素对相变温度的影响和所得组织的不同，通常将所有合金元素分为α稳定元素、β稳定元素和中性元素。部分典型钛合金材料及性能如表5.25所列。

表5.25 典型钛合金材料及性能

牌 号	名义化学成分	类 型	热处理	抗拉强度 R_m/MPa	屈服强度 R_p/MPa	断后伸长率 A/%
TA7	Ti-5Al-2.5Sn	α	退火	880-890	755-765	7.6
TB2	Ti-5Mo-5V-8Cr-3Al	β	退火	420-450	350-380	3.2
TC4	Ti-6Al-4V	α+β	退火	940-960	850-860	1.9

1. 按组织分类

(1) α型钛合金

α稳定元素溶入α-Ti中形成α固溶体，提高相变温度，扩大α相区，使得α相稳定性提高。α稳定元素主要有铝、氧、碳、氮、镓等。由于镓属稀贵元素，目前仍处于研究阶段；氧、氮、碳对合金的性能影响不好，很少把它们加入合金之中，一般含量极少；最常见的α稳定元素是铝，同时还会加入一些中性元素，如Sn和Zr。铝加入钛合金之后主要溶入α固溶体，溶入β相的量很小，而且具有显著的固溶强化效果，能提高合金的强度，同时不会明显降低其塑性。因此，可使合金具有良好的冷、热加工性能。另外，由于铝比钛轻，加入后还可增加合金的比强度，并能显著地提高再结晶温度。一般情况下，为避免出现脆性化合物降低合金力学性能，钛合金中铝的含量不超过7%。图5.9所示为α稳定元素与钛形成二元状态图的基本形式。

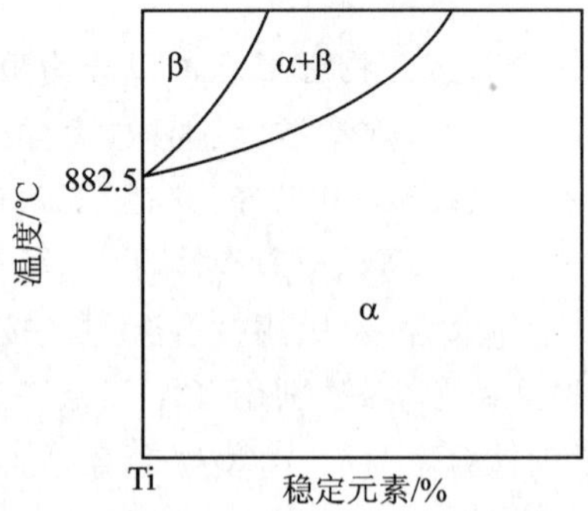

图5.9 α稳定元素与钛形成二元状态图

α型钛合金是指退火状态的组织为单相α固溶体或含微量金属间化合物α固溶体的钛合金，以TA表示。这类钛合金主要为工业纯钛和TA5～TA28(GB/T 3620.1—2007)。α型钛合金具有良好的热稳定性、热强性和焊接性，但室温强度比其他钛合金低，塑性变形能力也较差。α型钛合金不能热处理强化，热处理工艺只有再结晶和去应力退火，强化方式主要是固溶强化。部分α型钛合金的性能见表5.26。

表5.26 部分α型钛合金

合金牌号	名义化学成分	热处理	抗拉强度 R_m/MPa	延伸率 A/%
TA1	工业纯钛	退火	300～500	30～40
TA2	工业纯钛	退火	450～600	25～30
TA3	工业纯钛	退火	550～700	20～25
TA28 (旧牌号为TA4)	Ti-3Al	退火	700	12
TA5	Ti-4Al-0.005B	退火	700	15
TA6	Ti-5Al	退火	700	12～20

部分 α 型/近 α 型钛合金在航空领域应用如表 5.27 所列。α 型钛合金中典型牌号为 TA7（Ti－5Al－2.5Sn），其具有中等的室温抗拉强度和良好的焊接性能。与工业纯钛相比，该合金的工艺塑性稍低，热强性更高，长时间工作温度可达 450 ℃，主要用于制造导弹的燃料罐、超声速飞机的涡轮机匣、发动机压气机盘和叶片等。

表 5.27　部分 α 型/近 α 型钛合金在航空领域应用

牌　号	使　用
TA7	前机匣壳体，封严圈壳体，板材也常以热压成型用于衬板、支架座和壁板等零件
TA11	航空发动机高压压气机盘、叶片和机匣等
TA13	机匣、排气收集器的加强带
TA15	400 ℃以下长时间工作的飞机、发动机零件和焊接承力零部件
TA19	压气机机匣和飞机蒙皮
Ti－6242S（美国，Ti－6Al－2Sn－4Zr－2Mo－0.1Si）	发动机转动部件、发动机安装架、散热系统及导风罩
Ti－5Al－2.5V（美国，近似于中国 TA5）	涡轮泵中高压燃料的氢侧
Ti811（美国，Ti－8Al－1Mo－1V）	军用发动机的风机叶片
Ti－55	发动机高压压气机轮盘、鼓筒和叶片
IMI834（英国，Ti－5.8Al－4Sn－3.5Zr－0.7Nb－0.5Mo－0.35Si－0.06C）	可以加工成棒材、板材、丝材和锻件、铸件以及燃气发动机高压压气机盘和叶片，在航空发动机上获得应用，如波音 B777 的大型发动机 Trent700

IMI834（Ti－5.8Al－4Sn－3.5Zr－0.7Nb－0.5Mo－0.35Si－0.06C）合金是英国在 1984 年研制成功的一种中强度近 α 型钛合金，是在 IMI685 基础上研制的，合金中添加了 β 稳定元素 Mo、Nb 及 C。合金中含有的 0.5％Mo 和 0.7％Nb。这两种合金元素的加入在不损害热稳定性的同时，可最大限度地提高合金的强度。为了扩大两相区的加工窗口、优化组织，有效控制初生相的含量，IMI834 合金中还加入了 0.06％C。适宜温度热处理后，通过合理控制初生 α 相、硅化物粒子和有序 α_2 相的含量与尺寸，使 IMI834 合金具有优异的蠕变、疲劳和拉伸强度等性能的最佳匹配，可在 600 ℃高温条件下使用。它可以加工成棒材、板材、丝材和锻件、铸件以及燃气发动机高压压气机盘和叶片。IMI834 合金现已用于波音 B777 飞机的大型发动机 Trent700 上。

(2) β 型钛合金

β 型钛合金是合金元素溶入 β－Ti 中形成的单相 β 固溶体组织的钛合金。β 稳定元素与钛形成二元状态图的基本形式如图 5.10 所示。β 稳定元素主要有铁、钼、镁、铬、锰、钒等元素，可使同素异晶转变温度下降。目前常用的 β 稳定元素有钒、钼、铜、硅。钒的加入能起到有效的固溶强化作用。另外，钒在提高合金强度的同时，还能使合金保持良好的塑性，在耐热钛合金中，钒还能提高合金抗蠕变的能力和热稳定性。钼的加入在起到固溶强化作用的同时还能改善其热加工性能，提高钛合金的抗蠕变性能和热稳定性，减少合金的氢脆倾向。铜加入合金后，一部分溶解于 α 相，一部分形成化合物 $TiCu_2$，提高了合金的热稳定性和热强性。硅的加入能有效地提高合金的热强性，还能提高氢在 β 相中的溶解度，减少由氢化物引起的氢脆倾向。

β钛合金淬火后具有良好塑性，可进行冷变形加工。经淬火和时效后，合金强度得以提高，焊接性好，但热稳定性差，不宜在高温下使用。退火状态的β型钛合金具有优良的冲压性能、中等强度和断裂韧性，但合金化复杂，组织不稳定，耐热性不高。β钛合金以TB表示，GB/T 3620.1—2007列出了TB2～TB11共10种钛合金。部分β型钛合金在航空领域的应用如表5.28所列。典型牌号TB2(Ti-5Mo-5V-8Cr-3Al)用于350 ℃以下工作的零件，主要用于制造各种钣金冲压件和整体热处理(固溶时效)的焊接件，例如压缩机叶片、圆盘、轴和其他重型旋转部件以及飞机部件。

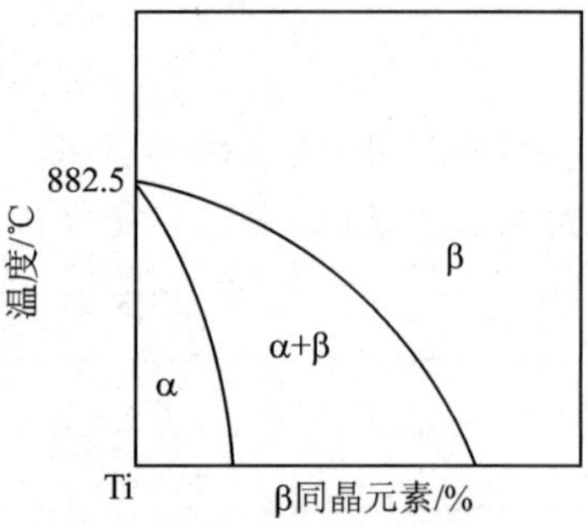

图5.10 β稳定元素与钛形成二元状态图的基本形式

表5.28 部分β型钛合金在航空领域的应用

牌　号	应　用
TB2	钣金件、压力容器、波纹壳体和蜂窝结构
TB5	钣金构件
TB6	飞机机身、机翼和起落架的锻造零件
Alloy C(Ti-1720)	F119的尾喷管和加力燃烧室
Ti-40	航空发动机结构材料，机匣
β-21S(Ti-15Mo-3Al-2.7Nb-0.2Si)	美国国家空天飞机的机身和机翼壁板；引擎中的喷嘴、塞子、蒙皮和各种纵梁结构
Ti1023(Ti-10V-2Fe-3Al)	波音B777的起落架主梁和空客A380的主起落架支柱，以及部分货舱门、引擎机舱、尾翼
Ti15-3 (Ti-15V-3Cr-3Sn-3Al)	波音B777应用控制系统管道、灭火罐、货物装卸部件和喷射引擎的振动隔音板，以及转矩管、发动机支架；B1-B、A-10飞机和直升机
β-C (Ti-3Al-8V-6Cr-4Mo-4Zr)	主要用于制造弹簧，包括起落架的上、下锁弹簧，机头的中间弹簧，刹车用踏板回动弹簧，液控回动弹簧，飞行控制弹簧

Ti15-3(Ti-15V-3Cr-3Sn-3Al)是美国钛金属公司于20世纪80年代开发的一种新型亚稳定β钛合金。该合金主要通过时效使β相中析出α相来进行强化，而且强度的大小直接与α相的大小、分布和数量有关。α相的大小、分布和数量又与时效温度有直接关系。Ti15-3具有与Ti-6Al-4V(TC4)相当的断裂韧性和抗疲劳裂纹扩展性能。该合金具有与工业纯钛相似的冷轧和冷成型能力，在轧箔时最小厚度能达到0.007 6 mm。该合金的密度是4.76 g/cm^3，相变温度为760 ℃±10 ℃，时效后可以达到很高的强度，而且延伸率仍能保持在5%以上。该合金的主要优点是具有很好的冷轧和冷成型能力，并能时效到很高的强度，可用来制造高强钛合金钣金构件，而且具有较高的比强度和优异的抗疲劳裂纹性能。Ti15-3合金作为亚稳β型钛合金以其优良的加工性能和潜在的应用能力成为最有前途的钛合金之一，在航空航天工业中获得了越来越广泛的应用。Ti15-3已用于B1-B、A-10飞机和直升机，

并用于制造波音 B777 应用控制系统管道、灭火罐、货物装卸部件和喷射引擎的振动隔音板及转矩管、发动机支架。

(3) (α+β)型钛合金

钛中加入 β 稳定元素(如 Mn、Cr、V 等),再加入 α 稳定元素(Al),在室温下即获得(α+β)双相组织,称为(α+β)钛合金,如图 5.11 所示。合金中 β 稳定元素较高,一般总含量在 2%～6%,β 稳定元素溶入 β 相中起固溶强化和提高 β 相稳定性的作用;α 稳定元素 Al 和中性元素 Sn 的加入起到强化 α 相的作用并通过淬火使合金产生时效强化作用。(α+β)钛合金牌号用 TC 表示,典型的有 TC4 (Ti-6Al-4V)、TC6 (Ti-6Al-1.5Cr-2.5Mo-0.5Fe-0.3Si)、TC11 (Ti-6.5Al-3.5Mo-1.5Zr-0.3Si)等。

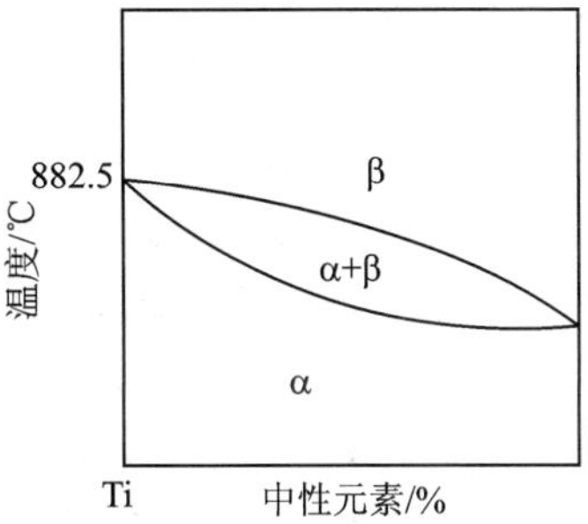

图 5.11　中性元素与钛形成合金的基本形式

(α+β)钛合金具有良好的综合性能,组织稳定性好,有良好的韧性、塑性和高温变形性能,能较好地进行热压力加工,但一般焊接性能不好。(α+β)钛合金通过固溶处理及时效进行强化,但在较高温度使用时,固溶处理并时效后的组织不如退火后的组织稳定,因此航空工业中一般在退火状态后使用。

由于近 β 型和 β 型钛合金在室温至 300 ℃具有较高的抗拉强度,但在更高的温度下,合金的蠕变性能和持久性能迅速降低。因而,在航空领域里应用最多的一类钛合金是(α+β)型合金,该类合金不仅具有良好的热加工性能,在中温环境下还有良好的力学性能。部分(α+β)钛合金在航空航天领域的应用如表 5.29 所列。

表 5.29　部分(α+β)型钛合金在航空领域的应用

牌　号	应　用
TC1	板材冲压成型零件及蒙皮
TC4	发动机的风扇、压气机轮盘、叶片以及机身、引擎机舱、飞机起落架、机翼和尾翼、挡风玻璃框架、鳍板以及发动机框架、连接件等
TC4ELI	飞机发动机的压气机段、发动机罩、排气装置等零件的制造以及飞机的大梁隔框等结构框架件
TC6	承力构件,航空发动机的压气机盘和叶片
TC11	航空发动机的压气机盘、叶片、鼓筒等
Ti-6-22-22S (Ti-6Al-2Sn-2Zr-2Cr-2Mo-0.15Si)	F-22 战斗机、X-33 教练机、联合攻击战斗机等用材
Ti-662 (Ti-6Al-6V-2Sn-0.5Fe-0.5Cu)	波音 B747 的起落架结构,飞机起落架的阻力杆、顶销等
Ti6246 (Ti-6Al-2Sn-4Zr-6Mo)	主要用于军用发动机(F-110,F-119)
Ti17(Ti-5A1-2Sn-2Zr-4Mo-4Cr)	可用于 400 ℃下的风扇和高压压气机第一、第二级整体叶盘锻件

TC4(Ti-6Al-4V)是典型的(α+β)型钛合金,室温下抗拉强度为 800～1 100 MPa,有足

够的塑性，且在400 ℃以下组织稳定，热强度较高。其用量占钛合金总消耗量50%左右，是使用最多、综合性能好的多用途钛合金。TC4经淬火及时效处理后，显微组织为块状α+β+针状α，其中针状α是时效过程中从β相中析出的。淬火时效后，其强度约为1 110 MPa。退火状态下，其强度约为950 MPa。由于强度高，塑性好，在400 ℃时组织稳定，蠕变强度较高，低温时有良好的韧性，并有良好的抗海水应力腐蚀及抗热盐应力腐蚀的能力，适于制造在400 ℃以下长期工作的零件，如飞机压气机盘、叶片及飞机构件（MD-82机身尾段吊挂处蒙皮（退火状态）、肋（退火状态）、后梁（退火状态），B737-700水平尾翼与机身连接的接头，B747主起落支撑梁模锻件等）以及在低温下使用的火箭、导弹的液氢燃料箱等。

Ti-6-22-22S（Ti-6Al-2Sn-2Zr-2Cr-2Mo-0.15Si）合金是由美国活性金属钛公司（RMI）研制的一种航空用钛合金。该合金制备的飞机大型结构件具有较高的强度和良好的断裂韧性。通过添加硅元素可使该合金能够在中温下保持较高的强度。由于该合金比常用的Ti-6Al-4V合金强度高，并具有更好的耐损坏极限，因而广泛地用于制作战斗机的结构件，如F-22战斗机用材料以及飞机下部龙骨的翼弦。此外，该合金板材能够在室温下成型，并具有极佳的塑性成型性能。

2. 按工艺性能分类

按照工艺性能，钛合金可分为变形钛合金和铸造钛合金。

（1）变形钛合金

变形钛及钛合金是由海绵钛或海绵钛加合金元素熔炼铸成钛锭，用塑性加工方法将铸锭制成各种加工材（板材、棒材、管材、丝材、型材和锻件等），不仅使金属钛有了便于使用的形状，而且改善了组织，提高了性能。变形钛合金基本的牌号按照TA、TB、TC命名。钛材加工生产工艺流程如图5.12所示。

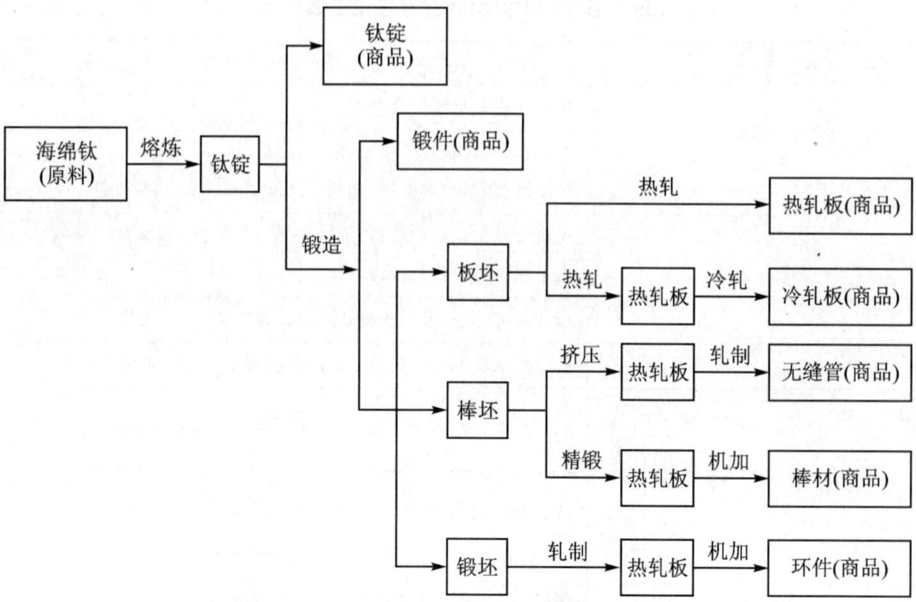

图5.12 钛材加工生产的主要工艺流程

钛及钛合金熔点高，化学性质活泼，在熔融状态下极易与空气和耐火材料发生作用，通常用水冷铜真空自耗电弧炉熔炼，也可以用电子束冷床炉和等离子冷床炉熔炼。目前，生产钛及其合金铸锭的方法依然是真空自耗电弧炉熔炼，它可以熔炼易偏析和高活性的金属材料。

钛及其合金塑性变形加工的变形抗力大、常温可塑性差、屈强比值高、变形回弹性大及变形过程中易与模具黏结等，通常采用热变形处理，后期也可采用一些冷变形和温变形。锻造是钛铸锭加工成中间坯料必要和重要的加工方法之一，分为自由锻和模锻。另外，锻造还作为独立工序用于生产棒材、锻件和模锻件等产品。铸锭的开坯锻造（第一火次）温度一般选在 β 相区，温度范围为 950～1 200 ℃。以后的锻造在 α+β 两相区的上部，温度为 950 ℃左右。通过控制变形速度使钛合金均匀变形，可对加工产生有利影响。除常规锻造外，还有 β 锻、准 β 锻及等温锻等多种锻造方式。

钛合金板、带、箔通常采用轧制获得，除 β 型钛合金外，热轧一般应在 β 或 α+β 相区进行。热轧温度比锻造温度低 50～100 ℃。厚 2～5 mm 板材可采用温轧工艺，更薄的板材可用冷轧。钛和钛合金管材中厚壁管可用挤压或热斜轧方法生产，小直径薄壁无缝管需再经冷轧或拉伸制得。冷轧塑性较低的钛合金应采用温轧。焊接钛管以轧制的带卷为坯料在焊管机上卷管成型，并在对接边部采用无填充料的钨极惰性气体保护焊制成。棒材和简单断面型材用横列式孔型轧机生产。小直径棒材、丝材及管材可通过拉伸生产。

(2) 铸造钛合金

钛的冶炼过程复杂，钛及钛合金加工生产也比钢、铜、铝和镁合金生产困难得多，用钛材生产加工零件材料的利用率比较低（低于 50%），因此成品零部件成本高。铸造是金属零件热成型的一项重要工艺技术。钛合金精密铸造是钛合金零件近净成型的先进方法，该方法保证了零件的结构完整性，简化了机加工量，减少或省去了零件组焊，提高了装配效率，稳定了质量，同时降低了用钛成本。由于钛在高温下具有极高的化学活性，液态金属成型过程中质量控制难度极大，钛及钛合金铸造有一定难度，如铸造性能和充填补缩能力比其他常用金属差。随着钛合金铸造工艺，特别是熔模精密铸造工艺的成熟与发展，钛及钛合金铸件的品质已接近或达到了变形钛合金制件的水平，在飞机机身和发动机上得到了应用。

钛合金的铸造技术的发展经历了硬模铸造、砂型铸造和熔模精密铸造三个阶段。硬模铸造和砂型铸造适合于单件生产或小批生产，主要用于生产壁厚大于 4 mm 的钛合金铸件。钛合金熔模精密铸造工艺主要是为满足航空航天领域对复杂薄壁铸件的需要而发展起来的集金属材料学、化工陶瓷学、真空冶金学、高精度加工检测技术、高分辨率无损检测技术、计算机辅助设计和制造技术及数值模拟仿真技术等实现的一种先进的近净成型工艺。目前，航空航天领域使用的钛合金铸件 98%以上均采用熔模精密铸造工艺生产。同时，大部分铸造钛合金沿用了变形钛合金的成分。

美国、日本、德国是钛精密铸造研究最早的国家。20 世纪 80 年代中期，美国 PCC、Howmet 等公司开始研究大型薄壁整体钛合金结构件的精铸技术，并相继建立和扩大了大型薄壁整体钛合金结构件精铸的生产条件和规模，成功研制了 F-100、CFM-56、CF6-80、F-119 等发动机的大型薄壁整体钛合金中介机匣、风扇机匣、高压压气机机匣等大型薄壁整体精铸钛合金件。典型的铸造钛合金有 Ti-15-3、Ti-10-2-3、Ti-6-22-22S、Beta-C、β-21S、BT35 等。Ti-15-3 钛合金是 20 世纪 70 年代美国空军资助开发的一种亚稳定 β 合金，由于比强度高、塑性好而在航空航天工业中有重要的应用背景。β-21S 是美国 Timet 公司开发的一种亚稳 β 合金，成型性类似于 Ti-15-3，其抗氧化性能比 Ti-15-3 高 100 倍，同时具有更好的高温强度和抗蠕变性能，可作为中、高温结构件，最高使用温度为540 ℃，也是较为合适的高强度铸造钛合金材料。俄罗斯的BT35是一种近β型铸造合金，与Ti-15-3类似，但塑性比Ti-15-3更好，最小抗拉强度为1 100 MPa，可以用于飞机机体的高强铸件。俄罗斯其他的可在铸件上使用的钛合金有BT18y、BT6JI、BT5、BT6、BT20等。国内外高强度铸造钛合金性能对比如表5.30所列。

表5.30 国内外高强度铸造钛合金性能对比

合金牌号	成分	国别	R_m/MPa	$R_{p0.2}$/MPa	A_5/%
Ti-15-3	Ti-15V-3Cr-3Al-3Sn	美国	1 275	1 200	6
Ti-6-22-22S	Ti-6Al-2Sn-2Zr-2Cr-2Mo-0.25Si	美国	1 030	930	8
Beta-C	Ti-3Al-8V-6Cr-4Mo-4Zr	美国	1 330	1 241	7
β-21S	Ti-15Mo-2.7Nb-3Al-0.2Si	美国	1 250	1 105	8
Ti1100	Ti-6Al-2.75Sn-4.0Zr-0.4Mo-0.45Si	美国	938	848	11
Ti6242	Ti-6Al-2Sn-4Zr-2Mo	美国	1 006	910	10
IMI834	Ti-5.5Al-4Sn-4Zr-0.3Mo-1Nb-0.5Si	英国	1 069	952	5
BT35	Ti-15V-3Cr-1Mo-3Al-3Sn-0.5Nb-0.5Zr	俄罗斯	1 100	1 020	8～10
BT20	Ti-6.5Al-2Zr-1.25Mo-1.3V	俄罗斯	950	850	8
Ti5523	Ti-5Mo-5V-2Cr-3Al(TB10)	中国	—	1 050～1 200	10～14

我国在20世纪50年代从苏联引进了石蜡-硬脂酸模料和水玻璃-石英型壳加矾土水泥的湿法造型工艺，开始了航空熔模精密铸件的研制历程。1966年，我国采用熔模精密铸造技术浇注出了第一代空心镍基高温合金涡轮叶片。1975年，我国从英国引进斯贝航空发动机的制造技术，在消化吸收过程中，实现了熔模精密铸造工艺材料的国产化，并于20世纪70年代末成功浇注出了符合发动机性能要求的低压级空心导向叶片。"九五"至"十一五"期间，我国突破了航空发动机及航天飞行器用大型复杂钛合金构件整体精铸的关键技术，为型号研制提供了技术保障。国内航空航天钛合金精密铸件的应用促进了国内钛合金精密铸造技术水平的提高，钛合金精密铸件正在接近或达到国外的质量水平。通过引进国外技术并进行消化吸收与技术创新，我国形成了具有部分自主知识产权的钛合金精密铸造技术。研究和推广应用了ZTC4、ZTA7和ZTA15等航空铸造钛合金，并先后开发和掌握了机械加工石墨型、捣实型、特殊砂型及多种熔模铸造工艺，包括熔模石墨型、钨面层陶瓷型及氧化物陶瓷型等工艺技术。同时，国内形成了专业科研院所加专业化工厂的研究制造模式。研究结构主要以北京航空材料研究院、百慕高科、中船重工第七二五研究所、沈阳铸造所等为主。国内的航空发动机制造企业均配有熔模精密铸造车间或分厂，如沈阳黎明、西安西航、株洲南方、贵州安吉精铸等。

航空技术的发展对飞机结构件提出更高的要求。新一代美国军用飞机在设计上提出飞机整体减重50%、机身紧固件数量减少80%、批生产成本降低25%、生产周期缩短1/3～1/2的目标。为了达到这个目标，除广泛采用新材料外，还需使用大型整体精密铸件代替数量繁多的小零件。因此，钛合金大型整体结构件的精铸技术首先在F/A-22、V-22等军用飞机上快速应用。例如，Bell-Boeing V-22倾转式旋翼机上的转接座使用了Ti-6Al-4V合金精铸件，并且Howmet和Bell Helicopter用3个钛合金整体铸件与32个紧固件代替了过去由43个铝合金锻件与 536 个紧固件制成的组件，不仅降低了组件整体质量，生产周期也缩短了 62%，制造成本节约 30%。美国 F/A－22 战斗机机翼上的侧机身接头、垂尾方向舵作动筒支座与其他关键承力部位使用了 Ti－6Al－4V 合金精铸件，约占其整体结构质量的 7.1%。1999 年，B777 客机首次采用发动机后安装框架钛合金精铸件，这是钛合金精铸件首次在民机上得到成功应用。A380 客机也采用钛合金刹车扭力管精铸件取代以往的锻件。

铸造钛合金是可以用铸造方法加工的钛合金，大部分变形钛合金具有良好的铸造性能。铸造钛及钛合金的牌号以字母 Z 开头，后面跟主要元素符号及其百分含量；铸造钛及钛合金的代号由 ZT 加 A、B 或 C(A、B 和 C 分别表示 α 型、β 型和(α+β)型合金)及顺序号组成，顺序号参照同类型变形钛及钛合金的表示方法。铸造钛合金按相的组成可分为 α 型合金、近 α 型合金、(α+β)型合金、β 型合金和近 β 型合金。常用铸造钛合金的牌号、成分见表 5.31。

表 5.31 铸造钛合金的牌号和成分(摘自 GB/T 15073—2014)

铸造钛及钛合金		化学成分(质量分数)/%																
		主要成分								杂质，不大于								
牌号	代号	Ti	Al	Sn	Mo	V	Zr	Nb	Ni	Pd	Fe	Si	C	N	H	O	其他元素	
																	单个	总和
ZTi1	ZTA1	余量	—	—	—	—	—	—	—	—	0.25	0.10	0.10	0.03	0.015	0.25	0.10	0.40
ZTi2	ZTA2	余量	—	—	—	—	—	—	—	—	0.30	0.15	0.10	0.05	0.015	0.35	0.10	0.40
ZTi3	ZTA3	余量	—	—	—	—	—	—	—	—	0.40	0.15	0.10	0.05	0.015	0.40	0.10	0.40
ZTiAl4	ZTA5	余量	3.3～4.7	—	—	—	—	—	—	—	0.30	0.15	0.10	0.04	0.015	0.20	0.10	0.40
ZTiAl5Sn2.5	ZTA7	余量	4.0～6.0	2.0～3.0	—	—	—	—	—	—	0.50	0.15	0.10	0.05	0.015	0.20	0.10	0.40
ZTiMo32	ZTB32	余量	—	—	30.0～34.0	—	—	—	—	—	0.40	0.15	0.10	0.05	0.015	0.15	0.10	0.40
ZTiAl6V4	ZTC4	余量	5.50～6.75	—	—	3.5～4.5	—	—	—	—	0.40	0.15	0.10	0.05	0.015	0.25	0.10	0.40

铸造钛合金的抗拉强度和疲劳强度接近变形钛合金，且冲击韧性普遍高于钛锻件，加之铸造能节省大量材料和机械加工费用，因此铸造钛及钛合金是今后的发展趋势。附铸试样的室温力学性能见表 5.32。

目前应用范围最广、应用量最多的中温中强(α+β)型铸造钛合金是 Ti－6Al－4V 钛合金(我国代号为 ZTC4)。它具有目前最好的铸造工艺性能和稳定的组织，在 350 ℃以下具有良好的强度($R_m \geqslant 890$ MPa)与断裂韧度。铸造 Ti－6Ai－4V 和 Ti－Al5－Sn2.5 是应用较为广泛的铸造钛合金，其特点是具有中等的强度和耐热、耐蚀性及良好的塑性，特别适合于航空航天发动机和结构铸件使用。美国开发的铸造 Ti6242(Ti－6Al－2Sn－4Zr－2Mo)合金可在 500 ℃以下工作，可用于航空发动机的压气机零件，占铸造钛合金用量的 2%以上。目前，一些先进的航空大型涡轮发动机的重要部件，如 RB199 的中介机匣、CF6－80C 的风扇机匣都采用大型复杂薄壁钛合金整体结构精铸件。

表 5.32　附铸试样的室温力学性能(摘自 GB/T 6614—2014)

代　号	牌　号	抗拉强度 R_m/MPa 不小于	屈服强度 $R_{p0.2}$/MPa 不小于	延伸率 A_5/% 不小于	硬度 HBW 不大于
ZTA1	ZTi1	345	275	20	210
ZTA2	ZTi2	440	370	13	235
ZTA3	ZTi3	540	470	12	245
ZTA5	ZTiAl4	590	490	10	270
ZTA7	ZTiAl5Sn2.5	795	725	8	335
ZTA9	ZTiPd0.2	450	380	12	235
ZTA10	ZTiMo0.3Ni0.8	483	345	8	235
ZTA15	ZTiAl6Zr2Mo1V1	885	785	5	—
ZTA17	ZTIAl4V2	740	660	5	—
ZTB32	ZTiMo32	795	—	2	260
ZTC4	ZTiAl6V4	835(895)	765(825)	5(6)	365
ZTC21	ZTIAl6Sn4.5Nb2Mo1.5	980	850	5	350

在美国，ZTC6(Ti－6242S)钛合金的用量仅次于 Ti－6Al－4V 合金，并已逐渐大量应用。例如，波音飞机 CFM56 发动机上的高压压气机机匣就采用 ZTC6 合金整体铸造，大大改善了部件的强度和刚性及尺寸精度，降低了制造成本，同时减小了质量。此外，一些航空发动机的转子也采用 ZTC6 合金。在美国第四代战斗机 F/A－22 上，除大量使用 Ti－6Al－4V 外，也大量使用了 ZTC6 合金，F/A－22 飞机上的涡轮机保温元件通常采用铸造 Ti－6242S 合金，通过热等静压(HIP)和 β 固溶处理后的合金具有良好的高温性能和热稳定性。制动齿轮整流罩改用 ZTC6 铸件，不但成本降低了 50%，而且极大地提高了生产效率，改进了强度性能，减小了质量并提高了对发动机喷管偶尔出现的燃气冲刷的热稳定性。ZTC6 合金具有良好的高温性能，在民用飞机上也有很多应用，在波音 B777 飞机上，长度达 3 048 m 的形状复杂的隔热屏就是由 ZTC6 合金铸造而成。

在我国研制和生产的钛合金铸件中，ZTC4 和 ZTA15 合金用量占 80%。目前国内常用的铸造钛合金的力学性能见表 5.33，其中 ZTC3、ZTA15、ZTC6 是中国航发北京航空材料研究院根据航空工业发展的需要研制或仿制的高温铸造钛合金和高强铸造钛合金。我国的 ZTC6 是借鉴 Ti－6242S 合金开发的一种近 α 型钛合金，该合金的铝含量控制在 8%以下，高温热稳定性能良好，已用于 500 ℃以下的发动机部件。ZTC3(Ti－Al－Mo－S i 系)也可以在 500 ℃以下长期使用，由于添加了稀土元素 Ce，合金具有很好的耐热性能。铸造 Ti15－3 合金(Ti－15V－3Al－3Cr－3Sn)属于亚稳 β 型高强钛合金，可以进行固溶和时效强化，强度可达到 1 200 MPa，而且具有 5%以上的伸长率。ZTC5 是我国自行研制的高强度钛合金，是在 Ti－Al－Mo－Sn－Zr 系耐热钛合金基础上发展的一种铸造钛合金，通过加入共析元素，提高了合金时效时的强度。该合金不仅高强高韧，而且在 350 ℃下使用时具有很好的热稳定性。这些铸造钛合金的开发和应用在减轻飞机整体结构质量、满足高温和高载以及腐蚀环境要求、提高机体寿命等方面能够发挥其他金属无法比拟的作用。

表 5.33　常规铸造钛合金力学性能

代　号	类　型	$\geqslant R_m$/MPa	$\geqslant R_{p0.2}$/MPa	$\geqslant A_5$/%	$\geqslant \Psi$/%	工作温度/℃
ZTA1	α 型	345	275	12	—	—
ZTA7	α 型	760	700	5	12	—
ZTC3	α+β 型	930	835	4	8	500
ZTC4	α+β 型	890	820	5	10	350
ZTC6	近 α 型	860	795	5	8	400～450
ZTA15	近 α 型	882	784	5	12	500

我国 ZTA15 仿制于俄罗斯 BT20л 铸造钛合金，名义成分为 Ti-6Al-2Zr-1Mo-1V，属于高 Al 当量近 α 型钛合金，具有 α 型钛合金的优点，有良好的铸造工艺性能、焊接性能和综合力学性能。BT20 是苏联在美国 Ti-8Al-1Mo-1V 合金基础上自主研制的合金。为降低合金对热盐应力腐蚀开裂的敏感性，BT20 将 Al 含量降低并加入 2%Zr。BT20 合金的强化机制主要是通过 α 稳定元素 Al 的固溶强化，同时加入少量的中性元素 Zr 和 β 稳定元素 Mo、V，使合金的热稳定性有所提高，并且提高合金在高温下的强度与抗变性能，可在 500 ℃以下稳定使用。BT20л 是 BT20 变形钛合金的铸造合金，成分与 BT20 合金相近，其 Al 含量的上限略低于 BT20 合金。ZTA15 合金具有中等的室温和高温强度及良好的热稳定性，在 500 ℃下工作时，寿命可达到 3 000 h，在 450 ℃下工作时，寿命可达到 6 000 h。而 ZTC4 在 400 ℃下工作时寿命不到 1 000 h。ZTA15 合金与常用的 ZTC4 合金比较，主要特点是在高温下具有更高的抗蠕变能力，有更好的抗疲劳裂纹扩展、抗热裂性能和良好的断裂韧性。因此，在俄罗斯的飞机、发动机、航天飞行器中普遍应用这一材料，如苏-27CK 飞机大量使用了 BT20 钛合金锻件，31Φ 发动机及其他飞行器上使用了一些 BT20л 钛合金铸件。在我国，ZTA15 合金铸件在航空航天工业的应用异常广泛，适用于飞机、导弹、运载火箭和卫星的高温承力构件。

5.3.3　钛合金的热处理

钛合金的热处理主要有退火、淬火时效。钛合金的淬火时效强化与铝合金相似，与钢的热处理类似时也能获得马氏体组织。退火的主要目的是提高合金的塑性和韧性，消除应力及稳定组织。淬火时效的目的是相变强化合金。不同热处理下钛合金的性能见表 5.34。

表 5.34　不同热处理下钛合金的性能

牌　号	半成品	热处理	抗拉强度 R_m/MPa	断后伸长率 A/%	断面收缩率 Z/%	冲击韧性 K/(J·cm^{-2})
TB2	棒材	淬火	1 000	18	10	30
		时效	1 400	7	10	15
TC4	棒材	退火	950	10	30	40
		时效	1 100	8	20	—
TC8	棒材	退火	1 050	10	30	30
	模锻件	时效	1 200	6	20	—

续表 5.34

牌　号	半成品	热处理	抗拉强度 R_m/MPa	断后伸长率 A/%	断面收缩率 Z/%	冲击韧性 K/(J·cm^{-2})
TC10	锻件	退火	1 050	12	25	35
	轧棒	退火	1 050	12	30	40
	棒材	时效	1 200	8	20	—

(1) 退　火

退火的目的主要是消除钛合金在机械压力加工及焊接时的内应力，恢复塑性，细化晶粒等。将合金加热到β转变温度，缓慢冷却得到等轴的α晶粒，可为合金提供延展性与加工性。如果冷却速度较快，会得到针状的α相，这种结构具有较大的两相界面，使材料具有较高的断裂韧性与抗蠕变性。钛合金的退火如图 5.13 所示。

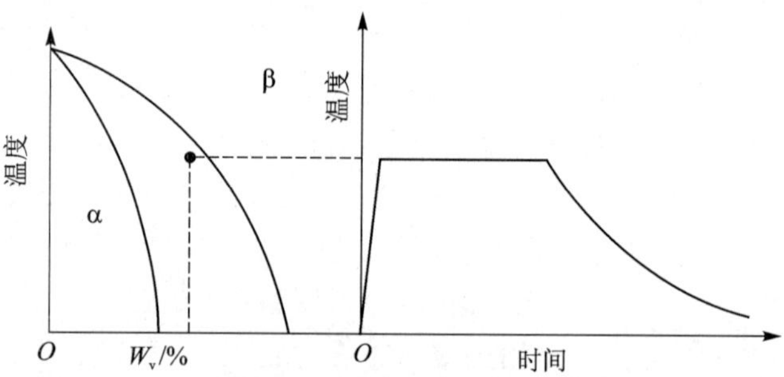

图 5.13　钛合金的退火

钛合金可进行消除应力退火和再结晶退火。纯钛和α钛合金仅能进行退火热处理。消除应力退火目的是消除工业纯钛和钛合金零件机加工或焊接后的内应力。退火温度一般为 450～650 ℃，保温 1～4 h，空冷。再结晶退火目的是消除加工硬化，纯钛一般采用 550～690 ℃温度，钛合金用 750～800 ℃温度，保温 1～3 h，空冷。

(2) 淬火和时效

淬火和时效是钛合金主要的热处理强化工艺，主要目的是提高钛合金的强度和硬度。α钛合金一般不进行淬火和时效处理，β钛合金和(α+β)钛合金可进行淬火时效处理，提高强度和硬度。钛合金的淬火和时效如图 5.14 所示。

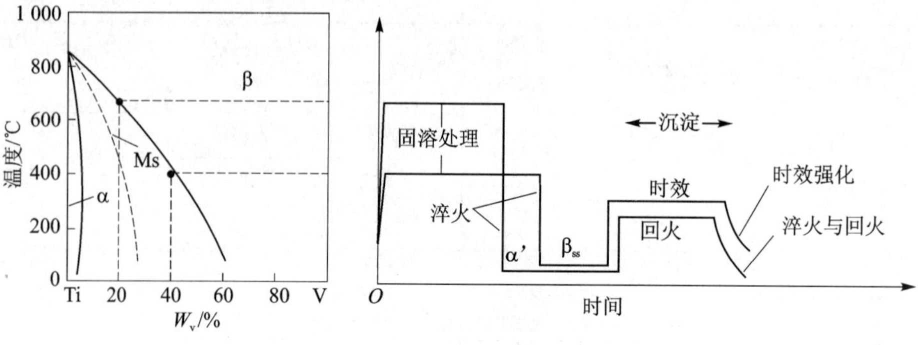

图 5.14　钛合金的淬火和时效

α 钛合金和含 β 稳定化元素较少的($\alpha+\beta$)钛合金，自 β 相区淬火时，发生无扩散型的马氏体转变 $\beta \rightarrow \alpha'$。$\alpha'$ 为马氏体，是 β 稳定化元素在 α - Ti 中的过饱和固溶体，具有密排六方晶格，硬度较低，塑性好，是一种不平衡组织，加热时效时分解成 α 相和 β 相的混合物，强度和硬度有所提高。

β 钛合金和含 β 稳定化元素较多的($\alpha+\beta$)钛合金淬火时，β 相转变成介稳定的 β 相加热时效后，介稳定 β 相析出弥散的 α 相，使合金的强度和硬度提高。

钛合金进行淬火处理的强化效果弱于钢，但钛合金淬火时的相变比钢要复杂。两者虽然都能得到马氏体组织，但两类马氏体晶格结构、性能完全不同。钢淬火后得到的马氏体是间隙型的过饱和固溶体，体积变化较大，硬度较高，强化作用大；钛合金中，合金元素与钛形成置换固溶体，体积变化小，马氏体硬度不高，强化作用不大。因而，钛合金淬火后一定要进行时效处理才能达到满意的性能。时效主要是利用淬火组织中保留下来的 β 相，在加热过程中析出高度弥散的 α 相来提高合金的强度。

淬火温度一般选在 $\alpha+\beta$ 两相区上部，以获得较多数量的亚稳 β 相，同时避免晶粒过大。淬火后部分 α 相保留下来，细小的相变成亚稳定 β 相或 α' 相(或两者均有)，经时效后可获得好的综合机械性能。淬火加热时间根据工件厚度而定，冷却条件可以是水冷或空冷。

为提高钛合金的强度，钛合金在淬火后还必须进行时效处理。钛合金在时效过程中的相变是 $\beta' \rightarrow \alpha+\beta$。时效后的 α 固溶体呈弥散状态，能强化合金。同时针状马氏体 α' 分解时能析出沿一定方向排列的细小分散的 β 相，也能起到一定的强化效果。

淬火加热温度决定了淬火组织中亚稳 β 相的成分和数量，因而钛合金的时效强化效果与淬火加热温度直接相关。当淬火加热温度一定时，时效强化效果取决于时效温度。时效温度过高，析出的 α 相粗大，强化效果差；时效温度过低，保温时间需要很长。钛合金的时效温度可在 450～550 ℃，时效时间根据具体要求可从数小时到数十小时不等。钛合金在热处理加热时必须严格注意污染和氧化，最好在真空炉或在惰性气体保护下进行。

5.3.4　航空结构钛合金

钛合金在飞机上的使用从最初受力不大的结构件逐渐扩展到襟翼滑轨、承力隔框、中央翼盒型梁、起落架梁、直升机桨毂等主要受力部件，使用机型也从战斗机扩展到大型轰炸机、运输机以及民用飞机。伴随着航空技术的发展，不同型号的钛合金得以开发及应用，钛合金用量也不断提高，并成为衡量飞机先进性的重要标志。美国第四代战斗机代表机型 F/A - 22 的用钛量已经占到飞机结构质量的 38.8%。F/A - 22 飞机主要使用 7 个牌号的钛合金，分别是中强度钛合金 Ti - 6Al - 4V，高强高韧钛合金 Ti6242(Ti - 6Al - 2Sn - 4Zr - 2Mo)、Ti1023(Ti - 10V - 2Fe - 3Al)、Ti - 15 - 3(Ti - 15V - 3Cr - 3Sn - 3Al)，损伤容限型钛合金 Ti - 6Al - 4V ELI、Ti - 6 - 22 - 22S(Ti - 6Al - 2Sn - 2Zr - 2Mo - 2Cr - 0.2Si)以及管材专用钛合金 Ti - 3A1 - 2.5V。这些合金满足了飞机上不同部位对钛合金的设计需求。

飞机结构钛合金按照抗拉强度可分为低强度高塑钛合金、中强度钛合金、高强度钛合金、超高强度钛合金、损伤容限钛合金等。

1. 低强度高塑钛合金

低强度钛合金一般是指室温抗拉强度在 700 MPa 以下的钛合金，通常强度低，塑性较好。这类合金包括工业纯钛系列及近 α 型钛合金，如 TC1、TC2、TA21、TA16、TA18 等，其中

TA16、TA18 主要为管材类专用钛合金。

近 α 型钛合金与目前的 α 型钛合金相比具有更好的加工性能。以 α 相结构为基钛合金含有少量的 β 相，这类钛合金具有良好的焊接性和热稳定性。在 α 钛合金中加入少量的 β 相稳定元素(数量不超过在 α 钛合金中的溶解度)，可明显提高钛合金的高温强度和力学性能，而钛合金的塑性也没有太大的损失。

低强度高塑钛合金共同的特点是低合金化、高塑性和高韧性，并具有高可焊性、可成型性和优良的耐海水腐蚀性，主要用来制造各种非承力结构件、各种钣金件、蒙皮、管材零件等。根据低强度结构钛合金在各应用领域的应用情况，低强度结构钛合金的主干牌号有 TA17(板材)、TC2(板材)、TA18(管材)、Ti45Nb(丝材)等。常用低强度高塑钛合金见表 5.35。

表 5.35　常用低强度高塑钛合金

牌　号	近似牌号	名义成分	合金类型	状　态	$\geq R_m$/MPa	工作温度/℃	主要用途
TA1	Ti40	Ti	工业纯钛	退火	370	300	钣金零件
TA16	ПТ-7M	Ti-2Al-2.5Zr	α 型	退火	470	400	导管
TA18	Ti-3-2.5	Ti-3Al-2.5V	近 α 型	退火	620	320	导管
TA21	OT4-0	Ti-1Al-1Mn	近 α 型	退火	490	300	导管
TC1	OT4-1	Ti-2Al-1.5Mn	近 α 型	退火	590	350	钣金件、一般零件
TC2	OT4	Ti-4Al-1.5Mn	近 α 型	退火	685	350	钣金件、一般零件、导管

(1) TC1

TC1(OT4-1)钛合金是苏联研制的一种低合金化的 Ti-Al-Mn 系近 α 型钛合金，主要性能特点是比工业纯钛略高的使用强度和很好的工艺塑性。该合金只在退火状态下使用，不能采用固溶时效处理进行强化，其主要半成品是板材、棒材、管材、锻件、型材和丝材等。

该合金具有良好的焊接性能和热稳定性，长时间工作温度 350 ℃。TC1 钛合金最适合于制造形状复杂的板材冲压并焊接的零部件。航空发动机中，TC1 合金主要用于制造各种壳体和隔热罩。

(2) TA21

TA21(OT4-0)钛合金是苏联研制的一种具有较高综合性能和良好焊接性能的近 α 型钛合金，名义化学成分 Ti-1A1-1Mn。TA21 钛合金中 Al 和 Mn 的含量都小于 1.5%，可用各种方法进行焊接，而且不需要对焊接接头进行热处理来稳定其组织。由于在合金组织中有 β 相存在，因此在热态和冷态下具有接近(α+β)型合金的塑性。该合金具有良好的热加工性能，可以进行锻造、挤压、轧制等热加工，同时具有良好的冷加工性能，可用于制造板材、带材、箔材、管材、棒材、型材和锻件等产品，可通过焊接、冲压、弯曲和其他方法制造各种结构件，并可在 300 ℃长期工作。TA21 钛合金管材用作使用温度为 250 ℃以下飞机发动机的漏油和通风系统、燃气排放系统的导管以及操纵系统用管材。

(3) Ti45Nb

Ti45Nb 合金属于 β 型钛合金，具有高塑性(延伸率可达 20%以上，断面收缩率高达 60%~80%)、耐腐蚀、优异冷加工性能等特点，剪切强度、抗拉强度高于纯钛，变形抗力低于纯钛。

Ti45Nb 合金主要为紧固件用钛合金，在退火状态具有较好的拉伸性能和剪切强度，可替代纯钛铆钉。Ti45Nb 材料还具有较高的塑性，适合于制造复合材料用连接铆钉。

2. 中强度钛合金

一般将室温抗拉强度在 750～1 000 MPa 范围内的钛合金称为中强度钛合金。中强度钛合金主要有 TC4、TC6、TA15、TC32 以及俄罗斯 BT5－1、BT6C、BT20、CT5 等。中强度钛合金主要是在 α 相组织的基础上加入极少量的 β 相(平衡态下 β 相占 2%～7%)。所有中强度钛合金都具有良好的综合性能，既有较高的强度、热稳定性，又有足够的塑性以及优良的焊接性能，多用于制造承力构件。常用中强度钛合金如表 5.36 所列。

表 5.36　常用中强度钛合金

牌　号	近似牌号	名义成分	合金类型	状　态	$\geq R_m$/MPa	工作温度/℃	主要用途
TC3	—	Ti－5Al－4V	α＋β	退火	880	350	钣金件
TC4	BT6 Ti－6－4	Ti－6Al－4V	α＋β	退火	895	400	钣金件、承力构件
TA15	BT20	Ti－6.5Al－2Zr－1Mo－1V	近 α 型	退火	930	500	钣金件、承力构件
TC6	BT3－1	Ti－6Al－2.5Mo－1.5Cr－0.5Fe－0.3Si	α＋β	退火	980	450	承力构件

(1) TC4

TC4 是一种典型的(α＋β)型两相合金，含有 6%的 α 稳定元素 Al 和 4%的 β 稳定元素 V。TC4 钛合金具有优异的综合性能，占整个钛合金产品的 60%左右。该合金可以制成铸件、锻件和挤压件，长时间工作温度可达 400 ℃，可用于制造飞机发动机的风扇和压气机盘及叶片、机身、引擎机舱、飞机起落架、机翼和尾翼等。

波音 B747 主起落架传动横梁材料为 TC4，锻件长 6.20 m，宽 0.95 m，质量达 1 545 kg。波音 B757、B767 和 B777 的挡风玻璃框架由 TC4 钛合金压铸而成。波音 B777 鳍板由 TC4 钛合金热成型板制成，尺寸达 3300 mm×762 mm×5 mm，机身末端以及发动机引擎框架、连接件等同样选用 TC4 合金。

(2) TA15

TA15 名义成分为 Ti－6.5Al－2Zr－1Mo－1V，对应俄罗斯牌号为 BT20。该合金主要的强化机制是利用 α 稳定元素 Al 的固溶强化，加入中性元素 Zr 和 β 稳定元素 Mo 和 V 可以改善工艺性能。TA15 合金半成品有薄板、厚板、锻棒、锻件、挤压型材、焊接件等。该合金具有中等的室温和高温强度、良好的热稳定性和焊接性能，比 TC4 钛合金有较高的室高温强度和焊接性能，在 500 ℃下长时间工作可达 3 000 h，在 450 ℃下长时间工作可达 6 000 h。TA15 钛合金主要用于制造 500 ℃以下长时间工作的结构零件和焊接承力零部件，应用于发动机的各种叶片、机匣，飞机的各种钣金件、梁接头、大型壁板、焊接承力框等，焊接结构件和铸件也被广为选用。

3. 高强度钛合金

高强度钛合金是为满足机身减重和高负载部件的使用而提出的，通常情况下抗拉强度在 1 000 MPa 以上。高强度钛合金的研究以 β 型钛合金为主，也包括(α＋β)两相合金。合金化的主要特点是加入较多的 β 稳定元素(如 V、Cr、Mn、Fe 等元素)，严格控制 N、H、O 等元素含量，并在高温下进行固溶时效处理得到稳定的β相组织。常用高强度钛合金如表 5.37 所列。具有代表性的高强度结构钛合金主要有 TB6、TC16、TC18、TC21、BT22、Ti-1023、Ti-15-3、β-21S 等，主要用于制造强度要求高、代替钢可达到高减重效果的承力结构件、钣金零件和紧固件等，如机身的承力隔梁、起落架的扭力臂、支柱。

表 5.37 常用高强度钛合金

牌号	近似牌号	名义成分	合金类型	状态	$\geqslant R_m$/MPa	工作温度/℃	主要用途
TB5	Ti-15-3	Ti-15V-3Cr-3Sn-3Al	β	固溶处理	705	200	铆钉
				固溶时效	1 080	290	钣金件
TB8	β-21S	Ti-15Mo-3Al-2.7Nb-0.2Si	β	固溶时效	1 015	550	钣金件
					1 250	450	螺栓
TB6	Ti1023	Ti-10V-2Fe-3Al	近β	固溶时效	1 105	320	承力构件
TC18	BT22	Ti-5Al-5Mo-5V-1Cr-1Fe	α+β	双重退火	1 080	400	承力构件
TC16	BT16	Ti-3Al-5Mo-4.5V	α+β	固溶时效	1 030	350	螺栓

(1) Ti-1023

Ti-1023 钛合金是美国钛金属公司(TIMET)于 20 世纪 70 年代研制的一种高强高韧并具有优良热加工性的近β型钛合金，名义成分为 Ti-10V-2Fe-3Al。Ti-10V-2Fe-3A1 解决了钛合金的深淬透性和组织均匀性结合问题。该合金的β转变温度在 793～815 ℃范围内，比 Ti-6A1-4V 合金低约 200 ℃；在相变点附近锻造的流动应力相当于 Ti-6A1-4V 合金在 935 ℃时锻造的流动应力。因此，等温变形时对模具材料的要求比 Ti-6A1-4V 合金低，非常适合于热模锻造或等温锻造，适用于生产锻件、棒材、板材等，可用于 316 ℃以下工作的发动机构件。Ti-1023 钛合金已经用于 C-17 大型运输机起落架、波音 B777 起落架、空客 A380 主起落架支柱以及其他部位(如货舱门、尾翼引擎机舱)。

(2) BT22

BT22 钛合金是俄罗斯研制的一种高强度钛合金，名义成分为 Ti-5Al-5Mo-5V-1Cr-1Fe。该合金退火状态下组织中含有数量大致相等的α相和β相，退火状态下就可达到较高的强度。

目前，BT22 钛合金广泛使用在航空制造业，主要用于制造高承力零件和结构件，包括焊接构件。在现代飞机结构中，主要用于起落架部件、高承力装置及构件、发动机固定支撑结构及其他承力构件。在航空发动机中，主要用于制作风扇和低压压气机的叶盘和叶片。

4. 损伤容限钛合金

20 世纪 60 年代末 70 年代初出现了飞机机体断裂事故，设计人员因此而提出了以断裂力学为基础的损伤容限设计概念。损伤容限设计要求材料具有较高的断裂韧度、较低的裂纹扩展速率和较高的疲劳裂纹扩展门槛值，先进钛合金材料也逐步向具有高断裂韧性和低裂纹扩展速率的损伤容限型钛合金方向发展。国外新型损伤容限钛合金材料的研制和应用走在前列，如中强度的 Ti-6Al-4VELI 和高强度的 Ti-6-22-22S 已经在美国 F-22、F-35 和 C-17 等飞机上得到应用。损伤容限钛合金在国外飞机上的应用如表 5.38 所列。

表 5.38 损伤容限钛合金在国外飞机上的应用

机 型	牌 号	应用部位	强度极限/MPa
B767	Ti-6Al-4VELI	1 号机舱罩框架	860
B777	Ti-6Al-4VELI	水平尾翼轴	860
A380/A350	Ti-6Al-4Vβ ELI	发动机吊架	890
C-17	Ti-6-22-22S	水平尾翼轴	1030
	Ti-6Al-4VELI	吊架轴	890
F-16	Ti-6Al-4VELI	水平尾翼轴	860

我国在“十五”规划以来，立足国内现状，进行了损伤容限钛合金材料自主创新研制以及β处理工艺的开发。目前国内外主要通过降低合金间隙元素(C、N、O 等)含量和β处理工艺(包括β加工和β热处理)的方法来提高钛合金的损伤容限性能。国内常用损伤容限钛合金如表 5.39 所列。国内的损伤容限型钛合金已经得到了工程化应用，主要包括中强损伤容限型钛合金 TC4-DT 和高强度损伤容限型钛合金 TC21 以及近α型损伤容限型钛合金 TA15 ELI，分别比美国的 Ti-6Al-4VELI 和 Ti-6-22-22S 具有更高的静强度和疲劳性能匹配的综合性能水平。TC4-DT 和 TC21 损伤容限型钛合金是我国飞机的关键主干材料，具有内部质量要求严、工艺控制精度高、综合性能匹配难度大、零件结构复杂以及应用部位关键等特点，实现了我国新一代飞机钛合金关键主干材料“强度高低搭配、性能优势互补”的布局。

表 5.39 国内常用损伤容限钛合金

牌 号	近似牌号	名义成分	合金类型	状 态	$\geqslant R_m$/MPa	工作温度/℃	主要用途
TC4-DT	Ti-6-4ELI	Ti-6Al-4V	α+β	β退火	895	400	承力构件
TC21	Ti-6-22-22S	Ti-6Al-2Zr-2Sn-2Mo-1.5Cr-2Nb	α+β	双重退火	1 100	400	承力构件
TA15 ELI	BT20	Ti-6Al-2Zr-2V-1Mo	近α	β退火	992	500	承力构件

(1) TC4-DT

TC4-DT 钛合金是“十五”期间由西北有色金属研究院和北京航空材料研究总院共同研制的具有自主知识产权的新型中强度损伤容限型钛。该合金具有中等强度、高韧性、高损伤容限和长疲劳寿命等综合性能相匹配的特点。和其他中强度钛合金相比，TC4-DT 钛合金有一个突出的特点，就是在强度、塑性水平相当的条件下，有很高的断裂韧度和疲劳裂纹扩展抗力，其综合性能优于美国四代机 F/A-22 上使用量最大的损伤容限型钛合金 Ti-6Al-4VELI。TC4-DT 的合金成分范围比美国 Ti-6Al-4VELI 限制更为严格。

TC4-DT 钛合金具有优异的电子束焊接性能，焊接接头的强度、韧性、裂纹扩展速率和疲劳等综合性能几乎与母材相当，适合制造大型整体化的框、梁和接头类等对耐久性要求高的关键承力部件，同时还具有成分简单、价格低廉，锻造加工、机加工和成型性能优异等优点。损伤容限钛合金 TC4-DT 已用于我国新一代战斗机的机身、机翼、垂尾、鸭翼和起落架等部件。

主承力框、梁、接头和支座等关键及重要零要采用整体锻件，部分框和梁结构采用电子束焊接。对耐久性要求高的关键部位如翼身连接区等，应用了冷挤压、干涉连接、喷丸光冲击和一些新型强化技术，以提高结构寿命。

(2) TC21

TC21 钛合金是我国"十五"期间自主研制的第一种具有自主知识产权的新型高强、高韧、高损伤容限钛合金，属于 Ti - Al - Sn - Zr - Mo - Cr - Nb(- Ni - Si)系两相钛合金，名义成分为 Ti - 6Al - 2Zr - 2Sn - 2Mo - 1.5Cr - 2Nb，是在 TC4 的基础上根据"少量多元"准则设计而得的，类似于 Ti - 6 - 22 - 22S，其良好的焊接性能还弥补了 Ti - 6 - 22 - 22S 焊接工艺性能差的缺陷。

TC21 钛合金通过一定的热处理得到的网篮组织比其他组织形态具有更好的强度、塑性、断裂韧性和较低的裂纹扩展速率。在使用性能方面，TC21 钛合金具有很高的高温性能(高温静强度、持久性能)，还具有结构钛合金很好的服役性能，如疲劳强度、腐蚀环境疲劳、腐蚀环境裂纹扩展、应力和温度复合谱载疲劳及裂纹扩展等性能达到了设计使用要求。经过我国某型号飞机 5 000 飞行小时地面综合验证试验，满足了 100%静强度试验，以及疲劳、损伤容限/耐久性考核试验。

TC21 是目前我国高强高韧钛合金综合力学性能匹配较好的钛合金之一，可用于航空飞机的机翼接头结构件、机身与起落架连接框、吊挂发动机接头等部位，以及对强度及耐久性要求高的重要或关键承力部件的制作。TC21 钛合金的室温性能如表 5.40 所列。

表 5.40　TC21 钛合金的室温性能

R_m/MPa	$R_{p0.2}$/MPa	A/%	Z/%
1 110	1 060	15.67	20.6

(3) TA15

近 α 型 TA15 钛合金兼具 α 型和(α+β)型钛合金的优点，具有良好的热稳定性，长时间工作温度可达 500 ℃。同时，TA15 具有良好的加工性能，其工艺塑性接近于(α+β)型钛合金。为了提高 TA15 的韧性、疲劳性能，以满足损伤容限要求，北京有色金属研究院等单位开始研究 TA15ELI 损伤容限钛合金。在 TA15 基础上，通过降低 TA15 间隙元素 C、N、O 等的含量，同时采用 β 相区轧制工艺获得了 TA15ELI 钛合金。

5.3.5　航空高温钛合金

发动机是飞机的心脏。发动机的风扇、高压压气机盘件和叶片等转动部件，不仅要承受很大的应力，而且要有一定的耐热性。航空发动机部件要求钛合金在室温至较高的温度范围内具有很好的瞬时强度、耐热性能、持久强度、高温蠕变抗力、组织稳定性。β 型和近 β 型钛合金尽管在室温至 300 ℃左右具有高的拉伸强度，但在更高的温度下，合金的蠕变抗力和耐热稳定性急剧下降，所以 β 型钛合金很少用于飞机发动机。α 型和近 α 型钛合金具有良好的蠕变、持久性能和焊接性，适合于在高温环境下使用。(α+β)型钛合金不仅具有良好的热加工性能，而且在中高温环境下还具有良好的综合性能。因此，α 型、近 α 型和(α+β)型钛合金被广泛应用于航空发动机。各国飞机发动机用钛合金如表 5.41 所列。

表 5.41　各国飞机发动机用钛合金

国　别	使用温度							
	350 ℃	400 ℃	450℃	500 ℃	550 ℃	600 ℃	650 ℃	阻燃钛合金
中国	TC4	TC16 TC17	TA11	TC11 TA7 TA15	TA12	Ti60	TD3(Ti_3Al) Ti_2AlNb	Ti40
俄罗斯	BT6 BT22	BT3－1	BT8M	BT9 BT20	BT25	BT18y BT36	—	BTT－1 BTT－3
欧美	Ti－64	Ti－6246 IMI550 Ti－17	IMI679 Ti－811	IMI685 Ti－6242	Ti－6242S IMI829	IMI834 Ti－1100	Ti－25Al－ 10Nb－3V－1Mo	Alloy C

1. 600 ℃高温钛合金

600 ℃被认为是普通钛合金的“热障”温度，进一步提高工作温度受到蠕变、持久、组织稳定性、表面抗氧化等性能的限制。在 500～600 ℃范围内，600 ℃高温钛合金相比于 GH4169（镍基高温合金）在比强度、低周疲劳性能、抵抗疲劳裂纹扩展性能等方面有明显优势，因此新型先进发动机对 600 ℃高温钛合金有迫切需求。国内外典型的 600 ℃高温钛合金特点及其力学性能见表 5.42 和表 5.43。

表 5.42　国内外典型的 600 ℃高温钛合金

牌　号	名义成分	密度/($g \cdot cm^{-3}$)	β 相转变温度/℃	成分特点	合金特点
IMI834	Ti－5.8Al－4Sn－3.5Zr－0.7Nb－0.5Mo－0.35Si－0.06C	4.55	1 045±10	添加了 β 稳定元素 Mo、Nb 及 C	较宽的两相区热加工窗口；疲劳和蠕变性能匹配良好
Ti－1100	Ti－6Al－2.7Sn－4Zr－0.4Mo－0.45Si	4.50	1 015	杂质元素 Fe、O 含量超低	高温蠕变性能良好
BT36	Ti－6.2Al－2Sn－3.6Zr－0.7Mo－5.0W－0.1Y－0.15Si	4.59	1 015±10	含 5%高熔点元素 W 及 0.1%稀土元素 Y	高温蠕变性能良好；显微组织细小
Ti－60	Ti－5.6Al－4.8Sn－2Zr－1Mo－0.35Si－1Nb	4.50	1 025	含 1%稀土元素 Nb，O 含量低	热稳定性和高温抗氧化性良好
Ti－600	Ti－6Al－2.8Sn－4Zr－0.4Mo－0.45Si－0.1Y	4.50	1 010	Si 含量较高，含 0.1%稀土元素 Y	高温蠕变性能良好

1954 年美国最先开发了一种使用温度可达 350 ℃的两相型高温钛合金 Ti1－6Al－4V，可进行热处理强化，具有较高的热强性和热稳定性，良好的成型性、焊接性、耐腐蚀性以及生物相容性，长期以来被广泛使用。随着航空航天工业的快速发展，20 世纪 80 年代后世界各国竞相研发 600 ℃下使用的高温钛合金，如英国的 IMI834、美国的 Ti－1100、俄罗斯的 BT36、BT41 和 BT18y。IMI834 在 EJ200、TRENT 系列、PW305、PW150 等发动机上成功获得批量应用，在 Trent700 发动机中，高压压气机的 6 级轴流式转子采用了 IMI834 钛合金整体焊接结构，在 Trent800 发动机上，因高压压气机运行温度更高，前 3 级采用了 IMI834，后 3 级采用了

镍基合金；BT18y 的长时耐热温度可达 550～600 ℃，已应用于苏-27 战斗机的 АЛ-31Φ 发动机高压压气机的 4～6 级盘、4～5 级转子叶片。

表 5.43 国内外典型的 600 ℃高温钛合金力学性能比较

牌　号	室温拉伸性能				600 ℃拉伸性能				蠕变应变	持久强度
	R_m/MPa	$R_{p0.2}$/MPa	A/%	Z/%	R_m/MPa	$R_{p0.2}$/MPa	A/%	Z/%	ε_e/%	σ_{100}^{600}/MPa
IMI834	1070	960	14	20	680	550	15	50	0.1	340
Ti-1100	960	860	11	18	630	530	14	30	0.1	300
BT36	1080	—	10	15	640	—	—	—	0.2	335
Ti-60	1100	1030	11	18	700	580	14	27	0.076～0.114	350
Ti-600	1068	1050	11	13	745	615	16	31	0.06～0.10	350

英国的研发思路主要是依靠 α 相的固溶强化，通过合金体系当中引入的 α 稳定元素来实现高温钛合金的热强性。美国高温钛合金的发展思路主要是依靠近 α 型体系的固溶强化，通过调整 α、β 稳定元素含量，从成分设计的角度保证其高的热强性，后续采用热处理进行组织调控，最终兼顾合金高的疲劳强度和蠕变强度。俄罗斯采用引入定量高熔点元素 W，而微量稀土元素 Y 的加入则细化了合金的铸态晶粒，改善其热稳定性。总的来说，这些合金均以 Ti-Al-Sn-Zr-Mo-Si 作为主成分系，差异之处在于合金化含量以及加入其他 β 稳定化元素，如 IMI834 加 Nb，BT36 加 W。

我国高温钛合金的研制始于 20 世纪 50 年代末，发展早期以仿制为主。近 20 年来，我国开始走仿制与自行研制相结合的路线，并形成了在合金中添加稀土元素的特色。目前我国成功研发的 600 ℃高温钛合金主要有 Ti60、Ti600 合金，以及 600 ℃以上短时应用的高温钛合金 Ti65 和 Ti750。同时，国内几家科研院所在 600 ℃高温钛合金方面开展了大量研究。

Ti750 是目前国内使用温度最高的高温钛合金，成分为 Ti-6A1-4Sn-9Zr-1.21Nb-1.6W-0.3Si，短时使用温度可达 750 ℃。典型特点为利用元素 W 来提升高温性能，元素 Si 提升合金蠕变抗性，但 Ti750 中 A1 含量相对较高，长时间时效或热暴露后会析出一定有序相 TiX(X 为 Al、Sn 等)，导致合金室温塑性、韧性严重下降。

(1) Ti-1100

Ti-1100 合金是美国于 1988 年研制成功的一种近 α 型的 600 ℃高温钛合金，特点是具有较低的韧性和较大的疲劳裂纹扩展速率。该合金通过调整 Ti-6242S 合金的 Al、Sn、Mo 和 Si 元素的含量研制的，合金要求 O 的质量分数低于 0.07%、Fe 的质量分数低于 0.02%，杂质元素含量的降低对合金的抗蠕变和热稳定性能均有益。Ti100 合金已用于 T55-712 改型发动机的高压压气机轮盘和低压涡轮叶片等零部件。

(2) BT36

BT36 合金是俄罗斯于 1992 年研发出来的，使用温度在 600～650 ℃之间。合金中含有 5%W 和约 0.1%Y。俄罗斯早期的高温钛合金(如 BT3-1)中加入了 Fe 和 Cr 两种 β 稳定元素。但研究发现，Fe 的加入会使合金的抗蠕变性能降低，Cr 会使合金的热稳定性降低。20 世纪 70 年代以后，俄罗斯在研发的高温钛合金中开始添加 W 元素，含 W 合金比含 Cr 合金具有更好的热稳定性与热强性。微量稀土 Y 元素的加入可以明显地细化合金的晶粒，使合金塑性和热稳定性大大改善。

(3) Ti60

Ti60钛合金是中国科学院金属研究所与宝钛集团有限公司在Ti55(TA12)合金基础上联合研发的一种600 ℃高温钛金。Ti60合金中的Al、Si、Sn等合金元素含量比Ti55合金的有所增加,目的是进一步提高合金的热强性。微量稀土元素Nd的引入,不仅显著细化了Ti60合金的原始组织,抗氧化能力也得到了提升。添加稀土元素一方面可以内氧化形成稀土氧化物,净化基体,提高热稳定性;另一方面,弥散析出的稀土氧化物粒子的热膨胀系数有别于基体,冷却时易在其周围形成位错环可进一步强化基体,从而使合金在600 ℃具有热强性和热稳定性的最佳匹配。目前,Ti60已进入小规模半成品生产试制阶段。

(4) Ti600

Ti600合金是西北有色金属研究院自主研发的一种可在600 ℃使用的添加稀土元素Y的近α型高温钛合金,可用作航空航天发动机的高温结构材料。Ti600的典型特点是添加了0.1%稀土元素Y。相比于国外600℃高温钛合金,Ti600在保证同等室温、高温力学性能的前提下,其蠕变性能优势明显,同等应力加载条件下,残余变形更低,且焊接性能良好。目前已完成中试,进入产业化阶段,产品主要包括板材、棒材及小规格阀件、锻件等。

(5) TA29

TA29合金(曾用名TG6)是北京航空材料研究院研制的新一代600 ℃高温钛合金,属于近α型合金。TA29钛合金成分最大特点是采用Nb和Ta两个弱β稳定元素进行合金化,它们在α-Ti中具有较大的固溶度,可增强α相的固溶强化作用,有助于改善高温抗氧化能力,提高热稳定性。低Fe、低O的高纯化,保证了合金良好的蠕变抗力和热稳定性。通过加入微量C,扩大了α+β区上部的工艺窗口,使合金具有更好的工艺适应性,满足工业批产的工艺控制要求。

从2000年开始至今,历经成分探索、实验室小锭熔炼到工业化铸锭熔炼的渐进式研究,通过合金成分、熔炼、锻造、热机械处理、机加工等工艺参数的不断优化,形成TA29钛合金材料、锻件标准及工艺规范,实现了从实验室研制向工业化小批生产的跨越,TA29钛合金大规格棒材、整体叶盘锻件和零件已具备小批生产能力。

TA29钛合金是针对先进高推重比航空发动机的设计要求而研发的,主要用于高压压气机高温段轮盘、叶片、整体叶盘、机匣等长时使用温度达600 ℃的部件,因TA29在620 ℃仍具有良好的蠕变抗力,在其他性能满足设计要求时,可延伸至620 ℃左右长期使用。TA29钛合金在750~800 ℃仍能保持较高的抗拉强度,可在此温度区间短时使用,如超高声速导弹、火箭、飞行器、空天飞机等装备的机体构件、蒙皮,以及所用发动机的高温部件。据报道,目前该合金已用于航空发动机600 ℃以下压气机零部件的制造。TA29钛合金整体叶盘锻件性能见表5.44。

表5.44 TA29钛合金整体叶盘锻件性能典型值

20 ℃拉伸性能				600 ℃拉伸性能				600 ℃/160 MPa/100 h蠕变应变 ε_c/%	600 ℃/310 MPa应力断裂寿命 t/h
R_m/MPa	$R_{p0.2}$/MPa	A/%	Z/%	R_m/MPa	$R_{p0.2}$/MPa	A/%	Z/%		
1 022	949	11.9	16.9	648	527	15.3	37.9	0.057~0.084	227.5~343.7

注:表中拉伸性能为12个试样均值,蠕变应变和断裂寿命为多次数据。

2. 阻燃钛合金

钛合金因具有良好的综合性能而被广泛用于航空航天领域。但钛合金具有较低的热导率和较高的干摩擦系数，极易因摩擦导致高温起火。发动机压气机钛合金零部件承受着高温、高压和高载荷的作用，当叶片与机匣发生摩擦，可在较短的时间内引发钛的燃烧，即产生钛火。一旦发生钛火，在短时间内就会造成叶片烧损、机匣烧穿，甚至整个发动机烧毁。20 世纪70 年代以来，国外已发生发动机钛火事故 200 余起，涉及的发动机主要有 F100、F404、CF6、PW4000 等。其中，由高压压气机工作叶片故障引起的钛火比例达 2.5%，由涡轮故障引起的钛火比例达 20%之多。因此，世界主要航空发动机生产大国开始重视研究钛合金的钛火问题。为了防止钛火，应避免钛合金转子叶片与机匣、转子叶片与静子叶片等的成对使用，在少数采用钛合金机匣的发动机上，在机匣内径与转子叶片相对应的位置上嵌有防火隔层及易磨层，后来改用了合金钢机匣，但增加了结构质量。使用阻燃钛合金是最主要的钛火防控技术途径。

在一定的环境温度下不易被点燃或点燃但不易蔓延的钛合金被称为阻燃钛合金。美国和俄罗斯从 20 世纪 70 年代就积极开展钛燃烧问题的研究，先后研制成功各自的阻燃钛合金。我国在 20 世纪 90 年代初开始研制阻燃钛合金，已研制出 Ti40 和 Ti14 两种阻燃钛合金。现有的阻燃钛合金主要包括 Ti-V-Cr 系、Ti-Cu-Al 系和 Ti-Nb 系。俄罗斯阻燃钛合金采用 Ti-Cu-Al 系，美国采用 Ti-V-Cr 系。Ti-V-Cr 系阻燃钛合金是我国新型钛合金的研究重点和发展方向。不同体系阻燃钛合金见表 5.45。

表 5.45 常见阻燃钛合金

系 列	牌 号	国 别	名义成分	应 用
Ti-V-Cr 系	Alloy C	美国	Ti-35V-15Cr	高压压气机静子叶片、内环和喷口调节片
	Alloy C^+	美国	Ti-35V-15Cr-0.6Si-0.05C	压气机整流叶片、喷口收敛调节片、尾喷管
	Ti40	中国	Ti-25V-15Cr-0.2Si	冷成型支架和加强杆
	TF550	中国	Ti-35V-15Cr-Si-C	高压压气机机匣、压气机整流叶片
	BuRTi	英国	Ti-25V-15Cr-2Al-0.2C	叶片
Ti-Cu-Al 系	BTT-1	俄罗斯	Ti-13Cu-4A1-4Mo-2Zr	压气机机匣、叶片
	BTT-3	俄罗斯	Ti-18Cu-2A1-2Mo	板材零件
	Ti14	中国	Ti-1Al-13Cu-0.2Si	高温和承载部件
Ti-Nb 系	Ti45Nb	美国	—	铆钉连接件

(1) Ti-V-Cr 系阻燃钛合金

Ti-V-Cr 系阻燃钛合金是目前最具工程意义的航空发动机用功能性结构材料。其中，Ti-V-Cr 钛合金阻燃机理主要是致密氧化膜保护和液相 V_2O_5 润滑共同作用的结果。具体原因是：① V、Cr 等元素能在燃烧前沿快速形成一层致密的保护性氧化膜，有效隔离氧向基体输送，从而起到阻燃作用；② V、Cr 的燃烧产物以气相形式逸出，使燃烧过程中放热少，抑制燃烧蔓延；③ 合金熔点较低，在燃烧前就已软化或熔化，同时大量吸热使局部温度降低；④ 合金导热性好，热量能快速散开，可避免局部温升。具有代表性的 Ti-V-Cr 系阻燃钛合金有美国 Alloy C 和 Alloy C^+、中国的 Ti40、TF550。

1) Alloy C 和 Alloy C^+

Alloy C(Ti 1270)合金是一种β型高强阻燃钛合金，退火态强度可达 1 000 MPa 以上，其名义成分 Ti-35V-15Cr，属于 Ti-V-Cr 系阻燃钛合金的鼻祖，密度约为 5.33 g/cm^3，具有良好的室温高温性能、蠕变性能、疲劳性能、阻燃性能和耐蚀性能等，其加工材和精密铸件被成功用于 F119-PW-100 发动机的尾喷管和加力燃烧室。

Alloy C^+ 是 Alloy C 合金的改进型，主要通过加入 Si 和 C 来提高蠕变性。该合金被进一步推广应用到高压压气机 4 级、5 级可调静子内环，高压压气机 5 级可调静子叶片，喷口收敛调节片、喷口外部调节片、加力燃烧室筒体及尾喷管等部件。

2) Ti40(TB12)

Ti40 合金是西北有色金属研究院研制的一种新型全β型阻燃钛合金，V 含量相对较低，密度为 5.13g /cm^3。该合金室温下只有β相存在，具有良好的机械性能和优良的阻燃性能。其阻燃性能与美国的 Alloy C 合金相当。该合金的主要缺点是热加工困难，不能像常规钛合金一样自由锻造，否则将极易开裂。另外，该合金的使用温度主要受限于蠕变性能，510 ℃及以上温度其蠕变抗力急剧降低，由此决定了 Ti40 合金为 500 ℃长期使用的钛合金材料，用于承力结构，其使用温度不能超过 520 ℃。

3) WSTi3515S

WSTi3515S 阻燃钛合金是我国西部超导联合西北有色金属研究院、北京航空材料研究院、西北工业大学等单位于 2010 年在 Alloy C、Alloy C^+ 和 Ti40 合金的基础上，通过调整 V、Si、C 等元素的含量而研制成功的一种新型高合金化β型阻燃钛合金，名义成分 Ti-35V-15Cr-0.3Si-0.1C。WSTi3515S 阻燃钛合金具有良好的室温高温拉伸、蠕变和断裂韧性等综合性能。由于 WSTi3515S 发明较晚，其工程化应用刚刚起步。

(2) Ti-Cu-Al 系阻燃钛合金

Ti-Cu-Al 系合金中含有较多的 Cu 元素，它对阻燃性能起着关键作用。一方面 Cu 具有良好的导热性能，另一方面 Cu 在高达 955～990 ℃形成共晶体，仅少量液相就可以达到必要的阻燃效应，因而不需要合金全都是共晶体，这些液相的出现会使摩擦系数和磨损率显著下降。此外，α相与β相的溶解度因随温度升高而变化，最终在界面上形成一层富 Cu 阻隔层，阻止氧向基体扩散。

1) BTT-1 和 BTT-3

BTT-1 和 BTT-3 是俄罗斯研制的阻燃钛合金，均为 Ti-Cu-A1 系合金。BTT-1 具有良好的热加工性能，可以制造出形状复杂的发动机零件，如压气机机匣和叶片，工作温度可达 450 ℃。BTT-3 的工艺塑性比 BTT-1 更好，特别适用于制造各种板材零件。BTT-3 的阻燃能力也高于 BTT-1，在相同的试验条件下，TC4 的摩擦着火温度为 100 ℃，BTT-1 为 650 ℃，BTT-3 则大于 800 ℃。但 Ti-Cu-Al 系合金对应力集中敏感，断裂韧性低，冶炼难度大。

2) Ti14

Ti14 为 $\alpha+Ti_2Cu$ 化合物型钛合金，低熔点 Ti_2Cu 相是其抗燃烧的主要原因。Ti14 阻燃钛合金具有较好的加工性能、室温性能、热稳定性能和阻燃性能，但蠕变性能和熔炼性较差。

5.3.6 钛合金在航空领域的应用

钛合金相对于其他金属材料而言具有比强度高、密度小等优异性能，是制造飞机机体和发动机的重要材料。20 世纪 50 年代初期，钛及钛合金主要用于机身的隔热板、机尾整流罩等受力不大的结构件。20 世纪 60 年代，钛合金在飞机结构上的应用从后机身逐渐扩大到襟翼滑轨、承力隔框、中央翼盒型梁、起落架梁、直升机桨毂等主要受力构件。到 20 世纪 70 年代，钛合金在飞机结构上的应用又从战斗机扩大到运输机和大型轰炸机，而且在民用飞机上也开始大量采用钛合金结构。进入 20 世纪 80 年代后，民用飞机用钛逐步增加，并已超过军用飞机用钛。飞机越先进，钛用量越多。

在军用飞机领域，飞机钛合金用量持续增加，俄罗斯的伊尔 76 运输机的钛用量达到 12%，苏-27 战斗机中钛合金材料占到结构总量的约 15%。法国幻影 2000 钛用量达到 23%。美国 F-22 钛合金用量达到 41%（见图 5.15），主要以 Ti-64、Ti-62222、Ti-64 ELI 为主；而 F-35 达到约 27%。据报道，我国某型第三代战斗机含钛比例仅 2%，某型第四代战斗机钛比例为 15%，某型第五代战斗机含钛比例约为 20%。我国某型军用运输机的钛合金用量为 10%，与美国先进的 C-17 运输机的钛合金用量（10.3%）相当。

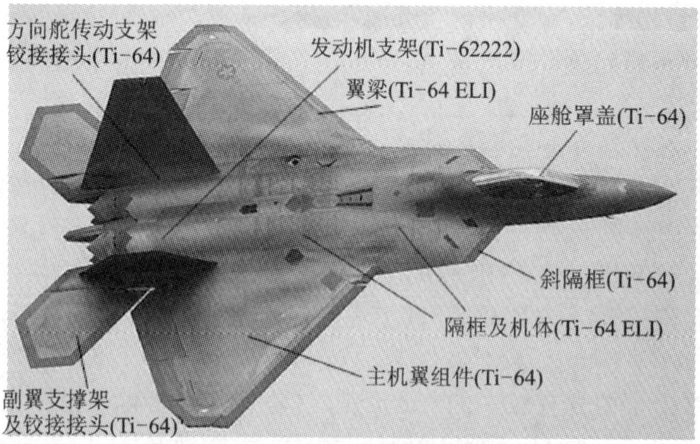

图 5.15 钛合金在 F-22 中的部分应用

在民机领域，美国波音系列和欧洲空客系列的钛合金用量不断增加，表 5.46 所列为典型民机的用钛量。据报道，某客机的钛合金选用了 6 个牌号钛合金，用量约为 10%（表 5.47），高于先进的波音 B777（7%～8%）而低于波音 B787（15%）。

表 5.46 典型民机钛合金用量

机 型	首 飞	用钛量/%	水 平
B707	1957	0.2	第一代，近中程 100 座
B777	1967	2.2	第二代，近中程 100～149 座，宽机身
B747-100	1969	2.4	第三代，中远程 250-412 座，宽机身
B757	1982	5	第四代，近中程 150-186 座，宽机身
B767	1982	1.8	第四代，中远程 187～250 座，宽机身
B777	1994	9	第四代，中远程 350 座以上，宽机身

续表 5.46

机　型	首　飞	用钛量/%	水　平
A300	1972	5	第Ⅲ代,中远程 250 座以上
A310	1982	5	
A320	1987	6	
A340	1983	6	第四代,中远程 251～350 座,宽机身
A330	1993	5	
A380	2004	9	第五代,中远程 555～800 座,宽机身
Tu-154	1968	2	
Tu-204	1990	9	第二代,近中程 150～180 座
Tu-334	1997	9	

表 5.47　钛及钛合金在某客机上的应用

类　别	材料牌号	制　品	材料规范	使用状态	主要应用部位
低强高塑性	CP-3	板材	AMS4902	退火	机身蒙皮
中强中韧	Ti-6Al-4V	锻件	CMS-Ti-203	退火	机身\机翼\吊挂承力接头
		板材	AMS4911	退火	机身蒙皮
		型材	AMS4935	退火	机翼滑轨
中强高韧	Ti-6Al-4V ELI	锻件	CMS-Ti-202	β退火	机头\中央翼 窗框、接头
		厚板	AMS4905		框
高强高韧	Ti-55531	锻件	CMS-Ti-301	β退火	吊挂接头
				固溶时效	机翼接头
其他	Ti-3Al-2.5V	管材	AMS4945	退火	液压\燃油高压管路系统
	Ti-38644	丝材	AMS4957	固溶	弹簧

1. 钛合金在飞机机身上的应用

飞机机身要求合金在中等温度下具备强度高、耐腐蚀、质轻等优良特性。钛合金能很好地达到这些要求。采用钛合金做机身材料有以下优势:① 替代钢和镍基高温合金,可大大减小飞机质量。高推重比让钛合金能够替代强度稍好的钢而用于飞机零部件中。② 能够满足飞机强度要求。与铝合金相比,60%左右质量的钛合金即可达到相同的强度。在使用温度超过 130 ℃时,钛合金能取代铝合金。③ 耐腐蚀性良好。④ 与聚合物复合材料电化学相容性好。⑤ 空间的限制,替代钢和铝合金,如波音 B747 的钛金起落架梁。

钛合金在机身构架中主要用于防火壁、蒙皮、隔框、大梁、舱门、起落架、翼肋、紧固件、导管、拉杆等部件。钛合金在使用初期,主要应用于受力不大的结构件,如飞机支座、接头、框架、隔热板、减速板等,其中不乏铸件,其中最早应用的钛合金铸件之一是襟翼滑轨。经过早期的这些相对简单的非关键性结构件在飞机上的应用证明:钛合金在飞机上应用是可靠的。

从 20 世纪 80 年代开始,随着钛合金部件成型技术和本身质量的大幅提升,不少受力结构件也开始选用钛合金,如波音飞机上吊装 CF6-80 发动机的安装吊架。苏-27 战斗机在其中机身、后机翼、垂直尾翼、水平尾翼中使用了大量钛合金承力结构件，如中央翼下壁板、后机身几个框、推力力梁、尾梁、主起下位锁承载梁、后机身壁板、管路系统等。民机中 A350 中钛合金使用的主要部位和部件有起落架、机翼结构、发动机悬架、机翼高压油管气管、紧固件、舱门、机舱面板或隔板、座椅导轨、尾锥和辅助动力舱的隔热屏等。在 B777 上，共用了 5 种钛合金：Ti-1023、Ti-64 ELI、Ti-15-3、β21S 和 Ti-6242，钛合金用量占飞机总质量的 7%。C-17 军用运输机采用的钛合金零部件有：机身止裂带、安定面转轴（Ti-62222 合金）、座椅滑轨、防火壁板、液压管道、卸货地板、起落架弹簧（β-C 合金）、紧固件、挂架零件（缘条、腹板、鼻帽等）、发动机短舱蜂窝结构、襟翼滑轨、塔状壁板等。A380 飞机上钛合金部位如图 5.16 所示。

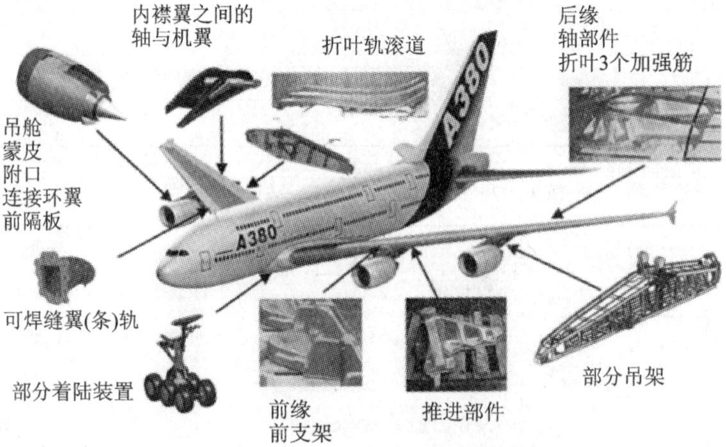

图 5.16　A380 飞机用钛

2. 钛合金在航空发动机上的应用

发动机是飞机的心脏，其部件承受着高温、高压环境的考验，要求合金在 650 ℃以下有良好的抗高温强度、抗蠕变性和抗氧化性。铝合金使用温度过低，钢的密度太大，所以钛合金成为了最佳选择。从 20 世纪 70 年代开始，钛合金在航空发动机中的用量一般占结构总质量的 20%～30%，主要用于制造压气机部件，如锻造钛风扇、压气机盘和叶片、铸钛压气机机匣、中介机匣、轴承壳体等。目前，钛合金以其优异的特性在飞机上的应用日趋扩大，在喷气发动机中可用于压气盘、静叶片、动叶片、机壳、燃烧室外壳、排气机构外壳、中心体、喷气管、机匣等，如图 5.17 所示。其中，叶片、机匣等部件目前已采用钛合金铸件。航空发动机钛合金用量见表 5.48。

图 5.17　钛合金制 CFM-LEAP 发动机零件

在国外先进航空发动机中，高温钛合金用量已占发动机总质量的 25%～40%，如第三代发动机 F100 的钛合金用量为 25%，第四代发动机 F119 的钛合金用量为 40%。我国正在研制中的新型军用涡扇发动机的钛合金用量逐步上升，接近国际先进水平；商用涡扇发动机的钛合金用量估计为 23%左右。

表 5.48　航空发动机钛合金用量

发动机型号	推出年代	装备机型	钛合金用量/%
J79	1956	F4;F104	2
JT3D/TF33	1960	B707;B-52;C141	15
TF36	1965	C5A	32
TF39	1968	C5A;C5B	33
JT9D	1969	C5A;B747;B767	25
F100	1973	F15;F16	25
F101	1976	B1	20
CF6	1985	A330;B747;B767	27
V2500	1989	A320;A321	31
F119	1997	F-22	40
GE90	1995	B777	40
Trent900	2005	A38	41

3. 钛合金在航空紧固件上的应用

不论军民用飞机还是航天器上，除了金属构件还有很多碳纤维复合材料。钛与碳纤维复合材料的电极电位相近，钛合金又成为复合材料唯一的连接材料。因此，随着先进军民用飞机钛合金和复合材料用量的不断增加，对钛合金紧固件的需求日益加大。钛合金用作航空紧固件，至少具备以下优势：① 减重效果好。俄罗斯的一架伊尔-96 飞机用紧固件 14.2 万件，可减小质量近 600 kg。② 钛合金优异的耐腐蚀性能，尤其是正电位与碳纤维复合材料匹配，可以有效防止紧固件发生电偶腐蚀。③ 在飞机结构中，紧固件部位因温度较高，不能采用铝合金，只能使用钛合金。④ 钛具有良好弹性，无磁，对于防止紧固螺栓的松动和防磁场干扰至关重要。美国、法国等国家 95%以上的钛合金紧固件都使用 TC4 材料制造，除此之外还有 TB2、Ti-15-3、TB8 等。

思考与练习

1. 铝合金的特点有哪些？其主要的航空应用有哪些？
2. 以硬铝合金为例，总结其时效强化规律。
3. 铝合金的热处理强化方法与钢的有何不同？
4. 镁合金的特点有哪些？其主要的航空应用有哪些？
5. 钛合金的特点有哪些？其主要的航空应用有哪些？

第 6 章　高温结构材料

航空发动机是飞机的心脏，无论军机还是民机，其性能在很大程度上都取决于发动机的水平。高温结构材料是发动机的核心，航空发动机材料技术的发展水平直接决定航空发动机的性能水平。美国空军研究认为，提高先进航空发动机性能 50%～70% 的贡献来自先进航空高温结构材料及相关制备技术；而进入 21 世纪以来，新型航空发动机材料的贡献更是高达 78%。第四代发动机的涡轮前燃气温度达到 2 000 K(1 727 ℃)，同时推重比为 9～10。与前四代发动机追求高推重比不同，第五代发动机将提升发动机推进效率与任务适应性为首要目标。严苛的服役环境以及性能要求对航空高温材料的研发和制备提出了更高的要求。

以涡扇发动机为例，空气由进气道吸入，由压气机增压后压入燃烧室与燃油混合燃烧，高温高压燃气推动涡轮，驱动压气机循环运动，燃气从尾喷管喷出产生推动力，如图 6.1 所示。从进气口至压气机部分工作温度较低，称为发动机的冷端部分。燃烧室、涡轮以及尾喷口部分温度较高，称为发动机的热端部分，其中热端部件的工作温度长时间在 800 ℃以上。另外，部分高温部件受到高温高压燃气的冲刷、高速旋转离心力以及与腐蚀性气体接触，承受较大的应力，同时对零件的高温抗氧化、抗腐蚀以及热稳定、热强度、疲劳寿命等提出了较高的要求。

高温结构材料是指在 600 ℃以上高温环境下抗氧化或耐腐蚀，并能在一定应力作用下长期可靠工作的材料，主要包括：高温合金结构材料，金属间化合物基高温结构材料，用纤维、颗粒或晶须等增强形成的轻质高温结构材料，先进陶瓷基高温结构材料等。

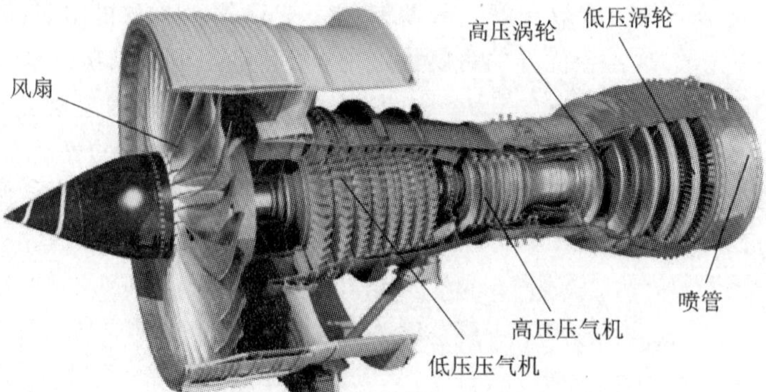

图 6.1　航空发动机结构示意图

6.1　高温合金概述

6.1.1　高温合金的发展

高温合金(Superalloy)也叫超合金、耐热合金，是指能够在 600 ℃以上的高温环境下抗氧化或耐腐蚀，并能在一定的应力作用下长期可靠工作的材料。高温合金一般以铁、钴或镍为基体，同时加入大量的强化元素。

高温合金是制造航空航天发动机热端部件——涡轮叶片、导向叶片、涡轮盘以及燃烧室的关键材料(见表 6.1)，其用量占发动机总质量的 80%。因此，高温合金必须满足以下基本要求：

① 具有较高的热稳定性(热安定性)，即在高温下具有高的抗氧化、抗热蚀、抗冲刷能力。

② 具有较高的热强度，即在高温下具有高的抵抗塑性变形和断裂的能力，通常包括高温下的抗拉强度、高温持久强度、蠕变极限、高温机械疲劳强度及高温缺口敏感性等。

③ 具有良好的工艺性能，即在冶炼、铸造、焊接、切削、热压等方面具有满意的工艺性。

表 6.1　高温合金在航空发动机上的应用

零部件	特　点	材　料
涡轮叶片	涡轮叶片将燃烧室出口气体的动能和势能转化为机械能，因此涡轮叶片长时间受到 800 ℃左右高温燃气的冲击和侵蚀。涡轮叶片作为主要动力元件，承受气动力和离心力的作用，叶片承受应力高达 280～560 MPa	以单晶高温合金为主。国外：TMS - 238、TMS - 162、TMS - 138、EPM - 102、CMSX - 10、PWA1484、ReneN5 等；国内：目前广泛应用的为第二代单晶高温合金 DD6
导向叶片	燃烧室出口的高温燃气直接作用于导向叶片，再导入涡轮叶片。先进涡轮发动机导向叶片工作温度可高达 1 100 ℃	以铸造高温合金为主，美国的豪梅特公司等多采用 IN718C、PWA1472、Rene220 以及 R55 合金作为导向叶片的材料
涡轮盘	高转速产生强大离心力，以及轮盘边缘与轮盘中心的巨大温度差，造成涡轮盘内部工作应力较高；同时高速运动还会造成金属疲劳；长期在高达 760 ℃环境下工作，易氧化	以粉末冶金高温合金为主，国内常用牌号为：FGH95、FGH96、FGH97、FGH98 和 FGH9
燃烧室	将部分压缩空气与燃料混合燃烧，其内壁燃气温度在 1 500～2 000 ℃之间	以镍基或钴基高温合金为主，Haynes 188 钴基高温合金、Hastelloy X 镍基高温合金

高温合金的发展受到航空航天产业的推动，并初步经历了 3 个主要阶段。第一阶段：20 世纪 30 到 40 年代的起步阶段。20 世纪 30 年代后期起，英国、德国、美国等开始研究高温合金。第二次世界大战期间，新型航空发动机对材料性能提出更高要求，高温合金的研制进入高速发展时期。1939 年英国国际镍公司首先在 80Ni - 20Cr 中加入少量铝和钛，形成 γ' 相进行强化，研制成功一种低碳含钛的镍基高温合金 Nimonic75。20 世纪 40 年代初期 Nimonic80 问世并成功用于涡轮发动机叶片。同一时期美国开始用维塔立(Vitallium)合金(含 Co65%、含 Cr30%、含 Mo5%及其他物质)制造叶片，以满足活塞发动机中涡轮增压器的使用要求。1942 年美国将哈氏合金(Hastelloy B)用于通用电气喷气发动机。1944 年开发出钴基合金用作涡轮发动机叶片材料，后在此基础上开发出 Inconel、Mar - M 等系列。然而钴基合金的开发因资源缺乏而受限。第二阶段：20 世纪 50 年代铸造时代阶段。随着真空冶炼技术的出现，一批高性能铸造合金得以开发，如 Mar - M200、In - 100 和 B - 1900 等。苏联于 1950 年前后开始生产 ЭИ 牌号的镍基高温合金，后来生产 ЭП 系列变形高温合金和 ЖС 系列铸造高温合金。第三阶段：20 世纪 60 年代以后进入多元发展阶段。多种新工艺的出现和成功应用扩展了高温合金材料的制备手段，典型的工艺手段有等温铸造、定向凝固、粉末冶金、机械合金化等。在 20 世纪 60 年代定向凝固技术成功应用于航空发动机涡轮叶片的制备，极大地提高了航空发动机的性能。20 世纪 70 年代美国采用新的生产工艺制造出定向结晶叶片和粉末冶金

涡轮盘，研制出单晶叶片等高温合金部件。20 世纪 80 年代以来，国内外研究人员依托数值模拟开展显微组织及冶金缺陷预测研究（见图 6.2）。

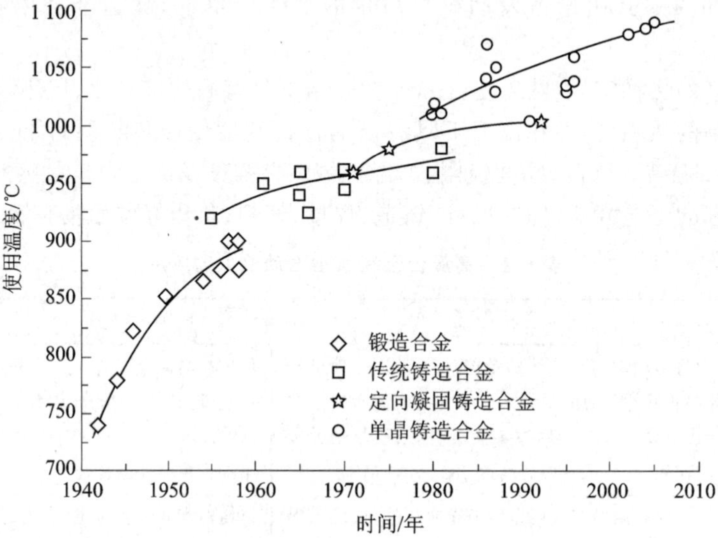

图 6.2　高温合金材料发展

1956 年抚顺特钢成功冶炼出第一炉高温合金 GH3030，开始了我国高温合金从仿制、仿创结合到独创的发展过程，通过吸取发达国家的经验并结合我国的实际情况进行自主创新而形成了我国的高温合金体系。总体而言，我国高温合金的发展分为三个主要阶段。第一阶段（1956 年至 20 世纪 70 年代初）：仿制阶段。该阶段主要仿制苏联高温合金，如 GH4033，GH4049，GH2036，GH3030，K403，K406 等。第二阶段（20 世纪 70 年代中期至 20 世纪 90 年代中期）：提高阶段。通过试制欧美型号发动机，引进欧美体系合金，提高高温合金的生产工艺和产品质量。第三阶段（20 世纪 90 年代中期至今）：全新发展阶段。本阶段主要是应用和开发了一批新工艺，研制和生产了一系列高性能、高档次的新合金，如粉末涡轮盘材料 FGH4095 和 FGH4096，弥散强化高温合金 MGH4755 及其他一批单晶高温合金、凝固柱晶合金、低膨胀系数合金和耐热腐蚀合金等。

我国研制的高温合金已达到 200 多种，在 2005 年纳入国标《高温合金和金属间化合物高温材料的分类和牌号》（GB/T14992—2005）的就有 177 种，构成了高温合金体系的基础。根据中国高温合金手册（2012 年），我国高温合金共列入牌号 194 个，其中，等轴铸造镍基合金 62 个，镍基变形合金 43 个，铁基变形合金 30 个，金属间化合物基 20 个，氧化物弥散强化合金（ODS 合金）5 个，粉末冶金高温合金 3 个。

世界上能够生产航空航天用高温合金的国家主要有美国、俄罗斯、法国、德国、日本、中国、加拿大等。美国有多家能够生产航空发动机用高温合金的公司，如 GE、普特拉-惠特尼等。欧盟国家中英国、法国、德国拥有很强的高温合金研发和生产能力，其中英国是世界上最早研究和开发高温合金的国家之一，典型的如 Nimonic75、Nimonic80，其高温合金铸造技术世界领先。国际镍公司生产了世界上第一个镍基高温合金，罗罗公司在定向凝固合金和单晶合金研制方面也具有很强的实力。日本主要的高温合金生产企业是 JFE 株式会社、新日铁、神户制钢所等，其在单晶合金方面全球领先。

经过几十年的发展，我国也逐步形成了集研发、生产为一体的、分工明确的高温合金研制体系。主要的科研机构有钢铁研究总院、中国科学院金属研究所、中国航发北京航空材料研究院、北京科技大学、西北工业大学等；主要的高温合金生产厂家有北京钢研高纳科技股份有限公司（钢研高纳）、抚顺特殊钢股份有限公司（抚顺特钢）、攀长钢股份有限公司、第二重型机械集团万航模锻厂（二重）等。

经过 60 多年的发展，我国高温合金体系逐渐完善，产品性能不断提高，但同美国、英国、日本、俄罗斯等国家相比在很多方面依然存在差距。一是冶金问题，主要表现在冶金缺陷较多。二是微观组织问题，主要表现在组织不均匀，棒材组织中晶粒度极差过大。三是杂质元素控制问题，合金杂质元素对高温合金持久、蠕变等性能会产生严重的影响，目前国产的铸造高温合金在杂质元素的控制数量及含量上还有较大差距，导致材料的强度和使用寿命和国外产品存在差距。四是成本问题，主要表现在国内产品返回料利用率偏低，导致生产成本偏高。我国目前的高温合金的生产能力与缺口之间面临着生产能力不足以及高端产品难以满足应用需求的问题。同时，我国大飞机及军机更新换代，国内对于高性能高温合金材料的需求愈加迫切，因此，有必要对高温合金现存的问题进行针对性的研发，以提高国内高温合金材料的质量水平。

高温合金作为国家战略性材料，其产业发展受到国家政策的关注和支持。美国综合高性能涡轮发动机技术（IHPTET）计划及其后续计划——经济可承受的多用途先进涡轮发动机（VAATE）计划，对高温结构材料（如单晶合金、金属间化合物）的研究和应用都提出了明确的设想。英国的先进核心军用发动机（ACME）计划以及后续英法两国提出先进军用发动机技术（AMET）计划发展内容中都包括了高温合金材料的研发和改进。近年来我国不断出台各项政策以促进高温合金材料的发展。航空航天及高温合金材料行业相关重大科技项目已上升为国家战略。未来几年，我国高温合金行业发展将进入重要战略机遇期。近年来我国高温合金发展政策见表 6.2。

表 6.2　近年来我国高温合金发展政策摘录（2015—2018）

时　间	政　策	内容简介
2015 年 2 月	国家增材制造产业发展推进计划（2015—2016 年）	明确将高温合金产业列为重点发展对象
2016 年 10 月	产业技术创新能力发展规划（2018—2020）	加快高温合金等关键战略材料的研发
2016 年 12 月	新材料产业发展指南	开展高温合金及复杂结构叶片及制造工艺，完善高温合金技术体系及测试数据，解决高温合金叶片防护涂层技术，满足航空发动机应用需求
2017 年 12 月	增强制造业三年行动计划关键技术产业实施方案	重点发展发动机用高温合金材料等新材料
2018 年 11 月	增材制造产业发展行动计划（2017—2020）	开发高品质钛合金、高温合金、铝合金等金属粉末材料

6.1.2　高温合金的分类

高温合金按照其基体成分可分为铁基高温合金、钴基高温合金、镍基高温合金，其中以镍基高温合金应用最为广泛，占比约 80%；其次是铁基高温合金（耐热合金钢），占比约 14.3%；钴基高温合金占比约 5.7%。按照成型方式可分为变形高温合金、铸造高温合金和粉末冶金高温合金，其中变形高温合金应用范围最广，占比达到 70%；铸造高温合金按照凝固结晶组织不同又可以分为等轴晶铸造高温合金、定向凝固柱晶高温合金和单晶高温合金，占比约 20%；以粉末冶金高温合金为代表的新型高温合金占比约 10%。按照强化方式可分为固溶强化、时效沉淀强化以及弥散强化三种类型，见表 6.3。

表 6.3　高温合金分类

<table>
<tr><th>分类方式</th><th colspan="2">细　分</th><th>分类方式</th><th>细　分</th></tr>
<tr><td rowspan="3">基体成分</td><td colspan="2">铁基高温合金</td><td rowspan="3">强化方式</td><td>固溶强化型</td></tr>
<tr><td colspan="2">钴基高温合金</td><td>时效沉淀强化型</td></tr>
<tr><td colspan="2">镍基高温合金</td><td>弥散强化型</td></tr>
<tr><td rowspan="5">成型方式</td><td colspan="2">变形高温合金</td><td rowspan="5">使用特性</td><td>高强度合金</td></tr>
<tr><td rowspan="3">铸造高温合金</td><td>等轴晶铸造高温合金</td><td>高屈服强度合金</td></tr>
<tr><td>定向凝固柱晶高温合金</td><td>抗松弛合金</td></tr>
<tr><td>单晶高温合金</td><td>低膨胀合金</td></tr>
<tr><td colspan="2">粉末冶金高温合金</td><td>抗热腐蚀合金</td></tr>
</table>

1. 变形高温合金

变形高温合金指可以进行冷、热变形加工，具有良好的力学性能和综合的强韧性指标，具有较高的抗氧化、抗腐蚀性能的一类合金，工作温度为 −253～1 320 ℃。在航空发动机中，变形高温合金主要用于制造高压压气机盘、涡轮盘、环形件、燃烧室、机匣、轴、管道等零件，对发动机的性能、可靠性和使用寿命起重要作用。按其热处理工艺可分为固溶强化型合金和时效强化型合金。其中固溶合金一般用于制作航空、航天发动机燃烧室、机匣等部件，时效强化型合金一般用于制作航空、航天发动机涡轮盘与叶片等结构件。典型的变形高温合金有 GH4169、GH4783、GH6159、GH3044 等。

变形高温合金的制造工艺主要包括熔炼、铸锭开坯与锻造、锻轧、热镦、冷轧、冷镦、冷拔和热处理等，制成棒材、锻件、环形件、板材、管材、带材和丝材等形式的产品。这些产品进一步采用锻造、机加工、焊接、冲压成型等制备成最终的发动机零件。

2. 铸造高温合金

铸造高温合金以铸造方法直接制备零部件的高温合金材料（变形高温合金的下游），工作温度在 1 300～1 500 ℃范围内，主要应用于航空发动机、涡轮叶片（包括成材率较低的单晶叶片）导向叶片、整铸涡轮、增压器涡轮机匣、尾喷管调节器等。典型的铸造高温合金有 K401、K409、K640 等。按照使用温度又可以分为三类：在 −253～650 ℃范围内使用的等轴晶铸造高温合金；在 650～950 ℃范围内使用的等轴晶铸造高温合金；在 950～1 100 ℃范围内使用的定向凝固柱晶铸造高温合金。

与变形高温合金相比，铸造高温合金的优点是：可大幅度加入合金元素，可以避免因合金元素多而使工艺性能变差的问题；使用温度可相对提高 20～30 ℃，甚至 80 ℃；可铸成精度高和形状复杂的零件；可以采用新工艺，如定向结晶消除横向晶界，控制冷却速度获得所需的晶粒度或使叶片边缘晶粒细化，以提高叶片的力学性能。由于传统热加工成型难度加大，加上部分零件结构复杂，铸造高温合金需要采用精密铸造工艺制成零件。

3. 粉末冶金高温合金

粉末冶金高温合金是采用雾化高温合金粉末，经热等静压成型或热等静压后再经锻造成型的生产工艺制造出高温合金粉末的产品。由于采用液态金属雾化制粉，晶粒细小，经过热加工处理得到的合金组织均匀、无宏观偏析、合金化程度高，而且具有屈服强度高和疲劳性能好等一系列优点，因此成为高推重比航空发动机涡轮盘等关键部件的首选材料。典型的粉末冶金高温合金有 FGH99、FGH96、FGH97 等。

6.1.3　高温合金的牌号

我国高温合金的牌号采用前缀(字母)＋阿拉伯数字的形式。根据需要，牌号后面还可加英文字母表示原合金的改型合金(某种特定工艺、特定化学成分)，即后缀(字母)。阿拉伯数字一般有 3～4 位，其中第一个数字表示合金的分类号。

不同成型方式及用途的牌号前缀各不相同，一般以基本类别的拼音字母来命名，其中 G、H 为汉语“高”“合”的拼音首字母。

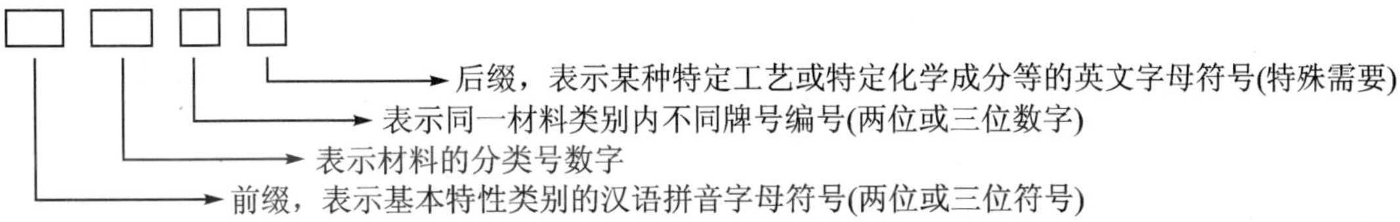

我国常见的高温合金的牌号前缀如表 6.4 所列。

表 6.4　我国常见的高温合金的牌号前缀

前　缀	高温合金种类	前　缀	高温合金种类
GH	变形高温合金	HGH	焊接用高温合金丝
K	等轴晶铸造高温合金	FGH	粉末冶金高温合金
DZ	定向凝固柱晶高温合金	MGH	弥散强化高温合金
DD	单晶高温合金	JG	金属间化合物高温合金

1. 变形高温合金和焊接用高温合金丝

前缀后采用 4 位数字，第 1 位数字表示合金的分类号；第 2～4 位数字表示合金编号，不足位数的合金编号用数字“0”补齐，这个“0”放在表示分类号的第一位数字与合金编号之间。分类号单双数的选择，按合金主要使用的强化类型确定。焊接用高温合金丝牌号中的第一位数字没有强化类型的含义，只沿用变形高温合金牌号的数字。我国变形高温合金牌号的分类号见表 6.5。例如，GH4169 表示时效沉淀强化型的镍基高温合金，合金编号为 169；K418 表示时效沉淀强化型镍基铸造高温合金，合金编号为 18。

2. 其他高温合金

铸造高温合金前缀后一般采用 3 位阿拉伯数字。第 1 位数字表示合金的分类号；第 2、3 位数字表示合金编号，不足位数的合金编号用数字“0”补齐，这个“0”放在表示分类号的第一位数字与合金编号之间。粉末冶金高温合金、弥散强化高温合金、金属间化合物高温材料前缀后采用 4 位阿拉伯数字。同样，第 1 位数字表示合金分类号，后面几位数字表示合金编号。我国其他类高温合金牌号的分类号见表 6.6。

表 6.5　我国变形高温合金牌号的分类号

分类号	含　义
1	表示铁或铁镍(镍小于 50%)为主要元素的固溶强化型合金类
2	表示铁或铁镍(镍小于 50%)为主要元素的时效强化型合金类
3	表示镍为主要元素的固溶强化型合金
4	表示镍为主要元素的时效强化型合金
5	表示钴为主要元素的固溶强化型合金
6	表示钴为主要元素的时效强化型合金
7	表示铬为主要元素的固溶强化型合金
8	表示铬为主要元素的时效强化型合金

表 6.6　我国其他类高温合金牌号的分类号

分类号	含　义
1	表示钛铝系金属间化合物高温材料
2	表示铁或铁镍(镍小于 50%)为主要元素的合金
4	表示镍为主要元素的合金和镍铝系金属间化合物高温材料
6	表示钴为主要元素的合金
8	表示铬为主要元素的合金

表 6.7 列出国内各类合金的常用牌号。部分常用的变形高温合金和铸造高温合金的牌号和应用见表 6.8 和表 6.9。

表 6.7　国内各类合金的常用牌号

<table>
<tr><th>合金种类</th><th colspan="2">类　别</th><th>常见牌号</th></tr>
<tr><td rowspan="6">变形高温合金</td><td rowspan="2">铁基</td><td>固溶强化型</td><td>GH1015,GH1035,GH1140</td></tr>
<tr><td>时效强化型</td><td>GH2018,GH2130,GH2302</td></tr>
<tr><td rowspan="2">镍基</td><td>固溶强化型</td><td>GH3030,GH3044,GH3128</td></tr>
<tr><td>时效强化型</td><td>GH4033,GH4043,GH4133</td></tr>
<tr><td rowspan="2">钴基</td><td>固溶强化型</td><td>GH5188,GH5605,GH5941</td></tr>
<tr><td>时效强化型</td><td>GH6159,GH6783</td></tr>
<tr><td rowspan="4">铸造高温合金</td><td rowspan="2">等轴晶型</td><td>铁基</td><td>K211,K213,K214</td></tr>
<tr><td>镍基</td><td>K401,K412,K477</td></tr>
<tr><td>柱状晶型</td><td>镍基</td><td>DZ404,DZ405,DZ422,DZ4125</td></tr>
<tr><td>单晶型</td><td>镍基</td><td>DD402,DD403,DD404,DD406</td></tr>
<tr><td rowspan="2">焊接用高温合金丝</td><td colspan="2">铁基</td><td>HGH1035,HGH2036,HGH2135</td></tr>
<tr><td colspan="2">镍基</td><td>HGH3030,HGH3044,HGH4033</td></tr>
<tr><td>粉末冶金高温合金</td><td colspan="2">镍基</td><td>FGH4095,FGH4096,FGH4097</td></tr>
<tr><td rowspan="2">弥散强化型高温合金</td><td colspan="2">铁基</td><td>MGH2756,MGH2757</td></tr>
<tr><td colspan="2">镍基</td><td>MGH4754,MGH4755,MGH4758</td></tr>
<tr><td rowspan="2">金属间氧化物高温材料</td><td colspan="2">钛铝系</td><td>JG1101,JG1201</td></tr>
<tr><td colspan="2">镍铝系</td><td>JG4006,JG4246</td></tr>
</table>

表 6.8 常用变形高温合金的牌号、化学成分、力学性能及用途(摘自 GB/T 14992—2005)

类型	牌号	化学成分/%														热处理	力学性能(不小于)				用途
		C	Si	Mn	Cr	Ni	W	Mo	V	Ti	Nb	Al	Co	Fe	其他		R_m/MPa	$R_{p0.2}$/MPa	A/%	持久强度/MPa	
铁基高温合金	GH1035	0.06~0.12	≤0.80	≤0.70	20.0~23.0	35.0~40.0	2.5~3.5			0.70~1.20	1.20~1.70	≤0.50		余	Ce≤0.05,Ti 和 Nb 两者不得同时加入	固溶	600	300	35	$\sigma_{100}^{800}=80$	750~800 ℃涡轮发动机的燃烧室和加力燃烧室
	GH1131	≤0.10	≤0.80	≤1.20	19.0~22.0	25.0~30.0	4.8~6.0	2.8~3.5			0.7~1.30			余	B:0.005 N:0.15~0.30	固溶	850	450	41	$\sigma_{100}^{800}=110$	900 ℃以下的涡轮发动机的燃烧室、加力燃烧室和其他高温部件
	GH1140	0.06~0.12	≤0.80	≤0.70	20.0~23.0	35.0~40.0	1.4~1.8	2.0~2.5		0.70~1.20		0.20~0.60		余	Ce:≤0.05	固溶	670	260	40	$\sigma_{100}^{800}=83$	800~900 ℃涡轮发动机的燃烧室、加力燃烧室等零件
	GH2036	0.34~0.40	0.30~0.80	7.50~9.50	11.5~13.5	7.0~9.0		1.1~1.4	1.25~1.55	≤0.12	0.25~0.50			余		固溶+时效	940	600	16	$\sigma_{100}^{650}=350$	650 ℃以下的涡轮盘、环形件和紧固件
	GH2132	≤0.08	≤1.00	1.00~2.00	13.5~16.0	24.0~27.0		1.0~1.5	0.1~0.50	1.75~2.35		≤0.40		余	B:0.001~0.010	固溶+时效	1 000	600	25	$\sigma_{100}^{650}=450$	650~700 ℃的涡轮盘、环形件、冲压焊接件和紧固件
	GH2135	≤0.08	≤0.50	≤0.40	14.0~16.0	33.0~36.0	1.7~2.2	1.7~2.2		2.10~2.50		2.00~2.80		余	Ce:≤0.03 B:≤0.015	固溶+时效	1 100	600	20	$\sigma_{100}^{650}=570$	700~750 ℃的涡轮盘、工作叶片和其他高温部件

续表 6.8

类型	牌号	化学成分/%														热处理	力学性能(不小于)				用途
		C	Si	Mn	Cr	Ni	W	Mo	V	Ti	Nb	Al	Co	Fe	其他		R_m/MPa	$R_{p0.2}$/MPa	A/%	持久强度/MPa	
镍基高温合金	GH3030	≤0.12	≤0.80	≤0.70	19.0~22.0	余				0.15~0.35		≤0.15		≤1.50		固溶	750	280	39	$\sigma_{100}^{800}=45$	800 ℃以下涡轮发动机的燃烧室、加力燃烧室等零件，可用GH1140代替
	GH3039	≤0.08	≤0.80	≤0.40	19.0~22.0	余		1.8~2.3		0.35~0.75	0.90~1.30	0.35~0.75		≤3.0		固溶	850	400	45	$\sigma_{100}^{800}=70$	800~850 ℃的火焰筒及加力燃烧室等零件
	GH3044	≤0.10	≤0.80	≤0.50	23.5~26.5	余	13.0~16.0	≤1.5		0.30~0.70		≤0.50		≤4.0		固溶	830	350	55	$\sigma_{100}^{800}=110$	800~900 ℃的航空发动机的燃烧室及加力燃烧室等零件
	GH4033	0.03~0.08	≤0.65	≤0.40	19.0~22.0	余				2.40~2.80		0.60~1.00		≤4.0	Ce≤0.02 B:≤0.01	固溶+时效	1 020	660	22	$\sigma_{100}^{650}=250$	700 ℃以下的涡轮叶片和750℃以下的涡轮轮盘等
	GH4037	0.03~0.10	≤0.40	≤0.50	13.0~16.0	余	5.00~7.00	2.0~4.0	0.1~0.5	1.80~2.30		1.70~2.30		≤5.0	Ce≤0.02 B:≤0.02	固溶+时效	1 140	750	14	$\sigma_{100}^{650}=280$	800~850 ℃的涡轮叶片
	GH4049	0.04~0.10	≤0.50	≤0.50	9.5~11.0	余	5.00~6.00	4.5~5.5	0.2~0.5	1.40~1.90		3.70~4.40	14.0~16.0	≤1.5	Ce:≤0.02 B:≤0.025	固溶+时效	1 100	770	9	$\sigma_{100}^{650}=430$	900 ℃以下的燃气涡轮工作叶片及其他受力较大的高温部件

表 6.9　常用铸造高温合金的牌号、化学成分、力学性能及用途(摘自 GB/T 14992—2005)

类型	牌号	化学成分/%													热处理	力学性能(不小于)				用途
		C	Cr	Co	Ni	Fe	W	Mo	V	Al	Ti	B	Zr	其他		R_m/MPa	$R_{p0.2}$/MPa	A/%	持久强度/MPa	
铁基高温合金	K211	0.10～0.20	19.5～20.5		45.0～47.0	余	7.5～8.5					0.03～0.05		Si:≤0.4 Mn:≤0.5	+ 时效	500	300	7	$\sigma_{100}^{800}=50$	900 ℃导向叶片
铁基高温合金	K214	≤0.10	11.0～13.0		40.0～45.0	余	6.5～8.0			1.8～2.4	4.2～5.0	0.10～0.15		Si:≤0.5 Mn:≤0.5	淬火+时效	1150		3	$\sigma_{100}^{800}=180$	900 ℃导向叶片
镍基高温合金	K401	≤0.10	14.0～17.0		余	≤0.20	7.0～10	≤0.30		4.5～5.5	1.5～2.0	0.03～0.10		Si:≤0.8 Mn:≤0.8	淬火+时效	950		2	$\sigma_{100}^{800}=240$	具有良好的铸造工艺性能,可用作 850～1 000 ℃温度下的燃气涡轮导向叶片或工作叶片
镍基高温合金	K403	0.11～0.18	10.0～12.0	4.5～6.0	余	≤2.00	4.8～5.5	3.8～4.5		5.3～5.9	2.3～2.9	0.012～0.022	0.03～0.08	Ce≤0.01 Si:≤0.5; Mn:≤0.5	淬火+时效	950	840	1.5	$\sigma_{100}^{650}=320$	
镍基高温合金	K405	0.10～0.18	9.5～11.0	9.5～1.05	余	≤0.50	4.5～5.2	3.5～4.2		5.0～5.8	2.0～2.9	0.015～0.026	0.03～0.10	Ce≤0.01 Si:≤0.3 Mn:≤0.5		1 030		8	$\sigma_{100}^{650}=320$	含钴量少,具有良好的热强性能和较高的塑性,适用于 950 ℃的燃气涡轮叶片
镍基高温合金	K417	0.13～0.22	8.5～9.5	14.0～16.0	余	≤1.0		2.5～3.5	0.6～0.9	4.8～5.7	4.5～5.0	0.012～0.022	0.05～0.09	Si:≤0.5 Mn:≤0.5		1 000	780	12	$\sigma_{100}^{650}=320$	适用于 950 ℃以下空心涡轮叶片和导向叶片

我国的铸造高温合金紧随世界铸造高温合金的发展步伐,成体系地发展了从普通铸造高温合金到单晶高温合金的众多高温合金牌号。表6.10所列为我国主要的高温合金牌号及相应研制单位。

表6.10 我国主要高温合金牌号及相应的研制单位

类 型	合金牌号	主要研制单位
等轴晶合金	K401,K403,K405,K406,K406C,K419,K825,K477,K4022	中国航发北京航空材料研究院
	K418, K418B, K423, K423A, K424, K480,K213,K4169	钢铁研究总院
	K417,K417G,K438,K438G,K441,K491,K417L	中国科学院金属研究所
	K409,K640	(宝钢集团)上海钢铁研究所
定向合金	DZ4,DZ5,DZ22,DZ22B,DZ125	中国航发北京航空材料研究院
	DZ17G,DZ40M,DZ38G,DZ125L	中国科学院金属研究所
单晶合金	DD3,DD4,DD6	中国航发北京航空材料研究院
	DD402	钢铁研究总院
	DD8	中国科学院金属研究所

国外高温合金的牌号按照生产厂家的注册商标命名,部分见表6.11。

表6.11 国外高温合金牌号厂商

牌 号	厂商	国 家
CMSX	Cannon - Muskegon Corporation(佳能-穆斯克贡公司)	美国
Discaloy	Westinghouse Corporation(西屋公司)	美国
Gatorize	United Aircarft Company(联合航空公司)	俄罗斯
Haynes	Haynes Stellite Company(汉因斯-司泰特公司)	美国
Inconel	Inco Alloys International,Inc(国际因科合金公司)	美国
Mar - M	Martin Marietta Corporation(马丁·马丽塔公司)	美国
Multiphase	Standard Pressed Steel Co(标准压制钢公司)	美国
Nimonjc	Mond Nickel Company(蒙特镍公司)	加拿大
Rene	General Electric Company(通用电气公司)	美国
REP	Whittaker Corporation(惠特克公司)	美国
Udmit	Special Metal Corp(特殊金属公司)	美国
Unitemp	Universal - Cyclops steel Corporation(宇宙-独眼巨人钢公司)	美国
Vitallium	Howmet Corporation(豪梅特公司)	美国
Waspaloy	Pratt&& Whitney Company(普拉特-惠特尼公司)	美国
Hastelloy	Cabot Corporation(钴业公司)	美国

我国部分合金与国外合金的性能相近,典型地如GH4169和美国Inconel 718及欧洲

NiCr19Fe19Nb5Mo3(材料号 2.4668)相当,表 6.12 所列为 3 种合金的成分对比。该合金在 −253～700 ℃温度范围内具有良好的综合性能,在 650 ℃以下的屈服强度居于变形高温合金的首位,并且具有良好的抗疲劳、抗辐射、抗氧化、耐腐蚀性能,以及良好的加工性能、焊接性能。由于综合性能良好,GH4169 在我国航空发动机中应用广泛,被称为"高温合金中的万金油"。

表 6.12　国内外三种近似合金的比较

化学成分	GH4169	Inconel 718	NiCr19Fe19Nb5Mo3
C	0.08	0.08	0.02～0.08
Mn≤	0.35	0.35	0.35
Si	0.35	0.35	0.35
P≤	0.015	0.015	0.015
S≤	0.015	0.015	0.015
Al	0.20～0.80	0.20～0.80	0.30～0.70
Cr	17.0～21.0	17.0～21.0	17.0～21.0
Co	1.00	1.00	1.00
Cu≤	0.30	0.30	0.30
Fe	余	余	余
Mo	2.80～3.30	2.80～3.30	2.80～3.30
Ni	55.00～55.00	55.00～55.00	50.00～55.00
Nb+Ta	4.75～5.50	4.75～5.50	4.7～5.5
Ti	0.65～1.15	0.65～1.15	0.60～1.20
其他	B≤0.006	B≤0.006	B:0.002～0.006
执行标准	GB/T 14992—2005	ASTM B637	EN 10088-1:2005

6.1.4　高温合金的制备工艺

高温合金产品以非标准化制造工艺为主,基本可以分为熔炼、铸造和热加工三个步骤,如图 6.3 所示。粉末冶金高温合金制造中则将铸造工艺替换为热压。母合金的质量对于最终合金产品的性能至关重要,熔炼工艺为高温合金制备工艺的关键环节。高温合金母合金的质量会直接影响到后续的处理工艺,进而对高温合金产品最终的性能表现形成重要影响。要得到性能优良、符合工作条件的高温合金产品,合金熔炼是关键环节。高温合金熔炼的目的是消除大于临界缺陷尺寸的夹杂物,绝大多数的非金属夹杂物是在母合金熔炼过程中产生的。质量差的高温合金铸锭不可能生产出可靠的热锻零部件。在成分一定的条件下,需要选择适当的生产工艺,控制合金的偏析、纯净度等,才能最终制备得到符合性能要求的高温合金制品。

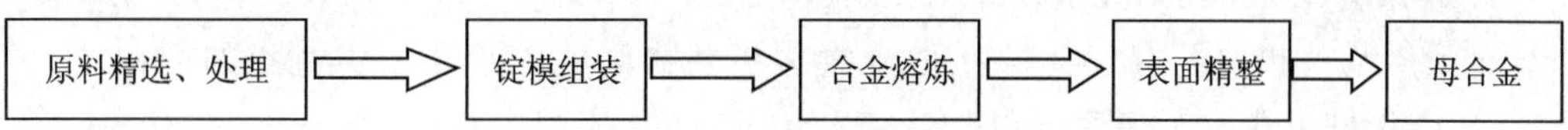

图 6.3　高温合金母合金生产流程

20世纪50年代国际上普遍采用的电弧炉或非真空感应炉熔炼技术，只能熔炼合金化程度较低且铝、钛等易烧损元素含量少的高温合金。现代高温合金含有大量的易烧损元素和微量元素，必须采用更加高级的熔炼工艺以提高合金的质量，改善合金组织和性能。目前，国内外高温合金的熔炼方法包括单炼、双联（真空感应熔炼＋电渣重熔；真空感应熔炼＋真空自耗重熔）和三联（真空感应熔炼＋电渣重熔＋真空自耗重熔）工艺（见表6.13）；熔炼设备主要有真空感应炉、真空自耗炉、电渣炉、电子束炉和等离子电弧炉等，其中应用最为广泛的是真空感应炉、真空自耗炉和电渣炉。三种主要熔炼方式的比较见表6.14。

表6.13　高温合金三种熔炼工艺

熔炼工艺	熔炼方法
单炼	AAM（电弧炉熔炼），AIM（感应炉熔炼），VIM（真空感应炉熔炼），VAR（真空电弧熔炼），ESR（电渣熔炼），EBM（电子束熔炼），EBCHR（电子束冷室炉床熔炼），PAF（等离子电弧炉熔炼），PIF（等离子感应炉熔炼）等
双联	VAR（真空电弧熔炼），VADER（真空电弧双电极重熔），VIR（双真空熔炼）NAV（非自耗），PMV（等离子），ESR（电渣熔炼），EVR（真空感应加电渣重熔），NER（非自耗），PAR（等离子重熔），EBM（电子束重熔），VEB或VIM＋EBCFM（真空感应加电子束），NEB（非自耗电极加电子束）
三联	VIM＋VAR＋ESR，VIM＋ESR＋VAR，NAV＋EBM＋VAR

表6.14　高温合金三种主要熔炼方法的比较

熔炼方法	优　点	缺　点
真空感应熔炼（VIM）	① 实现对化学成分最大程度的控制，防止了溶液与大气中氢、氧、氮的接触；② 反应的进行和完成比在大气下要快；③ 除了使溶液均匀外，感应搅拌能持续将反应物带到熔体和真空界面，实现精炼反应精确控制，而气体夹杂和痕量元素的蒸发能改善大多数高温合金的力学性能	① 为减少偏析和控制凝固组织，大多数最终产品都必须进行重熔；② 耐火材料与熔体的反应会增加氧化物夹杂含量，影响合金的纯净度
真空自耗重熔（VAR）	真空电弧熔炼减少了活性元素（如Al、Ti）的损耗，铸锭凝固过程可控，其组织的一致性和均匀性较好，夹杂物的数量少，合金的纯净度也得到进一步改善	① 不能去除硫和磷；② 夹杂物的尺寸大；③ 存在树枝状和白点缺陷；④ 铸锭的表面质量较差，需要对温度梯度和凝固速率进行控制
电渣重熔（ESR）	① 金属材料能够被熔渣有效地精炼；② 合金中的非金属夹杂物、气体和硫含量显著减少，合金的纯净度提高，力学性能得到改善；③ 熔炼过程中液态渣的保护，使金属不与空气接触，合金元素烧损低，成分易控制；④ 避免了熔炼过程中耐火材料的污染；⑤ 铸锭组织致密，缩孔较小，没有疏松及皮下气泡等缺陷，提高了材料的塑性；⑥ 设备简单，易于操作	① 熔炼和凝固率偏低；② 熔渣吸收气体；③ 活泼元素不易控制；④ 电极重熔过程经受高温氧化等

1. 真空感应熔炼

在真空条件下，利用电磁感应在金属导体内产生涡流加热炉料进行熔炼的冶金方法叫作真空感应熔炼法（Vacuum Induction Melting，VIM）。真空感应熔炼可以避免大气熔炼和浇注时合金元素易烧损以及有害金属杂质、非金属夹杂物含量高等问题，其优点如下：

① 真空条件下避免了与空气（如O_2、N_2、CO_2）相互作用而污染，高温合金中的氢、氧、氮气含量低，冶炼出的高温合金纯净度高。同时金属不易氧化，高温合金成分可实现精确控制。

② 原材料中的低熔点杂质得到挥发，可以实现合金材料的进一步提纯。

③ 真空条件下，碳的脱氧能力得到提高，金属脱氧带来的脱氧产物得以减少。另外，炉内气氛及气压可控，合金元素氧化烧损少，利用率高。

④ 电磁熔炼缩短熔炼周期，改善热加工性能，成材率提高。返回料二次重熔性能可能会提升。

真空感应熔炼优点明显，但高温合金熔融体与耐火材料反应造成的污染仍无法避免，结晶组织的晶粒粗大、不均匀等缺陷依然存在。另外，对高硫材料和个别合金元素易挥发的合金的熔炼受到限制。

2. 电渣重熔

电渣重熔（Electroslag Remelting，ESR）是利用电流通过熔渣时产生的电阻热来熔化合金电极而达到熔炼目的的一种熔炼合金的方法。电渣重熔作为二次熔炼技术，可使合金进一步精炼，起到脱硫、脱气和去除夹杂物的良好效果。钢锭结晶质量和热加工性能的改善，以及设备经济合理和工艺稳定可控，使电渣重熔技术已成为世界上高温合金的主要生产方法之一。然而电渣重熔也存在不足之处，如凝固速度偏低，熔渣容易吸收气体，活泼元素不易控制以及电极重熔过程经受高温氧化等。

3. 真空自耗（电弧）重熔

真空自耗重熔（Vacuum Arc Remelting，VAR）是将一次熔炼的高温合金制成电极棒，在真空无渣的条件下，利用低压直流电弧作热源，将自耗电极棒逐渐熔化，熔化的高温合金液滴滴入水冷铜结晶器内，再凝固成锭。真空自耗重熔是将提纯化与改善结晶组织结合在一起的工序，有利于改善和提高合金材料的塑性，是高温合金及特种合金的另一个重要熔炼方法。

国内部分高温合金的熔炼工艺见表 6.15。

表 6.15　国内部分高温合金熔炼工艺

熔炼工艺	合金牌号
EFM	GH3030，GH2035A，GH4033，GH2036
VIM	FGH95，FGH96，FGH97，FGH99，K419，K417，K403，K423，K438，K406，K452，K435，K444
EFM+ESR	GH2135，GH2035A，GH3030，GH1035，GH2036，GH3039，GH4033，GH1015，GH1140，GH2132，GH3128
EFM+VAR	GH2135，GH4033，GH3039，GH3044，GH2132
VIM+VAR	GH4742，GH4698，GH4169，GH4033，GH4037，GH4080A，GH4738，GH4105，GH4141，GH2302，GH2130，GH2706
VIM+ESR	GH4698，GH2135，GH4169，GH4080A，GH3170，GH4037，GH4049，GH2302，GH2761，GH4141，GH2130，GH2706
VIM+ESR+VAR	GH4169，GH2706

航空航天、石油化工以及其他工业领域对高温合金性能的要求越来越高，影响高温合金质量的主要因素在于合金成分和工艺。高温合金冶炼工艺的选定，要从提高合金纯度和改善铸锭结晶组织两方面入手，根据所生产的合金化学成分、产品种类和用途，选定最佳的冶炼工艺路线。通过定向凝固柱晶合金和单晶合金工艺技术提高材料的高温强度，采用粉末冶金方法

减少合金元素的偏析和提高材料强度等艺。从目前的发展趋势来看，工艺对高温合金性能的影响愈发重要。新工艺方面，定向凝固、单晶合金、粉末冶金、机械合金化、陶瓷过滤、等温镦造等新型工艺的研究开发，对高温合金的发展产生了较为深远的影响。

6.2 镍基高温合金

6.2.1 镍基高温合金的特点及航空应用

镍基高温合金是以镍为基体(质量分数一般大于50%)、在650~1 000 ℃范围内具有较高的强度和良好的抗氧化、抗燃气腐蚀能力的高温合金，其基体组织为奥氏体。相比于三大轻合金，镍基高温合金在800 ℃左右的抗高温蠕变性能优异(见图6.4)，因而被广泛地应用在发动机、燃气轮机、石油化工、核工业、汽车等领域。

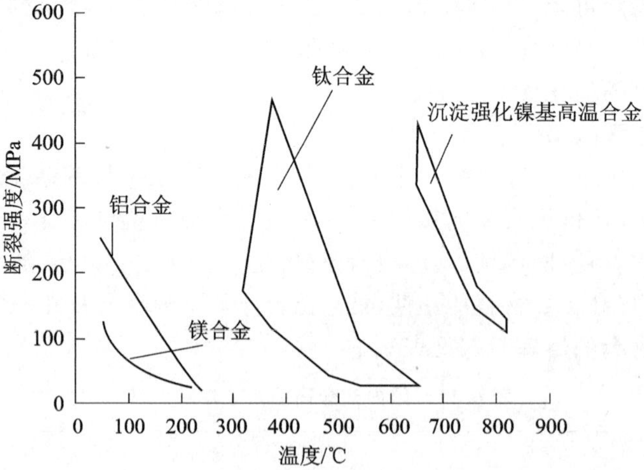

图6.4 几种轻合金和镍基合金的比较

镍基高温合金是高温合金中应用最广、高温强度最高的一类合金，其使用占比接近80%。主要原因：一是镍为面心立方体，组织稳定；二是镍基合金可以溶解较多的合金元素，且能保持较好的组织稳定性；三是可以形成共格有序的A3B型金属间化合物[Ni3(Al,Ti,Nb,Ta)]相作为强化相，使得合金得到有效的强化，获得比铁基高温合金和钴基高温合金更高的高温强度；四是含铬的镍基合金具有比铁基高温合金更好的抗氧化和抗燃气腐蚀能力。

表6.16列出了国内外近似高温合金的牌号及用途。

表6.16 国内外近似高温合金牌号及用途

国内牌号	国外近似牌号	特点及用途
GH3030	Эи435	化学成分简单，在800 ℃以下有满意的热强性和高的塑性，良好的抗氧化性、热疲劳、冷冲压和焊接工艺性能。用于800 ℃以下涡轮发动机的燃烧室、加力燃烧室等部件，以及在1 100 ℃以下要求抗氧化但受载荷很小的其他高温部件。可用GH1140代替
GH3536	Hastelloy X	性能水平与GH3044合金相当，可在900 ℃长期使用，短时工作温度可达1 080 ℃。适用于制作在900 ℃以下长期使用的航空发动机燃烧及其他高温部件

续表 6.16

国内牌号	国外近似牌号	特点及用途
GH3039	Эи602	在 800 ℃以下有中等的热强性和良好热疲劳性能，1 000 ℃以下抗氧化性能良好，长期使用组织稳定，还具有良好的冷成型和焊接性能。用于 800～850 ℃的火焰筒及加力燃烧室等零件
GH4080A	Nimonic80A	合金成分简单，性能与 GH4033 合金相当，组织细小，热加工温度范围宽，热加工塑性好
GH4141	Rene41	合金在 650～900 ℃，具有高的拉伸性能、持久蠕变强度和良好的抗氧化性能。适宜制造在 900 ℃以下长期工作的航空发动机主燃烧室和加力燃烧室零部件以及隔热屏、导向叶片等
GH4145	InconelX－750	在 980 ℃以下具有良好的强度、良好的抗腐蚀和抗氧化性能，而且也有较好的低温性能，成型性能也好，主要用作航空和工业燃气轮机部件
GH4500	Udimet500	使用温度小于 870 ℃，短时使用可达 980 ℃，具有较好的高温强度、抗氧化性性能和耐热腐蚀性能，主要用于制造航空发动机工作温度在 750 ℃以下的涡轮叶片，以及燃气汽轮机叶片
GH4169	Inconel 718	350～750 ℃抗氧化热强材料，可制造航空发动机中的各种静止件和转动件，如盘、环件、机匣、轴、叶片、燃气导管等和焊接结构件
GH4738	Waspaloy inconel738	在 760～870 ℃具有较高的屈服强度和抗疲劳性能；在 870 ℃以下的燃气涡轮气氛中具有较好的抗氧化和抗腐蚀性能，加工塑性良好、组织性能稳定。制作航空发动机的涡轮盘、叶片和密封环件等，以及燃气轮机叶片、涡轮盘和大型螺栓等
GH4033	Эи437	在 700～750 ℃具有足够的高温强度，在 900 ℃以下具有良好的抗氧化性，合金的冷热加工性能良好。用于 700 ℃以下的涡轮叶片和 750 ℃以下的涡轮盘等

① 燃烧室。燃烧室内燃料燃烧所产生的燃气温度为 1 500～2 000 ℃，其余的压缩空气在燃烧室周围流动，穿过室壁的槽孔使室壁保持冷却。燃烧筒合金材料承受温度可达 800～900 ℃以上，局部可达 1 100 ℃。冷却空气与燃烧的气体混合，使燃气温度降到 1 370 ℃以下。可见，燃烧室壁除受高温外，还承受由于内外壁温度不同引起的热应力作用。特别是在起飞、加速和停车时，温度变化更为急剧。由于周期循环加热冷却，热应力可达很大值，冷却孔更易破坏，燃烧室常出现变形、翘曲、边缘热疲劳裂纹等。燃烧室由火焰筒、联焰管和外套等组成。火焰筒和联焰管的工作温度较高，常用 GH3030、GH3039、GH3044 等制成。

② 导向叶片。导向叶片是调整从燃烧室出来的燃气流动方向的部件。先进涡轮发动机导向叶片工作温度可高达 1 100 ℃，但叶片承受的应力比较低，一般在 70 MPa 以下。对材料要求是：高温强度好，热疲劳抗力大，抗氧化，耐腐蚀，并具有一定的抗冲击强度和组织稳定性，常用 GH413、K401、K409、K412、K417、K640 等制成。

③ 动叶片。动叶片是涡轮发动机中工作条件最恶劣的部件。先进航空发动机的燃气进口温度已达 1 380 ℃，推力达 226 kN。涡轮叶片承受气动力和离心力的作用，叶身部分承受拉应力大约 140 MPa，承受温度为 650～980 ℃；叶根部分承受平均应力为 280～560 MPa，承受温度约为 760 ℃。因此，动叶片材料要具有足够的高温抗拉强度、持久强度和蠕变强度，要有良好的疲劳强度及抗氧化、耐燃气腐蚀性能和适当的塑性。此外，还要求长期组织稳定性、良好的抗冲击强度、可铸性及较低的密度。常用 GH4037、GH4043、GH4049、K401、K405、

K406、K419H、PWA1422、PWA1480 等制成。目前我国已成功应用 DZ22 合金(相当于 PWA1422)铸造复杂型腔的定向、空心、无余量涡轮叶片,并在某型发动机上应用,而且已研制出 DD3 合金,专门用于制作单晶叶片。

④ 涡轮盘。航空发动机涡轮盘工作温度在 760 ℃左右,轮缘部分可达此温度,而径向盘心温度逐渐降低,一般在 300 ℃左右。轮盘正常运转时,盘子带着叶片高速旋转产生很大的离心力,停车、启动反复进行会形成周期疲劳,常用 GH2136、GH4033、GH4133 等制成。FGH95 粉末冶金高温合金,650 ℃的蠕变强度为 1 500 MPa,1 034 MPa 应力下持久寿命大于 50 h,是当前在 650 ℃工作条件下强度水平最高的一种粉末冶金高温合金,多用于高推重比发动机涡轮盘、压气机盘的制造。图 6.5~图 6.7 所示为镍基高温合金在发动机零部件上的应用。

图 6.5　发动机后端高压涡轮定位装置(镍基合金)

图 6.6　发动机涡轮转接处封严装置(镍基合金)

图 6.7　CF 系列飞机发动机低压涡轮中旋转部件(镍基合金)

6.2.2　镍基高温合金的分类及热处理

镍基高温合金按照成型工艺分为变形、铸造、粉末冶金镍基高温合金,按照强化方式可分为固溶强化型、时效沉淀强化型和弥散强化型镍基高温合金。不同强化方式下镍基高温合金的断裂强度如图 6.8 所示。

固溶强化是通过向合金中添加与镍原子大小尺寸不同的 Cr、Co、W、Mo、Ta 等元素,产生晶格畸变,提高原子间结合力,促进原子短程有序及形成偏聚区,阻止位错运动;加入 W、Mo 减缓基体金属扩散;加入 Co 降低合金基体的堆垛层错能,提高合金的高温稳定性。此种合金具有良好的冷成型和焊接性能。典型的固溶强化型镍基高温合金有 GH3039、GH3044、GH3128 等。

时效沉淀强化是高温合金的第二相强化,又称共格沉淀。它是通过高温固溶后淬火时效的方法,使合金中的过饱和固溶体析出共格第二相 γ、γ' 或碳化物等细小颗粒且均匀地分布在基体上,从而阻碍位错的运动,起到强化作用。沉淀强化是利用析出相以及强化相与基体间的

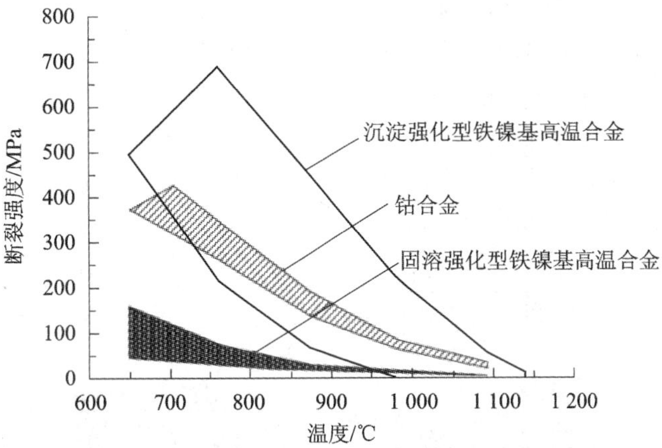

图 6.8　不同强化方式下镍基合金的断裂强度

共格畸变对位错运动造成阻力来提高金属的变形抗力，因此这种强化效果与强化相的形态、大小、分布状态及稳定性等有很大的关系。此种合金具有较高的高温蠕变强度，抗疲劳性能好，抗氧化性能强等。典型的时效沉淀强化型镍基高温合金有 GH4169、K4169。

弥散强化是在均匀材料中加入硬质颗粒的一种强化手段，第二相一般为高熔点的碳化物或氧化物、氮化物，也可能是金属间化合物，典型的有 MGH4757。

镍基合金高温性能是由其显微组织特性所决定的，关键的强化作用来源于共格有序面心立方金属间化合物 γ′[N3(Al，T，Nb，Ta)]。γ′相为高温合金中的主要强化相，是 Cu3Au 型面心立方有序结构，铝原子位于角上，镍原子位于中心。γ′相的成分对其强化能力有很大影响。许多元素既可溶于 γ′相也可溶于基体 γ 相。镍基高温合金中含有 10 种以上合金元素，包括铬(10%～20%)、铝和钛(不超过 8%)、钴(5%～15%)以及少量的钼、钨和碳。这些合金元素的作用主要包括(见表 6.17)：

① 添加合金元素(如钼、铬、钴、钨)，通过固溶强化来增强镍合金性能；

② 添加合金元素(如铝、钛、碳)生成金属间化合物和碳化物来增强镍基合金性能；

③ 表面生成致密的 Cr_2O_3，防止镍基合金的氧化和热腐蚀。

根据合金元素强化作用方式的不同，可以将合金元素分为三类：一是固溶强化元素，如铬、钼、钨、钴、钒等；二是沉淀强化元素，如铌、铝、钛等；三是晶界强化元素，如镁、锆、硼及稀土元素等。

表 6.17　部分合金元素的作用

合金元素	作　用	合金元素	作　用
铬	固溶强化；抗腐蚀	铌	沉淀强化；抗蠕变
钼	固溶强化；抗蠕变	铝	沉淀强化；抗蠕变
钨	固溶强化；抗蠕变	碳	碳化物强化；抗蠕变
钴	固溶强化		

高温合金的性能取决于材料的化学组成和组织结构。不同的热处理方式(如加热温度、保温时间、冷却速度、热处理工艺)会直接影响合金的晶粒度、强化相的沉淀或溶解、析出相的数

量和颗粒尺寸，甚至晶粒状态。镍基高温合金常用的热处理有固溶处理、中间热处理(低温固溶、高温时效)、时效处理。常见镍基高温合金的热处理方式见表6.18。

表6.18 常见镍基高温合金的热处理方式

牌　号	热处理
GH3030	固溶:980～1 020 ℃,空冷
GH3039	固溶:1 050～1 080 ℃,空冷
GH3044	固溶:1 120～1 160 ℃,空冷
GH3128	固溶:1 200 ℃,水冷
GH4033	固溶:1 080 ℃,8 h,空冷:时效:700 ℃,16h 空冷
GH4037	固溶:1 180 ℃,2 h,空冷+1 050 ℃,4 h,空冷;时效:800 ℃,16 h,空冷
GH4049	固溶:1 200 ℃,2 h,空冷+1 050 ℃,4 h,空冷;时效:850 ℃,8 h,空冷

镍基高温合金固溶处理的目的主要有:一是将强化相和碳化物尽量溶入基体中，以得到单相组织，给以后时效沉淀析出均匀细小的强化相做准备;二是获得均匀的合适晶粒尺寸。固溶处理的温度范围在980～1 200 ℃，主要根据各个合金中相的析出和溶解规律及使用要求来选择，以保证主要强化相必要的析出条件和一定的晶粒度。固溶处理后的冷却大部分采用空冷，少数采用水冷或油冷。固溶处理后的组织基本上是奥氏体和MC碳化物，只有少数合金有某些其他相存在。

对于固溶强化型镍基高温合金，固溶处理的温度一般较低，保温时间在几分钟到几十分钟不等，目的是获得细小晶粒。对于时效沉淀强化型镍基高温合金，根据要获得的材料性能不同而有所侧重。固溶温度低、保温时间长，可以获得屈服强度较高及疲劳性能较好的组织。固溶温度高，则晶粒尺寸较大，材料的持久性和蠕变性能较好。

镍基高温合金中间处理即二次固溶处理或中间时效处理，目的主要有:一是使高温合金晶界析出一定量的各种碳化物相和硼化物相，二是使晶界以及晶内析出较大颗粒的γ'相，也就是改变晶界碳化物的状态和造成两种大小尺寸的γ'相。中间处理的温度一般在1 000～1 200 ℃范围内，保温和冷却过程中于晶界析出链状碳化物，起强化晶界作用。与此同时，部分大尺寸γ'相析出，使得最终失效处理后可以得到尺寸大小不同的γ'相，以改善综合性能和长期组织稳定性。

镍基高温合金时效处理的目的是在合金基体中析出一定数量和大小的强化相以达到合金最大的强化效果。时效温度要保证强化相的大小合适，一般为650～1 000 ℃。

镍基高温合金的退火处理的主要目的:一是消除高温合金材料在冷热加工和铸造焊接成型过程中所产生的残余应力，二是控制晶粒度和最大程度软化的目的。

镍基变形高温合金的热处理一般由固溶处理、中间处理和最终时效处理组成。铸造高温合金的组织与铸造工艺有密切关系，许多铸造高温合金不进行热处理或只进行简单的热处理。随着合金逐渐复杂化，为了改善某些综合性能，也可以采用与变形合金相似的多次热处理。固溶处理、中间处理和时效处理的作用与变形高温合金类似。

6.3 金属间化合物

金属与金属或金属与类金属之间形成的化合物统称为金属间化合物(Intermetallic Compound，IMC）。金属间化合物名字是英国冶金学家于 1914 年第一次提出，随后 Rothery 指出了金属间化合物的金属键特性，总结出了决定金属间化合物的结构的各种主要因素，如原子尺寸、电子/原子比和传统原子价等。由于金属间化合物总处于相图的中间位置，所以也称为"中间相"。

金属间化合物具有长程有序的超点阵结构，保持着很强的金属键结合，使它们具有很多特殊的物理、化学和力学性质。有些金属间化合物密度低、熔点高、性质介于金属与陶瓷之间，具有良好的高温性能和抗氧化性，被认为是理想的航空航天高温结构材料，如 Ti－Al 金属间化合物、Ni－Al 金属间化合物、Nb－Al 金属间化合物。Ni_3Al 和 Ti_3Al 可作为燃气涡轮发动机的结构材料，NiAl 可用作燃气涡轮叶片的结构涂层材料。

金属间化合物作为一种具有特殊性能的新型材料，大致经历了 20 世纪 50 年代至 60 年代的起步期、20 世纪 60 年代至 70 年代的沉寂期以及之后的热潮期和应用期。当然不同金属间化合物的发展阶段略有不同。许多金属间化合物作为高温结构材料的强度随着温度的升高不是连续下降，而是先升高后下降。这一特殊的强度-温度特性早在 20 世纪 50 年代就被发现，并推动了金属间化合物的研究热潮。金属间化合物在室温下脆性大，延展性极差，易断裂。通过加入少量类金属元素可以提高金属间化合物室温下塑性，这一思路为解决金属间化合物材料的脆性问题提供了思路，极大地推动了金属间化合物的发展。

6.3.1　金属间化合物的晶体结构

金属间化合物的晶体结构可以分为几何密排相结构和拓扑密排相结构。几何密排相是由密排面按不同方式堆垛而成的，主要包括以面心立方结构为基的长程有序结构、以体心立方结构为基的长程有序结构、以密排六方结构为基的长程有序结构和长周期超点阵，如图 6.9 所示。几何密排相结构具有较高的对称性，位错运动滑移面较多，有利于得到塑性。拓扑密排相是通过两种或两种以上大小不同的原子堆垛排列形成的，晶体中的间隙完全由不规则的四面

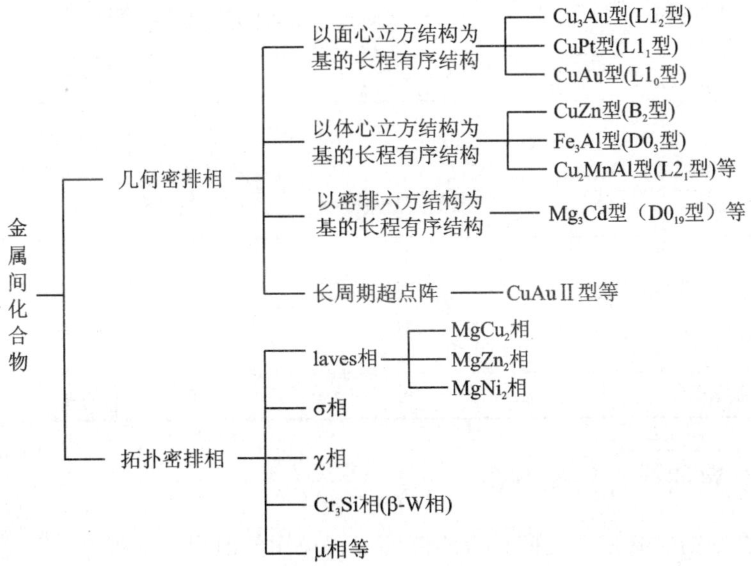

图 6.9　金属间化合物的晶体结构分类

体间隙组成，没有八面体间隙，其配位数高于12，致密度大于0.74，原子与原子之间间距极短，同时原子之间的电子交互作用强烈，对称性低，滑移系数小，塑性差。拓扑密排相包括laves相、σ相、χ相、β-W相等。

6.3.2 金属间化合物的特点

金属间化合物与一般化合物存在一定的区别。首先，金属间化合物的组成常常在一定的范围内变动；其次，金属间化合物中各元素的化合价很难确定，而且具有显著的金属键性质。

金属间化合物结构与组成它的两金属组元结构不同，形成有序的超点阵结构。金属组元之间按照金属键结合，并具有金属的特性，如金属光泽、导电性及导热性等。由两个组元A及B组成的金属间化合物一般具有AB、A_2B和A_3B类型。尚有A_5B及A_7B_6等类型，如Mo_5Si_3、Ti_5Si_3、Nb_6Fe_7和W_6Co_7等。除了两个组元外，还有三个或三个以上的组元组成的金属间化合物，如Mo_5SiB_2、$Mo(Si,Al)_2$。

金属间化合物不仅有金属键，还具有共价键。共价键的出现，使得原子之间的结合得到增强，化学键更加稳定，具有高熔点、高硬度的特征。表6.19列出了部分金属间化合物的熔点和密度等对比。

蠕变是金属间化合物在高温环境下使用时所要求的主要性能，而疲劳性能则是金属间化合物作为结构材料在交变载荷下使用时所要求的主要性能。由于结构中原子间结合力增强，元素扩散减慢，导致蠕变激活能提高，金属间化合物因而具有较高的抗蠕变性能。金属间化合物高的疲劳寿命是由于其长程有序结构抑制了滑移过程，减少了滑移系统，从而降低了循环加载过程中裂纹萌生的可能性。

影响金属间化合物形成及结构的主要因素和固溶体一样。根据形成条件和结构特征，常见的金属间化合物有正常价化合物、电子化合物和原子尺寸因素化合物。部分金属间化合物的性质如表6.19所列。

表6.19 部分金属间化合物的性质对比

类型	NiAl	Ni_3Al	FeAl	Fe_3Al	TiAl	Ti_3Al
结构	B2	$L1_2$	B2	$D0_3$	$L1_0$	$D0_{19}$
熔点/℃	1 638	1 397	1 250	1 540	1 480	1 680
密度/(g·cm^{-3})	5.9	7.4	5.56	6.72	3.8	4.5
热膨胀系数 10^{-6}/℃	14.0	16.0	—	—	11.0	12.0
室温屈服强度/MPa	175～220	200～900	300～1 100	750	400～775	700～990
室温延伸率/%	0～6.0	1.0～54.0	2～4	2～15	1.0～4.0	2～10.0
氧化抗力	好	好	好	好	好	差

6.3.3 金属间化合物的制备

金属间化合物的制备是金属间化合物能够工程应用的前提。根据金属间化合物的不同特性，主要有熔铸工艺、变形工艺、粉末冶金工艺、复合材料制备工艺。部分金属间化合物的制备工艺如表6.20所列。

表 6.20　金属间化合物制备工艺

工　艺	方　法	特点及应用
熔炼工艺	感应熔炼	(1) VIM：主要优点是具有连续搅拌作用，可以使杂质挥发元素类得以去除，有利于合金精炼过程。Ni－Al 系、Fe－Al 系适用。(2) 大气感应熔炼：工艺简单、成本最低，特别适合应用于许多性能及表面质量要求不是很高的场合。Ni_3Al 和 Fe_3Al 系适用。(3) 氩气感应熔炼：减少熔融物氧化可能性
	真空电弧熔炼	避开了大气的污染，也没有耐火材料炉衬的不良作用；低压促进了去除有害气体和杂质，改善了纯洁度，提高了金属或合金的性能。
	电渣重熔	主要优点是微观组织均匀，而且铸锭中无偏析和疏松存在，因而产生了后续热变形工艺所期望的组织。另外，这种工艺制备的合金铸锭表面质量很好，不需表面修整即可直接用于后续的热机械处理工艺中
	等离子电弧熔炼	在保护气氛下进行熔炼，减少了元素蒸发损失。Ti－Al 系较多用
	感应凝壳熔炼	铸件化学成分均匀
铸造工艺	砂型铸造	一般用于 Ni－Al 和 Fe－Al 系合金大气熔炼和铸造的场合
	熔模铸造	避免了大气中铸造的活性元素氧化
	近净成型铸造	制得的带材卷具有极佳的微观组织和表面质量
	低压铸造	适合工业化批量生产，但在金属间化合物中的应用有待进一步开发
	定向凝固技术	具有优异的蠕变强度，热疲劳性能优异。在 Ni　Al 系上得到探索和研究

1. 熔铸工艺

能采用熔铸工艺制备的金属间化合物大多为铝化物。而针对这些铝化物所发展起来的熔炼和铸造工艺多数为传统高温合金及基合金熔铸工艺的延伸和改进。但在熔炼这些铝化物时，必须考虑它们与传统工业合金的不同之处。首先，金属间化合物在形成过程中具有反应放热的特点；其次，Al 与铝化物形成元素（如 Ni、Fe、Ti 和 Nb 等）的熔点相差较大，而且形成的金属间化合物熔点比反应前的任何组成元素都要高；最后要考虑的是铝化物中的铝含量要大大高于工业用传统合金。因此，在熔炼的具体过程中，要改进熔炼方法，调整工艺参数。主要铸造工艺有砂型铸造、熔模铸造、近净成型铸造以及定向凝固和单晶制备技术等。

目前针对铝化物常用的熔炼方法可归结如下：① 感应熔炼；② 真空电弧熔炼；③ 电渣重熔；④ 等离子电弧熔炼（Plasma Arc Melting）；⑤ 感应凝壳熔炼（ISM）。其中，感应熔炼、真空电弧熔炼以及电渣熔炼与高温合金的制备类似，在此不再赘述。

等离子电弧熔炼是利用电流通过气体而产生的电离来完成的。等离子体所产生的巨大热量成功地应用于高温合金中，国外在金属间化合物（尤其 Ti－Al）的熔炼和重熔过程中也找到了很广的应用范围。在此工艺基础上发展起来的等离子凝壳熔炼（也称为等离子凝壳铸造），已用于 TiAl 合金的熔铸工艺中。但是，等离子电弧熔炼得到的铸锭在微观组织上存在一定的问题，因而为后续的热变形工艺方便，一般还需进行 VAR（真空电弧熔炼）或 ESR（电渣重熔）工艺进行重熔处理。

感应凝壳熔炼（ISM）工艺综合了自耗电弧熔炼和传统感应熔炼的一些优点，特别适合制备 Ti－Al 合金等具有活性金属的合金。与传统的感应熔炼相比，它使用一个多槽的水冷铜坩埚来代替陶瓷坩埚，避免了与陶瓷坩埚有关的化学反应及污染。而且模孔的作用使感应场与炉料的耦合作用加剧，提供了重要的搅拌作用，甚至要比传统感应熔炼的这种作用更激烈，这使得熔池从化学到热力学均为均匀的。因此浇入到模型后，铸件化学成分均匀。

2. 变形工艺

对于高可靠性、高性能的航空航天发动机部件而言，许多结构件要求应用金属间化合物的变形细晶组织。金属间化合物合金的加工采用常规变形工艺，如热挤压、热锻、板材和棒材热轧、热模锻、板材和棒材冷轧以及管、丝棒材的冷拔等。对金属间化合物采用常规方法加工时，通常应考虑温度、应变速率、晶粒尺寸、微观结构以及试验环境等多种变量对合金加工的影响。典型金属间化合物变形加工特点如表 6.21 所列。

表 6.21 典型金属间化合物变形加工特点

类 型	举 例	特 点
Ni - Al 系	Ni_3Al	Ni_3Al 基合金锭子的热加工性能与合金成分、晶粒尺寸、加工温度以及变形速率等因素有关
Fe - Al 系	Fe_3Al	铸态组织力学性能很差，尤其是大质量铸锭的组织粗大，需要通过热变形加工来改善其组织状态
	FeAl	与 Fe_3Al 基合金相比，FeAl 基合金更脆，更难加工，高温下强度也较低
Ti - Al 系	TiAl	铸造 TiAl 合金不能采用常规的热变形工艺，其合金铸锭的加工通常包括铸锭开坯工艺、中间热处理和最终热处理以及二次加工工艺

3. 粉末冶金方法

采用粉末冶金方法制备的金属间化合物称为粉末冶金金属间化合物，包括采用自蔓延方法制备的金属间化合物。粉末冶金在金属间化合物制备领域应用广泛，几乎能够制备所有的金属间化合物。粉末冶金方法与铸造方法相比的突出优点有：① 无疏松、缩孔等铸造缺陷；② 成分均匀，显微组织细小，具有较好的力学性能；③ 易于添加合金元素和制备复合材料；④ 易于实现复杂零件的近终成型。

(1) 原料粉末制备方法

制备金属间化合物粉末和合成金属间化合物所需的元素粉末，是采用粉末冶金方法制备金属间化合物的重要环节。制备这些粉末的常用方法有惰性气体雾化法、旋转电极雾化法、还原法、机械合金化法。

(2) 原料粉末的成型工艺

从原料粉末到一定形状的压坯要通过一定的成型工艺，大致可以分为：普通模压成型和特殊成型。

普通模压成型是将金属粉末或混合料装入钢制阴模内，在上下模冲的作用下成型，卸压后，从阴模内顶出一定形状的压坯，如图 6.10 所示。压制过程可以大致分为以下三个阶段。

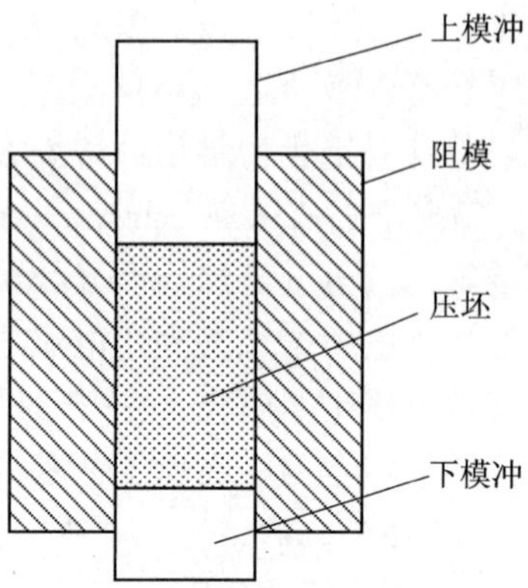

图 6.10 模压成型示意图

① 滑动阶段：由于粉末颗粒发生位移，填充孔隙，因此当压力稍有增加时，压坯的密度增加很快。

② 压坯阶段：压坯的密度随压力的增长几乎不变。由于压坯经第 1 阶段压缩后其密度已

达到一定值，粉末体出现一定的压缩抗力。

③ 粉末颗粒塑性变形阶段：当压力继续增大超过某一定值后（粉末颗粒的屈服极限），随着压力的升高，压坯中颗粒的塑性变形及充填孔隙的能力增加，压坯密度又随之增加。

特殊成型主要包括冷等静压制和粉末挤压成型。冷等静压制是将原料粉末装入弹性密封的模套内，放入冷等静压的腔体中。在模套周围充满液体介质。这些流体在高压泵的作用下，被施加一定大小的压力。压力将从各个方向均匀作用在模套及金属粉末上，从而使原料粉末在同一时间，在各个方向上均衡地受压，并获得密度分布均匀和强度较高的压坯。粉末挤压成型是指粉末体或粉末压坯在压力的作用下，通过特定的挤压模挤成坯块或制品的一种成型方法。

（3）烧结工艺

烧结是粉末冶金工艺中最重要的工序，也是必不可少的工序，对最终产品的性能起着决定性作用。粉末烧结过程是粉末颗粒之间发生冶金结合的孔隙消除及压坯化学成分和显微组织均匀化的过程。金属间化合物大多在高温下仍保持有序结构，粉末颗粒的扩散蠕变速率慢，而且通常在烧结温度下不出现液相，因此这些化合物的常压烧结很缓慢。为了提高烧结速率和缩短烧结时间，可以在烧结过程中对粉末坯体施加外界压力。这种压力可以是机械压力，也可以是气氛压力。最常用的加压方式是热压和热等静压。热压是将粉末坯块放入石墨模具中，在高温下施加 10～40 MPa 的机械压力，加速粉末颗粒在烧结过程中的位移和扩散蠕变。该方法的主要缺点是对模具要求高，且只能单件生产，生产效率低。而热等静压是将粉末坯体置入金属容器中，在高温下施加 100～200 MPa 的气体压力，使粉末的致密化过程加速。由此可见，热等静压工艺的压力远远大于热压工艺，粉末所受压力的均匀性好于热压，而且能够实现批量生产，因而得到了更为广泛的应用。

4. 复合材料制备工艺

复合材料制备工艺采用了合金化、特殊制备工艺和不同的热处理等方法使金属间化合物室温韧性有了较大改善。但从目前研究较多的金属间化合物的性能特别是力学性能来看，单纯的金属间化合物无法满足一些特殊的航空部件对高温强度、蠕变抗力和持久性能的综合要求，而制备成金属间化合物基复合材料可能获得良好的力学性能，并同时保持基体密度低的特性。

目前，金属间化合物基复合材料（IMCs）的制备工艺很多，原则上用于制备金属基复合材料的技术都可制备 IMCs，主要包括：燃烧合成法、机械合金化、热压法和热挤压法、扩散结合法、粉末注射成型法、压铸法、快速凝固技术、喷射雾化沉积法、高速加工工艺等，见表 6.22。

表 6.22　金属间化合物主要制备方法

制备工艺	分　类	特　点
燃烧合成法	自蔓延高温合成（SHS）	陶瓷颗粒在基体内原位生成，颗粒与基体结合较好，表面无污染，陶瓷和基体的比例在很大范围内可调，陶瓷颗粒分布均匀，尺寸细小
	XD 法	优点为增强体颗粒分布均匀，基体与增强体之间的界面干净，结合好，增强体的含量可以在大范围内变化，既可以提高强度，又可以降低密度，XD 工艺设备简单
	热压放热反应合成法（HPES）	反应物处于反应的高温时，施加压应力，使致密与合成同时完成
	反应熔铸技术（SM）	合成产品杂质含量少，缺点是陶瓷颗粒易聚集长大，而且分布不太均匀
	反应加压法（RP）	将反应坯料按照接近常规的热压或热等静压工艺进行操作，致密性好

续表 6.22

制备工艺	分类	特点
机械合金化（MA）		工艺简单；能形成纳米晶结构，提高金属间化合物的韧性；能够引入均匀弥散的环状金属间化合物；不经融化过程，适合难熔金属的合金化以及非平衡相的生成
热压法和热挤压法	热压法	能有效消除制品中残留孔隙，得到接近完全致密的材料，特别适应于难熔的金属间化合物这样一些不宜压制和烧结的组成物，制得的复合材料接近于完全致密，而且晶粒尺寸细小
	热挤压法	适于制造有均匀截面且较长的棒状、杆状和条状的材料，不但使颗粒有较高的切应变，以去除颗粒表面的氧化膜，而且还能消除气孔，使晶粒细化
扩散结合法	粉末布工艺	适应于铝化物这类金属间化合物，适用范围宽；主要缺点是热压时留在复合材料中的黏结剂可能残留下来，并导致基体合金变脆
	箔/纤维工艺	基体是轧制薄片或箔片，完全致密的基体不需要黏结剂
	热喷涂法	主要缺点是涂层薄，且与界面非冶金结合；孔隙率和氧化物夹杂是影响热喷涂涂层质量的主要因素，取决于热源、材料以及喷涂条件
粉末注射成型法		成型后的黏结剂清除困难，污染试样并且妨碍密实
压铸法		一直局限于生产低熔点金属（如 Al、Mg）基复合材料，所需外力随纤维体积分数和润湿角增加而增大
快速凝固技术		主要问题是颗粒不能加入太多，通常在 4%以下，因而未能充分体现复合材料降低密度、提高性能的作用，工艺比较复杂

6.3.4 典型金属间化合物及其航空应用

1. Ti-Al 系金属间化合物

钛合金的应用极大地提升了航空发动机的性能，但在超过 600 ℃的高温下会因强度下降和氧化抗力不足而难以使用，Ti-Al 二元系中的三个具有轻质耐热特点的金属间化合物 Ti_3Al、TiAl 和 $TiAl_3$ 引起了科研人员的关注。20 世纪五六十年代科研人员开始对 Ti_3Al 进行研究，但受到钛铝化合物的室温延性和断裂韧性的限制，将其作为高温材料的研究一度中断。20 世纪 80 年代钛铝化合物为基的高温钛合金的研究取得重大突破并逐渐成为研究开发的热点。这类 Ti-Al 金属间化合物的主要特点是高温性能好、抗氧化能力强、耐腐蚀和质量轻，是制造高压压气机和低压涡轮零件的理想材料。表 6.23 是钛铝化合物基合金与镍基合金的对比。

表 6.23 Ti_3Al 基、TiAl 基、Ti 基及镍基高温合金的综合力学性能

性能	Ti 基	Ti_3Al 基	TiAl 基	镍基
结构	hcp/bcc	$D0_{19}$	$L1_0$	fcc/$L1_2$
密度/$(g \cdot cm^{-3})$	4.5	4.1～4.7	3.7～3.9	8.3
模量/GPa	95～115	110～145	160～180	206
$R_{p0.2}$/MPa	380～1 150	700～900	400～650	—
R_m/MPa	480～1 200	800～1 140	450～800	—
室温塑性/%	10～25	2～10	1～4	3～5
高温塑性/%	12～50	10～20	10～60	10～20
断裂韧性/$(MPa \cdot m^{1/2})$	高	13～30	10～20	25
氧化温度/℃	600	650	900	1 090

Ti-Al 系金属间化合物主要包括 TiAl 和 Ti_3Al 两类，它们有高的抗氧化性和弹性模量、低比重及高蠕变抗力等优异性能，但是这两种金属间化合物在室温下的塑性都低，难以加工成材。

(1) Ti_3Al 系

一般认为，Ti_3Al 基的金属间化合物的蠕变强度可以与 Inconel713 合金相当，最高温度可达 815 ℃。目前发展的 Ti_3Al 合金是双相($\alpha_2+\beta$)合金。具有工程意义的合金成分有 T-24Al-11Nb、Ti-23.5Al-24Nb、Ti-25Al-17Nd-1Mo 和 Ti-25Al-10Nd-3V-1Mo 等。Ti-24Al-11Nb 合金具有很高的断裂韧性，但在很多场合下应用时，表现出很低的强度，为了提高其强度，往其中加入 Mo、V。

改善 Ti_3Al 塑性的最成功方法是添加 β 稳定元素(特别是铌)。它们通过多种途径影响其显微组织。铌和钨能够把 Ti_3Al 的塑性改善到足以显示室温屈服强度，铝还能促进非基面滑移行动。随着 Ti_3Al 塑性的改善，这种金属间化合物可作为喷气发动机加力燃烧室的结构材料。改善 Ti_3Al 塑性的另一种方法依赖于把第二相(如稀土氧化物)引入平面滑移中，但改善效果不理想，不仅弥散物的粗化行为难以控制，而且它们对塑性的影响似乎也很轻微。

(2) TiAl 系

TiAl 是一种具有 $L1_0$ 结构的金属间化合物，它的 Ti-Al 成分范围很宽。TiAl，特别是 γ-TiAl 基合金不仅具有良好的耐高温、抗氧化和小的密度，而且弹性模量和抗蠕变性能均比钛合金好得多，甚至优于 Ti_3Al 基合金，而与 Ni 基高温合金相当，但其密度不到 Ni 基合金的一半。TiAl 的优异性能使其在航空航天用的材料中展现出令人瞩目的发展前景，见表 6.24。据报道，GE 公司的 GENX 发动机低压涡轮的后两级叶片采用 TiAl 基金属间化合物，减轻发动机质量约 200 kg。

表 6.24 TiAl 合金的主要特点

主要特点	性能水平
低密度	3.7～4.3 g/cm^3，高温合金的 1/2，比钛合金低 10%
高弹性模量	175 GPa(室温)，150 GPa(750 ℃时与 Incol718 合金相当)
高比强度	室温—800 ℃强度保持率达 80%
优异的阻燃性能	属于完全不燃烧的合金
优异的抗氧化性能	700～800 ℃抗氧化性能良好(与合金成分关系密切)
高蠕变性能	700～800 ℃/100 MPa 稳态蠕变速率 $<5\times10^{-9}s^{-1}$
高的疲劳强度	高周疲劳强度与屈服强度相近(室温)
高的热导率	热导率约为钛合金的 2 倍
较低的线膨胀系数	室温—1 000 ℃线膨胀系数约为 12×10^{-6}/℃
低室温塑性	$\delta_s=1\%\sim2\%$(铸造 TiAl)，$\delta_s=2\%\sim4\%$(变形 TiAl)
低室温断裂韧性	$K_{IC}=15\sim30$ MPa·$m^{1/2}$

TiAl 基金属间化合物具有明显的室温脆性，拉伸过程中延伸率不足 1%就会断裂，并且在热加工过程中晶粒会急剧长大，导致进一步脆化，可加工性很差，这直接导致 TiAl 基金属间化合物的应用遇到困难。TiAl 基金属间化合物应用存在的主要问题包括：① 性能对成分高度

敏感，加工温区太窄；② 中低温强度低，而且依靠加工硬化来提高强度的措施几乎不可行；③ 无 Cr 情况下在 500～900 ℃范围内的耐腐蚀性能差；④ 元素熔点差异大，熔铸困难且成本高。

2. Ni－Al 系金属间化合物

Ni－Al 系金属间化合物由于其特殊的成键特性和原子长程有效排列状态，以及与高温合金相比较低的密度，在航空航天发动机的应用上作为置换材料备受属目。Ni－Al 系中现在集中研究开发的有 NiAl 和 Ni_3Al 类合金。

(1) NiAl 系

NiAl 合金的熔点为 1 638 ℃，密度为 5.86 g/cm^3，弹性模量为 294 GPa。NiAl 合金的热导率较高。NiAl 金属间化合物具有金属键和共价键共存的特点，NiA1 金属间化合物材料具有较高的力学性能、良好的耐磨损性能和耐高温氧化性能，但在室温条件下塑性较差，断裂抗力较差，高温强度较低等。与高温合金相比，NiAl 由于合金元素加入量一般小于 5%，对密度影响不大；与陶瓷材料相比，NiAl 还能够使用传统冶炼加工工艺。

向 NiAl 基体中加入合金元素可以改善和提高 NiAl 金属间化合物的性能。研究表明，向 NiAl 合金中加入 Ti、Cr、Nb、Si、Fe 等形成高温合金材料，将提高抗高温氧化性能和耐高温性能。另外，采用纳米颗粒增强和增韧 NiA1 合金制备 NiA1 基复合材料可以提高 NiAl 合金的力学性能、耐磨损性能、抗高温氧化性能等。其他的如通过增强相的增强和增韧作用提高 NiA1 金属间化合物基复合材料的强度和韧性，通过 TiB_2、TiC 颗粒的弥散强化使得 NiA1 金属间化合物的强度和韧性得到较大提高，都可以改善和提高 NiA1 金属间化合物的性能。

(2) Ni_3Al 系

Ni_3A1 金属间化合物具有较高的高温强度、蠕变抗力和高的比强度，且屈服强度在峰值温度以下具有正温度效应，但它也存在金属间化合物共有的低温脆性问题，影响其在工程上的应用。影响 Ni_3A1 氧化、腐蚀行为的因素很多，包括温度、氧分压、工作环境、第三元素等。添加合金元素是提高 Ni_3A1 金属间化合物抗氧化和抗腐蚀性能的常用方法，加入 B 能够有效改善 Al 含量低于标准化学计量 25%Ni_3A1 的室温塑性，并能有效地抑制沿晶断裂，加入 Mn、Fe 能改善 Ni_3A1 的室温塑性，加入 Ce 可改善 Ni_3A1 合金的中温塑性。

铸造 Ni_3Al 基合金是 Ni_3A1 基高温结构材料发展的一个重要方向。我国研究成功的定向凝固 Ni_3A1 基合金，具有密度小、强度高、塑性好，有优异高温抗蠕变性能等特点。该合金适合于在 950～1 100 ℃范围内使用，现已用作发动机 2 级涡轮导向叶片上。

3. Fe－Al 系金属间化合物

Fe－Al 系金属间化合物中最受关注的是 Fe_3Al 和 FeAl 两大类。Fe－Al 金属间化合物是长程有序结构，具有优异的抗高温氧化和耐热腐蚀性能，而且密度低、比强度高、成本低廉，具有作为高温结构材料的很多性能优势。半个多世纪以来，这种材料却并未批量投入应用，其主要障碍有：① 室温脆性高；② 当温度超过 600 ℃时，化合物的强度和抗蠕变性能陡然下降，限制了它作为高温结构材料的应用范围。

在过去的 20 年里，对铁铝金属间化合物的研究主要集中在其抗氧化和腐蚀性、断裂脆性、合金设计等几方面。环境氢脆是导致 Fe－Al 金属间化合物室温脆性的主要因素。通过合理的加工工艺，控制 Fe－Al 金属间化合物的显微组织、特别是晶粒形貌和大小，可以有效地抑制环境氢脆，从而改善 Fe－Al 化合物的室温塑性。采用合金化工艺可以大幅度改善 Fe－Al 金属间化合物的室温和高温力学性能。例如 B 可明显降低 FeAl 金属间化合物表面活性，减少铝原子与空气中水的反应;B 原子还可分散于晶界上,使晶界得到强化,阻止合金发生沿晶脆断。Zr 与 B 元素同时加入铁铝合金可使合金塑性明显提高,因为 Zr 与 B 反应生成的 ZrB_2 可改善铁铝合金的晶粒结构,避免脆性断裂发生。Ce 和 Cr 可改善 Fe_3Al 的室温塑性,Mo、Nb、W、Zr 对 Fe_3A1 在高温下有强化作用,通过硒的微合金化还可以提高 FeAl 的室温塑性和冲击韧性。

6.4　难熔金属及其合金

难熔金属主要指熔点在 2 000 ℃以上的金属,包括钨(W)、钼(Mo)、钽(Ta)、铌(Nb)、铼(Re)、锆(Zr)和钒(V)等。难熔金属及其合金的共同特点是:熔点高、高温强度高、抗液态金属腐蚀性能好,具有良好的耐热性及电导性能,绝大部分可塑性加工,使用温度范围为 1 100～3 320 ℃,远高于高温合金,是重要的航空航天用高温结构材料。

在难熔金属及其合金中,钨的熔点高达 3 410 ℃,所有金属中熔点最高的,耐高温、耐磨损,因而成为高性能结构材料中的一类高温结构材料。钨、钼及其合金由于耐高温性能好、密度大、抗高温冲击和疲劳,被广泛用于电光源、电子、电力、冶金、兵器、核聚变、化工、玻璃等行业;钽、铌及其合金由于蒸气压低、热膨胀系数小、耐腐蚀性能好,被广泛用于电子、航空航天、核能、化工等部门。此外,由于它们各自具有某些特殊性能,如钨的特高密度,钼的高刚性,钽、铌的高比容和生物相容性等,因而成为重要的功能材料,并用于尖端科技领域,如航天、新能源、国防军工等重大工程领域。

6.4.1　典型难熔金属的特点及航空应用

难熔金属及其合金的使用温度与它们的熔点直接相关,由低到高的顺序为:铌合金→钼合金→钽合金→钨合金(铼金属)。受密度和可加工性能的影响,目前使用最多的合金是铌合金和钼合金。随着使用温度的升高,钨合金的高温强度下降最慢,钽合金的略微快一些,下降更快的依次为铼、钼合金、铌合金。

1. 钨及钨合金

钨是所有金属中熔点最高的,而其蒸气压和蒸发速度是所有金属中最低的,线膨胀系数随温度升高的变化在难熔金属家族中是最小的。常温下钨几乎能耐所有酸、碱的侵蚀,表现出很高的化学稳定性。高温下,钨能耐许多熔融金属的侵蚀。钨的这些突出性能为钨在各种工程中开辟了广泛且重要的应用领域。

钨及其合金硬度高,加工硬化速度极快,附加应力极大,所以必须进行热处理。热处理方式主要有去应力退火、再结晶退火及形变热处理。

① 消除应力退火。钨的室温硬度高,但随温度升高硬度降低很快。为了能在较高温度下加工,但又不发生再结晶,可采用去应力退火方法。消除应力退火温度一般在开始再结晶温度之下 200 ℃左右。

② 再结晶退火。钨及其合金在开坯阶段,为了减少或消除组织的不均匀性常采用再结晶退火。接近成品及成品退火均不可用此处理方法,否则会导致延-脆转变温度提高。

③ 形变热处理。沉淀强化钨合金(如 W－Hf－C 和 W－Re－Hf－C)中的碳化物在基体中溶解度随温度升高而增大,因此可用形变热处理方法使碳化物在早期加工处理时溶解,然后

在实际可行的低温下完成终加工，以便诱导任一溶解的碳化物尽可能地沉淀为细微粒，并通过冷加工尽可能引入微细的亚晶组织。

钨及其合金在宇航工业中可用于制作不用冷却的火箭喷管喉衬、离子火箭发动机的离子环、火箭发动机的离化器、喷气叶片和定位环、热燃气反射器和燃气舵等。

2. 钼及钼合金

钼的熔点比钨和钽低，密度小，弹性模量高，膨胀系数小，具有优越的高温蠕变性能，合金可以进行焊接，且焊缝强度和塑性都满足要求，工艺性能比钨好；缺点是低温脆化和高温氧化严重。钼中加入铼不仅能提高合金的室温和高温强度，而且还可提高合金的塑性和再结晶温度。

钼的合金化原理与钨的相似，主要有固溶强化、沉淀强化、弥散强化和复合强化，见表 6.25。

表 6.25　钼合金强化方式

强化方式	合金元素	典型合金	再结晶温度/℃
固溶强化		纯钼	1 000～1 100
	Ti	Mo－0.5Ti	1 100～1 300
	W	Mo－30W	1 200
	Re	Mo－41Re	1 200～1 300
沉淀强化	Ti,Zr,Hf,C	TZM(Mo－0.5Ti－0.1Zr－0.02C) TZC(Mo－1Ti－0.3Zr－0.1C) MHC(Mo－1.2Hf－0.05C) ZHM(Mo－0.5Zr－1.5Hf－0.2C)	1 300～1 550
弥散强化	La_2O_3,Y_2O_3	MLa[Mo－(1～2)La_2O_3] MY[Mo－(0.5～1.5)Y_2O_3]	1 400～1 600
	K,Si,Al	MH(Mo－0.0015K－0.002Si) KW(Mo－0.002K－0.003Si－0.001Al)	1 800
复合强化	W,Hf,C	M25WH(Mo－25W－1.0Hf－0.07C)	1 650

钼的固溶强化包括微量元素固溶强化和高含量元素固溶强化。微量元素固溶强化主要指加入微量的钛、锆、铁、硼、镧等合金元素(总量 0.1%～1.2%质量分数)进行固溶强化，以提高钼的性能。在加入微量固溶元素的同时合金中往往还加入一定量的碳，使合金元素和碳形成碳化物弥散质点以加强强化效果。高含量元素固溶强化主要是提高钼合金原子间结合力并形成连续固溶体，添加高含量元素的固溶强化的主要合金是 Mo－W 系合金，合金的强度随钨含量提高而提高，但其热变形性能随钨含量增加而变差，因此钨含量不宜超过 30%。常用的钼铼合金有 Mo－5Re、Mo－41Re 和 Mo－50Re。

钼中加入钛、锆等活性元素和碳反应生成的碳化物在合金高温淬火过程中形成过饱和固溶体，该固溶体在随后的退火时效析出细而弥散的碳化钛和碳化锆质点，进行沉淀强化。对于碳化强化的钼合金，为了保证其塑性和热强性能的稳定性，应当避免生成 Mo_2C。

钼的弥散强化主要有氧化物强化、掺杂强化(钾泡强化)。Al_2O_3、MgO、ZrO_2 等是常用的强化钼强化剂。钼中掺杂 K、Si、Al，高温烧结后在基体中形成细小的钾泡，在大塑性变形和热处理过程中，钾泡被交替地拉长和分裂成细而弥散且平行变形方向的泡列，这些泡列延缓晶粒横向长大，形成平行于变形方向且高度伸长的燕尾搭接式晶粒。掺杂生成的 Al_2O_3 作用是保证有效的钾含量，SiO_2 主要起调节晶粒粒度的作用。

钼在航空航天中的应用可以概括为以下方面：① 高温结构材料。在工作温度不超过 1 650 ℃的发动机部件上（如喉衬、燃烧室、喷管），可使用钼合金。钼能抗御因添加铝等金属元素到推进剂中而产生的腐蚀环境。② 热防护材料。航空航天用钼合金的抗氧化涂层的使用温度在 1 400～1 700 ℃，使用时间从几分钟到几小时。

3. 铌及铌合金

铌是难熔金属中密度最小的，熔点较高、密度最低，在 1 093～1 427 ℃范围比强度最高，温度低至－200 ℃仍有良好的塑性和加工性，可以采用挤压、锻造、轧制、拉拔和冲压等方法制取棒材、丝材、板材、带材、箔材、管材及复杂形状的异型件。同时铌可进行切削加工，焊接性能良好。铌的综合性能出色，从而成为在宇航方面优先选用的热防护材料和结构材料。但它的高温抗氧化性能不好，在 450 ℃以上必须有抗氧化保护涂层。铌在宇航中主要应用于喷管延伸段、燃烧室、喷管、推力室、热防护、螺钉等。

在航空方面应用时，需要加防护层的铌和铌合金材料的部件主要有涡轮叶片、加力燃烧室内衬与高超声速飞机的前缘等。典型的如 C－103（Nb－10Hf－1Ti）可用于航空发动机燃烧器叶片、喷气涡轮发动机的推力增压瓣以及耐高温超高声速飞机的机翼前缘。

6.4.2　难熔金属的制备

难熔金属熔点较高、抗氧化能力差，制备较为困难。难熔金属合金单晶材料的制备方法很多，有定向结晶法（包括 Bridgman 法、Stemanov 法、Czochralski 法等）、蒲凡法、等离子弧熔炼法等。定向结晶法的特点是熔体体积大，在单晶生长过程中，熔融原料会在高温下电离，并与容器材料及腔体内的气体相互作用。为了消除这些不利因素，应选取对熔体有惰性的容器材料、气体，提高腔体内的压力等。目前，使用较多的制备难熔金属及其合金单晶的方法是等离子弧熔炼法，包括电子束悬浮区域熔炼（EBFZM，简称电子束区熔法）、光束悬浮区域熔炼（OFZM，简称光束区熔法）等，具体如表 6.26 所列。

表 6.26　部分难熔金属的制备方法

名　称	制备方法	
	粉　末	锭　坯
钨	氢还原法、APT 方法（仲钨酸铵还原）	粉末冶金，熔铸法（电弧熔铸，电子束熔炼），新型烧结方法（放电等离子烧结，微波烧结，加压烧结等）
钼	与钨粉的制取方法相同	粉末冶金法（工业生产主要方法），真空熔炼法（真空电弧熔炼，电子束熔炼，电子束区域熔炼等）
钽	还原法（金属热还原、非金属热还原）	粉末冶金法，熔炼法
铌	直接碳还原-氢化法、铝热还原法、粉末冶金法	粉末冶金，真空熔炼
铼	氢还原法（最普遍），电解法，化学气相沉积（CVD）法（超细铼粉）等	粉末冶金法，电子束熔炼法（不经济）

电子束悬浮区域熔炼法是制备难熔金属及其合金单晶的经典方法。该方法是利用高能量密度的电子束轰击材料表面时产生的热能使材料熔化，通过调节功率和熔炼速率使熔池保持较高的温度，在高温高真空环境下熔体充分发生脱气反应，有利于杂质和夹杂物的去除以及成分的精确控制，同时又可以避免坩埚材料的污染，因而可熔炼高熔点金属及其合金，获得具有一定性能要求的高纯材料。

光束悬浮区域熔炼法的原理与电子束悬浮区域熔炼相似。该方法与电子束悬浮区域熔炼法相比，优势在于没有电子束悬浮区域熔炼设备中的高压电源系统，熔区在单晶生长过程中非常稳定，不会因为液态金属的蒸发产生电离现象而导致温度梯度过大。

粉末冶金烧结技术是制备难熔金属及其合金锭坯的主要方法，如微波烧结、放电等离子烧结、选择性激光烧结等先进烧结技术能够有效控制晶粒长大，并可获得优良综合力学性能，表现出极大的应用潜力。

思考与练习

1. 高温合金的制备工艺有哪些？
2. 镍基高温合金的合金化元素的作用有哪些？
3. 金属间化合物的结构特点有哪些？
4. 难熔金属的航空应用有哪些？

第 7 章　复合材料

航空航天用结构材料应具有质量小、强度和模量高的特点。在许多方面，单一的金属、陶瓷、高分子等工程材料很难满足要求。为了克服单一材料性能上的局限性，充分发挥各种材料的特性，弥补其不足，材料复合化已成为材料发展的必然趋势。复合的目的是改善材料的性能，或满足某种物理性能上的特殊功能要求。复合材料各组分之间可取长补短、协同作用，弥补了单相材料的缺点，改进了单相材料的性能，甚至可产生单一材料所不具备的新性能。复合材料的诞生和发展是现代科学技术不断进步的结果，也是材料设计方面的一个突破。它综合了各种材料如纤维（晶须）、树脂、橡胶、金属、陶瓷等的优点，按需要设计、复合成综合性能优异的新材料。博采众长的复合材料代表了材料的发展方向，目前已得到世界各发达国家的高度重视，是各国优先发展的新材料领域之一。

飞机用复合材料经过近 40 年的发展，已经从最初的非承力构件发展到应用于次承力和主承力构件，可获得减轻质量 20%～30%的显著效果，目前已进入成熟应用期，对提高飞机战术技术水平、可靠性、耐久性和维护性的贡献已无可置疑，其设计、制造和使用经验已日趋丰富。复合材料已经成为衡量飞机性能的一个重要标志。

7.1　复合材料概述

7.1.1　复合材料的特点及分类

复合材料是指由两种或两种以上物理和化学性质不同的物质组合而成的一种多相固体材料。实际上，所有复合材料均由三种基本的物理相组成，即增强相、基体相和增强材料与基体相互作用形成的界面相。基体相是一种连续相，它把改善性能的增强相材料固结成一体，并起传递应力的作用，称为基体。基体相可以由金属、树脂和陶瓷等构成，承受应力的作用较小。增强相起承受应力（结构复合材料）和显示功能（功能复合材料）的作用。增强相的形态各异，有细粒状、短纤维、连续纤维和片状等。复合材料既可以保持原组分材料的某些特点，又能发挥组合后的新特征，可以根据需要进行设计，从而最合理地达到所要求的性能，即具有可设计性。

界面是指基体与增强物之间化学成分有显著变化的、构成彼此结合的、能起载荷传递作用的微小区域。界面的状态和强度也在很大程度上影响复合材料最终的力学性能。界面的机能有：

① 传递效应。界面能传递力，起到基体和增强物之间的桥梁作用。

② 阻断效应。结合适当的界面有阻止裂纹扩展、中断材料破坏的作用。

③ 不连续效应。在界面上引起的物理性质的不连续性和界面摩擦出现的现象，抗静电性、电感应性、磁性、耐热性、尺寸稳定性等。

④ 散射和吸收效应。光波、声波、热弹性波、冲击波等在界面产生散射和吸收，如透光性、

隔热、隔音性。

⑤ 诱导效应。增强物的表面结构可使聚合物基体中与之接触的物质的结构由于诱导作用而发生改变,由此产生一些现象,如强的弹性、低的膨胀性、耐冲击性和耐热性等。

由复合材料的定义可以看出,复合材料主要有以下特点:

① 复合材料不仅可以保留原组成材料固有的物理和化学特性(区别于化合物和合金),而且通过各组分的相互补充和关联,可实现性能的叠加效应。

② 复合材料具有极强的可设计性。复合材料一般由基体组元与增强体或功能组元组成。根据使用中的受力条件或者功能需要,通过对组元选材、分布和工艺条件优选等,可设计出满足使用要求的复合材料。

③ 复合材料可获得原组分所不具备的新性能。复合材料在设计合理的前提下,不仅可以保持各组分的固有特性,还可通过组分间的复合效应,赋予原组分所不具备的优良特殊新性能。

④ 复合材料各组分间存在着明显的界面,是各组分之间被明显界面区分的多相材料。

⑤ 复合材料是由人设计、制备并具有复合结构的人工材料,不同于具有某些复合材料形态特征的天然物质。

依据金属材料、无机非金属材料和有机高分子材料等的不同组合,可构成各种不同的复合材料体系,因此复合材料的分类方法也较多。

按使用性能不同,复合材料可分为结构复合材料和功能复合材料两大类。结构复合材料是作为承力结构使用的材料,基本上由能承受载荷的增强体组元与能连接增强体成为整体材料同时又起传递力作用的基体组元构成。功能复合材料是指除机械性能以外,还提供其他物理性能的复合材料。功能体可由一种或一种以上功能材料组成,多元功能体的复合材料可以具有多种功能。功能复合材料一般由功能体组元和基体组元组成,基体不仅起到构成整体的作用,而且能产生协同或加强功能的作用。根据其功能不同可分为导电、磁性、换能、阻尼、摩擦等复合材料。

复合材料按照其基体材料分为树脂基复合材料、金属基复合材料和陶瓷基复合材料等,其基体分别为树脂、金属及陶瓷。

按照复合材料中所使用的增强剂不同,可分为颗粒增强型、纤维(连续纤维、短纤维)增强型、片状增强型、混合增强型、层叠式复合及多孔复合等。

7.1.2 复合材料的强化机理与复合原则

聚合物基(树脂基)复合材料是阻碍分子链的运动而起到增强的效果;金属基复合材料是阻碍位错运动而起到增强效果;陶瓷基材料是阻碍裂纹扩展而起到增韧作用。为了提高复合材料的力学性能,引入的增强体主要有颗粒、晶须和纤维,其中纤维增强和颗粒增强是主要的增强体。对于细粒增强复合材料,承受载荷的主要是基体。细粒相的作用在于阻碍基体中位错的运动(基体是金属时)或分子链的运动(基体是高聚物时)。增强的效果与细粒相的体积含量、分布、直径、细粒间距等有关。细粒相的直径为 0.01~0.1 μm 时,会造成其邻近基体中的应力集中,或者本身破裂,导致材料强度的降低。这些与金属中的第二相粒子强化的本质和规律是一样的。而对于纤维增强复合材料,承受载荷的主要是增强相纤维。

1. 颗粒增强机理

根据颗子尺寸的大小，增强机理分为：弥散增强机理和颗粒增强机理。

（1）弥散增强机理

弥散增强复合材料是由弥散颗粒与基体复合而成，其增强机理与金属材料析出强化机理相似，可用位错绕过理论解释。载荷主要由基体承担，弥散颗粒阻碍基体的位错运动。微粒阻碍基体位错运动能力越大，增强效果就越好。

（2）颗粒增强机理

颗粒增强复合材料是由尺寸较大（>1 μm）的坚硬颗粒与基体复合而成，其增强机理与弥散增强机理有所区别。在颗粒增强复合材料中，虽然载荷主要由基体承担，但颗粒也承受载荷并约束基体的变形，颗粒阻止基体位错运动的能力越强，增强效果越好。

2. 单向排列连续纤维增强复合材料

在对高性能纤维复合材料结构进行设计时，使用最多的是层板理论。层板理论认为，纤维复合材料被认为是单向层片按照一定的顺序叠放起来的，保证了层板具有所要求的性能，已知层片中主应力方向的弹性和强度参数就可以预测层板的相应行为。

3. 短纤维增强机理

作用于复合材料的载荷并不直接作用于纤维，而是作用于基体材料并通过纤维端部与端部附近的纤维表面将载荷传递给纤维。短纤维可以被认为是连续的，端头效应不可忽略，同时复合材料性能是纤维长度的函数。

纤维增强复合材料的复合原则有：

① 纤维增强相是主要承载体，应有高的强度和模量，且应高于基体。

② 基体相起黏结剂作用，应对纤维相有润湿性，基体相应有一定塑性和韧性。

③ 纤维增强相和基体两者之间结合强度应适当。过小，承载时容易沿纤维和基体间产生裂纹；过高，会使复合材料失去韧性而发生危险的脆性断裂。

④ 基体与增强相的热膨胀系数不能相差过大。

⑤ 纤维相必须有合理的含量、尺寸和分布。

⑥ 增强相与基体两者间不能发生有害的化学反应

颗粒复合材料的复合原则有：

① 颗粒应高度均匀地弥散分布在基体中，从而起到阻碍导致塑性变形的分子链或位错运动。

② 颗粒大小应适当，颗粒过大，本身易断裂，同时会引起应力集中，导致材料的强度降低；颗粒过小，位错容易绕过，起不到强化的作用。通常，颗粒直径从几微米到几十微米。

③ 颗粒的体积分数应在 20%以上，否则达不到最佳效果。

④ 颗粒与基体之间有一定的结合强度。

7.1.3　复合材料的航空航天应用及发展前景

由于复合材料具有质量轻、强度高、弹性优良、耐化学腐蚀和耐候性好等性能，已成为航空航天领域的重要材料。美国国防部在 2025 年国防材料发展预测中提到，只有复合材料能够将耐高温、高强度、高模量的指标在现有基础上同时提高 25%以上。可以说复合材料是实现高结构效率、减轻飞机质量、改善飞机气动弹性和结构的坚固性等综合性能目标的关键材料。经过40多年的技术发展，复合材料已经逐步实现了从非承力、次承力构件，到尾翼主承力、再到机翼与机身主承力构件的规模化应用，已经成为继铝、钢、钛合金之后的第四大航空结构材料。

先进复合材料在航空器上的发展历程主要经历了以下4个阶段：

第一阶段：复合材料主要用于非承力或受力较小的部件，如舱门、口盖、整流罩以及襟副翼、方向舵等，该阶段大约于20世纪70年代初完成。

第二阶段：用于垂直尾翼、水平尾翼的壁板等受力较大、规模较大的部件。自20世纪70年代起，不少军机尾翼级部件已均为复合材料了。其中F-14的硼/环氧复合材料平尾于1971年前后研制成功，是复合材料发展史上的一个重要里程碑，此后则有F-15、F-16、F-18、B1-B、幻影2000和幻影4000等，此时复合材料用量一般不超过结构总质量的5%。

第三阶段：用于机翼、机身等主要受力结构上，受力很大、规模很大。美国麦道飞机公司于1976年率先研制F-18的复合材料机翼并于1982年进入服役，把复合材料用量提高到了13%，此后该公司又将复合材料用于AV-8B的机翼和前机身上，其用量为26%，使复合材料在飞机上的应用跨入了第三阶段。

第四阶段：复合材料在起落架上试用研究。因其在起落架上是代替钢件而不是铝件，所以可有更大的减重空间。如F-16的起落架后撑杆已完成验证飞行，减重35%，若达到1 000件时，较300M钢制件成本可减少15%。再如NH-90直升机的三维编织的复合材料起落架的上、下扭力臂等。

表7.1列出了复合材料在部分军机上的应用。20世纪40年代，美国首先在军用雷达罩、飞机油箱上应用了玻璃纤维与不饱和聚酯树脂的复合材料。到了20世纪60年代，碳纤维及其他材料逐渐登上舞台。先进复合材料的使用大大增加了军用运输机的有效载重，减重比率可达20%～30%。20世纪80年代后，军用飞机开始大幅采用先进复合材料，其用量占机身质量的20%以上，如法国的“阵风”复合材料质量占比为40%。到了1989年，美国B-2轰炸机的先进复合材料结构用量攀升到了35%。为了满足新一代军机对材料高性能的要求，尤其在超声速巡航及隐身等方面，各国加大了复合材料的研究力度，希望占领先进复合材料领域的制高点。2013年服役的A400M新一代大型军用运输机中先进复合材料占结构质量的35%～40%。美国F-22中树脂基复合材料用量达25%，科曼奇(RAH-66)轻型侦察攻击直升机中复合材料在其机身结构材料中高达51%。法德合作研制的“虎”式武装直升机中，复合材料在其机身结构材料中的用量达到45%。先进复合材料的使用，不仅满足了军机对材料的各种特殊要求，而且降低了制造成本，还改进了军机的综合作战性能。GE-AEBG公司、惠普公司在制造飞机发动机零部件时都采用了先进复合材料，主要包括风扇出风道导流片、风扇罩、推力反向器等部位，见表7.2。

表7.1 复合材料在军机上的应用

机种	国家	用量/%	应用部位	首飞年
阵风	法国	30	垂尾、机翼、机身机构的50%	1986
JAS-39鹰狮	瑞典	30	垂尾、机翼、前襟、舱门	1988
F-22猛禽	美国	25	机翼、前中机身、垂尾、平尾及大轴	1990
台风	英、德、意、西	40	机翼、前中机身、垂尾、前翼	1994
F-35闪电Ⅱ	美国	35	机翼、机身、垂尾、平尾、进气道	2000

表 7.2　发动机使用复合材料情况

种　类	密度/(g·cm^{-3})	耐温/℃	应用部位
聚合物基	1.6	427	压气机叶片、进气道
金属基(Ti)	4.43	871	风扇、高压压气机
金属间化合物	5.54	1 371	高压压气机
陶瓷基	3.32	1 760	燃烧室高低压涡轮、喷嘴
石墨基(碳/碳基)	2	2 000	涡轮叶片和盘、热端部件

先进复合材料可以大大改善和提高无人机的综合性能，使无人机飞行高度更高、时间更长、隐身效果更好。以碳纤维复合材料为代表的先进复合材料应用于军用无人机上可有效地减轻机体质量，减少燃油消耗，加大航程航时，从而提高无人机的运载能力和机动性能。同时，先进复合材料具有较高的自振频率和震动阻尼特性，因此有很强的吸振能力，可以使无人机在高空飞行时快速恢复为平稳状态，减少突发事故的发生。在无人机的尾翼部位采用石墨/环氧复合材料，相较于传统的铝合金混合结构其质量可减小 60%以上。“全球鹰”(RQ－4)无人侦察机中除了机身的主结构是铝合金材料以外，其余结构均由复合材料制作而成，其中机翼、尾翼、后机身和发动机短舱材料采用碳纤维复合材料，而雷达罩和整流罩则选用玻璃纤维复合材料，复合材料的总用量占总质量的 65%左右。

美国诺斯罗普·格鲁曼公司的 X－47A“飞马”无人攻击机空重 1 740 kg，全部使用先进复合材料制造，X－47B 舰载无人攻击机的外翼由铝合金部件和碳纤维/环氧复合材料蒙皮组成。此外，以色列的“先锋”和“搜索者”、英国的“不死鸟”、南非的“秃鹫”均为全复合材料无人机，且多数以碳纤维为主，并混杂有玻璃纤维和芳纶纤维为增强材料的先进复合材料。英国 BAE 公司的“雷电之神”的整个机身除主梁和发动机机舱使用金属材料外，其他部分均由碳纤维和石墨等复合材料构成，不易反射雷达波。由法国领导、欧洲多国参与研制的“神经元”多用途无人战斗机采用了飞翼布局，以钛、铝合金为骨架，外层则大量使用了碳纤维/环氧树脂之类的先进复合材料，具有高度的低可探测性。

民用飞机在复合材料用量方面也呈现增长的趋势，如图 7.1 所示。1990 年研制的波音 B777 的机体结构中，复合材料仅占 11%，而且主要用于飞机辅件，如尾翼和操纵面等。2009 年波音 B787 首飞时，复合材料的使用出现了质的飞跃，其用量已占到结构质量的约 50%，而空客 A350 的复合材料用量更是达到了 52%。国内民用飞机的复合材料用量与国外尚有一定的差距，某型客机中复合材料用量约为 12%，具体部位如图 7.2 所示。复合材料最初应用于飞机的舱门、整流罩、安定面等次承力结构，随着材料性能的不断提高，目前复合材料已经被广泛应用于机身机翼等主承力结构。空客 A380 开创了大型民用飞机大量使用复合材料的先河，复合材料的用量达到 30 t，占总质量的 25%。采用复合材料的主要部位有中央翼盒机翼前缘、翼肋、机翼后缘操纵面、机身上蒙皮壁板、客舱地板梁、后压力框、机身尾段、尾翼、机身机翼整流罩和起落架舱门等。A380 的中央翼盒质量约 8.8 t，其中碳纤维复合材料 5.3 t，比铝合金材料方案质量减少 1.5 t。A380 机翼前缘采用热塑性玻璃纤维材料，具有结构质量轻、制造简单及损伤容限性能好等优点。机翼中间和外侧襟翼及其滑轨整流罩、扰流板，以及副翼均采用了碳纤维复合材料。A380 的机腹整流罩采用了轻型蜂窝结构，机身蒙皮上壁板采用了

27 块玻璃纤维增强铝合金层合板(GLARE),总面积达到 $470m^2$。

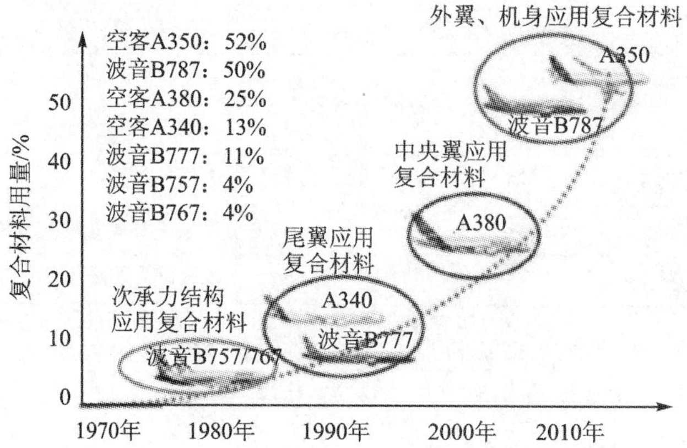

图 7.1　复合材料在民机上用量

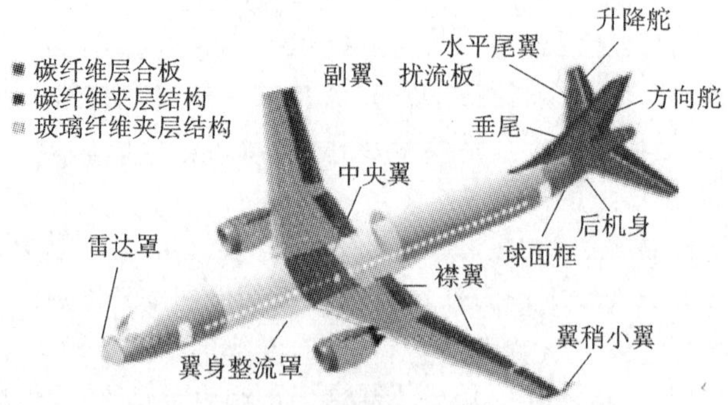

图 7.2　C919 中复合材料使用部位

复合材料在航天领域典型的应用主要集中在宇航器、导弹、运载火箭用结构材料。碳纤维复合材料主要应用于导弹弹头、弹体箭体和发动机壳体的结构部件和卫星主体结构承力件上,如美国的“北极星 A-3”潜地导弹采用纤维缠绕成型的玻璃钢壳体,其质量比采用传统钢壳的“A-1”轻了 55%左右,随后研发的“MX”“三叉戟 1”的三级发动机壳体,全部采用芳纶/环氧复合材料,该种结构形式的壳体质量比纤维缠绕成型玻璃体壳体的质量减轻了 50%左右;我国“神舟”系列飞船、“风云二号”气象卫星等都采用碳纤维/环氧复合材料,俄罗斯的“白杨 M”导弹采用复合材料发射筒。

随着航空航天技术的发展,飞行器不断追求高效能、长寿命、高可靠,其对复合材料的要求也越来越高。为此,在现有的先进复合材料基础上已发展起来一批新型复合材料,如功能复合材料、智能复合材料、纳米复合材料等。总体而言,复合材料将向智能化、多功能化以及低成本化不断发展。

7.2　树脂基复合材料

聚合物基复合材料(Polymer-Matrix Composite,PMC)在结构复合材料中发展最早、研究最多、应用最广、规模最大。聚合物基复合材料按基体的性质可分为树脂基体(热塑性、热固性)和橡胶弹性基体。树脂基体处于玻璃态,因此树脂基复合材料具有高的模量、强度和尺寸稳定性,可作为承力结构材料。橡胶弹性体处于高弹性态,可用作阻尼、隔音、含能等功能复合材料的基体。聚合物基复合材料按纤维种类分为玻璃纤维、有机纤维、碳纤维、混杂纤维等复合材料;按增强相的外形分为连续纤维、短棒纤维、纤维织物或片状料、粒状填料复合材料;按使用性能分为结构和功能复合材料。常以树脂基复合材料作为聚合物基复合材料的代表,因此本节主要以高性能树脂基复合材料为对象进行讲述。

7.2.1　树脂基复合材料的分类和特点

树脂基复合材料(Resin Matrix Composite)是由有机高分子基体材料与高性能纤维增强材料经过特殊成型工艺复合而成的具有两相或两相以上结构的材料,具有性能可设计、复合效应、多功能兼容、材料与构件同步制造等特点,以及高比强度和比刚度、可设计性强、疲劳性能好、耐腐蚀、可整体成型等优点,其耐热温度一般低于 425 ℃。

树脂基复合材料最早于 1932 年在美国出现,1940 年以手糊成型方式制成玻璃纤维增强聚酯的军用飞机雷达罩。之后美国莱特空军发展中心设计制造了一架以玻璃纤维增强树脂为机身和机翼的飞机,并于 1944 年 3 月在莱特-帕特空军基地试飞成功。从此纤维增强复合材料开始受到军界和工程界的注意。

自 20 世纪 70 年代碳纤维增强树脂基复合材料开始在航空领域应用以来,经过几十年的持续发展,树脂基复合材料逐步走向成熟,在航空领域获得了大量的工程应用,已经发展成为目前最重要的航空结构材料,其用量成为衡量航空飞行器先进性的重要指标之一。

1. 树脂基复合材料的分类

树脂基复合材料按照增强体材料可以分为颗粒增强树脂基复合材料、短纤维和晶须增强树脂基复合材料以及长纤维增强树脂基复合材料;按照基体类型可分为热固性树脂基复合材料和热塑性树脂基复合材料。

由于热塑性复合材料预浸料制备及成型加工困难大,限制了其在飞机及发动机结构的广泛应用。以往针对热固性复合材料的研究较多,应用也较为成熟。表 7.3 列出了热固性树脂基复合材料在飞机上的应用。然而热固性复合材料的韧性不足,受低速冲击载荷存在敏感的分层问题,限制了其在航空结构上的进一步应用。热塑性树脂由于本身的凝聚态结构赋予其高韧性,使其复合材料相对传统的热固性复合材料具有更为优异的性能。图 7.3 所示为热塑性复合材料在航空发动机短舱上的应用。由于热塑性复合材料的成型过程中不发生化学反应,因此具有可回收再利用的独特优势,在提升性能的同时,对环境友好。同时,其预浸料可在常温下无限期储存,成型效率高,能够有效降低制造成本。

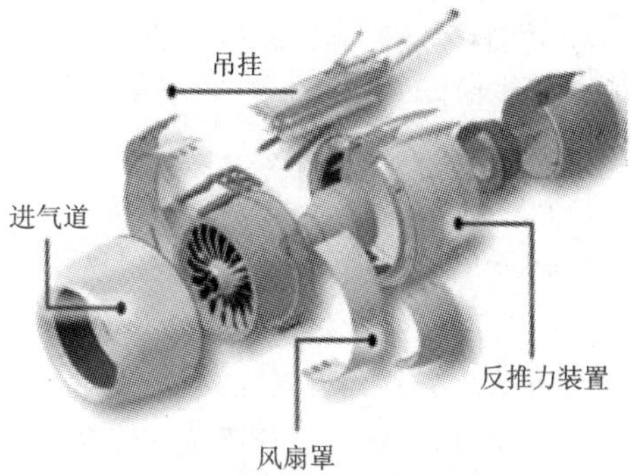

图 7.3　热塑性复合材料在航空发动机短舱上的应用

与热固性树脂基复合材料相比,热塑性树脂基复合材料具有以下优势:

① 经合理优化凝聚态结构的热塑性基体具有较高的基体韧性,热塑性树脂基复合材料耐疲劳性能好,冲击损伤阻抗和损伤容限都比热固性树脂基复合材料高。

表 7.3　热固性树脂基复合材料在飞机上的应用

材　料	零　件	飞机型号
GF/PEI	货舱地板	Fokker 70、Fokker 100
	角片，耳片	B787、A350
	地板，增压隔框	G650、G550
	垂直尾翼	G550
CF/PEI	发动机进气罩	A380
	侧壁固定导轨	A340、A330
GF/PPS	机翼前缘	A380、A340、A330
	角片，耳片	B787、A350
	舷窗框	Bombardier Challenger
	主起落架舱门	Fokker 50
CF/PPS	垂直尾翼，水平尾翼	G650
	检查口盖，副翼翼肋	A340
	油箱口盖，翼肋	A380
	驾驶舱地板	A400M
CF/PEEK	主起落架舱门、座舱遮光屏、航空电子设备机架的左右侧板、主起落架舱门帽形加强内外蒙皮	F-22
	管道	A350
CF/PEKK	扭矩盒	Fokker 示范件

② 孔隙率低，吸湿率低，耐环境性能好。

③ 成型过程为熔融-固结的物理过程，没有固化反应，因此可重复成型和焊接成型，成型周期短、效率高、可修补。

④ 热塑性预浸料可以室温储存，且有近乎无限的储存期。

2. 高性能树脂基复合材料的特点

高性能树脂基复合材料除了具有复合材料共有的优点外，还有一些突出优点，使其在多个领域得以广泛应用。

(1) 轻质高强

树脂基复合材料是一种轻质高强的材料。若按比强度(强度与密度的比值)计算，玻璃纤维增强的树脂基复合材料不仅大大超过碳钢，而且可超过某些特殊合金钢。高性能树脂基复合材料如碳纤维复合材料、有机纤维复合材料具有比普通树脂基复合材料更低的密度和更高的强度，因此具有更高的比强度。几种材料的密度、拉伸强度和比强度见表 7.4。

表 7.4　几种材料的密度和拉伸强度

材料种类	密度/($g\cdot cm^{-3}$)	拉伸强度/MPa	比强度$\times 10^{-3}$/cm
高级合金钢	8.0	1 280	1 600
玻纤增强聚酯树脂	1.80	290	1 610
玻纤增强酚醛树脂	1.80	290	1 610
Kevlar 纤维增强环氧树脂	1.28	1 420	11 094
碳纤维增强环氧树脂	1.55	1 550	10 000

高性能树脂基复合材料的轻质高强特性使其在航空航天等领域得到广泛应用。在航空方面，主要用作战斗机的机翼蒙皮、机身、垂尾、副翼、水平尾翼、雷达罩、侧壁板、隔框、翼肋和加强筋等主承力构件。在航天方面的应用主要有火箭发动机壳体、航天飞机、宇宙飞船和空间站的构件、卫星构件等。用复合材料制造的卫星部件有仪器舱本体、框、梁桁、蒙皮、支架、太阳能电池的基板、天线反射面等。

(2) 耐热性能好

与普通复合材料相比，高性能树脂基复合材料具有更好的耐热性能。由双马来酰亚胺树脂制成的复合材料可以在200 ℃左右长期使用，由聚酰亚胺树脂制成的复合材料可以在300 ℃长期使用，近几年研制成功的甲基二苯乙炔基硅烷(MDPES)树脂基复合材料在500 ℃下仍保持较好的力学性能。因此，高性能树脂基复合材料既可用于制造航空和航天飞行器的耐热构件和热防护材料，也可作为高耐热等级的绝缘材料制造电机、电工和电子产品。

(3) 介电性能好

通过选择树脂基体和增强材料，可以制备低介电损耗角正切的复合材料。这类复合材料的使用温度范围从室温到500 ℃，可以满足不同的应用需要，其中一个主要应用领域是电磁窗材料，如地面雷达罩、机载雷达罩、舰载雷达罩，另一个用途是高频绝缘材料和高性能电子电工材料。

7.2.2　树脂基体

树脂基体是复合材料另一个主要组分材料。在复合材料结构件成型过程中，树脂基体参与化学反应并固化成型为结构。因此，树脂基体固化工艺决定了结构件成型工艺和制造成本。不同树脂体系有不同工艺参数，而不同工艺方法要求不同的树脂体系。

树脂基体的主要作用体现在以下几方面：① 黏结作用，树脂把纤维黏合在一起，可把载荷传给纤维，同时也给复合材料提供刚性和形状；② 隔离作用，树脂把纤维隔离，使纤维各自发挥作用，不相互影响，可以停止或减缓裂纹的扩展；③ 树脂的保护作用，树脂保护增强纤维不受化学侵蚀和机械损坏；④ 定型等作用，树脂可以一次定型生产部件，且提供好的表面粗糙度；⑤ 性能的影响，如延展性、冲击强度等在很大程度上与树脂有关；延展性好的树脂将提高复合材料结构的韧性，如热塑性塑料复合材料具有较高的韧性；⑥ 破坏模式的影响，复合材料的破坏模式颇受树脂基体的影响，如破坏类型与它和纤维的兼容性有关。

高性能树脂应具有高的力学性能和性能保留率、高的耐热性、高的耐化学性(化学惰性如耐氧化、耐水解)等。高性能树脂可分为热塑性树脂和热固性树脂。热固性树脂固化交联之后会形成硬度高、难降解的固体。在固化前，树脂是低分子质量的半固态预聚物，固化开始时预聚物开始熔化、流动，随着固化反应进行，树脂的相对分子质量逐渐增加，体系黏度逐渐增加，直到树脂凝胶化和交联为止。高性能热固性树脂体系具有高的交联密度，固化后的树脂质脆，需进行增韧改性处理。热塑性树脂是高分子质量的材料，高温加工时熔化、流动，但不会发生交联反应。热塑性树脂的分子主链通过较弱的次级键相互作用，树脂体系黏度比热固性树脂体系高几个数量级。热塑性树脂可以被反复加工，而热固性树脂因其交联结构而不能被再次热成型加工，如果加热温度过高，树脂将会分解甚至碳化。热塑性树脂的再次加工次数也受到一定限制，因为树脂的成型温度十分接近其分解温度，多次加工会导致树脂分解，有些情况下还会发生交联。两种树脂力学性能的对比见表7.5。

表 7.5　热固性树脂和热塑性树脂力学性能对比

树　脂		力学性能					
		拉伸强度/MPa	拉伸模量/GPa	断裂伸长率/%	弯曲强度/MPa	弯曲模量/GPa	Ⅰ型层间断裂韧性 $G_{IC}/(kJ\cdot m^{-2})$
热塑性树脂	聚醚砜(PES)	84	2.6	40～80	129	2.6	1.9
	聚醚醚酮(PEEK)	103	3.8	40	110	3.8	2.0
	聚醚酮酮(PEKK)	102	4.5	—	—	4.5	1.0
	聚醚酰亚胺(PEI)	104	3.0	30～60	145	3.0～3.3	2.5
	聚酰胺酰亚胺(PAI)	136	3.3	25	—	—	3.4
	聚苯硫醚(PPS)	82	4.3	3.5	96	3.8	0.2
	聚苯并咪唑(PBI)	160	5.8	3	145	3.4	—
热固性树脂	氰酸酯(Arocy B)	88.2	3.17	3.2	173.6	3.1	0.14
	改性双马树脂(5245C)	83	3.3	2.9	145	3.4	0.2
	环氧树脂(TGDDM/DDS)	59	3.7	1.8	903.1	3.5	—

1. 热固性树脂

高性能热固性树脂是主要的复合材料树脂基体，是带有高活性基团的低分子量的聚合物或预聚物或低聚物，多数通过缩聚反应来合成。该类树脂在一定条件下(如热、辐射等)易交联反应形成体型结构。一般情况下，热固性树脂在交联反应过程中没有挥发性副产物产生，且一旦交联就不熔、不溶，形成的体型交联结构赋予材料优异的耐热性能和力学性能，使之可在恶劣环境下长期使用。热固性树脂的优势有：分子量低，常温下是低熔点固体或液体，黏度低，加工成型工艺性好；其固化树脂耐溶剂性、耐蠕变性能优异，且尺寸稳定。热固性复合材料的不足之处有：预浸料需冷藏，贮存期短；加工周期长；不可循环利用；固化树脂脆性大，不耐冲击；修复难。热固性树脂包括酚醛树脂(PF)、环氧树脂(EP)、双马来酰亚胺(BMI)、氰酸酯树脂(CE)、PMR 树脂、BCB 树脂等。表 7.6 列出了不同热固性树脂基的性能特点。目前航空结构中使用的复合材料绝大多数采用环氧、双马、聚酰亚胺等热固性树脂作为基体。

表 7.6　热固性树脂基体的性能特点

热固性树脂	特　点
不饱和聚酯树脂	商业应用广泛，价格相对低，加工流动性好，应用于连续或非连续纤维增强复合材料
乙烯基酯树脂	与不饱和聚酯树脂相似，但具有相对好的韧性和吸湿稳定性
环氧树脂	用作连续纤维增强复合材料的高性能基体，可在 121～135 ℃范围内使用，耐高温性能优于不饱和聚酯树脂和乙烯基酯树脂
双马来酰亚胺树脂	在 135～175 ℃温度范围内使用的耐高温树脂基体，加工方式与环氧树脂类似，需要在高温下进行后固化处理
氰酸酯树脂	韧性介于双马来酰亚胺和环氧树脂之间，可用作双马来酰亚胺和环氧树脂的潜在替代物
聚酰亚胺树脂	在 260～315 ℃温度范围内使用的耐高温树脂，非常难加工
酚醛树脂	具有良好的阻烟和阻燃性能的耐高温树脂，广泛用作飞机内衬材料，难加工

(1) 环氧树脂(EP)

环氧树脂是开发最早、应用最广的高性能树脂基体。自20世纪70年代发展至今,树脂体系也由最早的脆性较大的基础环氧体系发展至高韧性的环氧体系,复合材料的抗冲击性能大幅提高,由不到200 MPa提高到300 MPa以上。环氧树脂基体具有工艺性能好、耐腐蚀、耐温较好(使用温度小于150 ℃)、韧性好等特点,广泛应用于大型飞机、直升机、通用航空和歼击机等飞行器,尤其是在对材料的耐温等级要求不太高的结构中,基本以环氧树脂基复合材料为主。

高性能环氧树脂具有力学性能好、耐热性好、黏附力强、收缩率低、尺寸稳定性好等优点。高性能环氧树脂固化物较好的耐热性能及优异的综合性能,可用作耐高温复合材料的基体树脂及耐高温黏合剂、涂料、浇铸料等,广泛用于航空航天、电机、电工、电子、化工、汽车等工业部门。在航空航天领域中应用的环氧树脂主要有两种:一种是双酚A环氧甘油醚(DGEBA),广泛应用于纤维缠绕、拉挤成型以及一些胶黏剂;另一种是四缩水甘油基二氨基二苯甲烷环氧树脂(TGMDA),是商用环氧树脂基复合材料的主要成分。

飞行器结构用环氧树脂按其固化温度的不同可分为中温固化(固化温度为120～150 ℃)和高温固化(固化温度150 ℃以上)两类。中温固化环氧树脂固化温度较低、成型周期短,但使用温度也较低,一般为湿态70 ℃以下、干态90 ℃以下。高温固化环氧树脂固化温度较高,成型周期长,但使用温度较高,一般为湿态100～130 ℃以下、干态150 ℃以下。国外航空复合材料的应用分析表明,大型飞机和低超声速歼击机承力结构主要使用高温固化环氧树脂基复合材料,而直升机和通用航空主要使用中温固化环氧树脂基复合材料。

(2) 双马来酰亚胺(BMI,双马树脂)

开发双马来酰亚胺树脂(BMI)是为了填补环氧树脂和聚酰亚胺树脂之间的使用温度断层。双马来酰亚胺树脂具有良好的耐湿热、耐高温、吸湿率低和线胀系数小等优点,克服了环氧树脂耐热性相对较低的缺点,且具有较好的工艺性,因此得到了迅速发展和广泛应用。

(3) 聚酰亚胺(PI)

聚酰亚胺是一类高温树脂基体材料,使用温度可高达260～315 ℃。聚酰亚胺树脂可以是热塑性树脂或热固性树脂。聚酰亚胺树脂比环氧树脂和BMI更难加工,需要高的加工温度、长固化周期以及更高的压力。耐高温聚酰亚胺树脂作为目前耐热等级最高树脂基体,一直被西方工业国家作为航空航天的关键性基础材料给予持续的重点资助和支持。NASA先后研发第一代耐320 ℃、第二代耐370 ℃和第三代耐420 ℃的三个耐热等级的聚酰亚胺树脂。一代和二代的聚酰亚胺复合材料已在导弹的弹体、进气道、整流罩等结构上成功应用。国内先后研制成功了第一代耐320 ℃、第二代耐370 ℃和第三代耐420 ℃聚酰亚胺树脂,且一代和二代复合材料也已得到成功应用。

(4) 氰酸酯树脂(CE)

氰酸酯树脂具有耐热性好、低吸水率、低介电常数和介电损耗、成型收缩率低、尺寸稳定性好等优点,通常用在要求材料具有低介电损耗的领域里,比如天线和天线罩。目前国外Hexceltencate、ACC、Cytec等均形成了氰酸酯及其预浸料的系列化、规模化生产。氰酸酯复合材料已全面替代空间环境用环氧树脂复合材料,应用于卫星结构材料,目前已应用的型号有GPS、LM700、A2100等。此外,美国海军实验室采用EX1515氰酸酯复合材料体系制造了全复合材料可见光空间望远镜,并进行了光学和结构等方面的试验工作。

国内在氰酸酯树脂方面的研究始于20世纪90年代，经过近20余年的发展已经取得了一定的研究成果。北京卫星制造厂已将双酚A型氰酸酯树脂应用于多个卫星的承力板、结构筒、天线、太阳翼基板等构件。航天材料及工艺研究所研制的改性氰酸酯树脂体系适合热熔法制备预浸料，力学及介电性能优良，适于高性能透波材料等，已经得到应用；该所研制的二烯丙基双酚A和二苯甲烷型双马来酰亚胺改性的氯酸酯树脂可作为高温透波复合材料树脂基体使用。

2. 热塑性树脂

热塑性树脂是线型高分子量聚合物，能熔能溶。一般来说，高性能热塑性树脂分子主链中含有芳杂环结构，大多由缩聚反应合成，其链段的刚性很大，因而具有高的玻璃化转变温度、良好的耐热性和高温性能保持率。热塑性树脂具有可熔融焊接、可修复、可循环利用、加工周期短、高韧性(耐冲击)、预浸料不需冷藏、储存期长等特点。但是由于热塑性树脂分子量比较高，其熔点和熔体黏度均比较高，加工困难，成型工艺性差；更值得注意的是热塑性树脂不具有体型结构，在使用过程中易出现蠕变现象等，耐蠕变性能差；此外，易受溶剂攻击，耐溶剂性差。典型的高性能热塑性树脂包括热塑性聚酰亚胺(PI)、聚醚酰亚胺(PEI)、聚酰胺(PA)、聚醚醚酮(PEEK)、聚醚酮酮(PEKK)、聚醚砜(PES)、聚苯硫醚(PPS)、聚苯并咪唑(PBI)等。目前，应用到航空领域的热塑性树脂主要是耐高温、高性能的树脂基体：聚醚醚酮(PEEK)、聚苯硫醚(PPS)、聚醚酰亚胺(PEI)。

热塑性树脂的优点包括：质量轻、成本低、高比强度和硬度、增强振动阻尼和声音衰减、增强冲击损伤容限(动能吸收)、设计自由度高、能够模塑成型复杂几何形状和结构、优良的剪切和断裂强度、可调的导热性、可回收性、具有电磁屏蔽能力、在恶劣环境和无害环境的稳定性/耐久性。

(1) 聚醚醚酮树脂(PEEK)

聚醚醚酮树脂是一种半晶态芳香族热塑性聚合物，主链由聚芳醚酮的重复单元组成。PEEK的熔点为334 ℃，玻璃化转变温度为143 ℃。聚醚醚酮树脂的性能特点有：极高的耐热性、优良的力学性能及尺寸稳定性、优良的耐化学药品性、耐水解性好、耐γ辐射能力强、优良的耐摩擦和耐磨损性能、阻燃性能好。

PEEK树脂可采用注射成型、挤出成型、模压成型及粉末涂装等进行制备。其密度小，加工性能好，可以代替铝和其他金属材料直接加工制造各种飞机零部件。它还具有良好的耐水浸蚀性能，可用于制造飞机外部零件。PEEK树脂具有优良的阻燃性，燃烧时的发烟量和有毒气体的释放量很少，能有效降低火灾的危害程度，因此常用来制造飞机内部零件。

(2) 聚苯硫醚树脂(PPS)

聚苯硫醚是高分子主链中含有苯硫醚结构单元的热塑性树脂，商品名为Ryton。随着合成工艺的改进和加工技术的发展，PPS树脂的应用更加令人关注。通过用各种长纤维(如玻璃纤维、碳纤维、芳纶纤维、硼纤维)增强高分子量PPS基体，可形成种高性能、抗冲击的先进的PPS热塑性复合材料。这些新型的复合材料与传统的热固性复合材料相比，具有优异的力学性能、耐高温性、耐腐蚀性、耐化学侵蚀性、内在阻燃性、优良的加工性和高的抗损坏性。

用玻璃纤维、碳纤维、芳纶纤维、硼纤维增强高分子量PPS树脂制作的热塑性复合材料已在飞机、火箭、人造卫星等得到应用，如大型客机的涡轮发动机涂层，飞机行李架、坐椅骨架、机舱护墙等，导弹外壳的燃烧层及导弹垂直尾翼部件等。

（3）聚醚酰亚胺树脂（PEI）

聚醚酰亚胺是一种非结晶性热塑性聚酰亚胺。聚醚酰亚胺既有聚酰亚胺的高性能，与通用热塑性工程塑料一样的良好成型加工性能，又有优良的力学性能、耐热性、电性能和阻燃性，还可以方便地使用注射、挤出、吹塑等方法成型加工。

聚醚酰亚胺树脂基复合材料的力学性能（包括拉伸、弯曲性能）与环氧树脂、双马树脂等复合材料基本相当，而剪切性能与压缩性能有一定差距。聚醚酰亚胺树脂可用于制备高性能纤维增强树脂基复合材料，并用于航空结构件的制造。

7.2.3　增强材料

1. 增强材料的分类

增强材料是复合材料中能提高基体力学性能的组分，是复合材料的重要组成部分，可以起到提高基体的强度、韧性、模量、耐热、耐磨等性能的作用。作为复合材料的增强材料应具有的基本特性有：① 能明显提高基体某种所需特性的性能，如高比强度、比模量、高热导率、耐热性、耐磨性、低热膨胀性等，以便赋予树脂基体某种所需的特性和综合性能。② 良好的（化学）稳定性。在复合材料制备和使用过程中，组织结构和性能不发生明显的变化和退化，与基体有良好的化学相容性，不发生严重的界面化学反应。③ 与基体有良好的润湿性，或通过表面处理后能与基体良好地亲和，以保证增强材料与基体良好地复合和均匀地分布。

从物理形貌上，增强材料一般有纤维类、颗粒类和晶须类。连续长纤维分为单丝和束丝，纤维性能有方向性，一般沿轴向有很高的强度和弹性模量。连续纤维制造成本高、性能高，主要用于高性能复合材料。短纤维连续长度一般只有几十毫米，排列无方向性，其性能一般比长纤维低。

2. 常用增强材料

常用高性能增强材料有高性能玻璃纤维、碳纤维、硼纤维、陶瓷纤维、芳纶纤维、超高分子量聚乙烯纤维等，其中玻璃纤维、碳纤维、芳纶纤维在复合材料行业应用最广泛、用量最大。

飞机结构上应用的增强纤维有碳纤维、芳纶、玻璃纤维和硼纤维等。碳纤维由于其性能好、纤维类型和规格多、成本适中等因素，在飞机结构上应用最广。芳纶性能虽然尚佳，但在湿热环境下性能明显下降，一般不用作飞机主承力结构，多与碳纤维混杂使用。玻璃纤维由于模量低，仅用于次要结构（整流罩、舱内装饰结构等），但其电性能、透波性适宜制作雷达罩等。硼纤维因纤维直径太大、刚硬，成型和加工性不好，价格又十分昂贵，故应用十分有限。

（1）玻璃纤维

玻璃纤维是目前使用量最大的一种复合材料的增强材料。玻璃纤维具有不燃、耐热、电绝缘、拉伸强度高、化学稳定性好等优良性能，是现代工业和高技术不可缺少的基础材料。早在20世纪60年代初期，玻璃纤维复合材料就已成为火箭发动机壳体、高压容器、雷达天线罩以及飞机和火箭上的承力构件。

玻璃纤维由二氧化硅和铝、钙、硼等元素的氧化物以及少量的加工助剂氧化钠和氧化钾等原料熔炼成玻璃球，然后在坩埚内将玻璃球熔融拉丝而成。玻璃纤维的化学成分主要是二氧化硅、三氧化硼，它们对玻璃纤维的性质起决定性的作用

玻璃纤维的拉伸强度很高，但是扭转强度和剪切强度均较其他纤维低很多。与碳纤维和有机纤维相比，玻璃纤维有优良的氧化稳定性，但其强度随温度升高而降低。玻璃纤维在

200～250 ℃范围内强度无明显变化，超过 250 ℃强度则显著下降，在 400 ℃经 24 h 后，强度下降一半。由于玻璃纤维熔融温度高达 1 200 ℃，所以其具有短期耐高温性。

由于高强玻纤（S 纤维）具有高的强度、低的导热系数和高的短期耐热性，特别适宜作为耐烧蚀和绝热的结构复合材料，而无碱玻纤（E 纤维）和低介电 D 纤维由于有极低的介电损耗正切角，适宜作为透波结构复合材料。另一种耐高温的高硅氧玻璃纤维，也是航天工程弹头和固体发动机中常用的耐烧蚀增强剂，用它增强的酚醛基复合材料是优良的烧蚀防热材料。

（2）碳纤维

碳纤维是一种含碳量在 90%以上不完全石墨结晶化的纤维状碳素材料，既具有一般碳素材料低密度、耐高温、耐腐蚀、导电、导热等特点，又具各向异性、轴向拉伸强度和模量高、成丝状柔软、可制造加工的特点。表 7.7 中列出了碳纤维和石墨纤维的基本性能。

表 7.7 碳纤维和石墨纤维的基本性能

基本性能	碳纤维				石墨纤维	
	通用型	T-300	T-1000	M-40J	通用型	高模型
密度/($g \cdot cm^{-3}$)	1.70	1.76	1.82	1.77	1.80	1.81～2.18
拉伸强度/MPa	1 200	3 530	7 060	4 410	1 000	2 100～2 700
比强度$\times 10^{-6}$/cm	7.1	20.1	38.8	24.9	5.6	9.6～14.9
拉伸模量/GPa	48	230	294	377	100	392～827
比模量$\times 10^{-8}$/cm	2.8	13.1	16.2	21.3	5.6	18.0～45.7
断裂伸长率/%	2.5	1.5	2.4	1.2	1.0	0.5～0.27
电阻率$\times 10^{-3}$/($\Omega \cdot cm$)	—	1.87	—	1.02	—	0.89～0.22
热膨胀系数$\times 10^{6}$/K^{-1}	—	−0.5	—	—	—	−1.44
热导率/($W \cdot m^{-1} \cdot K^{-1}$)	—	8	—	38	—	84～640
含碳质量分数/%	90～96				>99	

1980 年以来，国外碳纤维的品种和性能有了较大发展，高强碳纤维从 T300、IM7IM8，发展到 T700、T1800、T1000，并已开始工程应用；高模碳纤维也从 M40 发展到 M55J、M60J，品种逐渐丰富。多种品级的碳纤维满足了不同的需求，为航天先进复合材料的广泛应用奠定了坚实的基础。目前对碳纤维的研究主要集中于提高模量和强度、降低制造成本。美国建成微波碳化试验线，使碳纤维的生产成本降低约 20%。

近些年来，我国的碳纤维用量已占全球总用量的 20%以上，有些牌号已经可以批量生产。目前 T300 级国产碳纤维已应用于主承力部件。大量应用研究表明，国产 T300 级碳纤维的单丝拔脱性能、弯曲及层间剪切性能均达到了 T300 水平，破坏后界面的微观形貌相近，界面黏接强度较高，能够满足层合板及结构件成型工艺要求，工艺稳定性较好。

（3）芳纶纤维

芳纶一般是指芳香族聚酰胺纤维，国外名 Kevlar（凯夫拉），最初由美国杜邦公司于 1965 年研制成功。芳纶纤维有两大类：全芳族聚酰胺纤维和杂环芳族聚酰胺纤维。芳纶纤维的种类繁多，但是聚对苯二甲酰对苯二胺（PPTA）纤维（全芳族聚酰胺纤维的一种）作为复合材料的增强材料应用最多。

芳纶的优点主要有：强度高(约2 800～3 700 MPa，为一般钢的5倍)；密度小，为1.45 g/cm^3，只有钢的1/5；弹性模量很高；耐热、耐寒(在－196～182 ℃范围内的性能及尺寸变化不大)；受热时不燃烧、不熔化，温度再高则直接碳化；耐辐射、耐疲劳和耐腐蚀。芳纶纤维的主要缺点是易吸湿，在阳光下受紫外线的辐射其强度会衰减。

由于芳纶纤维的比强度、比模量优于高强度玻璃纤维，因此可作为航空、航天用复合材料的增强材料。美国的"和平保卫者"MX陆基机动洲际导弹的三级发动机和新型潜地"三叉戟Ⅱ"(D5)导弹的第三级发动机都采用了Kevlar纤维增强的环氧树脂缠绕壳体。苏联的"手术刀"SS-24、"白杨"SS-25机动洲际导弹各级固体发动机也都采用了芳纶壳体。芳纶-环氧复合材料还大量用作飞机制造的材料，如飞机的发动机舱、中央发动机整流罩、机翼与机身整流罩、挂架整流罩、方向舵和升降舵后缘、应急出口门和窗等。

7.2.4　在航空航天领域的应用

树脂基复合材料具有高比强度和比模量、抗疲劳、耐腐蚀、可设计性强、便于大面积整体成型以及具有特殊电磁性能等特点。国外的树脂基复合材料减重效率在25%以上。在航空工业制造过程中，树脂基复合材料主要用于制造飞机机翼、机身、发动机外涵道等，还可以用来制作发动机喷管的烧蚀防热材料和雷达天线罩等。民用飞机的应用部位以次结构(如整流罩、固定翼和尾翼口盖壁板、发动机罩)以及飞机控制面(如副翼、升降舵、方向舵和扰流片)为主。在A380机型中，飞机的尾椎、平尾、非承压机身、起落架舱门、中央翼盒、机翼等多种结构所用的复合材料都来源于树脂基复合材料。战斗机中，已应用部位几乎遍布飞机的机体，包括垂直尾翼、水平尾翼、机身蒙皮以及机翼的壁板和蒙皮等。表7.8所列为树脂基复合材料在部分军机上的应用。

表7.8　树脂基复合材料在部分军机上的应用

机　型	使用部位	用量/%
F-14	平尾蒙皮、水平安定面等	0.8
F-15	垂尾及平尾蒙皮、方向舵、减速板等	1.6
F-16	垂尾，方向舵，平尾蒙皮等	3.4
幻影2000	垂尾蒙皮、方向舵、副翼、起落架舱门等	7
F-18	垂尾、平尾、减速板、操纵面、机翼等	12
AV-8B	机翼蒙皮、翼盒，前机身、平尾等	26
阵风	中机身、蒙皮、鸭翼、机翼、垂尾、副翼等	24
JAS-39	前机身、进气道鸭翼、机翼垂尾等	25～30
EF-2000	机身、机翼、垂尾、方向舵等	35～40
F-22	机身、机翼、襟翼、垂尾、副翼等	24
MFI	机身，机翼，鸭翼、控制面等	40左右
F-35	机身、机翼、进气道、操纵面、副翼、垂尾等	26

复合材料在直升机结构中应用更广、用量更大，军用、民用和轻型直升机均大量应用碳纤

维复合材料。复合材料用量已达到结构质量的40%～60%。不仅机身结构，而且由桨叶和桨毂组成的升力系统、传动系统也大量采用树脂基复合材料，如图7.4所示。20世纪50年代，美国波音公司首先将复合材料用于旋翼飞机整流罩，并在20世纪70年代为CH-47直升机制造了第一批复合材料旋翼叶片。20世纪80年代生产的海豚直升机，复合材料用量占结构质量的25%。美国武装直升机科曼奇(RAH66)的复合材料使用量约为50%，复合材料主要应用部位包括尾旋翼护罩、主旋翼和尾旋翼叶片、排气门、下部尾锥、穹顶以及垂直和水平稳定器。欧洲NH-90直升机的复合材料使用量达到80%。V-22旋翼机中的机舱、机翼、机身蒙皮、尾翼、整流罩和门等大量采用了碳纤维/玻璃纤维复合材料，用量约为机身质量的50%。

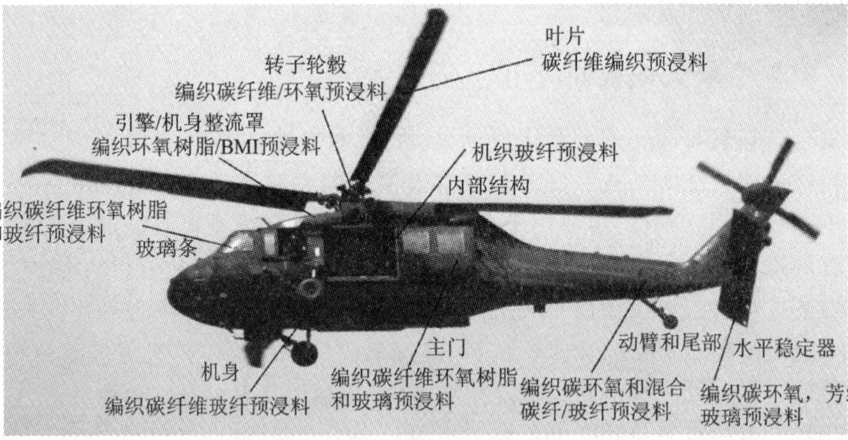

图7.4　碳纤维在直升机上的应用

树脂基复合材料在大涵道比发动机上的帽罩前锥、风扇转子叶片、风扇机匣及包容环、风扇出口导流叶片、风扇静子叶片、发动机短舱及反推装置、消音结构等部件上得到广泛应用。近些年美国通用电气公司(GE)、美国普拉特·惠特尼公司(P&W)、英国罗尔斯·罗伊斯公司(R·R)等在树脂基复合材料发动机部件应用方面取得了较大进展。以普·惠公司为例，1970年首先在JT9D发动机上使用玻璃纤维/环氧树脂复合材料制备了风扇整流锥，在1981年用芳纶纤维/环氧树脂复合材料制备了JT9D-TR4发动机整流锥，之后树脂基复合材料被大量应用于普·惠发动机上。

早在20世纪70年代，罗·罗公司就开始尝试将碳纤维树脂基复合材料应用于RB211发动机。20世纪90年代通用电气公司选取美国赫氏公司Hexply8551-7韧性环氧树脂为基体，IM7碳纤维为增强纤维，采用单向预浸料模压工艺制备GE90发动机进气风扇叶片。这标志着从20世纪60、70年代罗·罗公司的RB211发动机、GE公司的TF90发动机开始，采用复合材料风扇叶片不能通过抗鸟撞击试验的历史成为过去。1995年，装配树脂基复合材料风扇叶片的GE90-94B发动机正式投入商业运营，标志着树脂基复合材料在现代高性能航空发动机上正式实现工程化应用。目前，国外已进行商业化应用的复合材料风扇叶片的主要代表有为波音B777配套的GE90系列发动机，为波音B787配套的GEnx发动机，还有为中国商飞大飞机配套的LEAP-X发动机。

发动机的帽罩前锥属于非承力结构件，是航空发动机上最先使用复合材料制造的部件之一，使用复合材料制造的风扇帽罩可以提供更轻的质量、简化的防冰结构、更好的耐蚀性以及更优异的抗疲劳性能。CFM56、V2500、PW4000、PW6000 等系列发动机都较早采用了树脂基复合材料前锥以减轻发动机质量。

风扇机匣是航空发动机最大的静止部件，它的减重将会直接影响航空发动机的推重比与效率。早期风扇机匣多采用铝合金、钛合金或高强度合金钢制造，以增加结构厚度，提高包容效果。国外 OEM 率先将芳纶干纤维织物应用于风扇机匣，实现软包容。欧美国家现役的大涵道比发动机的包容环基本采用相似的结构，即在铝制机匣壳体外侧用树脂基复合材料加强包容性。伴随着 GE90 系列发动机复合材料风扇叶片的成熟使用，在后续 GEnx 型发动机上 GE 公司研发了全复合材料风扇机匣。法国赛风集团旗下斯奈克玛公司也采用了增强纤维 3D 编织技术及树脂传递模塑工艺制备了 LEAP 系列发动机复合材料风扇机匣。

目前在航空中应用最为广泛的是碳纤维增强树脂基复合材料，由于其具有复合材料所有的优点，而且其低成本制造技术发展较快，所以碳纤维增强树脂基复合材料已成为航空航天等尖端领域较为成熟的复合材料。碳纤维复合材料在民用客机上用量的增加，可以有效减重，降低飞行成本。

7.3　金属基复合材料

7.3.1　金属基复合材料的特点

金属基复合材料（Metal Matrix Composites，MMCs）与其他复合材料类似，由至少两种化学与物理不同的相组成，可获得任何单相所不具备的优异性能。一般来说，金属基复合材料是以陶瓷（长纤维、短纤维、晶须、颗粒）或金属（丝、析出物）为增强体，金属/合金（如铝、镁、钛、镍、铁、铜及新型合金）为基体材料复合而成的。金属基复合材料其实已在日常生活中的诸多领域得到应用，如最为常见的含石墨碳的铸铁、含碳化物的钢及硬质合金等，均由碳化物和金属基体构成，都可以认为是典型的金属基复合材料。实际上，一般所指的金属基复合材料主要是以铝、镁、钛等轻金属/合金为基体的一类先进金属基复合材料。

相比金属或合金，金属基复合材料具有比强度和比刚度更高、尺寸更加稳定、高温性能和疲劳性能更好等特点；相比聚合物基复合材料，金属基复合材料具有高强度和刚度、更高的服役温度、良好的导电性和热导率、更好的连接性能、优异的抗辐照性能以及低的环境污染性能（无脱气或者水分吸收）等优势；相比陶瓷材料，金属基复合材料又具有高的韧性和抗冲击性能。因此，金属基复合材料得到了令人瞩目的发展，成为各国高新技术研究开发的重要领域。

一般而言，金属基复合材料的性能取决于所选用金属或合金基体和增强体的特性、含量、分布等。通过优化组合可获得既具有金属特性，又具有高比强度、高比模量、耐热、耐磨等综合性能的复合材料。金属基复合材料有以下性能特点。

(1) 高比强度、高比模量

由于在金属基体中加入了适量的高强度、高模量、低密度的纤维、晶须、颗粒等增强体，明显提高了复合材料的比强度和比模量，如图 7.5 所示，特别是高性能连续纤维，如硼纤维、碳（石墨）纤维、碳化硅纤维等，具有很高的强度和模量。密度只有 1.85 g/cm^3 的碳纤维的最高强度可达到 7 000 MPa，比铝合金强度高出 10 倍以上。石墨纤维的模量为 230～830 GPa。硼纤维密度为2.4～2.6 g/cm³，强度为2 300～8 000 MPa，模量为350～450 GPa。碳化硅纤维密度为2.5～3.4 g/cm³，强度为3 000～4 500 MPa，模量为350～450 GPa。加入30%～50%的高性能纤维作为复合材料的主要承载体，复合材料的比强度、比模量成倍地高于基体合金的比强度和比模量。因此，用高比强度、高比模量复合材料制成的零件质量小、刚性好、强度高，是航天、航空技术领域中理想的结构材料。

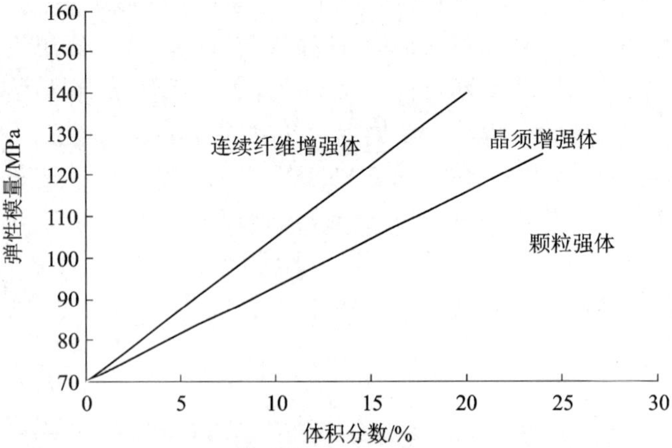

图7.5 某MMCs不同增强体类型对材料弹性模量的影响

(2) 导热、导电性能

金属基复合材料中金属基体占有很高的体积分数，一般在60%以上，因此仍保持金属所特有的良好导热性和导电性。良好的导热性可以有效地传热，减小构件受热后产生的温度梯度，这对尺寸稳定性要求高的构件和高集成度的电子器件尤为重要。良好的导电性可以防止飞行器构件产生静电聚集。

在金属基复合材料中采用高导热性的增强体还可以进一步提高金属基复合材料的热导率，使复合材料的热导率比纯金属基体的还高。为了解决高集成度电子器件的散热问题，现已研究成功的超高模量石墨纤维、金刚石纤维、金刚石颗粒增强的铝基及铜基复合材料的热导率在常温下比纯铝、铜的还高。用它们制成的集成电路底板和封装件可迅速地把热量散去，提高集成电路的可靠性。

(3) 热膨胀系数小，尺寸稳定性好

金属基复合材料中所用的碳纤维、碳化硅纤维、硼纤维、晶须、颗粒等增强体既具有很小的热膨胀系数，又具有很高的模量，特别是高模量、超高模量的石墨纤维具有负的热膨胀系数。加入相当含量的增强体不仅大幅度提高材料的强度和模量，也使其热膨胀系数明显下降，同时还可通过调整增强体的含量获得不同的热膨胀系数，从而满足各种工况要求。如石墨纤维增强镁基复合材料，当石墨纤维的体积分数达到48%时，复合材料的热膨胀系数为零，即在温度变化时，使用这种复合材料制成的零件不会发生热变形，这对人造卫星构件特别重要。

(4) 良好的高温性能

由于金属基体的高温性能比聚合物高很多，增强纤维、晶须、颗粒在高温下又都具有很高的高温强度和模量，因此金属基复合材料具有比基体金属更高的高温性能。在复合材料中，纤维起着主要的承载作用，纤维强度在高温下基本不下降，可保持到接近金属熔点，并比金属基体的高温性能高许多。如钨丝增强耐热合金，其 1 100 ℃、100 h 下高温持久强度为 207 MPa，而基体合金的高温持久强度只有 48 MPa。又如石墨纤维增强铝基复合材料，在 500 ℃高温下仍具有 600 MPa 的高温强度，而铝基体在 300 ℃时其强度已下降到 100 MPa 以下。因此，金属基复合材料用在发动机等高温零部件上，可大幅度提高发动机的性能和效率。总之，由金属基复合材料做成的零构件比金属材料、聚合物基复合材料零件能在更高的温度条件下使用。

(5) 耐磨性好

金属基复合材料，尤其是陶瓷纤维、晶须、颗粒增强的金属基复合材料具有很好的耐磨性。这是由于在基体金属中加入了大量的陶瓷增强体，特别是细小的陶瓷颗粒所致。陶瓷材料硬度高、耐磨、化学性质稳定，用它们来增强金属不仅提高了材料的强度和刚度，也提高了复合材料的硬度和耐磨性。图 7.6 是 $Al_2O_3 \cdot SiO_2$ 颗粒增强铝基复合材料的耐磨性与基体材料和铸铁耐磨性的比较，可见复合材料的耐磨性比铸铁的还好，比基体金属的高出几倍。高耐磨性复合材料在航空及一般机械工业中有很好的应用前景，可用于航空发动机、汽车发动机、制动盘、活塞等重要零件，能明显提高零件的性能和寿命。

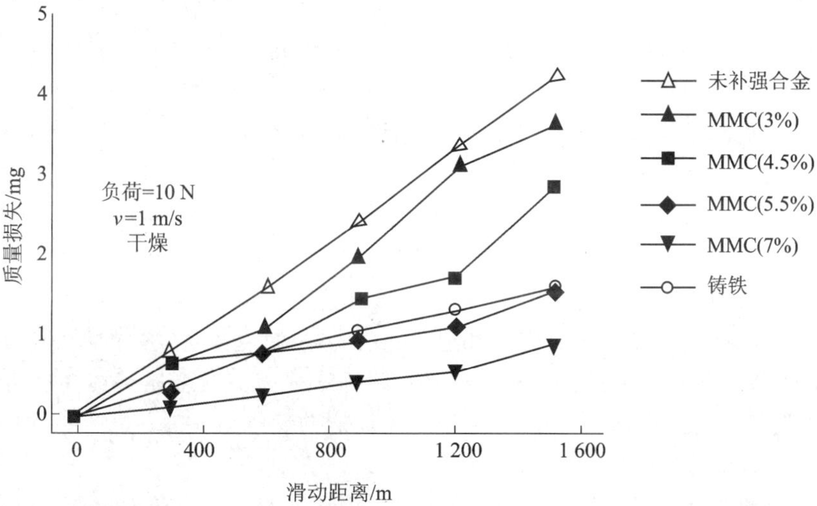

图 7.6　$Al_2O_3 \cdot SiO_2$/Al 复合材料的耐磨性与体积分数的关系

(6) 良好的疲劳性能和断裂韧度

金属基复合材料的疲劳性能和断裂韧度取决于纤维等增强体与金属基体的界面结合状态，即增强体在金属基体中的分布及金属、增强体本身的特性，特别是界面状态。最佳界面结合状态既可有效地传递载荷，又能阻止裂纹的扩展，提高材料的断裂韧度。据美国宇航公司报道，C/Al 复合材料的疲劳强度与抗拉强度比为 0.7 左右。硼纤维增强铝基复合材料，铝合金本身的 K_{IC} 为 37 MPa · $m^{1/2}$，当硼纤维以 0°、90°和 0°/90°取向排列时，得到的 K_{IC} 值分别为 100 MPa · $m^{1/2}$、34 MPa · $m^{1/2}$ 和 61～63 MPa · $m^{1/2}$。

(7) 不吸潮，不老化，气密性好

与聚合物相比，金属性质稳定、组织致密，不存在老化、分解、吸潮等问题，也不会发生性能的自然退化，这比聚合物基复合材料优越，在空间使用时，也不会分解出低相对分子质量的分子物质来污染仪器和环境，有明显的优越性。

总之，金属基复合材料由于具有高比强度、高比模量、良好的导热性、导电性、耐磨性、高温性能、低的热膨胀系数、高的尺寸稳定性等优异的综合性能，在航空、航天、电子、汽车等领域均具有广泛的应用前景。

7.3.2 金属基复合材料增强体

增强体在复合材料中通常起增强增韧，改善耐热、耐磨性等力学性能的作用。对于金属基复合材料，由于其制备及加工温度较高，为了避免基体材料和增强体材料产生不良界面反应，不仅要求增强体材料具有良好的力学性能，有较高熔点和化学稳定性，而且要和基体材料有良好的润湿性。随着材料制备技术的不断发展和新材料的不断出现，可用于金属基复合材料增强体的材料范围不断扩大。

按形态，可将增强体分为连续类增强体和非连续类增强体。连续类增强体包括纤维和骨架，非连续类增强体则包括晶须、颗粒及其他新型增强体。常见的纤维增强体主要有碳（石墨）纤维、碳化硅纤维、氧化铝纤维、硼纤维和金属丝等；骨架增强体是近年发展起来的一种有效的增强体结构形式，常见的骨架增强体有碳化硅、氮化硅等陶瓷类及少数高熔点金属类；晶须增强体主要有碳化硅和氧化铝等；颗粒增强体主要有碳化硅及碳化钛等。此外，随着材料制备技术的不断发展，新型增强体材料如碳纳米管、石墨烯也逐渐进入了人们的研究视野。为了合理选用增强体材料，设计制备高性能金属基复合材料，需要对各种增强体的结构、性能、制造方法有基本认识和了解。本节将在普及各种传统增强体结构、性能及制备工艺等的基础上，进一步介绍一些新型增强体材料的发展情况。

作为金属基复合材料的增强体，一般应具有的基本特点有：① 具有某一种或几种良好的性能特点，如高的比强度和比模量，良好的导热性、耐热性、耐磨性及低膨胀性等，可明显提高金属基体所需的某种特性或综合性能。② 具有良好的化学稳定性，保证在制备和使用过程中材料的组织结构和性能不发生明显变化和退化。③ 与金属基体有良好的浸润性，或通过表面处理，能与金属基体良好浸润、复合和分布均匀，并且增强体应与金属基体具有良好的化学相容性，不发生有害的界面反应，不生成有害于材料性能的反应物。

1. 纤维类连续增强体

纤维类连续增强体按其长度，可分为长纤维和短纤维两种。长纤维的长度以米为单位，排列及性能有方向性。通常，长纤维沿轴向有很高的强度和弹性模量。常见的长纤维有碳纤维、氧化铝纤维、碳化硅纤维、氮化硅纤维、硼纤维等。连续长纤维制造成本高，性能好，主要用于制备高性能复合材料，具有各向异性的力学特点。短纤维的长度则在几毫米到几十毫米之间，排列无方向性，通常采用生产成本低、生产效率高的喷射方法制造。主要的短纤维有硅酸铝纤维（又称耐火棉）、氧化铝纤维、碳纤维、碳化硼纤维等，制成的复合材料无明显各向异性。用于金属基复合材料的常见纤维增强体的性质见表 7.9。

(1) 碳纤维

碳纤维是由有机纤维经碳化及石墨化处理得到的微晶石墨材料，含碳量通常在 90%以上，直径一般为 5～10 μm。碳纤维的起源可追溯到 19 世纪后期，爱迪生用碳丝制作灯泡的灯丝，从而发明了电灯，带来了光明，但随后碳丝被钨丝所取代，这使得碳丝一度退出了历史舞台。直到 20 世纪 50 年代，为了解决战略武器材料的耐高温和耐烧蚀问题，碳纤维再次进入人们的视野，并自此后在材料科学领域掀起了研究与开发热潮，各种有机纤维均被用来尝试制备碳纤维。中国对碳纤维的研究开始于 20 世纪 60 年代，80 年代开始研究高强型碳纤维。

表 7.9　用于金属基复合材料的常见纤维增强体

纤维类型		直径/μm	密度/$(g\cdot cm^{-3})$	弹性模量/GPa	抗拉强度/MPa	伸长率/%	纵向膨胀系数 $\times 10^6/℃^{-1}$
硼	B	32～140	2.4～2.6	365～440	2 300～2 800	1.9	4.5
	B/W	100	2.57	410	3 570	0.9	—
	B/C	100	2.58	360	3 280	—	—
	Borsic	100	2.58	400	8 000	—	—
碳化硅碳	SCS-3	140	3.05	407	3 450	0.8	—
	SCS-6	142	3.44	420	3 400	—	—
	NicalonNL-201	15	2.55	206	2 940	1.4	3.1
	NicalonNL-231	12	2.55	206	3 234	1.6	3.1
	NicalonNL-401	15	2.30	176	2 744	1.6	3.1
	Nica lonNL-501	15	2.50	206	2 940	1.4	3.1
	AmocoT-300	7	1.76	231	3 650	1.4	−0.6
	Torayca-T1000	5.3	1.82	294	7 060	—	—
	Torayca-M46J	—	—	451	4 210	—	—
	Torayca-M60J	5	1.94	590	3 800	—	—
	Thomel P120	10	2.18	827	2 370	0.29	−1.45
	Thomel P100	10	2.15	724	2 370	0.32	−1.45
氧化铝	Saffil	8	3.30	300	2000	1.5	—
	Sumika	17	3.20	210	1 775	0.8	8.8
	Nextel	13	2.50	152	1 720	1.95	—
	Dupont	20	4.20	385	2 100～2 450	—	—
BN		7	0.90	91	1 400	—	—
ZrO_2		—	4.84	350	2 100	—	—
B_4C		—	2.86	490	2 300	—	—
TiB_2		—	4.48	530	1 100	—	—

碳纤维是一种高性能纤维，具有十分优异的力学性能，包括强度高、密度小、比强度高、耐高温、耐低温、耐腐蚀、线膨胀系数小、热导率高、防原子辐射、导电性能好等，在航空航天乃至社会各个领域都有广泛的应用。碳纤维很少单独使用，一般与树脂、金属或者陶瓷等基体材料复合后使用，已成为先进复合材料最重要的增强材料。由于碳纤维复合材料除具有如上所述优异性能外，还具有结构及尺寸稳定性好、设计性好及可大面积整体成型等特点。目前碳纤维是火箭、卫星、导弹、战斗机和舰船等尖端武器装备必不可少的战略基础材料。将碳纤维复合材料应用在战略导弹的弹体和发动机壳体上，可大大减小质量，提高导弹的射程和突击能力。美国于 20 世纪 80 年代研制的“侏儒”洲际导弹三级壳体全都采用碳纤维/环氧树脂复合材料。碳纤维复合材料在新一代战斗机上也开始得到大量使用，如美国第四代战斗机 F-22 采用了

约24%的碳纤维复合材料，从而使该战斗机具有超高声速巡航、超视距作战、高机动性和隐身等特性。碳纤维在舰艇上也有重要的应用价值，可减小舰艇的结构质量，增加舰艇有效载荷，提高舰艇运送作战物资的能力。碳纤维不存在腐蚀生锈的问题，可以延长使用寿命和节省维护费用。

(2) 碳化硅纤维

碳化硅纤维是以碳化硅为主要组分的一种陶瓷纤维，具有高强度、高模量，良好的高温性能和化学稳定性，主要用于制备耐高温的金属或陶瓷基复合材料，已广泛用于制造航天飞机部件、高性能发动机等高温结构材料。碳化硅纤维的制备方法有化学气相沉积法(CVD法)、先驱体转化法(熔融纺丝裂解转化法)、活性炭纤维转化法、挤压法等。

碳化硅纤维不仅具有高的抗拉强度和弹性模量，低密度，还具有半导体特性和优异的耐蚀性，电阻率在 $10^{-1} \sim 10^{6}\ \Omega \cdot cm$ 可调。此外，碳化硅纤维具有良好的耐热性，在空气中可长期在1 000～1 100 ℃使用。碳化硅纤维与金属反应性小，浸润性好，在1 000 ℃以下几乎不与金属发生反应。尽管如此，目前已工业化生产的SiC纤维的耐热性仍不能满足高温领域的应用要求。研究表明，采用传统工艺生产的SiC纤维，其组成元素除Si和C外，还含有不同质量分数的氧和氢等元素，这使SiC纤维的力学性能降低。近年来广大科技工作者致力于降低纤维中的氧含量，以提高SiC纤维的高温性能。目前，通常采用电子束辐照不熔化处理和超高相对分子质量干法纺丝等方法制备低氧含量的SiC纤维。此外，添加某些元素，如Ti、Zr和B等，也可降低SiC纤维中的氧含量。

SiC纤维的应用范围广，发展潜力大，主要应用于高性能复合材料和耐热材料的增强体，具体应用领域涵盖宇航、军事、一般运输工业及体育运动器材等民用品。SiC纤维与环氧树脂等聚合物复合制成优异的复合材料，可用于喷气式发动机涡轮叶片、直升机螺旋桨、飞机与汽车的构件等。SiC纤维增强陶瓷基复合材料比超耐热合金的质量小，可用作宇宙火箭、喷气式发动机等耐热零部件，也可用作高温耐腐蚀核聚变炉的防护层材料。作为高温耐热材料，SiC纤维可用作耐高温传送带、金属熔体过滤材料、高温烟尘过滤器、汽车尾气收尘过滤器等。随着环保事业的强化，SiC纤维的需求量将会持续增加。

(3) 氧化铝纤维

氧化铝纤维是高性能无机纤维的一种，以 Al_2O_3 为主要成分，有的还含有其他氧化物，如 SiO_2 和 B_2O_3 等。氧化铝熔点极高，且熔体的黏度很低，采用传统的熔融纺丝法无法制备出连续的氧化铝纤维，因此各国研究者陆续开发出数种不同的氧化铝纤维制备方法，包括淤浆法、溶胶-凝胶法、预聚合法、卜内门法等。

氧化铝纤维的突出优点是高强度、高模量、较好的耐热性和耐高温氧化性，部分型号的氧化铝纤维抗拉强度可达3.2 GPa，弹性模量可达420 GPa，使用温度可达1 400 ℃。氧化铝纤维还具有导热率小、热膨胀系数低和抗热振性好等优点。与碳纤维和金属纤维相比，氧化铝纤维可以在更高温度下保持良好的抗拉强度，且其表面活性好，更易于与金属、陶瓷基体复合。此外，与其他高性能无机纤维，如碳化硅纤维相比，氧化铝纤维原料成本低，生产工艺简单，具有较高的性价比。

(4) 硼纤维

硼纤维是一种将硼元素通过高温化学气相沉积在钨丝表面制成的高性能增强纤维。最早开发研制硼纤维的是美国空军材料研究室(AFML)，开发目的是研究轻质、高强度增强用纤维材料，用于制造高性能体系的尖端飞机。在研制过程中，受到美国国防部的高度重视与支持。随后，又以 TextronSystems 公司为中心，面向商业规模发展并继续研制。

在目前已有的增强纤维中，硼纤维具有独特的性能，尤其是其抗压强度是抗拉强度的 2 倍。与广泛应用的 T300 碳纤维相比，硼纤维的抗拉强度略优，弹性模量比 T300 约高 74%，即硼纤维的刚度大大高于碳纤维。硼纤维的抗拉强度由化学气相沉积过程中产生的缺陷决定，缺陷通常包括芯材与硼界面附近存在空隙、沉积过程中产生压扁状况、结晶或结晶节生长时产生表面缺陷等。另外，纤维的弹性模量是由芯材和硼的体积分数所决定的。

(5) 金属丝

金属丝有时也被用于金属基复合材料的增强体，但由于密度大，易与金属机体发生作用，在高温下易发生相变，因此较少用它作为金属基复合材料的增强体。目前，用作金属基复合材料增强体的金属丝主要有高强钢丝、不锈钢丝和难熔金属丝等连续或不连续丝。随着制备技术的发展，高强钢丝、不锈钢丝增强铝基复合材料用于汽车工业的研究工作正在开展。钨丝增强镍基耐热合金是较为成功的高温金属基复合材料。钨丝增强镍基合金可以使高温持久强度提高 1 倍以上，高温蠕变性能也有明显提高。

2. 骨架类增强体

随着复合材料对增强体性能、形状及含量要求的不断提高，一种新型的增强体形式随之出现，即具有三维联通网络结构的骨架增强体。骨架增强复合材料的基体相与增强相在空间形成了各自连续并相互贯穿的三维结构，因此骨架增强体通常也被称为网络结构增强体。骨架增强是一种全新的增强方式，其对复合材料的综合强化效果通常要好于传统纤维、晶须和颗粒作为增强相的强化效果，这为获得高性能、多功能的复合材料提供了可能。目前研究较为广泛的骨架增强体多为陶瓷类。2003 年，英国伯明翰大学的 Sercombe 教授团队在 Science 上发表了利用氮化铝陶瓷网络结构快速加工成型铝基复合材料的相关论文，标志着该类复合材料的研究取得了重要进展。此外，金属骨架增强非晶合金复合材料的相关研究也相对较多。

骨架增强复合材料的主要结构特征是增强相和基体每一相在各个方向上都是连续的，两者相互缠绕和贯穿，形成了既完整统一又相对独立的新型结构，增强相和基体相在宏观上具有拓扑均匀性。图 7.7 所示为骨架增强和颗粒增强复合材料的结构示意图。由于骨架增强体具有三维联通网络结构，因此制备成复合材料后，骨架增强体的体积分数范围通常较颗粒增强体更大。

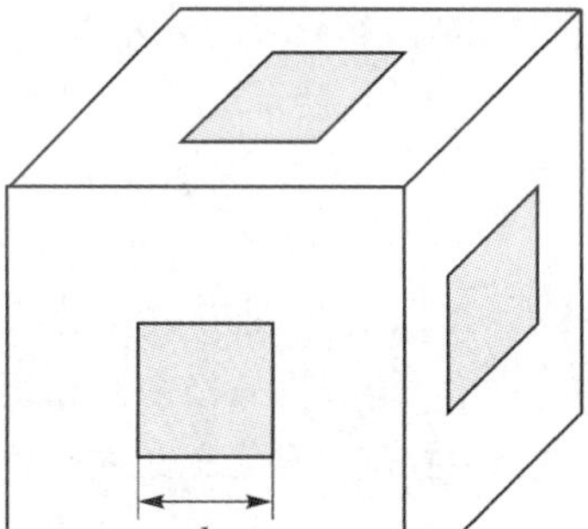

(a) 骨架增强

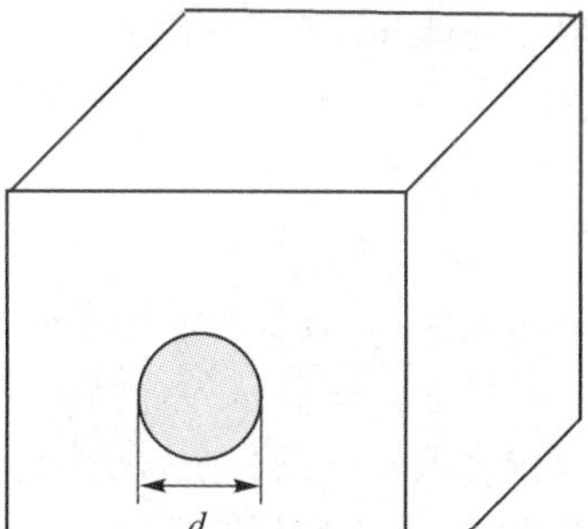

(b) 颗粒增强

图 7.7　骨架增强和颗粒增强复合材料的结构示意图

3. 晶须类增强体

晶须是在人工控制条件下以单晶形式生长成的一种纤维，其直径非常小，长径比通常超过20，其原子高度有序，因而强度接近于完整晶体的理论值。晶须不仅具有高强度、高弹性模量、高硬度，优良的耐高温、耐腐蚀性能，还有良好的电绝缘性，而且在铁磁性、介电性，甚至超导性等方面皆有特殊表现。

总体上讲，晶须增强体可分为金属晶须增强体和非金属晶须增强体。金属晶须增强体一般以金属固体、熔体或气体为原料，采用熔融盐电解法或气相沉积法制得。金属晶须作为复合材料的增强体，一般用于制备火箭、导弹、喷气发动机等部件，特别是用于导电复合材料和电磁波屏蔽材料。

非金属晶须增强体也称陶瓷晶须增强体，具有高强度、高模量、耐高温等突出优点，被广泛用于复合材料的增强，其大致又可分为非氧化物类非金属晶须增强体和氧化物类非金属晶须增强体。前者如 SiC 和 Si_3N_4 等，具有高达 1 900 ℃以上的熔点，故耐高温性能好，多用于增强陶瓷基和金属基复合材料，但成本较高。氧化物陶瓷晶须，如 $K_2Ti_6O_3$、$CaSO_4$、$2MgO \cdot B_2O_3$、$nAl_2O_3 \cdot mB_2O_3$（$n=2\sim9$，$m=1\sim2$）等，具有相对较高的熔点（1 000～1 600 ℃）和耐热性，可用作树脂基和铝基复合材料增强体。

按来源不同，晶须可分为外加晶须增强和原位生长晶须增强。如钛基复合材料，可通过加入的单质相原位生长出 TiB_2 和 TiC 晶须。这类复合材料具有高的强度和模量，良好的高温性能，还具有导热、导电、耐磨损、热膨胀系数小、尺寸稳定性好、阻尼性好等特点。晶须增强铝基复合材料的制备工艺较成熟，已走向实用化。而钛基和金属间化合物基等高温合金基复合材料由于加工温度高、界面控制困难、工艺复杂，目前还不够成熟。晶须增强的金属基复合材料，目前主要应用于航天航空等领域。

晶须作为增强体时，其用量的体积分数多在 35%以下。在制备晶须增强复合材料之前，必须先有效解决晶须的分散问题。由于晶须增强体有较大的长径比，通常在 7～30 范围内，分散比较困难。常用的晶须分散技术主要有球磨分散、超声分散、溶胶-凝胶法分散，分散工艺参数主要包括分散介质选择、pH 的调整等。对于某些长径比较大、分支较多的晶须，首先需通过球磨或高速捣碎的方式来减少分支和降低长径比。晶须分散的关键在于消除晶须的团聚。形成团聚的原因主要为晶须之间的化学吸附。球磨和超声分散主要是借助外加机械力将吸附在一起的团聚体“撕开”，但还需要借助合适的分散介质、分散剂及 pH 调整来改变晶须的表面状态，以消除晶须之间的化学吸附，达到均匀分散的目的。溶胶-凝胶法分散主要是通过将各个复合体系制成胶体，借助胶体这一特殊介质的电化学作用，使晶须均匀分散，最终得到分散均匀的晶须。

晶须是在受控条件下生长形成的高纯度纤维单晶体，其晶体结构近乎完整，不含晶界、位错、空位等晶体结构缺陷，具有优异的力学物理性能。晶须的强度与直径密切相关，直径小于 10 μm 时，强度急剧增加。一般认为，随着晶须直径的增大，晶须晶格缺陷相应增多，从而使其强度下降。所以，在晶须制备过程中，采用何种方式、何种工艺来控制晶须以单晶形式生长，是制取高强度、高有序性、完整晶须的关键。

4. 颗粒增强体

为满足复合材料不同的性能需求，不同的颗粒材料也被广泛用作增强材料。常用的颗粒材料为陶瓷颗粒，包括氧化物陶瓷、碳化物陶瓷、氮化物陶瓷，主要有 Al_2O_3、MgO、SiC、B_4C、

TiC、Si_3N_4 和 AlN 等。陶瓷颗粒性能好、成本低、易于批量生产。目前研究较多、工艺较为成熟的颗粒增强金属基复合材料主要集中在以铝、镁和钛等轻有色金属为基体的复合材料。

颗粒增强金属基复合材料的制备按照增强颗粒的加入方式可分为外部加入法和原位生成法。外部加入法包括粉末冶金法、搅拌铸造法、挤压铸造法和喷射沉积法等。原位生成法则是通过内部化学反应在材料制备的同时形成增强颗粒。颗粒增强材料的普遍性能特点是熔点高、硬度大、弹性模量高，高温下组织性能稳定，线膨胀系数小，耐磨性与耐蚀性好等。其中碳化物陶瓷颗粒的硬度普遍比氮化物和氧化物陶瓷颗粒的硬度高。与纤维类和晶须类增强材料相比，颗粒类增强材料的成本显著降低，制备复合材料的设备和制备工艺相对简单，成本低，有利于工业化生产。常见颗粒增强材料的性能见表 7.10。

表 7.10　常见颗粒增强材料的性能

颗粒名称	密度/($g \cdot cm^{-3}$)	熔点/℃	硬度/HV	线膨胀系数 $\times 10^{-6}$/℃	弹性模量/GPa
Al_2O_3	3.95	2015	1 800～2200	7.1～8.4	350～370
MgO	3.59	2800	—	5～8	380～470
SiO_2	2.32	1728	900～1 100	8～10	—
SiC	3.12	—	2 600～3 700	3.6～5.2	—
WC	15.8	2800	2 000～3 000	3.8	810
B_4C	2.52	—	3 340	4.5	1450
TiC	4.95	3065	3000	7.7	448
Si_3N_4	3.26	—	1 500～1 700	3.0～3.8	100～330

7.3.3　常见金属基复合材料及其应用

颗粒增强金属基复合材料作为一种高性能、低成本的金属基复合材料，是目前开发范围最广、应用前景最好的一类金属基复合材料，已成功应用于航空航天、国防、汽车、机械、电子工业等领域。目前已开展广泛研究的颗粒增强金属基复合材料主要有铝基、镁基、钛基、铜基和镍基复合材料，其中铝基复合材料发展最快，为当前金属基复合材料发展和研究的主流。

1. 颗粒增强铝基复合材料

颗粒增强铝基复合材料是目前应用最为广泛的铝基复合材料，特点是制备方法多样、制备难度低、成本低廉、尺寸稳定性高，且性能上各向同性。20 世纪 80 年代末，美国首次披露了光学级碳化硅颗粒增强铝基复合材料，用它替代铍、钛制作轻型反射镜基材及惯性导航仪构件。20 世纪 90 年代，美国公司又推出了电子级碳化硅颗粒增强铝基复合材料，用 SiC_p/Al 复合材料代替 W/Cu 合金和 Kovar 合金用作电子封装件。颗粒增强铝基复合材料常采用的增强颗粒主要有 SiC（见图 7.8(a)）、Al_2O_3（见图 7.8(b)）、BC_4 和 TiC 等，常用的基体合金有 Al-Mg、Al-Si、Al-Cu、Al-Li 和 Al-Fe 等。经过处理后的 Al-Cu 合金强度高，具有较好的塑性、韧性和抗蚀性，易焊接、易加工；Al-Li 基体可减小构件质量并提高刚度；Al-Fe 基体则可提高构件的高温性能。颗粒增强铝基复合材料具有密度小、比强度和比模量高、耐磨性、韧性和抗疲劳性好、热膨胀系数低和抗冲击等诸多优点，能取代钢铁材料、铝合金及钛合金，制造出高性能轻量化构件，广泛应用于航空航天结构件、先进武器、汽车零部件、轨道交通及运动器材等领域。

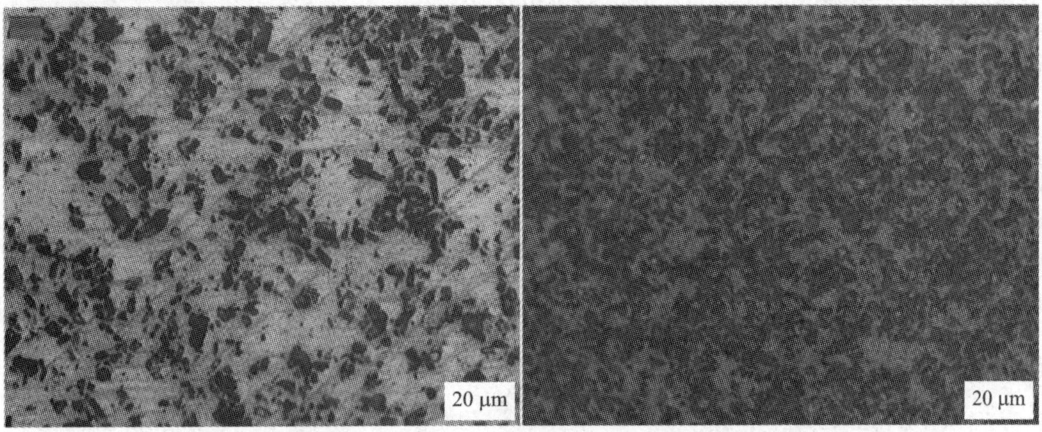

(a) SiC增强颗粒　　(b) Al_2O_3增强颗粒

图 7.8　25%SiC_p/6061Al 和 25%Al_2O_3/6061Al 复合材料的金相组织

早在20世纪80年代，洛克希德·马丁公司将DWA复合材料公司生产25%SiC_p/6061Al复合材料用于飞机上承放电子设备的支架，其刚度比原用的7075铝合金约高65%。近年来，以颗粒增强铝为代表的金属基复合材料作为主承载结构件，在先进飞机上获得广泛应用。DWA复合材料公司与洛克希德·马丁公司及空军合作，将粉末冶金法制备的碳化硅颗粒增强铝基6092Al复合材料，用于F-16战斗机的腹鳍(见图7.9)，代替了原有的2214铝合金蒙皮，刚度提高50%，寿命提高17倍，可以大幅度减少检修次数，节约检修费用，并使飞机的机动性能得到提高。F-18战斗机(见图7.10)上采用碳化硅颗粒增强铝基复合材料，作为液压制动器缸体，与替代材料铝青铜相比，不仅净质量减小，热膨胀系数降低，而且疲劳极限还提高了1倍以上。使用电子级高体积分数碳化硅颗粒铝基复合材料在F-22战斗机(见图7.11)的遥控自动驾驶仪、发电单元等电子系统上，替代包铜的钼及包铜的殷钢作为印刷电路板板芯，达到减重70%的显著效果。此种材料的热导率极高，从而降低了电子模块的工作温度，减少了冷却装置。

图 7.9　美国F-16"战隼"战斗机

在直升机上的应用方面，英国航天金属基复合材料公司采用高能球磨粉末冶金法制备出了高刚度、耐疲劳的碳化硅颗粒增强铝基复合材料。用该种材料制造的直升机旋翼系统连接用模锻件，已成功用于欧直公司生产的N4及EC-120新型直升机(图7.12)，其应用效果是：与铝合金相比，构件的刚度提高约30%，寿命提高约5%；与钛合金相比，构件质量下降约 25%。

图 7.10　美国 F-18“大黄蜂”战斗机

图 7.11　美国 F-22“猛禽”战斗机

图 7.12　EC-120 直升机

我国上海交通大学材料科学与工程学院复合材料研究所、金属基复合材料国家重点实验室张荻教授、欧阳求保教授团队研制的高性能 SiC 增强铝基复合材料为“嫦娥四号”探测器在月球背面软着陆、“玉兔二号”月球车在月球背面巡视探测等提供材料和部件支撑，为中国迈向空间时代贡献力量。该团队研制的高性能 SiC 增强铝基复合材料已成功应用于“嫦娥四号”探测器中四个关键载荷，包括激光测距仪、三维成像仪、红外光谱仪等星载光学仪器中的镜筒、光学底板、框架等 12 种关键构件。图 7.13 所示为“玉兔二号”月球车轮子外侧 SiC 颗粒增强铝基复合材料制成的行走棘爪。

图 7.13 “玉兔二号”月球车轮子外侧由 SiC 颗粒增强铝基复合材料制成的棘爪

2. 颗粒增强镁基复合材料

镁基复合材料的基体为镁及镁合金。镁的密度低(1.7 g/cm^3)是铝(2.7 g/cm^3)的 2/3、铁(7.8 g/cm^3)的 1/4,具有高的比强度和高的比刚度,是自然界中能够使用的最轻的金属材料。因此,密度小成为镁基复合材料独有的优势,是其他金属基复合材料无法比拟的。但是镁合金的低硬度、低模量、低磨损抗力、高膨胀系数和较差的高温性能等缺点限制了镁合金作为结构材料在工业上的广泛应用。而镁基复合材料正好克服了镁合金的这些缺点,并成为继铝基复合材料之后的又一具有竞争力的轻金属基复合材料,是一种轻量化的先进材料。由于镁基复合材料具有高的比刚度和热导率,在有些方面的性能甚至超过了铝基复合材料,越来越多地应用于航空航天及汽车工业。颗粒增强镁基复合材料常采用的增强颗粒主要有 SiC 和 Al_2O_3 颗粒,常用的基体合金主要有 Mg - Mn、Mg - Al、Mg - Zn、Mg - Zr 和 Mg - Li,此外,还有用于高温下的 Mg - Ag 和 Mg - Y 合金。镁基复合材料密度为铝基复合材料的 2/3,具有比强度和比刚度高、阻尼减震性能好、电磁屏蔽和储氢析氢优异等特点,是宇航、汽车和电子等高新技术行业的理想材料。

20 世纪 80 年代开始,国内外对镁基复合材料进行了深入研究并取得了一定的成果。尽管如此,与铝基复合材料相比,镁基复合材料研究还远远不够。早在上个世纪,美国的 DowChemical 公司就使用镁基复合材料生产出了飞机上的皮带轮、油泵等部件。随后 TEXTRON 公司和先进复合材料公司用 SiC 颗粒增强镁基复合材料生产出了导弹尾翼、卫星轴承和横梁。美国海军研究所采用 B_4C 颗粒增强 Mg - Li 基复合材料、B 颗粒增强 Mg - Li 基复合材料制造航天器天线构件,发挥了 Mg - Li 合金超轻的特点。美国先进复合材料公司和海军地面战争中心合作研究采用粉末冶金法制备 SiC 晶须或 B_4C 颗粒增强 ZK60 镁基复合材料,目标是用于海军卫星上的结构零件如轴套、支柱和横梁。英国镁电子公司已开发了一系列成本低、可回收、可满足应用要求而特殊设计的不连续增强镁基复合材料。在 1994 年英国范堡罗航展上,该公司展出了它生产的 Melram 镁基复合材料。该公司开发的 SiC 颗粒增强 Mg -

Zn－Cu－Mn 基 Melram072 镁基复合材料管材用于制造自行车等部件，并致力于开发 Melram072 的国防和汽车方面的应用。

3. 颗粒增强钛基复合材料

颗粒增强钛基复合材料是以钛或钛合金为基体，颗粒增强的金属基复合材料，常用的增强颗粒主要有 TiC、TiB 和 TiA1 等。钛与钛合金具有强度高、相对密度小、耐海水和海洋气氛腐蚀等许多优异的特性，但弹性模量和耐磨性低。颗粒增强钛基复合材料具有比钛合金更高的比强度和比刚度、优良的耐疲劳和抗蠕变性能，以及优异的高温性能和耐腐蚀性能，因此具有比钛合金更广的应用范围，其使用温度比普通钛合金大概可以提高 100 ℃。因此，在航空领域，钛基复合材料主要应用于一些主要承力构件以及发动机中耐 650 ℃的零件，例如航空发动机的压气机整体叶环、空心风扇叶片、低压轴和作动杆等零部件上，典型应用案例如图 7.14 和图 7.15 所示。普惠公司为 F119 发动机开发并验证了钛基复合材料扩散喷管作动筒活塞部件，这也是 F－22 战斗机上的第一个使用钛基复合材料的零件。与纤维增强相比，颗粒增强钛基复合材料具有各向同性、成本低、制造工艺简单等优点。15％体积比 TiC 颗粒增强 Ti－6Al－4V 的弹性模量比基体合金增加 25％，600 ℃下仍然达到 110 GPa，高于普通钛合金室温值。室温拉伸强度可达到 1 100 MPa 以上。TiC 颗粒增强的 Ti－6Al－4V 复合材料被用于制造导弹壳体和尾翼。

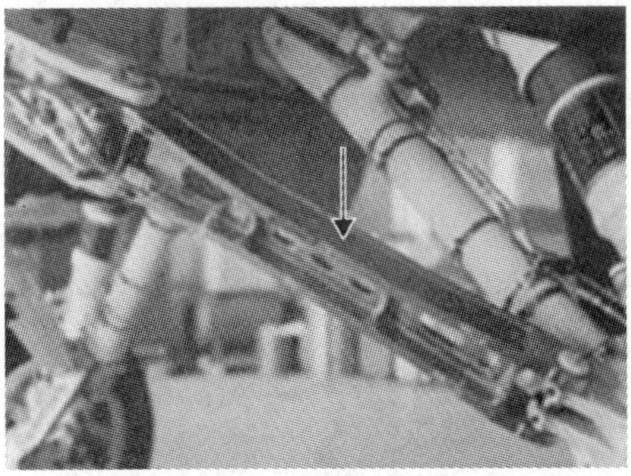

图 7.14　采用钛基复合材料的飞机起落架

图 7.15　采用钛基复合材料的飞机发动机叶片

4. 颗粒增强镍基复合材料

镍基合金在高温服役环境中的优异表现（如高刚度、高强度、优异的耐腐蚀能力及抗蠕变性能等）使其被广泛运用于航空、航天、汽车制造、军工装备等领域，主要用于热端零部件，代表零部件有涡轮机叶片、涡轮盘、火箭发动机尾喷管及核子反应器部件等。颗粒增强镍基复合材料具有较传统镍基高温合金更为优异的高温强度、抗热疲劳、抗氧化和抗热腐蚀性，是广泛用于制造航空、舰船及工业燃气涡轮发动机中重要受热部件的新型金属基复合材料。

5. 颗粒增强铜基复合材料

铜及铜合金有着悠久的使用历史和广泛的应用领域，但是随着现代科学技术迅猛的发展，特别是微电子、航空航天、国防科技等尖端科学技术的发展，对材料性能的要求越来越高，现有的铜及铜合金材料很难满足实际工程的需要，这促进了铜基复合材料的迅猛发展。与传统铜合金材料相比，铜基复合材料具有高的比强度、比刚度及耐磨损性。此外，铜基复合材料还具有优良的导电性、导热性、高温性能、高韧性及高抗冲击性能等优点，在各个领域都有广泛的应用前景。颗粒增强铜基复合材料目前常用的颗粒增强体主要有氧化物(Al_2O_3、ZrO_2、SiO_2、TiO_2、ThO_2、B_2O_3、MgO)、碳化物(SiC、WC、TaC、TiC、VC、NbC、Cr_2C_3)、硼化物(TiB_2、ZrB_2、CrBz、MgB_2)及氮化物(AlN、TiN)等。

如今铜基复合材料的应用已经十分广泛,除了可用于电接触头及电子封装材料外,还可作为集成电动工具换向器、电路引线框架、电气工程开关触桥、制备电阻焊、焊矩喷嘴、发电机用集电环、电枢、转子、连铸机结晶器内衬、核装备和运载火箭、电极、缝焊滚轮、现代高铁机车部件等。

7.4 陶瓷基复合材料

7.4.1 陶瓷基复合材料的特点

陶瓷基复合材料(Ceramic Matrix Composites,CMCs)是以陶瓷为基体与各种纤维复合的一类复合材料。陶瓷材料一般具有耐高温、高强度和刚度、相对质量较轻、抗腐蚀等优异性能,而其致命的弱点是断裂韧性较低,处于应力状态时很容易产生裂纹甚至断裂,导致材料失效,因而限制了其在结构中的应用。而采用高强度、高弹性的纤维与基体复合,是提高陶瓷韧性和可靠性的一种有效方法。纤维能阻止裂纹的扩展,从而得到具有优良韧性的纤维增强陶瓷基复合材料。

纤维、晶须以及颗粒通常用来增强树脂基和金属基复合材料强度,但陶瓷基复合材料增强体主要用来提高韧性。由于纤维和基体的脱黏、裂纹逐渐开展、纤维的桥接和拔出等能量耗散机制,陶瓷基复合材料的韧性得以增强。因此,陶瓷基复合材料的韧性相比于陶瓷材料有了大幅提升。纤维脱黏和拔出机制如图 7.16 所示。为了实现复合材料的性能,纤维和基体间界面的结合必须较弱;若结合较强,则产生的裂纹将直接穿透纤维,此过程基本不吸收能量。因此,合理的界面结合至关重要。在制造过程中,常用涂层保护纤维,并且提供较弱的纤维和基体界面结合。

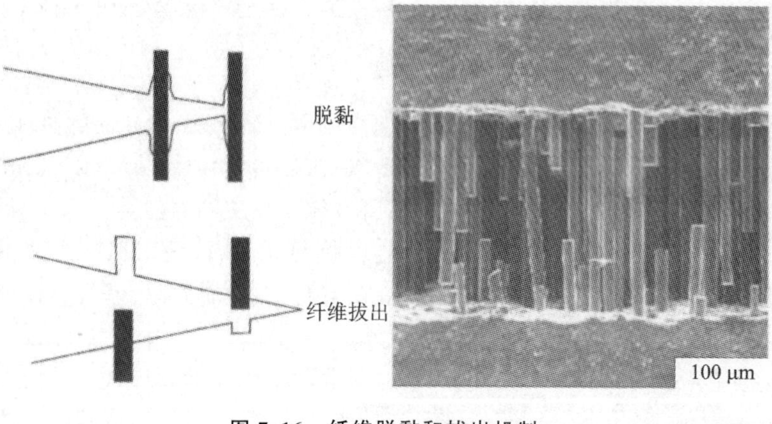

图 7.16　纤维脱黏和拔出机制

碳-碳(C-C)复合材料是最为传统且成熟的陶瓷基复合材料。20 世纪 50 年代,航空航天工业界开发了 C-C 复合材料,主要应用于火箭发动机、防热罩、前缘以及其他热防护部件。

需要说明的是，C－C 复合材料经常区分于其他陶瓷基复合材料而单独成为一类，但是它的用途及制造工艺和其他陶瓷基复合材料非常相似。表 7.11 列出了 C－C 复合材料和其他陶瓷基复合材料的一些性能对比。对于高温应用，在超过 2 204 ℃的高温无氧环境下，C－C 材料仍然能够保持良好的热稳定性且有较小的密度（1.49～1.99 g/cm^3）。较低的热膨胀系数和热传导系数使其具有优良的热抗震性能。在真空和惰性气体环境下，碳的性能极其稳定，能够在超过 2 204.44 ℃（4 000 ℉）的温度下使用；但是在氧化气氛中，材料在 510 ℃（950 ℉）时就开始发生氧化反应。因此在高温环境中应用时，C－C 复合材料必须采用抗氧化涂层系统进行防护，比如碳化硅涂层，外面还有一层玻璃涂层。碳化硅涂层可提供基本的抗氧化保护，玻璃涂层受热融化后进入涂层裂缝。通常基体中也会添加一些抗氧化剂（如硼）来提供额外的保护。

表 7.11　C－C 复合材料和其他陶瓷基复合材料性能对比

C－C 复合材料	连续纤维 CMC	非连续纤维 CMC
卓越的高温稳定性	优秀的高温稳定性	优秀的高温稳定性
高强度、高模量	高强度、高模量	强度和模量略低
一般韧性	一般韧性	断裂韧性好，但比连续纤维 CMC 略差
尺寸稳定	尺寸稳定	—
热膨胀系数低	热膨胀系数低	—
优秀的抗热冲击性能	良好的抗热冲击性能	抗热振冲击性能比连续纤维 CMC 差
失效模式好	失效模式好	—
抗氧化性能差	抗氧化	—
可裁剪、可机械加工	工艺复杂、不易机械加工	工艺传统、机械加工成本高

陶瓷基体材料包括碳、玻璃、玻璃陶瓷、氧化铝等氧化物陶瓷以及碳化硅等非氧化物陶瓷。大部分陶瓷材料都是晶体结构且键合类型主要是离子键，还有一些是共价键。在这些连接键中，较强的定向共价键结合有效地阻止了位错运动，这解释了陶瓷材料的脆性。相比于树脂基以及金属基复合材料，陶瓷和 C－C 复合材料的制备温度很高，因此陶瓷基复合材料的制备难度大且成本高。

7.4.2　陶瓷基复合材料增强体

陶瓷基复合材料的增强体主要有碳纤维、氧化物纤维或非氧化物陶瓷纤维、晶须和颗粒。碳纤维用于 C－C 复合材料，氧化铝等氧化物纤维及碳化硅等非氧化物纤维用于玻璃、玻璃陶瓷以及晶体陶瓷基材料。大多数高性能氧化物和非氧化物连续纤维价格较高，进一步增加了陶瓷基复合材料的成本。时至今日，高成本、制备难度大及产品质量不稳定等仍是限制陶瓷复合材料应用的主要因素。

根据直径和长径比的大小，陶瓷基复合材料中的纤维主要可分为晶须、单丝纤维和纺织多丝纤维束，颗粒晶体和片状晶体也可作为增强体。晶须为几乎完美的单晶体，其强度接近材料的理论强度值。晶须的直径通常为 1 μm 或更小，长度可达 200 μm。作为增强体，晶须的直径和长径比决定了材料的增强效果。碳化硅、氮化硅（Si_3N_4）和氧化铝是陶瓷基复合材料中常用的晶须。

单丝碳化硅纤维通过化学气相沉积(Chemical Vapor Deposition,CVD)的方法制备,从直径为 33.0 μm 的无定形碳基底沉积得到直径为 139.7 μm 的碳化硅纤维。无定形碳基底优于钨基底,因为当温度高于 815 ℃时,碳化硅纤维会和钨反应导致纤维强度降低。在生产过程中将 1 μm 厚的热解石墨层放置在隔热的碳基底上,可提供一个光滑的表面并控制基底的导电性能。涂有热解石墨层的基底便可以用硅烷气体和氢气混合物来进行化学气相沉积。基底撤出反应器之后,还要施加碳和碳化硅薄层,目的是提高纤维的可操作性,并可作为扩散屏障层阻止纤维和基体发生反应,还可以愈合纤维表面缺陷来提高其强度。单丝纤维较粗,可在一定程度内和基体反应且强度不会明显降低。碳化硅单丝的粗直径和大刚度大大限制了它的变形能力,无法绕小半径弯曲,导致其不能应用于复杂结构。

陶瓷纺织多丝纤维束一般包含 500～1 000 根纤维,既具有抗高温性能,又非常细,其直径在 10.2～20.3 μm 范围内,适用于多种生产工艺,如纤维的缠绕机织和编织。临界弯曲半径 ρ_{cr} 表示一根纤维在断裂之前可弯曲的最小半径,可由纤维的极限应变乘以其半径计算得到,是评估纤维变形能力的重要指标。纤维束的高强度、低模量和小直径等特点使其适合采用传统纺织工艺生产制造。例如,碳化硅单纤维丝的临界弯曲半径为 7 mm,而许多纺织多丝纤维束的临界弯曲半径都小于 1 mm。

氧化物和非氧化物纤维都可应用于陶瓷基复合材料中。氧化物纤维(如氧化铝)有良好的抗氧化能力,但是在高温环境下,由于晶粒变大,其强度保持和抗蠕变性能较差,氧化物纤维的蠕变速率比非氧化物纤维甚至高出了两个数量级。非氧化物纤维材料(如碳和碳化硅等)的密度小,在高温环境下的强度和抗蠕变能力比氧化物纤维好,缺点是在高温下容易被氧化。

图 7.17　3M 公司的 Nextel 纤维

陶瓷氧化物纤维通常由含氧化合物组成,例如氧化铝(Al_2O_3)和莫来石($3Al_2O_3-2SiO_2$)。除非特别指明为单晶体纤维,氧化物纤维通常为多晶体纤维。图 7.17 所示为 3M 公司的 Nextel 纤维。目前 Nextel 纤维家族应用远超其他纤维。Nextel 纤维采用溶胶-凝胶法制备,工艺过程是将某种溶胶纺丝并凝胶化,形成凝胶纤维,并经致密化以及 982.22～1 398.8 ℃(1 800～2 550 ℉)高温焙烧。Nextel 312、440 和 550 纤维主要设计制造成隔热纤维。其中,Nextel 312 和 440 都是铝硅酸盐,分别含有 14%和 2%的氧化硼(B_2O_3),含有晶体相和玻璃相。显然,氧化硼能帮助纤维在高温环境下短时间内维持较高强度,但玻璃相也限制了纤维的高温蠕变强度。Nextel 550 既不含氧化硼也不含玻璃相,因此它在高温下发生的蠕变更小,但是高温强度较低。对于复合材料应用,Nextel 610 和 720 不含玻璃相但含有更多 $\alpha-Al_2O_3$ 结构,这种结构组成使得它们在高温环境下仍然保持较高的强度。Nextel 610 由细粒状的 $\alpha-Al_2O_3$ 单相体组成,因此在室温环境中的强度最高。Nextel 720 的成分中添加了 SiO_2 并形成 $\alpha-Al_2O_3/3Al_2O_3-2SiO_2$,减少了晶粒边界的滑移,因此有较好的蠕变抵抗性能。与非氧化物纤维材料相比,氧化物纤维的导热和导电性能较差,热膨胀系数较高,且密度大。在 1 205～1 315 ℃之间,晶粒边界上的玻璃相以及晶粒的生长都会导致氧化物纤维的强度迅速降低。

相对于碳纤维,陶瓷非氧化物纤维中碳化硅(SiC)应用更为广泛。SiC 纤维是继 C 纤维之后发展迅速的一种极具潜力的高性能纤维制品，具有优异的力学性能、抗氧化性能、高温稳定性以及与金属和陶瓷基体之间良好的物理化学相容性，是目前高温复合材料常用的增强增韧材料。目前国际上 SiC 纤维的生产企业主要集中在日本，包括日本碳公司(Nippon Carbon)和日本宇部公司(Ube Industries)。

根据结构组成和性能，SiC 纤维主要分为三代。第一代为高氧高碳 SiC 纤维，工业化产品以 Nippon Carbon 公司的 Nicalon 200 纤维和 Ube Industries 公司的 Tyranno LOX - M 纤维为代表。第一代 SiC 纤维氧含量在 10%以上，纤维含有部分 SiCXOY 相和游离碳。在惰性气氛中较高温度(高于 1 200 ℃)下，该纤维内部的 SiCXOY 相会发生分解反应，并伴随 SiC 晶粒的粗化，纤维内部产生大量孔洞和裂纹等缺陷，导致纤维力学性能急剧下降。在氧化气氛中，SiCXOY 相分解的同时，纤维表面开始氧化，生成的 SiO_2 和逸出的 CO 导致部分孔洞的形成，严重影响纤维的力学性能。在氧化温度为 1 200 ℃时，纤维性能变得非常差，难以作为复合材料的增强纤维使用。

第二代 SiC 纤维为低氧、高含碳量 SiC 纤维，工业化产品以 Nippon Carbon 公司的 Hi－Nicalon 纤维和 Ube Industries 公司的 Tyranno LOX - E 纤维、Tyranno ZM 纤维和 Tyranno ZE 纤维为代表。基于一代纤维中高氧高碳结构对热力学稳定性的影响，研究人员采用电子辐照等技术改进了不熔化处理工序，大幅降低了交联过程中氧元素的引入。相比于第一代 Nicalon 型 SiC 纤维，Hi - Nicalon 纤维氧含量很低，无 SiCXOY 相存在，但是依旧富碳，主要由 β - SiC、无定型 SiC 以及游离碳相组成，提升了材料的高温稳定性。日本宇部公司的 Tyranno SiC 纤维中还含有一定的碳化钛(钛的质量约占 2 %)用以阻止高温下 β - SiC 晶粒的长大。Tyranno ZM 纤维则是采用了锆代替钛来增强材料的蠕变强度和抗盐腐蚀性能。

第三代 SiC 纤维为近化学计量比 SiC 纤维，工业化产品以 Nippon Carbon 公司的 Hi - Nicalon S 纤维、Ube Industries 公司的 Tyranno SA 纤维和美国 Dow Corning 公司的 Sylramic 纤维等为代表。基于第二代纤维游离碳较多对纤维高温氧化气氛中稳定性的影响，Nippon Carbon 公司在 Hi - Nicalon 纤维的基础上进一步降低游离含碳量，研制成功接近 SiC 化学计量比的第三代 SiC 纤维，即 Hi - Nicalon S 纤维。该纤维主要组成为晶粒尺寸为亚微米级的 β - SiC 晶粒，此外包含少量游离碳和痕量氧。近化学计量比的组成型态显著提升了 SiC 纤维的模量，同时纤维晶间相含量的降低则明显改善了材料的抗蠕变性能。Dow Corning 公司的 Sylramic - iBN 则是在 SiC 纤维中添加了过量硼，通过硼扩散到纤维的表面与氮发生反应形成氮化硼涂层。从纤维体内去除硼后，纤维能够保持较高的拉伸强度，并可大大提升抗蠕变和导电性能。

相比较早的非化学计量纤维，化学计量纤维(如 Hi - Nicalon - S 纤维、TyrannoSA 纤维，Sylramic 纤维)的蠕变强度高，模量也高出 50%，但是破坏应变却低了 1/3，因此降低了对陶瓷基体的增韧效果。然而，从强度、直径、材料的成本来说，目前可获得的商业纤维中，对于工作温度达到 1 095 ℃的情况，Nicalon 纤维和 Tyranno 纤维是最优选择。由于 SiC/SiC 陶瓷基复合材料保留了 SiC 陶瓷耐高温、高强度、抗氧化、耐腐蚀、耐冲击的优点，同时兼具 SiC 纤维增强增韧作用，克服了 SiC 陶瓷断裂韧性低和抗外部冲击载荷性能差的先天缺陷，目前被认为是航空发动机高温合金首选替代材料。

在高温环境下，氧化物纤维强度一般低于非氧化物纤维，但材料本身不易被氧化，较为稳定。两者都存在纤维蠕变的问题，且氧化物纤维的蠕变更为严重。纤维晶粒的大小需折中选择，小晶粒有利于提高强度，而大晶体有利于提高抗蠕变性能。表 7.12 所列为几种常见商用氧化物和非氧化物陶瓷纤维材料的性能参数。

表 7.12 几种常见氧化物和非氧化物陶瓷纤维的性能参数

纤 维	成 分	拉伸强度/MPa	拉伸模量/GPa	密度/($g\cdot cm^{-3}$)	直径/μm	临界弯曲半径/mm
SCS-6	SiC 涂在 C 单丝上	4 241	424	3.00	139.7	7.0
Nextel 312	$62Al_2O_3-14B_2O_3-15SiO_2$	1 710	150	2.7	10.2	0.48
Nextel 440	$70Al_2O_3-2B_2O_3-28SiO_2$	2 052	185	3.05	10.2～12.7	—
Nextel 480	$70Al_2O_3-2B_2O_3-28SiO_2$	2 257	219	3.05	10.2～12.7	—
Nextel 550	$73Al_2O_3-27SiO_2$	1 984	192	3.03	10.2～12.7	0.48
Nextel 610	$99\alpha-Al_2O_3$	2 907	369	3.88	15.2	—
Nextel 720	$85Al_2O_3-15SiO_2$	2 052	260	3.4	10.2～12.7	—
Almax	$99\alpha-Al_2O_3$	1 778	205	3.60	10.2	—
Altex	$85Al_2O_3-15SiO_2$	1 984	192	3.20	15.2	0.53
Nicalon NL 200	57Si-31C-12O	2 975	219	2.55	15.2	0.36
Hi-Nicalon	62Si-32C-0.5O	2 736	267	2.74	15.2	—
Hi-Nicalon-S	68.9Si-30.9C-0.2O	2 565	417	3.10	12.7	—
Tyranno LOX M	55.4Si-32.4C-10.2O-2Ti	3 283	185	2.48	10.2	0.27
Tyranno ZM	55.3Si-33.9C-9.8O-1Zr	3 283	192	2.48	10.2	—
Sylramic	66.6Si-28.5C-2.3B-2.1Ti-0.8O-0.4N	3 181	376	3.00	10.2	—
Tonen Si_3N_4	58Si-37N-4O	2 462	246	2.50	10.2	0.80

7.4.3 常见陶瓷基复合材料及其应用

陶瓷基体材料的选择通常从两方面考虑：热稳定性和制备难度。熔点是材料热稳定性的首要判别标志，然而基体材料的熔点越高，制备难度就越大。能否有效制备出陶瓷基复合材料，取决于基体和增强体之间力学及化学性能的相容性。对于一些晶须增强陶瓷，在生产过程中，晶须和基体若发生一定的反应，则晶须会被全部消耗。除此之外，纤维和基体热膨胀系数的较大差异会导致残余应力和基体开裂。一些常见的陶瓷基体材料性能参数见表 7.13。

表 7.13 几种常见陶瓷基体材料性能参数

基 体	断裂模量/MPa	弹性模量/GPa	断裂韧性/($MPa\cdot m^{1/2}$)	密度/($g\cdot cm^{-3}$)	热膨胀系数/($20^{-6}\cdot ℃^{-1}$)	熔点/℃
Pyrex 玻璃	55	48	0.1	2.23	3.24	1 252
LAS 玻璃陶瓷	137	116	2.4	2.61	5.76	—
Al_2O_3	479	342	3.5	3.97	8.64	2 049

续表 7.13

基　体	断裂模量 /MPa	弹性模量 /GPa	断裂韧性 /($MPa \cdot m^{1/2}$)	密度 /($g \cdot cm^{-3}$)	热膨胀系数 /($20^{-6} \cdot ℃^{-1}$)	熔点/℃
莫来石	185	144	2.2	3.30	5.76	1 849
SiC	383～479	328～458	4.9	3.21	4.32	1 982
Si_3Ni_4	492～821	308	5.6	3.19	3.06	1 871
Zr_2O_3	246～643	205	2.7～8.4	5.56～5.70	7.92～13.50	2 760

碳在无氧条件下极其稳定，可以在真空或惰性气体环境中耐受达 2 205 ℃(4 000 ℉)的高温。此外，碳非常轻，密度仅为 1.99 g/cm^3，但是纯石墨又很脆、强度低、不易被加工成大型复杂形状。C－C 复合材料作为一种特殊的陶瓷复合材料，由高强度的碳纤维以及碳基体复合而成，克服了上述单一碳材料的缺点。对于高温应用，C－C 复合材料可在 2 205 ℃(4 000 ℉)的高温无氧环境中保持很好的热稳定性能，且自身密度小，只有 1.49～1.99 g/cm^3。此外，C－C 复合材料还具有如下性能优点(取决于纤维类型、纤维结构形状以及基体密度)：① 极限拉伸强度大于 275 MPa)；② 弹性模量大于 69 GPa；③ 导热系数为 10～216 $kW/(m^2 \cdot K)$；④ 热膨胀系数为 $1.1 \times 10^{-6}\ K^{-1}$。因此，C－C 复合材料已在火箭喷嘴、再入飞行器的前锥体、前缘、整流罩、防热罩、航空制动器、赛车刹车系统以及高温锅炉的载板和隔热材料等产品上得到广泛应用。

C－C 复合材料较低的热膨胀和热传导系数范围使它拥有良好的抗热震性能。如前文所述，C－C 复合材料易被氧化是材料的主要缺点。当温度高于 510 ℃时，基体和纤维若没有必要的氧气暴露防护措施，则很容易被氧化。使用外部涂层和内部抗氧化剂是两种主要的抗氧化措施。SiC 等外部涂层可以防止氧气从外部进入材料内部。抗氧化剂可通过两种方式起到抗氧化作用：形成内部屏障抑制氧气渗入，通过氧气沉积形成保护屏障。但在高温氧化环境中，这些氧化屏障有限的时温循环能力是目前 C－C 复合材料在高温环境中应用的主要瓶颈。

相比其他多晶体陶瓷，玻璃陶瓷能够在较低的温度和气压下进行固化，具有独特的优势。所有的玻璃陶瓷在烧结之后都残留有部分玻璃，因此玻璃陶瓷的最高使用温度取决于残余玻璃的软化点。主要成分为二氧化硅(SiO_2)的玻璃陶瓷可用于中等的温度环境。作为基体材料的玻璃陶瓷主要有 LAS、MAS、MLAS、CAS、BMAS。其中，L 代表氧化锂(Li_2O)，A 代表氧化铝(Al_2O_3)，S 代表氧化硅(SiO_2)，M、B 和 C 分别为氧化镁(MgO)、氧化钡(BaO)和氧化钙(CaO)。玻璃陶瓷具备了玻璃材料的优点：① 可以在热压烧结时熔化成低黏度液体，便于纤维束的浸渍；② 制备温度比其他传统晶体陶瓷低，从而减小了纤维性能退化。热压烧结之后，通过一种热处理工艺可制作得到玻璃陶瓷，其中晶体相成分含量高达 95%～98%。然而，烧结后残余的玻璃相降低了玻璃陶瓷的抗蠕变能力。

非氧化物基体包括碳、碳化硅以及氮化硅(Si_3N_4)。碳极其耐高温且密度小，但是在高温应用中，碳必须进行抗氧化防护处理。碳化硅的熔点很高，高温下的力学性能良好。碳化硅的耐高温性能比碳略差，密度也略大，氧化后产生二氧化硅，但它可在 1 480 ℃的高温环境下使用。氮化硅基体和碳化硅相比，除了热稳定性和热传导性能略差之外，其余性能较为相似。

氧化物基体包括氧化铝(Al_2O_3)、莫来石($3Al_2O_3-2SiO_2$)、堇青石($2MgO-2Al_2O_3-5SiO_2$)以及氧化锆(ZrO_2)。氧化物基体的成本相对较低，在中等温度下可迅速烧结，高温抗氧化性能好；主要缺点是热膨胀系数和大部分纤维的热膨胀系数不相协调，强度一般，高温稳定性差。氧化铝是最常用的氧化物基体材料，各项性能都较为均衡。莫来石的热膨胀系数比氧化铝低，可采用溶胶凝胶工艺法制备得到，并且有良好的韧性。堇青石的热膨胀系数很低，通常配合其他氧化物（如莫来石）一起作为基体。氧化锆在弱稳定时韧性仍非常好，但在高温环境下会很快丧失韧性。

在为陶瓷基复合材料选择合适的纤维和基体搭配时，需要考虑以下几个因素：

① 两者的热膨胀系数（Coefficient of Thermal Expansion，CTE）保持协调。如果基体的CTE比纤维的径向CTE大，则基体从热压高温冷却收缩时会将纤维包裹夹紧，在纤维与基体界面处产生很强的结合，导致材料在工作时产生脆性破坏。相反，如果基体比纤维的CTE小，则冷却时纤维会与基体产生脱黏现象。

② 基体和纤维的化学相容性也是一个重要的因素。陶瓷基复合材料的制备温度很高，基体和纤维在高温下的反应会导致纤维的强度降低。例如碳化硅纤维会与硅基玻璃陶瓷基体发生反应，因此必须在纤维表面制作界面保护涂层。

当使用温度超过 980 ℃时，理论上可选用的陶瓷基体材料有碳、碳化硅、氮化硅以及氧化铝。虽然有可能使用这些基体材料，但是实际使用时，基体材料的热膨胀系数要和现有商业化生产的纤维（如碳纤维、碳化硅纤维、氧化铝纤维等）非常接近才行。CTE 的一致性要求导致氮化硅及氧化铝基体不能与碳化硅纤维匹配。现阶段，对于由氧化物纤维和氧化物基体组成的陶瓷基复合材料，限制其商业发展的主要因素体现在：不具备高热传导系数，缺乏能够在980 ℃以上高温长时间工作的抗蠕变氧化物纤维。

陶瓷基复合材料在军事和空间应用上可用作导弹的雷达罩，重返空间飞行器的天线窗和鼻锥，装甲、发动机零部件，换热器，汽轮机零部件，专用燃烧炉内衬，轴承和喷嘴等。在航空航天领域，陶瓷及其复合材料的应用将是推进航空航天动力系统发展的最有效的技术之一。在航空领域，目前陶瓷复合材料已被应用于发动机燃烧室内衬、燃烧室筒、喷口导流叶片、机翼前缘、涡轮叶片和涡轮壳环等部位。

当前，部分纤维增强陶瓷基复合材料的使用温度可达 1 425～1 540 ℃甚至更高，可应用于航空发动机燃烧室、涡轮盘、导向叶片以及其他非转动部件。例如，碳纤维增强 SiC 陶瓷基复合材料的应用可覆盖瞬时寿命、有限寿命和长寿命这三类服役环境的需求，其使用温度最高可达 3 000 ℃，如表 7.14 所列。一般情况下，SiC/SiC 陶瓷基复合材料可以在 1 316 ℃的高温环境下保持其理化特性不退化。当 SiC/SiC 材料表面喷有热障涂层时，其最高工作温度可增加至 1 480 ℃或更高。例如美国 NASA 在 HSR-EPM 计划中研制的复合涂层，该涂层面层材料由 HfO_2 或 ZrO_2 构成，中间层由莫来石等组成，其耐温能力高达 1 650 ℃。据初步计算，采用耐温 1 480 ℃的 CMC 材料高压涡轮叶片可使发动机燃油消耗率降低 6%。同时，采用 CMC 材料制成的燃烧室高温衬垫所需的冷却气量也大幅减少，进而降低冷却空气同燃油掺混后不完全燃烧生成氮氧化物的机会，其氮氧化物的减排潜力可达 33%。

通常而言，碳纤维具有价格便宜且容易获得的优势，当属 C/SiC 成为 SiC 陶瓷基复合材料研究及应用的首选。但由于碳化硅复合材料为非致密性材料，在基体中存在着一定数量的孔隙或微裂纹，使用环境下的水氧介质易通过裂纹和孔隙进入到界面和纤维部位，若采用碳纤维则容易氧化失效，严重影响使用寿命。相对而言，SiC/SiC 比 C/SiC 抗氧化能力更强，因此 SiC/SiC 陶瓷基复合材料在航空发动机热端部件的应用更被看好。

表 7.14 C 及 SiC 连续纤维碳化硅陶瓷耐高温应用场景

使用寿命	瞬时寿命（数十秒至数百秒）	有限寿命(数十分钟至数十小时)	长寿命(数百小时至上千小时)
应用对象	用于固体火箭发动机	用于液体火箭发动机	用于航空发动机
耐高温情况	C/SiC 的使用温度可达 2 800～3 000 ℃	C/SiC 的使用温度可达 2 000～2 200 ℃	C/SiC 的使用温度为 1 650 ℃，SiC/SiC 为 1 480 ℃

SiC/SiC 陶瓷基复合材料最先于 20 世纪 80 年代被法国率先研制出(牌号 CERASEPR 系列)，并成功应用于 M88－2 发动机(配套法国阵风战斗机)喷管外调节片和 F100 型发动机(配套美国 F－15/F－16 战斗机)调节片上。随后各个国家持续加大对 SiC/SiC 陶瓷基复合材料制造技术领域投入，如美国 NASA 的 HIPTET、HSR/EPM 和 UEET 计划，日本的 AMG 计划等，SiC/SiC 陶瓷基复合材料制造技术逐渐成熟，应用范围也日益广泛。据报道，SiC/SiC 陶瓷基复合材料目前已经成功应用于 F110－GE－129 发动机尾喷管(见图 7.18)、F－119 发动机矢量喷管的内壁板(见图 7.19)、F136 发动机涡轮叶片(见图 7.20)、F414 发动机和 CFM LEAPX 发动机涡轮罩环(见图 7.21)等构件。

图 7.18 F110－GE－129 发动机尾喷管

图 7.19 尾喷管测试中的 F119 发动机

图 7.20 现存于展览馆的 F136 发动机原型

图 7.21 采用陶瓷基复合材料叶片的涡轮转子

思考与练习

1. 相对于传统材料，复合材料的优点有哪些？
2. 复合材料强化机理有哪些？
3. 树脂基复合材料的航空应用有哪些？
4. 金属基复合材料的航空应用有哪些？
5. 陶瓷基复合材料的航空应用有哪些？

第8章　金属材料常用成型技术

8.1　金属液态成型

8.1.1　铸造成型概述

金属的液态成型又称铸造，是将液态金属浇入铸型中，凝固后获得具有一定形状、尺寸和性能金属零件毛坯的成型方法，是成型毛坯或机器零件的一种重要成型方法。铸造的生产方法很多，按铸型材料、造型方法和浇注工艺的不同，一般可分为砂型铸造和特种铸造。其中，砂型铸造是最基本、应用最普遍的铸造方法。

铸造生产在整个机械产品的制造中占有极其重要的地位，如普通机床、内燃机、重型机械结构、飞机的框梁、发动机叶片结构等都是铸造生产的。在部分机械产品中，铸件甚至占到了整机质量的60%～90%。铸造具有如下特点：

① 通过铸造可生产形状复杂的工件，特别是具有复杂内腔的毛坯或零件的成型，如各种箱体、床身、机器、轮等。

② 铸造适应性强，工艺灵活性大。常用金属（如铸铁、碳素钢、合金钢、钛合金、铝合金等）均可用于铸造，且铸件大小几乎不受限制，从几克到数百吨均可。

③ 铸件生产成本低。传统的铸造所用原材料来源广泛，价格低廉；一般不需要昂贵设备；铸件形状和尺寸与零件相近，能节省金属材料和切削加工费用。

但是，铸造技术生产的零件毛坯也面临着铸件组织粗大、偏析严重、气孔、夹杂物、应力变形等问题。因此，除努力控制和改善铸造成型工艺条件外，对于重要零件的铸造毛坯一般都将经过热塑性加工或其他工艺的处理。

8.1.2　合金的铸造性能

铸造用的金属材料大多为合金。根据铸件的工作条件不同，常用的有铸铁、铸钢和非铁金属等。铸造合金除应具有符合要求的力学性能、物理性能、化学性能外，还应具有良好的铸造性能。合金的铸造性能是合金在铸造生产中表现出来的工艺性能，主要包括合金的流动性、收缩性、偏析等，决定了合金是否可用于铸造以及铸造之后铸件的质量。

1. 合金的流动性

合金的流动性是指液态金属本身的流动能力，取决于合金种类、结晶特性、熔点、黏度和热导率等。合金流动性决定合金能否充满铸型得到形状完整、尺寸精确的铸件，而不产生浇不足、冷隔等缺陷。另外，流动性对于铸件中气体的排出、杂质的上浮和凝固时的补缩效果有很大的影响。所以，流动性好不但可以防止浇不足、冷隔等缺陷，还可防止气孔、夹渣、缩孔等缺陷的发生。

凡能影响液态合金在铸型中保持液态时间长短及合金流动速度的因素均能影响合金流动

性，主要包括化学成分、浇注温度和浇注条件等。

(1) 化学成分

不同成分的铸造合金有不同的结晶特点，对流动性影响也不相同。纯金属和共晶合金是在恒温下结晶的，结晶从表层向中心逐层凝固，凝固层表面光滑，对尚未凝固的金属液流动阻力小，因此流动性好。其他成分合金的结晶是在一段温度区间内完成的，在结晶区间中既有形状复杂的枝晶，又有液体，枝晶不仅阻碍液体流动，而且使液体金属的冷却速度加快，所以流动性差。对于铁碳合金，C、Si 等的含量越接近共晶成分，合金的流动性越好。铸铁中的 P 能降低液相线温度，并能使铁水黏度下降，有利于提高流动性，而铁水中 Mn 和 S 能使流动性下降。

(2) 浇注温度

浇注温度对合金流动性的影响极为显著。浇注温度越高，过热度(浇注温度与液相线温度差)越大，增加了液体金属含热量，使其能保持长时间液态，同时降低了液态金属的黏滞度，这些都可使合金的流动性提高。因此，提高浇注温度可防止铸件产生浇不足、冷隔、气孔及夹渣等缺陷。但还要指出，浇注温度过高会使合金收缩增加、吸气、氧化严重，会增加铸件产生缩孔、缩松、黏砂、气孔等缺陷的可能性。因此，在保证流动性足够的前提下，浇注温度应尽量低。所以，在生产中常采用“高温出炉，低温浇注”的方法。但对于形状复杂的薄壁件、铸钢件，为了避免产生浇不足、冷隔等缺陷，浇注温度以略高为宜。

(3) 充型条件

铸型中凡能增加金属流动阻力、降低流速和增加冷却速度的因素均能降低合金的流动性。例如，内浇口截面积小、型腔狭窄、表面不光滑、直浇口高度过低、铸型透气不好、水分含量过多、铸型导热太快等，都能相应地降低合金的流动性，使铸件易于产生浇不足、冷隔等缺陷。为了改善铸型充型条件，在设计铸件时必须保证其厚度大于“最小壁厚”，在工艺上采取一些措施，如加高直浇口、加压充型、扩大内浇口、减少型砂含水量、增设排气口、采用烘干型等。

2. 合金的收缩性

合金熔液在铸型里凝固和冷却过程中，其体积和尺寸减小的现象称为收缩。收缩是合金本身的物理性能，是使铸件产生缩孔、缩松、裂纹、变形和内应力等缺陷的基本原因。为了获得形状和尺寸符合技术要求、内部组织致密的合格铸件，必须掌握收缩的规律，以便在结构设计和铸造工艺中采取必要的措施。

液态合金从浇注温度冷却到室温时是由三个互相联系的收缩阶段组成的，如图 8.1 所示。

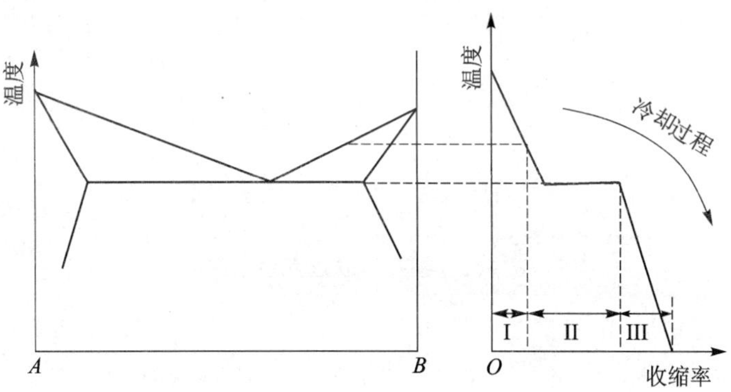

图 8.1　液体合金收缩阶段

Ⅰ液态收缩阶段:合金从浇注温度冷却到开始凝固温度(液相线温度)的收缩,是产生缩孔的基本原因之一。

Ⅱ凝固收缩:合金从液相线温度冷却至固相线温度的收缩。共晶成分合金及纯金属在恒温下结晶,凝固收缩小。结晶温度范围越宽,凝固收缩越大。凝固收缩也是产生缩孔、缩松的基本原因之一。

Ⅲ固态收缩:自固相线温度冷却至室温的收缩,表现为铸件各方向上线尺寸的缩小,对铸件的形状和尺寸精度影响最大,是产生铸造内应力、变形和裂纹的基本原因。

液态收缩、凝固收缩表现为合金体积缩小,常称为体收缩。固态收缩引起铸件尺寸变化,常称为线收缩。常用铸造合金中,铸钢收缩最大,灰铸铁收缩最小。这是由于灰铸铁中碳大部分以石墨状态存在,石墨比热容大,在结晶过程中析出石墨所产生的体膨胀可抵消铸铁的部分体收缩。

影响收缩的主要因素有化学成分、浇注温度、铸件结构和铸型条件等。合金的化学成分不同,其收缩率也不同。例如,碳钢随着含碳量增加凝固收缩增加,而固态收缩略减。在铸件中促进石墨化元素(C、Si 等)增加将使收缩减小,阻碍石墨化元素(S、Mn 等)增加将导致收缩增大。但适当的含锰量可消除硫的有害作用(硫元素会导致钢的热脆性)。合金的浇注温度越高,过热度越大,液态收缩量也越大,故总收缩量增加。通常在满足流动性要求的前提下,应尽量采用低温浇注以减少液态收缩。此外,铸件在铸型中冷凝时,会受到铸件各部位因冷速不同相互制约而产生的阻力及铸型和型芯对收缩产生的机械阻力。因此,铸件的实际线收缩率要比合金的自由收缩率小。所以,在设计模样时必须根据合金品种、铸件的形状和尺寸、铸型种类等因素选取合适的收缩率。

3. 铸造成型质量

(1) 缩　孔

液体金属浇注到铸型后,在液态收缩和凝固收缩过程后,液体体积要缩减,若其收缩得不到液体金属的补充则会在铸件最后凝固部位形成孔洞,即缩孔。缩孔的形成过程如图 8.2 所示。

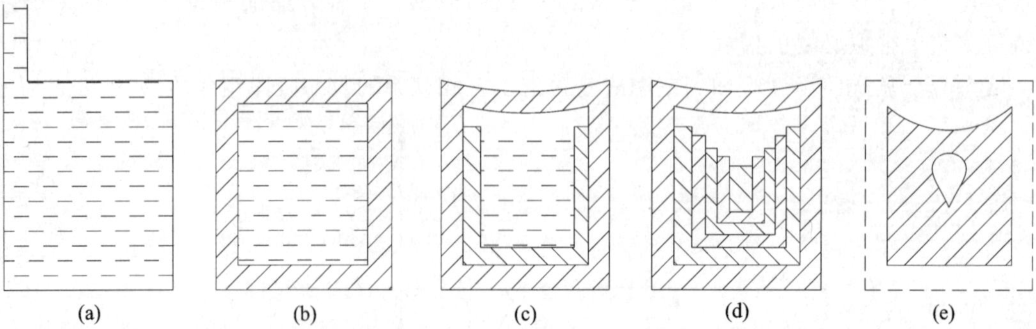

图 8.2　缩孔形成过程示意图

液体金属填满铸型后,随着热量不断散失,合金将产生液态收缩。此时,浇口尚未凝固,故型腔是充满的,如图 8.2(a)所示。由于铸型吸热,铸件表面冷却最快,首先凝固形成一层硬壳。因浇口凝固,硬壳如一个密闭容器,里面充满金属,如图 8.2(b)所示。温度继续下降,凝固层加厚,内部的剩余液体由于要补充凝固层的收缩和液体本身的液态收缩,体积减小,液面下降，铸件内出现空隙，如图 8.2(c)所示。温度继续下降，外壳加厚，液面不断下降，待金属全部凝固后，则在金属最后凝固的上部形成一个孔洞，即缩孔，如图 8.2(d)所示。铸件完全凝固后，其体积还会因温度下降而不断减小，直到常温为止，如图 8.2(e)所示。纯金属和共晶成分合金结晶温度范围窄，易于形成集中缩孔。缩孔多集中在铸件上部或最后凝固部位，其特征是内部表面粗糙，形状不规则，呈倒锥形。

(2) 缩　松

缩松是由于合金的凝固收缩未能得到补充所致，实质是把集中缩孔分散为许多极小的缩孔。缩孔和缩松都属铸件的重要缺陷，缩孔、缩松使铸件有效受力面积减少，力学性能下降，而且在孔洞部位易于产生应力集中，还影响铸件气密性和物理、化学性能等。因此，必须根据技术要求采取适当的工艺措施予以防止。

实践证明，只要能使铸件实现“定向凝固”，尽管合金的收缩较大，也可获得没有缩孔的致密铸件。所谓定向凝固，就是在铸件上可能出现缩孔的厚大部位通过安放冒口或安放冷铁等工艺措施，使铸件上远离冒口或冷铁的部位先凝固，然后是靠近冒口或冷铁部位凝固，最后才是冒口本身的凝固。图 8.3(a)所示为普通浇注系统，图 8.3(b)和图 8.3(c)分别为加冒口和冷铁的浇注系统。按照这样的凝固顺序，先凝固部位的收缩由后凝固部位的金属液来补充，后凝固部位的收缩由冒口中的金属液来补充，从而使铸件各个部位的收缩均能得到补充，而将缩孔转移到冒口之中。由于冒口为铸件的多余部分，在铸件清理时会将其去除，所以不影响铸件内部质量。

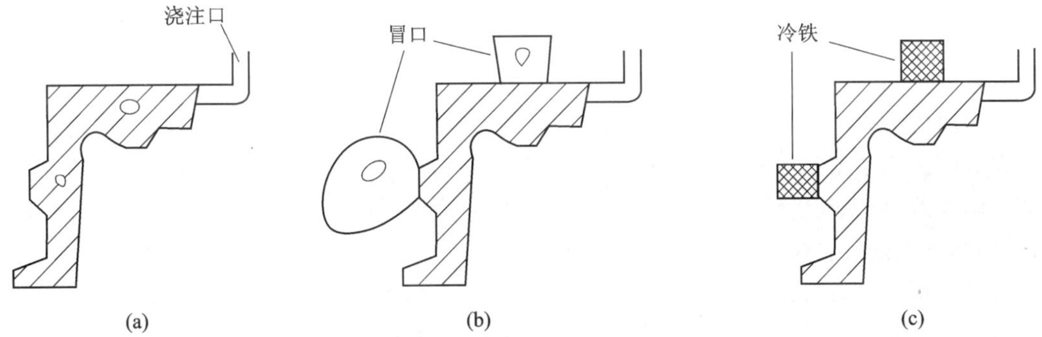

图 8.3　加冒口和冷铁的不同浇注系统

冷铁是为了加速局部液体金属冷却而置入砂型或型腔的金属块，冷铁使得这些厚大部位先行凝固，最后冒口凝固，达到补缩目的。安放冷铁还可使铸件结晶组织致密，提高其力学性能。冷铁只是加快了某一部位的冷却速度，本身并不能补缩，常用钢或铸铁制成。

(3) 铸造内应力

铸件在凝固后的继续冷却过程中要产生固态收缩。如果固态收缩受阻，即会在铸件内部产生内应力，这是铸件产生变形和裂纹的基本原因。铸造内应力按其产生原因可分为热应力、固态相变应力和收缩应力。热应力是指铸件各部分冷却速度不同造成在同一时期内，铸件各部分收缩不一致而产生的应力；固态相变应力是指铸件由于固态相变，各部分相体积发生不均衡变化而引起的应力；收缩应力是铸件在固态收缩时因受到铸型、型芯、浇冒口、箱挡等外力的阻碍而产生的应力。其中，收缩应力是暂时的，铸件清砂后会自行消失。但收缩应力与热应力共同作用，可能使铸件某些部位拉应力值增大而产生裂纹。

下面利用铸造应力框来分析热应力的形成过程。如图 8.4 所示，铸造应力杆Ⅰ和杆Ⅱ两部分组成框形铸件，其中杆Ⅰ较粗，杆Ⅱ较细。当铸件处于高温塑性状态时，虽然两杆因冷却速度不同而收缩不一致，但瞬间的内应力为塑性变形所消除。继续冷却后，由于杆Ⅱ细，冷却快，收缩大，已进入弹性状态，必然压缩杆Ⅰ，使杆Ⅰ受压，杆Ⅱ受拉，形成了暂时内应力，如图 8.4(b)所示。此时由于杆Ⅰ仍处于高温塑性状态，在压应力作用下，发生微量塑性变形(压缩)，内应力随之消失。当冷却至杆Ⅰ、Ⅱ均进入弹性状态时，粗杆Ⅰ温度较高，还会进行较大的收缩；细杆Ⅱ温度较低，收缩已近停止。此时杆Ⅰ的收缩必然要受到杆Ⅱ的阻碍，于是在杆Ⅰ中产生拉应力，杆Ⅱ中产生压应力，并保持到室温形成残余内应力，如图 8.4(d)所示。由于杆Ⅰ和杆Ⅱ在整个变形过程中总体上都是冷却收缩，因此冷至室温后长度较初始缩短，因此图中(b)、(c)和(d)的零件高度比图(a)小，处于两条虚线之间。

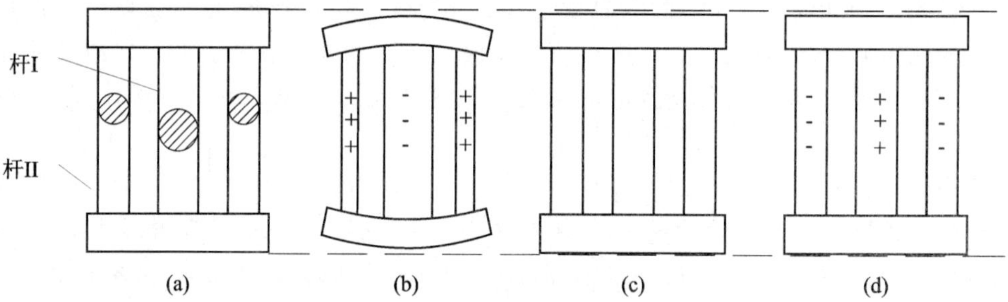

图 8.4　铸造热应力形成过程示意图

通过以上分析可知，铸造热应力使得铸件的厚壁或心部受拉伸，薄壁或表层则受压缩。其壁厚差别越大，合金的线收缩越高，弹性模量越大，则铸造后形成的热应力越大。为了减小和消除铸造内应力，可采用同时凝固的原则，通过设置冷铁、布置浇口位置等工艺措施，使铸件各部分在凝固过程中温差尽可能小。此外，还可以提高铸型温度，使整个铸件缓冷，以减小铸型各部分温度差；可以改善铸型和型芯的退让性，避免铸件在凝固后的冷却过程中受到机械阻碍；特别是可以进行去应力退火，彻底消除内应力。

为了防止内应力引起的铸件变形，可采取的措施有：铸件壁厚要尽量均匀，并使之形状对称；尽量采用同时凝固原则；长而容易变形的铸件可采用反变形法，模型制成与铸件变形相反的形状，来抵消铸件产生的变形；精度要求高、不允许发生变形的铸件，必须采用时效处理。时效处理常分为自然时效和人工时效。自然时效是将铸件在露天场地置放半年以上，使其缓慢变形而消除内应力的方法。人工时效也称为去应力退火，加热温度与材料类别有关。时效处理一般安排在粗加工之后进行，以便同时去除粗加工过程中产生的内应力。

8.1.3　砂型铸造

砂型铸造是指铸型由砂型和砂芯组成的一种造型方法，具有操作灵活，设备简单，准备时间短等优点，是实际生产中应用最广泛的一种铸造方法。

1. 造型材料

制造铸型用的材料称为造型材料。用于制造砂型的材料称为型砂，用于制造型芯的材料称为芯砂。型砂和芯砂是由原砂、黏结剂、水及特殊附加物组成的混合物。在铸造生产中，铸造质量的高低与造型材料的好坏有着极为密切的关系。如果造型材料选择不正确，会使铸件大量报废，增加铸件的成本，造成巨大的经济损失；正确地选择造型材料，不但能减少铸件的缺陷，降低铸件成本，而且可以提高生产率。型砂和芯砂应具有合适的可塑性、强度、透气性、退让性及耐火性等。造型用的原砂主要是指河砂、海砂和山砂。黏结剂除常用的黏土（包括普通黏土和膨润土）外，还有油类黏结剂（如桐油、亚麻仁油、棉籽油、合脂油等），也可以用松香、沥青、纸浆废液、糖浆、水泥、水玻璃及树脂等作为型砂黏结剂。造型材料中有时还加入一些特殊附加物，如煤粉、焦炭粉、重油、木屑、稻草等，以改善造型材料的退让性和透气性。

造型和造芯常用的材料有石墨粉、木炭粉、石英粉和滑石粉等，再加入黏结剂与水调匀后使用。

2. 造型方法

根据制造铸型的手段不同，砂型铸造又分为手工造型和机器造型两种。

手工造型是目前铸造生产中获得铸型的一种常用的方法。手工造型的工艺装备简单、经济，生产准备时间短，操作灵活，适应性强；不足之处是劳动强度大，生产效率低，铸件质量较差，对工人操作技能要求较高。手工造型广泛用于单件、小批生产，特别是重型铸件和形状复杂铸件的生产，也可用于较大批量的生产。

为适应不同形状的铸件和生产条件，手工造型有各式各样的造型方法。造型方法的合理选择，对于获得合格铸件、节约制模和造型工时、降低成本和缩短生产周期都有十分重大的影响。具体生产中，应根据铸件形状、尺寸、技术要求、生产条件和生产批量，对各种造型方法进行合理的选择。

机器造型是把造型中最重要的两项操作——紧砂和起模实现了机械化。与手工造型相比，不仅提高了生产率、改善了劳动条件，而且提高了铸件精度和表面质量。机器造型所用的造型设备和工艺装备费用高、生产准备时间长，只适用于中、小铸件成批或大量的生产。机器造型的工艺特点是采用模板进行两箱造型，通常为湿型。模板是将模样和浇注系统沿分型面与底板联结成一整体的专用模具。造型机一般都装有起模机构，其动力多是应用压缩空气。目前应用广泛的起模机构有顶箱、漏模和翻转。机器造型按照不同的紧砂方式分为震实、压实、震压、抛砂、射砂造型等多种方法，其中以震压式造型和射砂造型应用最广。

8.1.4　特种铸造

特种铸造是指与普通砂型铸造有明显区别的其他铸造方法，如金属型铸造、压力铸造、离心铸造、熔模铸造等。与普通砂型铸造相比，这些铸造方法的劳动生产率和成品率高，劳动条件好，铸件精度高。因此，特种铸造在铸造生产中的重要作用日益凸显。

1. 金属型铸造

金属型铸造（Gravity Die Casting）是指将液态金属浇入金属铸型中以获得铸件的工艺过程。由于金属型能反复使用很多次，又称永久型铸造。金属型铸造的金属型一般用铸铁（或铸钢）制成，铸件的内腔可用金属型芯或砂芯获得。金属型芯根据抽芯条件可做成整体的，也可由几块拼合而成。金属型按分型面不同可分为水平分型式、垂直分型式和复合分型式等。其中垂直分型式金属型便于开设浇口和取出铸件，易于实现机械化，应用最广。

（1）金属型铸造的工艺特点

金属型的导热速度快和无退让性，使铸件易产生浇不足、冷隔、裂纹及白口等缺陷。此外，金属型反复经受灼热金属液的冲刷，会降低使用寿命。为此，应采用以下辅助工艺措施：

① 保持铸型合理的工作温度。浇注前预热金属型，可减缓铸型的冷却能力，有利于金属液的充型及铸铁的石墨化过程。生产铸铁件，金属型预热至 250～350 ℃，生产有色金属件预热至 100～250 ℃。

② 喷刷涂料。为保护金属型和方便排气，通常在金属型表面喷刷耐火涂料层，以免金属型直接受金属液冲蚀和热作用。调整涂料层厚度可以改变铸件各部分的冷却速度，并有利于金属型中的气体排出。浇注不同的合金，应喷刷不同的涂料。

③ 浇注。金属型的导热性强，采用金属铸型时，合金的浇注温度应比采用砂型高出 20～30 ℃。

④ 控制开型时间。开型越晚，铸件在金属型内收缩量越大，取出困难，而且铸件易产生大的内应力和裂纹。

(2) 金属型铸造的优缺点及应用

金属型铸造的优点有：实现了一型多铸，节省了配砂、造型、落砂等工序和大量造型材料，提高了生产率，便于组织机械化、自动化生产；铸件结晶细密，力学性能高，精度和表面质量高；加工余量小，节约原材料和加工工时，节省生产场地，改善劳动条件。金属型铸造的主要缺点有：不透气且无退让性，铸件易产生浇不到、裂纹或白口等缺陷；制造成本高、周期长，铸造工艺要求严格，不适于单件、小批量生产；由于金属型冷却速度快，不宜铸造形状复杂和大型薄壁件。

所以，金属型铸造目前主要用于铜合金、铝合金和镁合金等有色合金铸件的大批量生产，如活塞、汽缸盖、油泵壳体、轴瓦、轴套等。对黑色合金铸件，也只限于形状较简单的中小型铸件。

2. 压力铸造

压力铸造(Die Casting)是指将液态或半液态金属以高压(30～150 MPa)和高速(5～100 m/s)，充型时间为 0.01～0.2 s 压入金属型中，并在压力下凝固以获得铸件的工艺方法。它是一种发展较快、切削少或无须切削的精密铸造方法。

(1) 压力铸造工艺过程

压力铸造是在压铸机上进行的，压铸机分为热压室式压铸机和冷压室式压铸机。热压室式压铸机由于压力较小，压室浸在金属液中易被腐蚀，只能用于铅、锡、锌等低熔点合金的压铸，故应用较少。目前广泛应用的是冷压室式压铸机，其压室和保温炉分开，在压射前才将金属液浇入压室进行压铸。这类压铸机采用 6.5～20 MPa 的高压油驱动，合型力可达 250～2 500 N，用于压铸铝、镁、锌、铜等合金铸件，压铸成型工艺过程如图 8.5 所示。

压铸所用的铸型叫压型，由两半个金属型所组成，与垂直分型式金属型相似，一半型固定在压铸机定模座板上，另一半型固定在压铸机动模座板上，并可随模板作水平移动。压型上装有顶出铸件机构和抽芯机构，可以自动顶出铸件和抽出型芯。

(2) 压力铸造的特点及应用

压力铸造的优点有：生产率比任何其他铸造方法都高，每小时可压铸 50～500 件，操作简便，易于实现半自动化或自动化生产；铸件精度(最高达 CT4 级)和表面质量高(Ra3.2～0.8 μm)，并可直接铸出极薄件、小孔、螺纹和齿形；由于压型散热快，铸件又在压力下结晶，故铸件组织细密，表层紧实，强度、硬度高；压铸实现了少屑无屑加工，省工、省料、省设备，还可采用镶铸法使零件制造过程简化，零件成本大幅降低。因此，压力铸造已广泛用于铝、镁、锌、铜

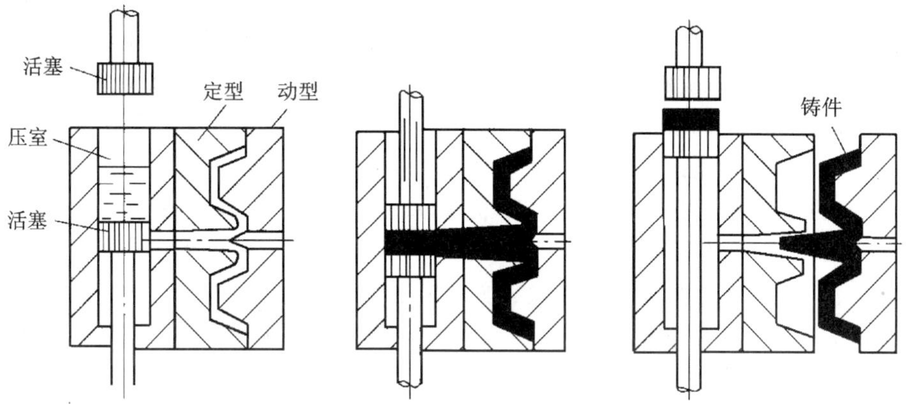

图 8.5　压铸成型工艺过程

等非铁金属铸件的大批生产，遍及汽车、拖拉机、精密仪器仪表、航空、航海和日用五金等多种行业。但压铸机价格昂贵，压型制造费用高、周期长，不适于单件、小批量生产。由于压型寿命的原因，目前还不适于铸钢件和铸铁件等高熔点合金铸件的生产。压铸时液态金属充型速度极高，压型内气体很难完全排除，使压铸件内部存有大量的极小气孔和缩松。

3. 低压铸造

低压铸造(Low Pressure Casting)是铸型一般安置在密封的坩埚上方，坩埚中通入压缩空气，在熔融金属的表面上造成低压(0.02～0.06 MPa)，使金属液由升液管上升填充铸型和控制凝固的铸造方法。低压铸造时，熔融金属所受压力较压力铸造低，是介于重力铸造(砂型、金属型铸造)和压力铸造之间的一种铸造方法。低压铸造如图 8.6 所示，其原理为：① 将金属、升液管和铸型装配好，盖好密封盖；② 向密封金属液的坩埚中，通入干燥的压缩空气(或惰性气体)，使金属液在压力作用下，自下而上地通过升液管而进入铸型，并在压力下凝固；③ 解除压力，使升液管和浇注系统中未凝固的金属液流回坩埚。

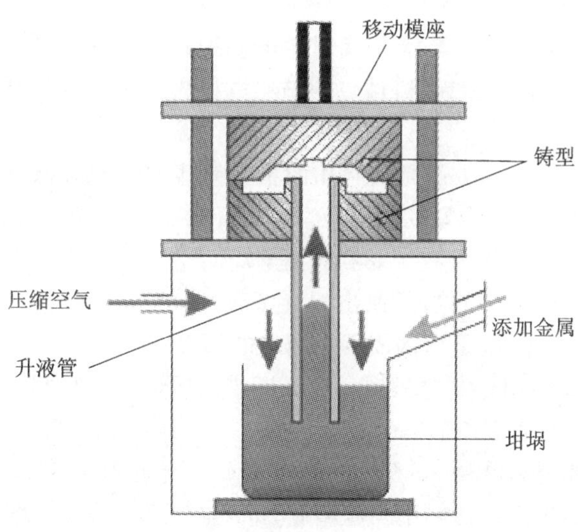

图 8.6　低压铸造工作原理

低压铸造的优点有：① 浇注及凝固时的压力容易调整、适应性强，可用于各种铸型、各种合金及各种尺寸的铸件；② 底注式浇注充型平稳，减少了金属液的飞溅和对铸型的冲刷，可避免铝合金件的针孔缺陷；③ 铸件在压力下充型和凝固，其浇口能提供金属液来补缩，因此铸件轮廓清晰，组织致密；④ 低压铸造的金属利用率高，约 90％以上；⑤ 设备简单，劳动条件较好，易于实现机械化和自动化。

低压铸造的主要缺点是升液管寿命短，且在保温过程中金属液易氧化和产生夹渣。低压铸造是 20 世纪 60 年代发展起来的新工艺，尽管其历史不长，但已受到国内外的普遍重视，目前主要用来生产质量要求高的铝、镁合金铸件，如汽缸体、缸盖、曲轴箱、汽车铝合金轮圈、高速内燃机活塞、纺织机零件等，并已用它成功地制出重达 30 t 的铜螺旋桨及球墨铸铁曲轴等。

4. 离心铸造

离心铸造(Centrifugal Casting)是指将液态金属浇入高速旋转(一般为 250～1 500 r/min)的铸型中，使金属液在离心力作用下填充铸型和结晶而获得铸件的方法，其铸型可用金属型、砂型等。

离心铸造是在离心铸造机上进行的。离心铸造机按其旋转轴位置的不同，分为立式离心铸造机和卧式离心铸造机。立式离心铸造机主要用于铸造环套类短铸件或成型铸件，卧式离心铸造机适用于铸造长度较大的套筒及管类铸件。在卧式离心铸造机上，铸型绕水平轴回转，由于铸件各部分的冷却、成型条件基本相同，所得铸件的壁厚在轴向和径向都是均匀的，因此卧式离心铸造机应用广泛，常用来制造各种铸管、缸套等铸件。

离心铸造的主要优点有：① 铸造圆形内腔铸件时，可省去型芯，铸件上无浇注系统，使液态金属的耗用量减少，金属利用率高，可达 90％～95％；② 在离心力作用下，金属中的气体、熔渣均集中于内表面，金属从外向内呈方向性结晶，铸件组织细密，无缩孔、气孔、渣眼等缺陷，力学性能好；③ 合金的充型能力强，适于流动性差的合金和薄壁铸件的生产；④ 离心铸造还可用于铸造“双金属”铸件，如缸套离心挂铜，其结合面牢固、耐磨，又能节省许多贵重金属材料。但是离心铸造铸件的内孔自由表面粗糙、尺寸误差大、质量差，不适于密度偏析大的合金(如铅青铜等)及铝、镁等轻合金。

离心铸造主要用来生产大批套、管类铸件，如铸铁管、煤气管、水管、铜套、缸套、双金属钢背铜套等。此外，还可以用于轮盘类铸件，如泵轮、电机转子等铸件的制造。

5. 熔模铸造

熔模铸造(Investment Casting)是最常用的精密铸造方法，是用蜡料制成和铸件形状相同的蜡模，然后在蜡模表面涂挂一定厚度的耐火涂料和石英砂，经硬化、干燥后将蜡模熔出，得到一个中空的、无分型面的耐火型壳，再经干燥和高温焙烧、浇注，获得铸件，所以也称为“失蜡铸造”。

熔模铸造工艺过程包括制造蜡模、制出耐火型壳、造型和浇注等，具体包括：

① 制造母模和压型。母模是用钢或黄铜制出的标准铸件，尺寸上要比铸件大出蜡料及铸造合金的双重收缩量，母模用于制造压型。为保证蜡模质量，压型内表面必须有很高的尺寸精度和表面粗糙度。

② 压制蜡模。蜡模材料常用 50％石蜡和 50％硬脂酸配制成低熔点蜡料，将蜡料熔为糊状，以 0.2～0.4 MPa 的压力将蜡料压入压型内，待凝固后取出蜡模，修去毛刺，可得到带有内浇口的单个蜡模。

③ 装配蜡模，制成蜡模组。为了能一次铸出多个铸件，一般将若干个单个蜡模焊装在预

制好的蜡质浇口棒上，制成蜡模组。

④ 结壳。将脱脂处理后的蜡模组浸入由石英粉和水玻璃配制的稀糊状涂料内，使涂料均匀地覆盖在蜡模组表层，再放入硬化剂(20%～25%氯化铵溶液)中硬化。

⑤ 脱蜡。将型壳放入热水中，使蜡模及浇注系统的蜡料熔化，上浮脱出，蜡料回收后可重复使用。

⑥ 造型和焙烧。为提高型壳的强度，避免浇注时型壳变形或破裂，需将型壳置于砂箱中，周围用干砂填紧，称为造型。将造好的铸型(包括砂箱和其中的型壳)入炉焙烧以完全除去型壳内水分、残余蜡料、氯化铵及碱性氧化物，使型壳耐火度进一步提高，避免铸件产生黏砂缺陷。

⑦ 浇注。为提高液态金属的充型能力，避免产生浇不足缺陷，焙烧出炉后的型壳要趁热浇注，这样可铸出薄而复杂、轮廓清晰完整的精密铸件。

熔模铸造的特点有：① 铸件尺寸精度可达 CT4 级，表面粗糙度低；② 因浇注时型壳温度高，从而保证金属液具有足够的流动性，故可铸出形状复杂的薄壁铸件；③ 由于型壳的耐火温度高，所以不仅能铸造低熔点合金铸件，还可用于铸造高熔点合金和难以切削加工的铸件，如耐热合金和磁钢等铸件；④ 生产批量不受限制，既可用于大批量生产，也可用于单件、小批量生产；⑤ 熔模铸造工艺复杂，生产成本高，不易实现机械化，且铸件的质量受到限制(一般质量在 1～25 kg 范围内)等。

熔模铸造主要用来生产各种汽轮机、燃气轮机和发动机叶片(图 8.7)、叶轮、切削刀具，以及汽车拖拉机、风动工具和机床上的各种小零件和钻头等。目前，熔模铸造作为近于压铸精度的精密铸造方法，其应用还在日益扩大。

图 8.7　熔模铸造在航空发动机叶片生产中的应用

此外，诸如真空压铸(Vacuum Die Casting)、挤压铸造(Squeezing Die Casting)、消失模铸造(Lost Foam Casting)、连续铸造(Continual Casting)等铸造技术也因其各自的优点在不同机械零件生产制造中得到应用。

8.2　金属塑性成型

8.2.1　塑性成型概述

塑性是指金属材料在外力作用下发生永久性变形而不破坏其完整性的能力。金属塑性成型是利用金属在外力作用下产生塑性变形，从而获得具有一定几何形状、尺寸和机械性能的原材料、毛坯或零件的加工方法，又称为压力加工。

金属塑性成型的主要方法有锻造、轧制、拉拔、挤压和冲压等。与其他成型工艺相比，金属塑性成型的特点有：改善金属的组织，提高金属的力学性能；节约金属材料和切削加工工时，提高金属材料的利用率和经济效益；具有较高的劳动生产率；适应性广，用塑性成型加工方法能生产出小至几克的仪表零件，大至上百吨重的大型锻件。但是塑性成型也存在缺点：锻件的结构工艺性要求较高；对形状复杂特别是内腔复杂的零件或毛坯难以甚至不能锻压成型；塑性加工方法需要重型的机器设备和较复杂的模具，模具的设计制造周期长，初期投资大等。

总之，塑性成型具有独特的优越性，获得了广泛的应用，凡承受重载荷、对强度和韧性要求高的机器零件，如飞机大梁、起落架、火箭捆绑环、机器的主轴、曲轴、连杆、重要齿轮、凸轮、叶轮及炮筒、枪管、起重吊钩等，通常都采用锻件作毛坯。据统计，飞机上的锻件质量占总质量的85%左右。

8.2.2 自由锻造

金属坯料在锻造设备的上、下顶铁或简单的工具之间，受冲击力或压力产生塑性变形的工艺叫作自由锻造。自由锻造时金属能在垂直于压力的方向自由伸展变形，而锻件的形状尺寸主要由工人操作来控制。

自由锻造能生产各种大小的锻件。对于大型锻件，自由锻造是唯一可能的生产方法。自由锻造采用通用设备和工具，费用低、生产准备周期短。但是自由锻造只能锻造形状简单的锻件，生产率低、锻件表面粗糙、加工余量大、金属消耗多、工人劳动强度大，因此只适用于单件、小批量生产。

1. 基本工序

自由锻造的基本工序为镦粗、拔长、冲孔、弯曲、切割、扭转、错移及锻焊等。实际生产中最常用的是镦粗、拔长、冲孔。

镦粗是坯料高度减小、截面积增大的工序。镦粗时，金属在高度受压缩的同时，不断向四周流动。由于工具与坯料表面接触，对于变形金属有摩擦阻力和冷却作用，使表层金属的塑性流动受到限制，形成了楔入金属内部的难变形锥。镦粗能够增加锻造比，使变形均匀，提高综合力学性能，是锻造圆饼类、空心类件必须采用的工序。

拔长是缩小坯料截面积、增加其长度的工序。拔长时，坯料在上、下顶铁之间产生局部变形，也可看作是局部镦粗。它也受外摩擦力等因素的影响，产生不均匀变形。对于筒形件，一般采用芯轴拔长，以减少空心坯料的壁厚和外径，增加其长度。

利用冲子将坯料冲出透孔或不透孔的工序，称为冲孔。锻造各种带孔锻件和空心锻件(如齿轮坯、圆筒等)都需要冲孔。常用的冲孔方法有实心冲子冲孔、空心冲子冲孔和漏盘冲孔。其中，实心冲子冲孔是常用的冲孔方法，空心冲子冲孔用于以钢锭为坯料、锻造孔径为400 mm以上大锻件，以便将钢锭中心质量差的部分去掉。

2. 自由锻设备

自由锻造主要靠坯料局部变形，所以对设备的要求不高。通常几十千克的小锻件采用空气锤，两吨以下的中小型件采用蒸汽-空气锤，大钢锭和大锻件则在水压机上锻造。

空气锤是利用压缩空气来驱动锻锤，其结构尺寸小、打击速度快、有利于小件一次打成。

空气锤的吨位是以落下部分质量来表示，最小为 65 kg，最大可达 1 000 kg。

蒸汽-空气锤(蒸空锤)常见的结构形式有单柱式和双柱式。单柱式蒸空锤可以从三面靠近下砧，操作方便，但刚性差、设备吨位不宜太大；双柱拱式蒸空锤是目前锻造车间普遍采用的设备，其刚性好，但只能前后两面操作。蒸空锤都是以 6～9 个大气压的蒸汽或压缩空气为动力，用手柄操作气阀来控制高压气体进入工作缸的方向和进气量，以实现悬锤、压紧、单打、不同质量的连打等操作。为提高打击效率、砧座质量为落下部分的 10～20 倍。

水压机是以水泵产生的高压水为动力进行工作的，靠静压做功，无振动，不需很大的砧座和地基，可制成大吨位设备。从 1893 年美国建成第一台万吨水压机起，万吨级水压机就成为各个国家竞相发展航空、船舶、重型机械、军工制造等产业的关键设备。到二战结束前，苏联已经拥有 4 台超过万吨的大型水压机，美国更是超过了 10 台。而我们国家因为没有万吨水压机，锻造能力的落后曾长期制约核电、航空产业提升。我国研发制造运 10 飞机时，由于当时的锻造能力薄弱，被迫使用多段较短的承力结构相连充当主梁。1962 年，我国自己设计制造的第一台 1.2 万吨水压机正式投产，此后便不断有更大吨位的水压机问世，为我国大型空天装备、水面舰船的生产研制奠定了重要基础。

水压机锻造变形速度低，有利于改善钢料的可锻性以获得大变形量，而且工件变形均匀，容易获得很大的工作行程，并能在行程的任何位置进行锻压。水压机的缺点是结构庞大，供水和操纵系统等附属设备复杂，维修困难，造价高。水压机的吨位用压力来表示，压力最高可达上万吨，能锻几百吨重的钢锭。目前世界最大模锻液压机是由四川德阳中国第二重型机械集团生产的，如图 8.8 所示。这台 8 万吨级模锻液压机，地上高 27 m、地下 15 m，总高 42 m，设备总重 2.2 万吨，利用该设备锻造的核电机组汽轮发电机转子质量超过 560 t。图 8.9 所示为钛合金锻造的大型飞机起落架零件。目前最大锻件为空客 A380 起落架锻件，其长度达 4.255 m，质量达 3 210 kg，是目前世界最重的航空钛合金模锻件。

图 8.8　我国自行生产研制的万吨水压机

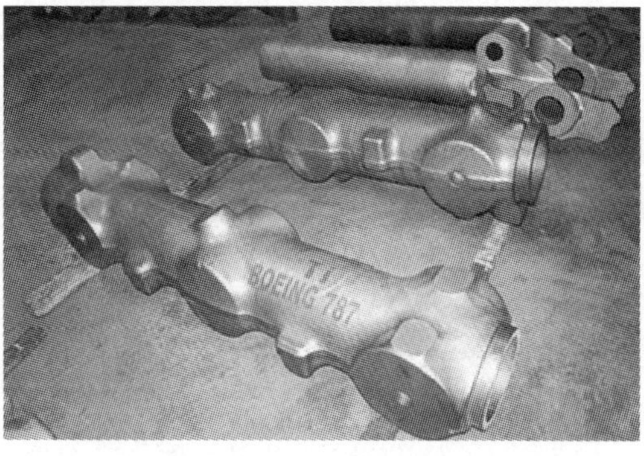

图 8.9　水压机锻造的飞机起落架

合理地选择锻造设备对于锻件质量和成本有很大影响。选用设备过小，锻件难以成型或锻不透，生产率也低；设备过大，动力消耗大，费用高，效率低。

8.2.3　模型锻造

模型锻造简称模锻，是利用模具使毛坯变形而获得特定形状锻件的锻造方法，如图 8.10 所示。模锻时，金属的流动受到模具模膛的限制，迫使金属在模膛内塑性流动成型。与自由锻

相比,模锻的优点有:

① 锻件的形状和尺寸比较精确,表面粗糙度低,机械加工余量较小,能锻出形状复杂的锻件,材料利用率高;

② 金属坯料的锻造流线分布更为合理,力学性能高;

③ 模锻操作简单,易于机械化,生产率高,大批量生产时,锻件成本低。

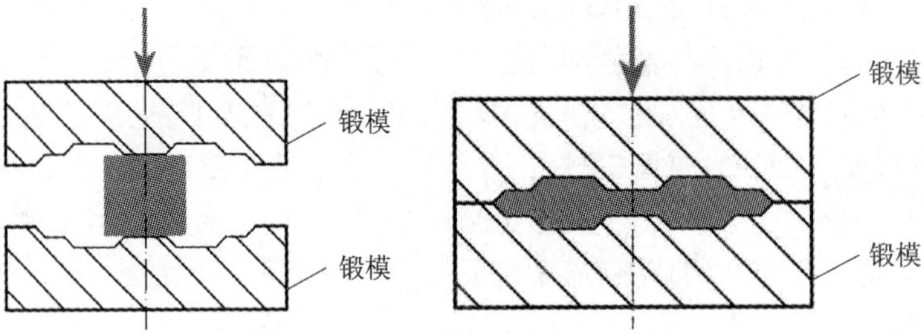

图 8.10 模锻过程示意图

但是,模锻时锻件坯料是整体变形,坯料承受三向压应力,其变形抗力增大。因此,锻造时需要吨位较大的专用设备。此外,锻模模具材料昂贵,且模具制造周期长,而每种模具只可加工一种锻件,因此成本高。故模锻主要适用于中、小型锻件的大批量生产,广泛用于汽车、拖拉机、飞机、机床和动力机械等工业生产中。随着工业的发展,模锻件在锻件生产中所占的比例越来越大。

模锻按照其所用设备的不同,可分为锤上模锻、胎模锻造及其他设备上的模锻。在不同锻压设备上的模锻,其工艺特点不同。

锤上模锻是指在模锻锤上进行的模锻,所用设备主要是蒸汽-空气模锻锤,简称为模锻锤。蒸汽-空气模锻锤的工作原理与蒸汽-空气自由锻锤基本相同。蒸汽空气模锻锤的结构与自由锻锤相比,具有以下特点:砧座与锤身连成一个封闭整体,而且锤头比自由锻锤大许多,因而锤打时增加了打击刚度,提高了打击效率;锤头与导轨间的间隙较小,导轨较长,故锤头运动精度高,且机架直接与砧座连接,在锤击过程中能使上、下模间错移量变小;模锻锤锤头行程不固定,因而在模锻锤上能完成各种工序,工艺适应性较强。

胎模锻造是在自由锻设备上使用可移动模具生产模锻件的一种锻造方法。胎模不固定在锤头或砧座上,只有在需使用时才将胎模放上去。胎模锻一般用自由锻方法制坯,在胎模中最后成型。胎模是在自由锻设备上锻造模锻件时使用的模具,按结构特点大致可分为扣模、套筒模及合模三种类型。

与自由锻相比,胎模锻具有较高的生产率,锻件尺寸精度高,表面粗糙度小,余块少,节约金属,降低成本;与模锻相比,胎模锻具有模具制造简单,不需要贵重模锻设备,成本低,使用方便等特点。但胎模锻的锻件尺寸精度和生产率不如模锻高,且胎模寿命短,工人劳动强度大。因此,胎模锻兼有自由锻和模锻的优点,适用于锻件的中、小批量生产,在缺少模锻设备的中小型工厂中应用较广。

8.2.4 板料冲压

板料冲压是利用装在冲床上的冲压模具使板料产生分离或变形,从而获得零件或者毛坯的加工方法。按照传统的分类方法,它属于塑性成型的范畴。

板料冲压的原材料必须具有足够高的塑性,常用的金属材料有低碳钢、塑性较好的合金钢、非铁金属等,一般为板料、条料或带料。随着塑料工业的发展和塑料性能的提高,一部分塑料板材也可以利用冲压方法加工。板料冲压件一般很薄,冲压时不需对材料进行加热,又称为薄板冲压或者冷冲压。只有当金属板料较厚时,才采用热冲压。

与其他成型方法相比较,板料冲压具有如下优点:可以冲压出其他加工方法难以加工甚至不能加工的复杂零件;冲压件的尺寸精度较高,表面质量较好,且质量稳定,互换性好;冲压件具有质量轻、强度高、刚性好的特点;材料利用率较高;操作简单,生产率高,在大批量生产的条件下容易实现机械化和自动化。其缺点是冲模的结构较复杂,制造周期长,需要较高的制模技术,成本较高。因此,这种加工方法只有在大批量生产的条件下,才能充分表现出其优越性。几乎在一切有关制造金属成品的工业部门中,都广泛地应用着板料冲压,特别是在汽车拖拉机、航空、电器、仪表及国防等工业中,板料冲压占有极其重要的地位。

1. 分离工艺

板料的冲压工艺可分为分离工艺与变形工艺两大类。分离工艺属于固体材料的质量减少工艺,目的是使坯料的一部分与另一部分沿一定的轮廓线相互分离。常用的分离工艺有落料、冲孔、剪切、切边、修整等。分离工序既可用于直接冲制成品,又可用于为弯曲、拉深等工序准备毛坯。

(1) 落料与冲孔(统称为冲裁)

落料与冲孔是使坯料沿封闭的轮廓线分离的工艺,如图8.11所示。在落料与冲孔是这两种工艺中,坯料的变形过程与模具的结构完全一样,区别在于两者的目的不同:冲孔工艺中,被冲下的部分是废料,周边是成品;落料工艺中,被冲下来的部分是成品,而周边则是废料。

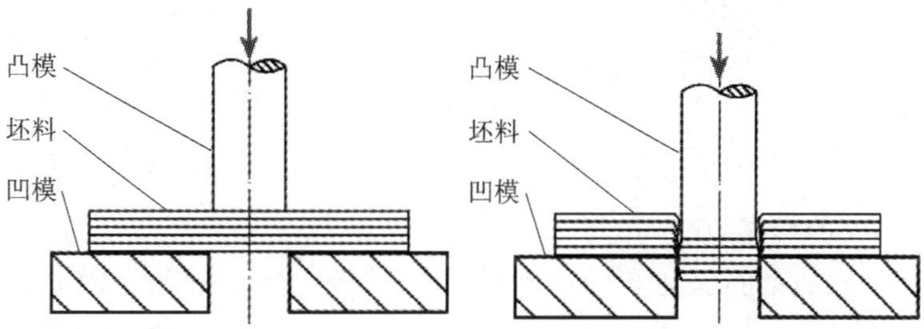

图8.11　冲裁工艺

(2) 剪　切

剪切工艺是使坯料沿不封闭的轮廓线分离的工艺,这是剪切和落料与冲孔工艺的不同之处。

(3) 修　整

修整工艺是利用修整冲模沿落料件的外缘或冲孔件孔的内缘表层刮削一层薄金属,以切掉普通落料冲孔时在冲裁断面上存留的剪裂带和毛刺,从而达到提高冲裁件尺寸精度,降低表面粗糙度的目的。

2. 变形工艺

变形工艺是利用装在冲床上的模具使坯料的一部分沿一定的轮廓线相对于另一部分发生位移而不发生断裂的工艺,如拉深、弯曲、翻边、成型等。

(1) 拉　深

拉深是利用拉深模使冲裁后得到的平板毛坯(或拉深半成品)形成开口的杯形零件的工艺,如图 8.12 所示。按拉深零件的形状,可将拉深工艺分为圆筒形、盒形、球面形、锥形和特殊曲面零件拉深。

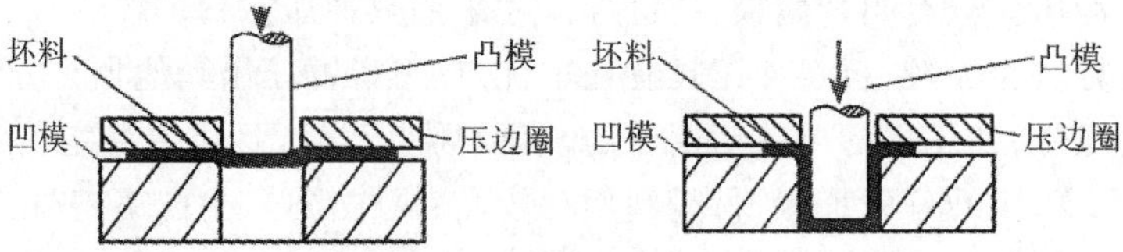

图 8.12　拉深工艺

(2) 弯　曲

弯曲工艺是利用弯曲模的作用使坯料的一部分相对于另一部分弯曲成一定角度的工艺,如图 8.13 所示。弯曲时坯料内侧受压缩外侧则受拉伸,当外侧拉应力大于坯料的抗拉强度时,金属就会发生破裂。材料的厚度 t 越大,内弯曲半径 r 越小,则弯曲变形时产生的压应力和拉应力越大,越容易产生弯裂缺陷。为防止工件弯裂,内弯曲半径不得小于厚度的 0.25～1 倍。因此,弯曲模冲头的头部与凹模底部均应加工出一定的圆角。

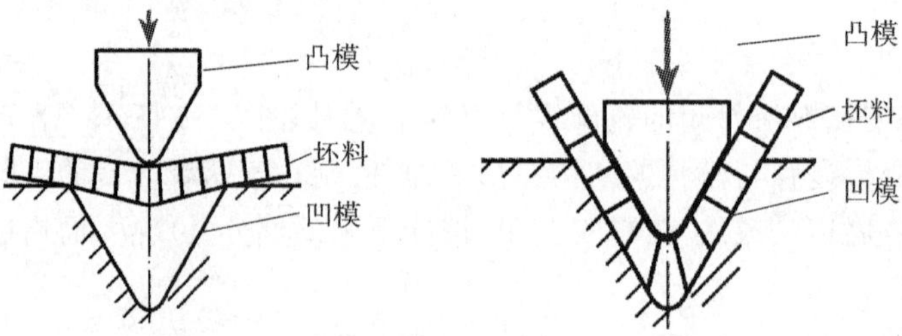

图 8.13　弯曲工艺

(3) 翻　边

翻边是利用冲模的作用,在带孔的平板料上用扩孔的方法获得凸缘的工艺。翻边凸模的工作部分应具有一定的圆角,翻边孔的孔径不能太大,否则会使孔的边缘破裂。

3. 冲压模具

冲压生产离不开冲压模具,简称冲模。冲模结构合理与否对冲压件的质量、生产率及生产成本等都有很大影响。冲模的分类方法很多,根据工序性质不同,冲模可分为冲裁模、弯曲模、拉深模、成型模等;根据工序组成和结构特点不同,冲模可分为简单冲模、连续冲模、复合冲模。

简单冲模是在冲床的一次行程中只完成一个工序的模具。简单冲模结构简单,制造容易,但生产效率较低。连续冲模可以在冲床的一次冲程中,在模具的不同部位上同时完成数道冲压工序。连续冲模生产效率高,易于实现自动化,但要求定位精度高,制造复杂,成本也较高。复合冲模是利用冲床的一次行程,可以在模具的同一位置完成两道以上工序。这种模具的最大特点是它有一个凸凹模。复合冲模能保证较高的零件精度及生产率,但制造复杂,成本高,一般用于精度要求高、生产批量大的冲压件生产。

8.2.5　其他塑性成型方法

随着工业的不断发展，人们对金属塑性成型加工生产提出了越来越高的要求，不仅要求生产各种毛坯，而且要求能直接生产出更多具有较高精度与质量的成品零件。许多塑性成型方法在生产实践中也得到了迅速发展和广泛应用，例如轧制、挤压、拉拔等。

轧制是坯料在旋转轧辊的压力作用下，产生连续塑性变形，获得要求的截面形状并改变其性能的方法，如图 8.14 所示。轧制生产所用坯料主要是金属锭。轧制过程中，坯料靠摩擦力得以连续通过轧辊缝隙，在压力作用下变形使坯料的截面减小，长度增加。按轧辊轴线与坯料轴线间的相对空间位置和轧辊的转向不同可分为纵轧、斜轧和横轧三种。轧辊轴线相互平行而转向相反的轧制方法称为纵轧，一般用来制造扳手、钻头、连杆、履带、汽轮机叶片等。轧辊相互交叉成一定角度，以相同方向旋转，轧件在轧辊的作用下绕自身轴线反向旋转，同时作轴向运动向前送进，这种轧制称为斜轧，也称为螺旋轧制或横向螺旋轧制。斜轧可以直接热轧出带螺旋线的高速滚刀体、自行车后闸壳以及冷轧丝杠等。轧辊轴线与轧件轴线平行且轧辊与轧件作相对转动的轧制方法称为横轧，横轧适合模数较小的齿轮零件的大批量生产。根据需要合理设计轧辊形状(与产品截面轮廓相对应)，不仅可以轧制出不同截面的钢板、型材和无缝管材，还可以直接轧制出毛坯或零件。

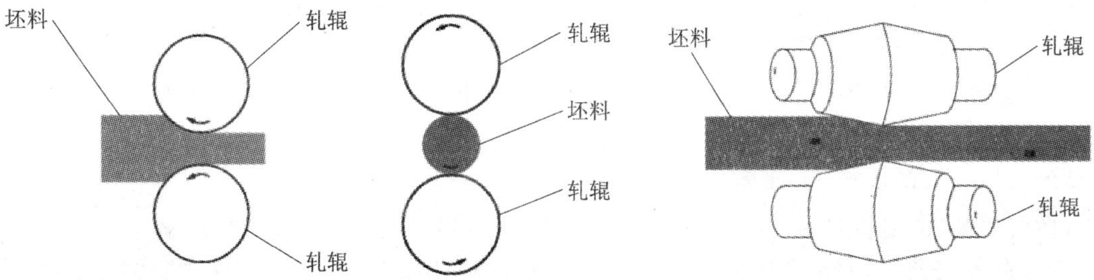

(a) 纵　轧　　(b) 横　轧　　(c) 斜　轧

图 8.14　轧制过程示意图

挤压是坯料在挤压模内受压变形而获得所需制件的塑性成型方法，如图 8.15 所示。按坯料流动方向和凸模运动方向的不同，挤压可分为正挤压、反挤压、复合挤压以及径向挤压。

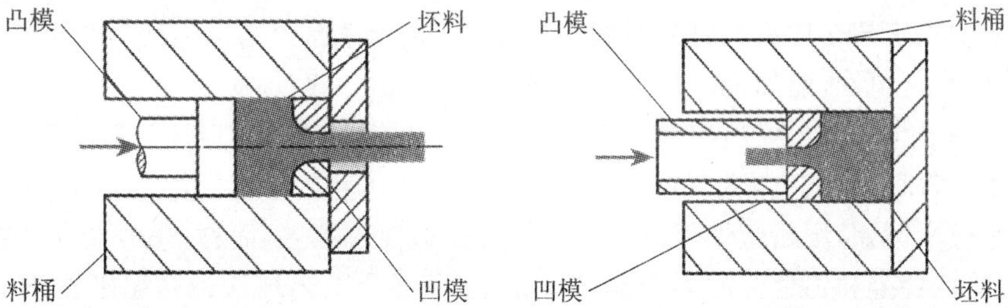

(a) 正挤压　　(b) 反挤压

图 8.15　挤压过程示意图

按坯料的加热温度不同，挤压又可分为热挤压、冷挤压和温挤压。挤压时，坯料的截面依照模孔的形状而改变，长度也发生了变化。挤压应用很广，可生产各种复杂截面的型材、零件或毛坯，不仅可用于低碳钢、非铁金属及其合金的加工，还可以在采取适当的工艺措施后对合金钢及难熔合金进行挤压生产。

拉拔是将金属坯料拉过拉拔模的模孔，使其变形的塑性加工方法，如图8.16所示。拉拔过程中，坯料在拉拔模内产生塑性变形，通过拉拔模后，坯料的截面形状和尺寸与拉拔模模孔出口相同。因此，改变拉拔模模孔的形状和尺寸，即可得到相应的拉拔成型的产品。目前的拉拔形式主要有线材拉拔、棒料拉拔、型材拉拔和管材拉拔。拉拔模在拉拔过程中会受强烈的摩擦，生产中常采用耐磨的硬质合金（有时甚至用金刚石）来制造，以确保其精度和使用寿命。

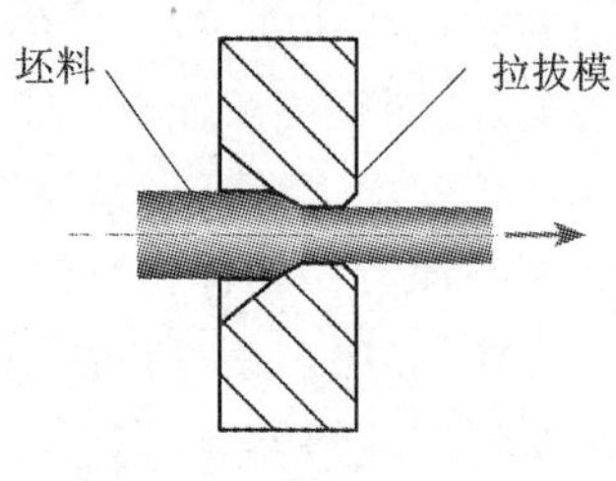

图8.16　拉拔成型工艺

8.2.6　塑性成型新技术

1. 超塑性成型

塑性是金属及合金的一种重要状态属性，其影响因素相当复杂。若综合考虑变形时金属的内外部因素，使其处于特定的条件下，如一定的化学成分、特定的显微组织及转变能力、特定的变形温度和应变速率等，则金属会表现出异乎寻常的高塑性状态，即所谓超塑性变形状态。超塑性合金能产生百分之百甚至百分之几千的拉伸形变，如钢的伸长率超过500%，纯钛超过300%。超塑性变形状态的主要优越性在于它能极大地发挥材料塑性潜力和大大降低变形抗力，有利于复杂零件的精确成型。这对于像钛合金、铝合金、镁合金、合金钢和高温合金等较难成型的金属材料的成型，尤其具有重要意义。

所谓超塑性，可以理解为金属和合金具有超常的均匀变形能力，其伸长率达到百分之几百、甚至百分之几千，但至今还没有从物理本质上的确切定义。有的以拉伸试验的伸长率来定义，认为$\delta > 200\%$即为超塑性；有的以应变速率敏感性指数m来定义，认为$m>0.3$即为超塑性；还有的认为抗缩颈能力大，即为超塑性。不管如何，与一般变形情况相比，超塑性效应有以下的特点：大伸长率，甚至可高达百分之几千；无缩颈，拉伸时表现均匀的截面缩小，断面收缩率甚至可接近100%；低流动应力，对于几乎所有合金，其流动应力仅为每平方毫米几个到几十个牛（例如，Zn－22AI合金只有2 MPa，GCrl5只有30 MPa），且非常敏感地依赖于应变速率；易成型。由于超塑性成型时具有这些特点，且变形过程中基本上无加工硬化，因此具有极好的流动性和充填性，能加工出复杂精确的零件。

在超塑性应用方面，不仅超塑性体积成型和超塑性板料成型的应用日益增多，而且在焊接和热处理（如改善材质、细化晶粒和表面处理等）的广泛领域内也有应用。此外，还开辟了各种组合的加工方法，例如，用超塑性气压胀形与扩散连接复合工艺（简称SPF/DB）可制造航空航天器上的一些钛合金和铝合金的复杂板结构件，这种复合工艺被认为是超塑性研究领域中最具发展前途的工艺之一。

2. 液态模锻

液态模锻是一种介于铸造和模锻之间的金属成型工艺，是将定量的液态金属直接浇注进涂有润滑剂的模腔中，然后施加机械静压力，利用金属铸造凝固成型时易流动和锻造技术使已凝固的封闭硬壳进行塑性变形，使金属在压力下结晶凝固，并强制消除因凝固收缩形成的缩孔，以获得无任何铸造缺陷的液锻件。该工艺方法使金属在压力下成型，与铸造相比，可避免制件出现缩孔和内部疏松，并细化晶粒，提高强度；与模锻相比，可节约模具费用和加工费用，使得制件外形尺寸准确，表面粗糙度低，对局部可不再加工，组织致密，机械性能优良。液态模锻提高了材料利用率，降低了生产成本，缩短了生产周期。受此影响，近年来研究人员在传统3D打印技术中加入锻压技术，形成了“铸锻一体化”的3D打印技术。该技术在3D打印过程中把金属铸造、锻压技术合二为一，实现了边铸边锻等轴细晶化，大幅提高了零件强度和韧性。同时，在制造过程中进行复合铣削，降低了加工难度；通过计算机直接控制铸锻铣路径，降低了设备投资和运行成本。

液态模锻分为直接挤压铸造工艺和间接挤压铸造工艺。直接挤压工艺类似于金属模锻，压力直接施加于液态金属的整个面上。间接挤压工艺与压铸接近，压力通过浇道间接作用于液态金属上。间接挤压铸件内部质量低于直接挤压件而高于压铸件。挤压工艺的主要用途在于实现接近净形成型，生产高质量铸件，用于取代普通铸、锻件。

3. 精密模锻

精密模锻一般在刚度大、精度高，如曲柄压力机、摩擦压力机、高速锤或精锻机等模锻设备上进行。模具设计和制造要求精确，采用少、无氧化加热和良好的润滑条件对高质量的坯料进行精锻。锻件公差、余量约为普通锻件的1/3，表面粗糙度为3.2～0.8 μm，尺寸精度为IT15～IT12公差等级。精密模锻多用于中小型零件的大批生产，如各类医疗器械、汽车、拖拉机的直齿锥齿轮、飞机操纵杆及发动机涡轮叶片等零件。

4. 粉末锻造

粉末锻造是指金属粉末经压实后烧结，再用烧结体作为锻造毛坯的锻造方法。它是将传统粉末冶金和精密锻造结合起来的一种新工艺。由于烧结体中存在一定数量的孔隙，其力学性能比锻件低。但烧结体在闭合模中进行热锻，使之发生塑形变形后，孔隙被压实，变成接近或完全致密的锻件，可以用来做受力构件。粉末锻造比普通锻造所需工序少、材料利用率高、锻造压力小，所达到的精度接近精密锻造，一般适用于难于锻造成型或难变形的金属或合金，如齿轮、花键等。

8.3　金属连接成型

8.3.1　金属连接成型概述

在机械制造中，除了采用铸造、锻造等工艺生产零件(或毛坯)外，还经常采用连接工艺把铸、锻等方法制造的两个或两个以上的构件连接成所需要的零件(或部件)。常用的连接方法有焊接、螺栓连接、铆钉连接、胶接等。其中，焊接作为一种不可拆解的连接工艺，是目前应用最广的连接方法，与金属的铸造、压力加工、切削加工等加工方法一起构成的金属加工成型技术，是现代机械制造工业的基本生产工艺。

焊接是通过加热或加压(或两者并用)，使用或不使用填充材料，使焊件达到原子间结合的加工方法，其能量来源包括气体焰、电弧、激光、电子束、摩擦和超声波等。

根据焊接过程中金属所处的状态不同，焊接方法可分为熔化焊、压力焊和钎焊。熔化焊是使被连接的构件局部加热熔化成液体，然后冷却结晶成一体的方法，是目前应用最广泛的焊接方法。熔化焊的关键是要有一个能量集中、温度足够高的加热热源。按热源形式不同，熔化焊的基本方法有气焊、电弧焊、电渣焊、电子束焊、激光焊、搅拌摩擦焊等。压力焊是在焊接过程中必须对焊件施加压力（加热或不加热）以完成焊接的方法，基本方法有电阻焊、冷压焊、摩擦焊、超声波焊、爆炸焊、锻焊等。钎焊是采用熔点低于被焊金属的钎料（填充金属）熔化之后填充接头间隙，并与被焊金属相互扩散实现连接的焊接方法。钎焊常用的方法有铜焊、锡焊、银焊等。

与其他连接方法相比，焊接的优点有：节省材料、减轻结构质量；接头强度高、密封性好；可简化加工与装配工序，缩短生产周期；易于实现机械化和自动化生产，提高生产率和产品质量。但它也存在一些不足之处，如焊接结构不可拆卸，给维修带来不便，焊接结构中会存在焊接应力和变形、焊接接头的组织和性能不均匀等，影响连接件力学性能。

焊接主要用于制造金属结构件，在机器制造、航空航天、造船工业、建筑工程、电力设备生产等工业领域应用十分广泛。随着焊接技术的发展及计算机技术在焊接中的应用，焊接在国民经济建设中的应用将更加广泛。本节主要简单介绍焊条电弧焊、埋弧自动焊、钨极氩弧焊、熔化极氩弧焊以及 CO_2 气体保护焊。

8.3.2 焊条电弧焊

1. 焊接电弧

焊条电弧焊是利用电弧放电时产生的热量来熔化焊条和焊件，从而获得牢固接头的焊接过程。要了解手工电弧焊必须首先了解电弧的基本知识。

焊接电弧是在两电极之间的气体介质中强烈而持久的放电现象。为产生电弧，必须使两电极气体空间导电，因此焊接电弧的引燃是一个使电极发射电子并使气体介质电离的过程。焊接电弧的引燃有非接触引燃和接触引燃两种。生产中一般采用接触引弧，先将电极（碳棒、钨极或焊条）和焊件接触形成短路，此时在某些接触点上产生很大的短路电流，温度迅速升高，为电子的逸出和气体电离提供能量条件；而后将电极提起一定距离，在电场力的作用下，被加热的阴极有电子高速逸出，撞击空气中的中性分子和原子，使空气电离成阳离子、阴离子和自由电子。这些带电粒子在外电场作用下定向运动：阳离子奔向阴极，阴离子和自由电子奔向阳极。在它们的运动过程中，不断碰撞和复合，产生大量的光和热，形成电弧。

2. 焊条电弧焊的焊接过程及特点

焊条电弧焊是用手持焊钳夹持焊条与工件之间产生的电弧将焊条和工件局部加热熔化，焊芯端部熔化后的熔滴和熔化的母材融合在一起形成熔池，焊条药皮熔化后形成熔渣并放出气体，在气、渣的联合保护下，有效地排除了周围空气的有害影响，通过高温下熔渣与熔池液态金属之间的冶金反应，操作焊条进行焊接的一种电弧焊方法。当焊条向前移动时，焊条和工件在电弧热作用下继续熔化形成新的熔池，原先的熔池液态金属则逐步冷却结晶形成焊缝，覆盖在熔池表面的熔渣也随之凝固形成渣壳。

焊条电弧焊具有设备简单、操作灵活、投资少和适应性强等特点。但手工电弧焊也有劳动条件差、生产率低、焊接质量取决于焊工的技术水平等缺点。因此，焊条电弧焊主要应用于碳钢、低合金钢、不锈钢、耐热钢、低温用钢、铜及铜合金等金属材料的焊接以及铸铁补焊和各种材料的堆焊。

3. 焊 条

焊条由药皮和焊芯两部分组成。药皮是焊条中压涂在焊芯外表面的涂料层,焊芯是焊条中被药皮包覆的金属芯。焊接时,焊芯既是电极,又是可填充金属,因此焊芯的化学成分和性能对焊缝金属有着直接的影响。根据被焊金属种类的不同,应选择相应牌号的焊丝作为焊芯。例如,焊接碳钢和低合金钢的结构钢焊条常选用型号为ER50-2或ER50-3的低碳钢焊丝为焊芯。ER表示焊丝,ER后面的数字表示熔覆金属的最低抗拉强度,短画线"-"后面的数字表示焊丝化学成分分类代号。

焊条药皮的作用主要体现在:在电弧热的作用下,药皮熔化形成熔渣并产生某些气体,熔渣和这些气体联合起来使熔滴、熔池和焊接区与空气隔离,防止氢气等有害气体侵入;焊接过程中,熔渣与熔池金属相互作用进行冶金反应,其结果是去除有害杂质(如氧、氢、硫、磷等),并向焊缝中添加有益的合金元素(如锰、钛、铝、钒、铌等),使焊缝具有较为理想的化学成分、较高的力学性能和良好的抗气孔及抗裂性能;使焊条具有良好的工艺性能,使电弧容易引燃并能稳定地连续燃烧,焊接飞溅少,焊缝成型美观,焊缝易于脱渣及可适用于各种空间位置的施焊。

4. 手工电弧焊工艺参数

手工电弧焊焊接工艺参数主要有焊条直径、焊接电流、焊接速度和电弧长度等。焊条直径的选取主要取决于工件厚度、焊缝位置以及焊接层数和层次等。厚度较大的工件应选用较大直径的焊条。平焊用的焊条直径可以大些以提高劳动生产率。立焊的焊条直径最大不超过5 mm,仰焊和横焊焊条直径最大不超过4 mm。但对多层焊,第一层应采用直径不超过3.2~4 mm的焊条,以保证焊缝根部焊透和不被烧穿。

焊接电流主要由焊条直径、焊件厚度、接头形式和焊缝位置等来决定。散热条件好的接头(如T形接头三个方向导热)和焊件厚度增加时需相应地增加焊接电流。横焊、立焊和仰焊时所用电流应比平焊时小10%~15%,以防止熔池金属在重力作用下流淌,影响焊缝成型。

8.3.3 埋弧自动焊

电弧埋在焊剂层下燃烧进行焊接的方法称埋弧焊,如图8.17所示。埋弧焊可分为埋弧自动焊和埋弧半自动焊,生产中应用最多的是埋弧自动焊。

埋弧自动焊焊接时,先在焊接接头上面覆盖一层颗粒状焊剂,自动焊机机头将光焊丝自动送入电弧区并保证一定的弧长;电弧引燃以后,在焊剂层下燃烧,使焊丝、母材和部分焊剂熔化,形成熔渣和熔池并进行冶金反应。同时少量焊剂和金属蒸发形成蒸气,并具有一定的蒸气压力,在蒸气压力作用下形成一个封闭的熔渣泡,包围着电弧和熔池,使之与空气隔绝,对熔滴和熔池起到保护作用,同时也防止了金属的飞溅,减少了电弧热量的损失,阻止了弧光散射。随着自动焊机机头向前移动(或者自动焊机机头不动,工件匀速运动),焊丝、焊剂和母材不断熔化,熔池后面的金属不断冷却凝固形成连续焊缝,浮在熔池上部的熔渣冷凝成渣壳,如图8.17所示。未熔化的焊剂经回收处理后可继续使用。

与手工电弧焊相比,埋弧自动焊具有以下优点:

① 生产率高。埋弧焊的电流常用到1 000 A以上,比手工电弧焊高6~8倍;熔深大(可达20 mm以上);还节省了更换焊条的时间。因此,埋弧焊可比手工电弧焊提高生产率5~10倍。

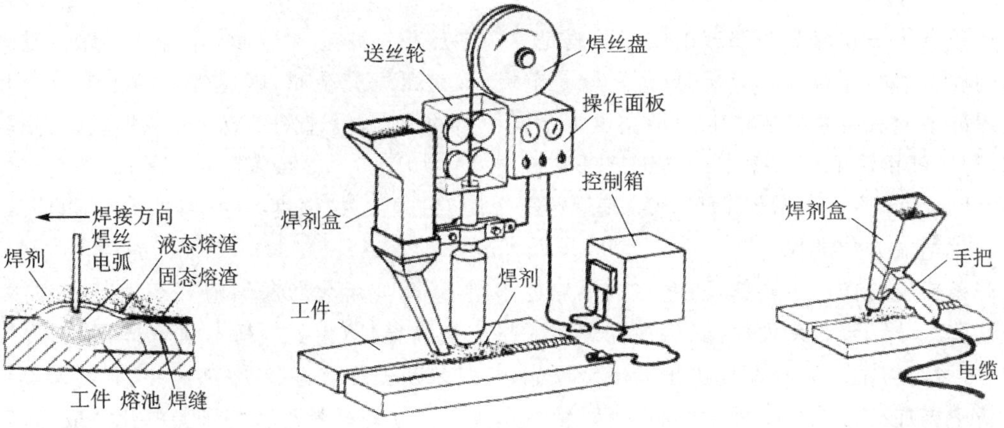

(a) 埋弧焊过程示意图　(b) 自动埋弧焊　(c) 半自动埋弧焊

图 8.17　埋弧焊示意图

② 焊接质量高且稳定。焊接过程自动进行,工艺参数稳定,熔池保持液态时间较长,冶金过程进行较为彻底,气体和熔渣易于浮出,使焊缝金属化学成分均匀,且不易出现焊接缺陷,同时电弧区保护严密。因此,焊缝成型美观,飞溅很小,焊缝质量高且稳定。

③ 节省金属材料。埋弧焊没有焊条电弧焊时的焊条头损失,焊件可不开或少开坡口,填充金属损耗少。

④ 劳动条件好。焊接过程中的机械化和自动化,使焊工的劳动强度大大降低,焊接时看不到弧光,焊接烟雾也很少,劳动条件好。

埋弧自动焊也有不足之处,如在焊接位置上仅适用于水平或接近水平位置的焊接,焊接不如手工电弧焊灵活,只适用于长和规则焊缝的焊接,小电流时电弧稳定性不好,不适合焊接厚度小于 1 mm 的薄板等。

埋弧焊用于低碳钢、低合金结构钢、不锈钢、耐热钢等材料,主要用在压力容器的环缝焊和直缝焊、锅炉冷却壁的长直焊缝及船舶和潜艇壳体、起重机械、冶金机械的焊接。

8.3.4　钨极氩弧焊

钨极氩弧焊(Gas Tungsten Arc Welding,GTAW)是以钨或钨合金(钍钨、铈钨等)为电极,用氩气作为保护气体的电弧焊方法,也简称 TIG 焊(Tungsten Inert Gas Arc Welding)。钨极氩弧焊示意图见图 8.18。焊接时根据焊缝的坡口形式及焊缝金属性能的需要,可以添加或不添加填充金属。填充金属通常从电弧的前方加入,也可预置在接头的坡口或间隙之中,焊接过程可以手工操作,也可以自动化操作。

1. 钨极氩弧焊的特点及应用

钨极氩弧焊具有以下优点:

① 保护作用好,焊缝金属纯净。焊接时整个焊接区,包括钨极、电弧、熔池、填充金属丝端部及熔池附近的焊件表面均受到氩气的保护,隔离了周围空气对它们的侵害,避免了焊缝金属的氧化和氮化,也杜绝了氢的来源,因此焊缝金属纯净,含氢量小。氩气既不与金属发生化学反应,也不溶解于液态金属中,使得焊接过程中熔池的冶金反应简单易控制,为获得高质量的焊缝提供了良好条件。

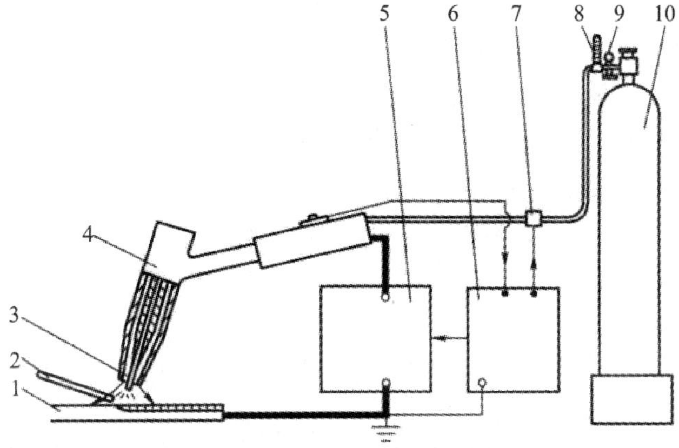

1—焊件；2—填充金属棒；3—钨极；4—焊枪；5—焊接电源；
6—控制箱；7—电磁器阀；8—流量计；9—减压器；10—氩气瓶

图 8.18　钨极氩弧焊示意图

② 焊接过程稳定。在氩气中，电弧引燃后燃烧非常稳定。在各种保护气体电弧中，氩弧的稳定性最好。即使在较低的电弧电压下，氩弧也能稳定燃烧。氩弧焊的电弧电压在 8 ～15 V 的范围内，这是因为氩气的热导率很小。氩是单原子气体，高温时不分解、不吸热，所以在氩气中燃烧的电弧，热量损失少，电弧作用在电极及熔池上的热和力基本上是常量。电弧中没有熔滴过渡现象，焊接过程十分稳定。

③ 焊缝成型好。由于焊接过程没有氧的侵入，在液体金属表面上不发生化学活性的反应，因此表面张力较大，熔池金属不易下淌和流失。在焊接过程中，热输入容易调整，特别适宜于薄板的焊接以及全位置焊接，也是实现单面焊双面成型的理想方法。焊接时不产生飞溅，焊缝成型美观。

④ 具有清除氧化膜的能力。交流钨极氩弧焊在负极性半周时，具有强烈的清除氧化膜的作用，为铝、镁及其合金的焊接提供了非常有利的条件。

⑤ 焊接过程便于自动化。由于 TIG 焊是明弧焊，无熔滴过渡，很容易实现机械化和自动化。现在已有环缝钨极氩弧焊、管子对接钨极氩弧焊及换热器管板接头钨极氩弧焊等。

钨极氩弧焊也存在着一些不足，主要有：

① 需要特殊的引弧措施。氩气的电离电压较高，TIG 的引弧较困难，又不允许钨极与焊件接触，以免污染钨极与焊件，因此须采取特殊的引弧措施。

② 对焊件清理要求严格。TIG 焊无冶金的脱氧或去氢措施，因此焊前对焊件的除油、去锈及清除尘垢等准备工作要求很严格，否则就会影响焊接质量。

③ 生产效率较低。由于钨极载流能力较低，因而熔深浅、熔敷速度小、与熔化极的各种电弧焊方法相比，TIG 焊的焊接生产率较低。

TIG 焊几乎可用于所有金属和合金的焊接，但由于成本较高，主要用于不锈钢、高合金钢、高强度钢以及铝、镁、铜、钛等有色金属及其合金的焊接。TIG 焊生产率不如其他的电弧焊高，但易得到高质量的焊缝，特别适宜于薄件、精密零件的焊接。通常采用 I 形坡口，可不添加填充金属；在焊接较厚的焊件时，开 Y 形坡口或双 Y 形坡口并添加填充金属。TIG 焊已广泛应用于航空航天、原子能、化工、纺织、锅炉、压力容器、医疗器械及炊具等工业部门。

2. 焊枪及电极要求

焊枪的功能主要是夹持电极、导电并传导焊接电流、输送保护气体、冷却焊枪、控制焊机等。因此，要求夹持电极的接触电阻小，装卸方便。输送保护气焊接时，由焊枪喷嘴连续地喷出保护气体将四周空气排开，使焊接区域得到可靠的保护。小型焊枪依靠保护气流带走焊枪中的热量，大型焊枪要采用循环水冷却措施。通常在焊枪手柄上装有焊机的控制按钮，以便焊接时进行“启动”和“停止”操作。有的 TIG 焊焊枪还装有气体流量的调节阀门，便于操作者随时调节保护气体的流量。此外，还要求焊枪质量轻、体积小、绝缘性能好和具有一定的机械强度等。

TIG 焊的电极材料，对 TIG 焊电弧的稳定性、连续工作时间及焊接质量影响很大。因此，对电极材料的要求是：

① 耐高温。要求电极在焊接过程中不熔化烧损，否则不仅电极本身消耗很快，而且还会使电弧发生飘移，造成电弧不稳定。此外，电极一旦熔化，电极材料进入熔池会污染焊缝，产生焊接缺陷，影响焊缝质量。

② 发射电子能力强。要求电极材料的逸出功小，特别是在高温时应具有较强的热电子发射能力。

③ 载流能力大。要求电极具有良好的导电性能和导热性能，能承载较大电流而不过热。

④ 磨削加工性好。电极的表面需经过磨削，具有一定的尺寸精度和端部角度，从而保障电极的夹持精度及可靠的导电，保持电弧的稳定，提高电弧热量的集中性。

⑤ 放射性小。某些用于提高电极发射电子能力的物质具有放射性，因此应选用放射性小的电极材料。

目前所用的电极材料有纯钨、钍钨、铈钨、锆钨及镧钨等，最常用的是钍钨和铈钨。钍钨是在纯钨中加入质量分数为 1%～2% 的二氧化钍（ThO_2）形成的材料，可以使电极的逸出功大大降低，电子发射能力显著增强，并改善电极的引弧性和稳弧性，而且还能提高电极的载流能力，延长电极的使用寿命。但是钍钨极中所含的少量 ThO_2 具有较强的放射性，因此目前用得不多。为降低电极的放射性，改用放射性较低的铈(Ce) 来代替钍，得到铈钨。实践证明，在纯钨中加入质量分数为 2%左右的氧化铈(CeO)，同样能明显地降低电极的逸出功，提高电极的引弧性及稳弧性。特别在小电流焊接时，铈钨极的弧束比钍钨极还要细，电弧的热量也更集中。同时电极的烧损率下降，修磨次数可以减少。但在大电流焊接时，铈钨极的抗过热能力不如钍钨极。铈钨极放射性弱，是很有发展前途的电极材料。

3. 钨极氩弧焊的种类

钨极氩弧焊可以根据它的工艺特点，进行不同方式的分类。通常是根据使用的焊接电流种类和极性进行分类，分为直流钨极氩弧焊、交流钨极氩弧焊及脉冲钨极氩弧焊等。电流的种类和极性选取原则为除铝镁及其合金外，其他金属一般选用直流正极性为好，铝镁及其合金选用交流焊接为最好，铝镁及其合金薄件也可选用直流反极性，不推荐直流正极性。

8.3.5 熔化极氩弧焊

熔化极氩弧焊是使用熔化电极的氩气保护电弧焊，简称 MIG 焊。熔化极氩弧焊有熔化极惰性气体保护焊（简称 MIG 焊）和熔化极活性气体保护焊（简称 MAG 焊）。熔化极氩弧焊与 CO_2 气体保护焊都属于熔化极气体保护焊(Gas Metal Arc Welding，GMAW)。

1. 熔化极氩弧焊的特点

熔化极氩弧焊的焊接原理如图 8.19 所示。熔化极氩弧焊焊接时，焊丝本身既是电极起导电、燃弧的作用，又连续熔化起填充焊缝的作用。因为以氩气作为保护气体，所以它不但具有氩弧的特性，还具有以下特点：

① 生产效率高。与钨极氩弧焊相比，熔化极氩弧焊以焊丝代替非熔化的钨极，能够承受较大的焊接电流，电流密度大大提高。

② 熔滴过渡形式便于控制。熔化极氩弧焊可实现不同的熔滴过渡形式，如短路过渡、射流过渡、亚射流过渡和可控脉冲射流过渡等，可焊接的焊件厚度范围较宽，能实现各种空间位置或全位置焊接。

③飞溅少。在射流过渡时几乎无飞溅，即使在短路过渡时，与 CO_2 气体保护焊相比飞溅也很少。由于在氩气中电弧的电场强度比在 CO_2 气体中的低，所以氩弧的阳极斑点容易扩展，并笼罩着熔滴的较大面积，使熔滴受力均匀。短路过渡时，熔滴与熔池接触后，在焊丝与熔池间形成液态金属小桥，电磁力和表面张力都促使熔化金属过渡到熔池中，有利于熔滴的短路过渡。所以熔化极氩弧焊短路过渡焊接时，短路时间短，过渡比较规律，短路峰值电流比较小，因而飞溅比 CO_2 焊的少。

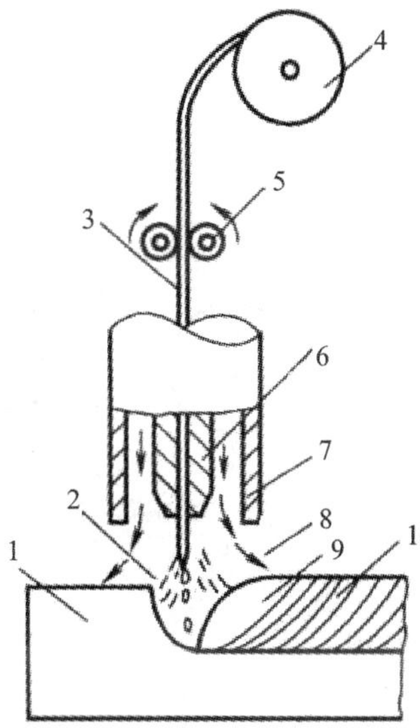

1—母材；2—电弧；3—焊丝；4—焊丝盘；
5—送丝轮；6—导电嘴；7—保护气体喷嘴；
8—保护气体；9—熔池；—10焊缝金属

图 8.19　熔化极氩弧焊示意图

2. 熔化极氩弧焊的应用

熔化极氩弧焊初期主要用来焊接铝、镁及其合金，由于富氩混合气体的广泛应用，熔化极氩弧焊的应用范围不断扩大，几乎可以用来焊接所有的金属，如铝、镁、铜和镍及它们的合金，不锈钢、碳钢、低合金结构钢等材料，尤其是焊接铝、镁及其合金时，采用直流反极性有良好的阴极清理作用，提高了焊接接头的质量。因此，熔化极氩弧焊广泛用于石油化工、电力建设、起重设备、航空、原子能、造船、冶金、轻工等工业领域。

8.3.6　CO_2 气体保护焊

CO_2 气体保护焊(Carbon - Dioxide Arc Welding)简称 CO_2 焊，是 20 世纪 50 年代初出现的一种熔化焊方法。它是利用 CO_2 气体作为保护介质的电弧焊接方法。在我国，从 1964 年开始批量生产 CO_2 焊机，在机车车辆制造、汽车制造、船舶制造及采煤机械制造等方面应用十分普遍。由于它具有焊接质量好、效率高、成本低、易于实现过程控制自动化等优点，CO_2 气体保护焊得到迅速的发展。

CO_2 气体保护焊的过程如图 8.20 所示。在 CO_2 气体保护焊的初期，由于 CO_2 气体的氧化性问题，难以保证焊接质量。后来在焊接黑色金属时，采用含有一定量脱氧剂的焊丝或采用带有脱氧剂成分的药芯焊丝，使脱氧剂在焊接过程中参与冶金反应进行脱氧，就可以消除

CO_2 气体氧化作用的影响。加之 CO_2 气体能充分隔绝空气中氮对熔化金属的有害作用，能促使焊缝金属获得良好的冶金质量。因此，目前 CO_2 气体保护焊，除不适于焊接容易氧化的有色金属及其合金外，可以焊接碳钢和合金结构钢构件，甚至可以焊接不锈钢。

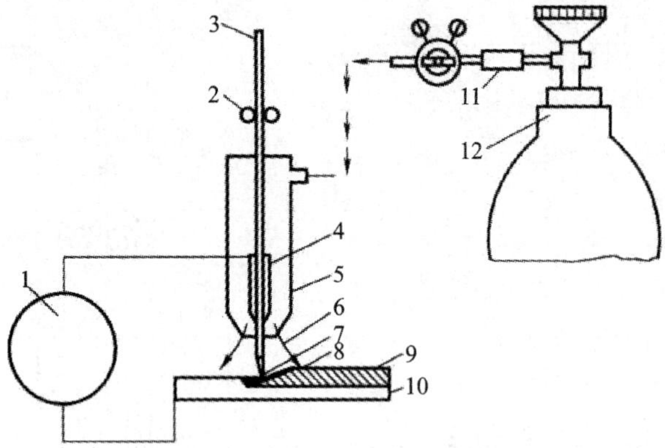

1—焊接电源；2—送丝滚轮；3—焊丝；4—导电嘴；5—喷嘴；
6—CO_2气体；7—电弧；8—熔池；9—焊缝；10—焊件；
11—预热干燥器；12—CO_2气瓶

图 8.20　CO_2 气体保护焊示意图

CO_2 气体保护焊具有高效节能、生产效率高、焊接变形小、抗锈能力强、成本低、易于实现自动化等优点，但是与焊条电弧焊及埋弧焊相比，CO_2 气体保护焊也存在一些不足之处。例如，焊接过程中金属飞溅较多，焊缝外形较为粗糙，特别是焊接参数匹配不当时，飞溅更严重；不能焊接易氧化的金属材料，且不适于在有风的地方施焊；焊接过程弧光较强，尤其是采用大电流焊接时，电弧的辐射较强，故要特别重视对操作人员的劳动保护；设备比较复杂，需要有专业队伍负责维修。

思考与练习

1. 铸造的成型特点及存在的主要问题是什么？

2. 简述合金的流动性及其对铸造成型的影响。

3. 铸造成型缩孔是怎么产生的？有哪些措施可以防止缩孔产生？

4. 为了防止内应力引起的铸件变形，可采取哪些措施？

5. 列举机械制造中常见的特种铸造方法及其特点。

6. 列举熔模铸造在航空领域的典型应用，并结合相关零件的铸造，说明熔模铸造工艺过程包括哪些基本环节？

7. 什么是金属的塑性？常见的塑性成型方法有哪些？

8. 自由锻工艺规程的制定包括哪些工作内容？

9. 与自由锻相比，模锻具有哪些优点？

10. 说明万吨水压机对我国发展航空航天技术的意义。

11. 说明何为板料冲压及其特点。

12. 冲裁和剪切的主要区别是什么？

13. 根据工序组成和结构特点不同，冲模分类有哪些？各有什么特点？
14. 超塑性成型的主要特点有哪些？
15. 什么是液态模锻？其特点有哪些？
16. 什么是熔化焊？常见的熔化焊技术有哪些？
17. 焊条电弧焊的焊条药皮有什么作用？
18. 简述埋弧自动焊的焊接过程。
19. 什么是钨极氩弧焊？它的优点和缺点体现在哪些方面？
20. 钨极氩弧焊对电极材料的选择有哪些要求？
21. 什么是熔化极氩弧焊？它有什么特点？
22. 与焊条电弧焊及埋弧焊相比，CO_2 气体保护焊的缺点有哪些？

第 9 章　复合材料成型技术

9.1　树脂基复合材料成型技术

先进树脂基复合材料制造技术在很大程度上决定了复合材料构件的质量、成本和性能。先进树脂基复合材料成型技术主要包括热压罐成型技术、液体成型技术(包括 RTM 成型技术、VARI 成型技术等)、自动铺放技术、拉挤成型技术和缠绕成型技术等。本章简要介绍先进树脂基复合材料构件制造中主要应用的热压罐成型技术、VARI 成型技术、RTM 成型技术以及模压成型技术。

9.1.1　热压罐成型技术

复合材料热压罐成型工艺方法是迄今为止在航空复合材料结构制造过程中应用最为广泛的方法之一。它是利用热压罐内部的高温压缩气体产生压力对复合材料坯料进行加热、加压以完成固化成型的方法。

热压罐成型工艺具有产品重复性好、纤维体积含量高、孔隙率低或无孔隙、力学性能可靠等优点。热压罐固化的缺点主要是耗能高,运行成本高等。目前大型复合材料构件必须在大型或超大型热压罐内固化,以保证制件的内部质量,因此热压罐的尺寸也在不断加大,以适应大尺寸复合材料制件的加工要求。图 9.1 所示为全球最大的热压罐,用于波音 B787 复合材料机身段固化。

图 9.1　热压罐在波音 B787 复合材料机身制造中的应用

目前,热压罐都采用先进的加热控温系统和计算机控制系统,能够有效地保证罐内工作区域的温度分布均匀,保证复合材料制件的内部质量和批次稳定性,如准确的树脂含量、低或无空隙率和无内部其他缺陷。这也是热压罐一直沿用至今的主要原因。

1. 热压罐结构

热压罐主要由罐门和罐体、加热系统、风机系统、冷却系统、压力系统、真空系统、控制系统、安全系统以及其他机械辅助设施等部分构成，其系统构成如图 9.2 所示。在复合材料制品的固化工序中，根据工艺技术要求，完成对制品的真空、加热、加压，达到使制品固化的目的。

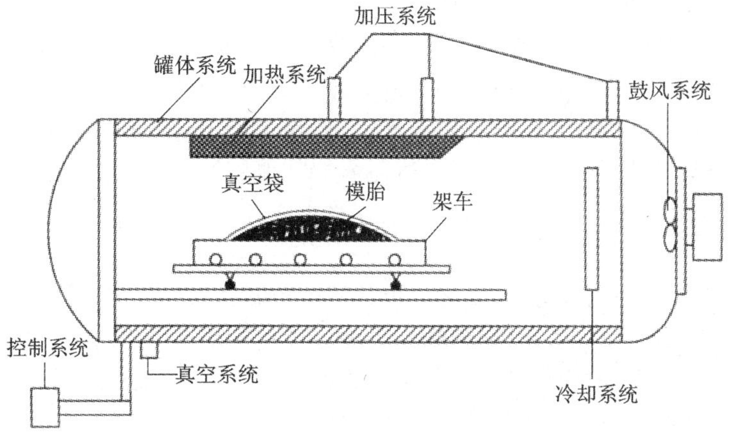

图 9.2　热压罐系统示意图

(1) 罐门和罐体

热压罐罐门用于零件进出热压罐体。罐门通常采用液压杆，由电脑控制开关门操作，且在发生紧急情况和保证人员、设备安全下，可手动开门。罐门装备耐高温密封圈、保温层护板和风道。热压罐罐体内放置模具与零件，罐体应具有足够的耐温性、保温性以及足够的耐压和密封。热压罐罐体通常为圆柱形，平卧在地基上。罐体内部带有轨道，将零件放置在小车上，小车在轨道上行驶，方便零件出入。轨道需安全可靠，能承受最大装载质量。罐体需满足保温要求和耐气压要求，罐体内需布置热电偶接口和真空接口。

(2) 加热系统

加热系统主要用于给罐内空气或其他加热介质的加热，通过空气或其他加热介质对模具和零件进行加热。热压罐通常采用电加热的方式，加热元件管道材质通常为耐高温、耐腐蚀材料，且要求有短路、漏电保护，加热系统加热空气，风机系统循环加热模具和零件。

(3) 风机系统

风机系统的作用是使热压罐内的空气或其他加热介质循环流动，便于温度的均匀分布，以及对模具与零件的均匀加热。热压罐通常采用内置式全密封通用电机，放置于热压罐体的尾部，用于热压罐内空气或其他加热介质的循环。风机必须能够有效冷却，且转速可通过计算机控制变频可调，根据固化过程智能变速，还应该配有电机超温自动保护并报警。

(4) 冷却系统

冷却系统通常分为两路，一路用于罐内空气的冷却，另一路用于风机等电机的冷却。冷却系统通常配备水冷却塔与水泵，进水口有过滤装置。冷却系统包括主冷和预冷，并可根据热压罐温度状态由计算机控制冷却过程。换热器低点有排水装置，能将换热器内的余水排净。

(5) 压力系统

压力系统用于罐内压力的调节。压力系统主要有空气压缩机、贮气罐、压力控制、补偿系统以及压力排放管路消声装置等部分。压力消声应满足相关工业噪声规范和速率规范。压力由计算机根据工艺需要自动控制和补偿。

(6) 真空系统

真空系统主要是对零件进行抽真空。复合材料固化时,零件通常由真空袋和密封胶带密封在零件上,在零件固化前需要对真空袋和模具内的零件进行抽真空,防止在零件固化过程中进入空气。在热压罐内壁布置自动抽真空及真空测量管路,抽测分离,自动切断。每条抽真空管路需配上一条通大气管路和树脂收集器,树脂收集器用来收集冷凝液化的树脂,所有的真空管路都为不锈钢材质,通大气功能可自动控制。每条真空管路都配有真空软管、快速接头、堵头、模具真空嘴。真空度由计算机根据工艺程序自动控制。工作时,当其中一根真空管出现漏气时,由计算机控制自动关闭这根真空管,避免影响其他管路的制件质量,其信息用数字和光柱显示。真空泵一般放置在罐体旁边,与真空管路相连。

(7) 控制系统

热压罐控制系统分为两部分:一部分是由计算机控制系统控制装置及数据采集,实现热压罐控制过程及互锁保护,具有数据采集、数字显示、存储、打印等功能;另一部分是显示屏控制,应有热压罐的压力、真空、温度等的图像显示和数据显示。控制系统要能够对热压罐的每一个元器件(包括所有的阀、电机、各类传感器以及热电偶)实现有效的监控,可单独对各种参数(温度、压力、真空、时间)进行快速设定和控制,对各种参数进行实时监控并实时记录和显示。

此外,热压罐成型设备还包括软件和安全系统,起到检测、控制及保证系统和生产安全的作用。

2. 热压罐成型工艺流程

(1) 材料准备

把预浸料从冷库的低温环境中取出,放置在洁净间里解冻,并保持预浸料处于密封状态。外包装膜擦干后无冷凝水产生时,才可以打开包装使用。通常建议解冻时间为 6~8 h。解冻完成后,按照结构展开平面图下料,再将解冻好的预浸料铺放在自动裁床上,并将设计好的图形输入控制电脑,自动裁床将按照设计好的图形自动裁剪预浸料。

(2) 模具准备

在铺放预浸料之前需要清理模具,用丙酮或甲乙酮等溶剂清洗模具表面。模具表面清洁以后,表面需要铺覆无孔隔离膜或脱模布,或者涂刷脱模剂。脱模剂可采用喷涂或者使用吸收了脱模剂的干净擦布涂刷。在涂刷过程中不可将脱模剂直接倒在工装表面上,应将脱模剂倒在干净的擦布上,用浸透脱模剂的擦布擦拭工装表面。涂刷一层后,应采用与上一层垂直的方向涂刷,确保脱模剂能够完全覆盖工装表面。涂刷脱模剂前后两次间隔时间至少 15 min,以便于脱模剂的干燥。在模具表面上贴脱模布时,拐角处应打剪口(尤其是内拐角处),同时脱模布只允许对接,不允许搭接。

(3) 铺　层

将裁减好的预浸料按照零件图纸规定的方向铺层,一层压一层铺放。在铺层过程中,要尽量排除铺层间包裹的空气。如果预浸料有双面保护膜,铺完一层后,应保留外面的一层保护膜,并在下一层铺放之前除去上一层的保护膜。在铺层操作过程中,要特别注意,不能将遗留下的保护膜夹杂到零件中。未完成铺贴的零件需要使用无孔隔离膜覆盖,并使用真空袋密封,防止零件吸潮和粉尘污染。

整个零件的铺贴应在净化间内完成，净化间的温度应该控制在 18～26 ℃之间，相对湿度为 25%～65%。净化间内应有良好的通风装置、除尘装置和照明设施。人员入口处有污染控制设施。净化间内大于 10 μm 的灰尘粒子含量不多于 10 个/L。

对于形状复杂的零件，可以使用刮板压实预浸料，使预浸料与模具表面充分贴合，铺贴过程中注意防止裹入空气和纤维起皱。为了提高预浸料的贴合性，可以使用加热枪或电熨斗进行加热，但加热温度应不超过 65 ℃，且需不停地移动加热枪或电熨斗，以防预浸料局部过热。

当需要对某一铺层重新铺层时，可用便携式带空气过滤的冷风机、压缩的冷气枪或其他冷气源对铺层降温，揭掉需要重新铺层的预浸料后才可重新铺层。操作过程中应避免预浸料的温度过低，防止预浸料表面出现潮湿迹象，如有潮湿产生，应废弃该层预浸料。

在预浸料铺层过程中应保证纤维方向顺直，且与设计方向一致，注意不能折叠预浸料。例如在拐角处，为了防止铺层在复杂外形处出现空洞，可以使用额外的填充层进行填充。填充层材料应与零件所用的材料相同，可以使用单向带，也可以使用织物预浸料。

为了尽量排除铺层间包裹的空气，应该对预浸料铺层进行真空压实，并帮助零件成型。在铺贴预浸料时，应该在第一层、铺放夹芯材料之前与之后、夹芯材料上的第一层以及每铺 1～3 层进行真空压实。真空压实时，在铺层上面铺放无孔隔离膜或有孔隔离膜。可以将两层有孔隔离膜的孔位错开叠在一起使用，以防止透气材料穿过有孔隔离膜。不允许透气材料与预浸料直接接触。在隔离膜上面铺放透气材料，然后使用真空袋(或临时真空袋)密封，抽真空压实铺层。

(4) 制真空袋

零件铺贴完毕以后，需要在零件表面铺放辅助材料，并用真空袋密封，辅助材料的组合根据所使用的预浸料不同有两种方式。一种是针对“零吸胶”预浸料，由于预浸料在固化过程中不需要排除多余的树脂，所以不需要铺放吸胶材料，其辅助材料的组合如图 9.3 所示。另一种是传统预浸料，在预浸料的制备过程中，纤维浸渍了过量的树脂，需要在固化过程中排除，所以需要增加一层吸胶材料，为了避免零件与吸胶层粘连，且有利于树脂的排出，需要在零件铺层和吸胶材料之间增加一层带孔隔离膜，如图 9.4 所示。

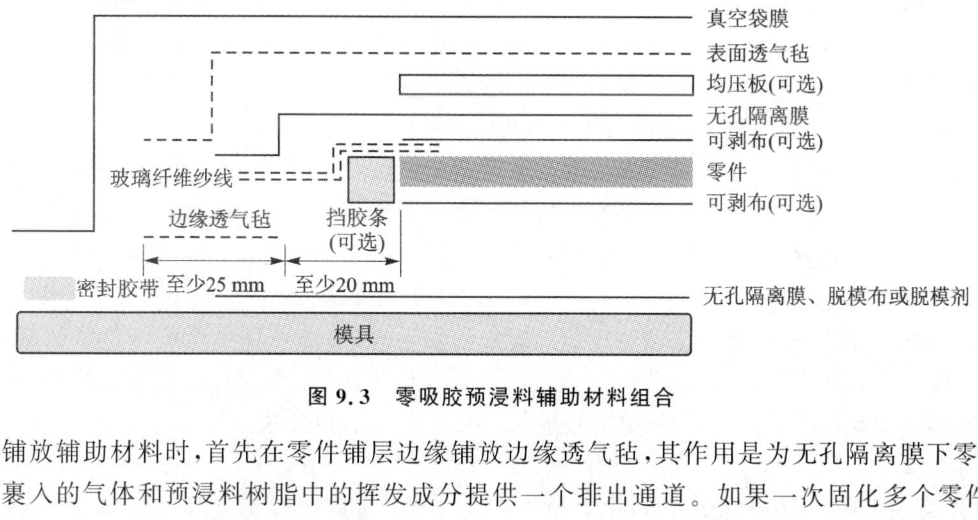

图 9.3　零吸胶预浸料辅助材料组合

铺放辅助材料时，首先在零件铺层边缘铺放边缘透气毡，其作用是为无孔隔离膜下零件铺层内裹入的气体和预浸料树脂中的挥发成分提供一个排出通道。如果一次固化多个零件，每个零件的边缘透气毡都应该相互连接或者共用一个真空嘴。为了更好地排出铺层裹入的气体

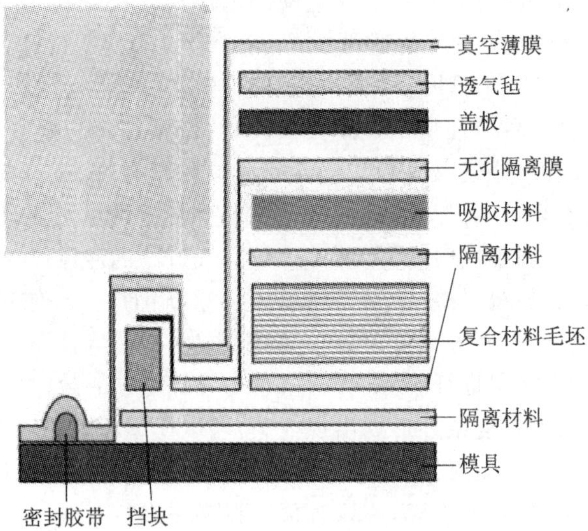

图 9.4　加吸胶层辅助材料组合

和预浸料树脂的挥发成分，在边缘透气毡和铺层之间可放置玻璃纤维纱线，且保证铺层的四个角至少各有一束玻璃纤维纱线。边缘透气毡铺放完成后，在零件表面第一层辅助材料铺放无孔隔离膜，用于零件固化以后所有辅助材料与零件的分离，无孔隔离膜应该一直延伸至接近边缘透气毡的中心位置。然后在隔离膜上面铺放均压板(工艺盖板)，但该操作不是强制要求的。紧接着在无孔隔离膜上面铺放表面透气毡，要求表面透气毡要延伸至边缘透气毡，将零件铺层和所有辅助材料包覆在内。

最后使用真空袋膜封装：采用密封胶条，一面粘贴模具边缘，一面粘贴真空袋膜。密封胶条的包裹范围应该覆盖所有的辅助材料，且注意密封胶条和模具表面以及真空袋之间不要留有气体通道。真空袋薄膜的褶皱通常会传递至零件表面，须避免不必要的真空袋褶皱。若需要利用褶皱使真空袋更好地贴合零件外轮廓，褶皱位置应尽量减小其对零件表面的影响，且应另加衬垫以防褶皱传递至零件表面。真空袋封装完毕后，在真空袋膜外面需要安置真空嘴。真空嘴位于热压罐内，用于真空袋膜内抽真空。真空嘴应放置在表面透气毡和边缘透气毡相通的位置，不要放置在无孔隔离膜上。安装完毕以后，应对模腔抽真空。

(5) 抽真空与检漏以及进罐前的操作与检查

在零件推进热压罐之前，需要在模具上安装热电偶，便于在零件固化过程中监测模具的温度，以及零件固化过程中监测工装每个位置的温度。每个真空袋至少连接一路抽真空和一路真空测量管路。真空测量管路应尽量远离抽真空管路，真空测量管路不允许以任何方式通大气。抽真空管路连接好以后，进行抽真空。抽真空过程要缓慢，使真空袋与零件完全贴合。抽真空后，需要对真空袋进行泄漏检测。如果真空检测不合格，需要仔细检查真空袋的漏点，并用密封胶条密封漏气处。如果检查不出漏点，但真空检测仍然不合格，需要重新装置真空袋，避免在零件固化过程中的暴袋导致零件的报废，引起更大的损失和浪费。

(6) 固　化

零件的固化应该按照相应规范中的固化曲线进行。按固化台阶来分，零件的固化可分为单平台固化、双平台固化和多平台固化。通常先将罐内压力升到指定压力，再进行加热。在降温过程中，应保持罐内的压力为固化时的压力，直到零件温度低于一定范围才可以卸压。关闭热压罐门并推上安全锁以后，需要根据预浸料固化制度设定固化曲线，主要包括温度、压力的设定，保温时间、压力加压和卸压时机、升温和降温的速率的设定，还有升压和降压的速率以及温度传感器的设定等。

(7) 脱　模

零件固化完成以后，需要将零件温度降到 60 ℃以下才可以将零件从热压罐内取出。注意：在零件降温过程中，热压罐内的压力应保持成型压力不变，等零件温度降到 60 ℃以下后，才可以卸掉热压罐内的压力，压力卸完才可以打开罐门取出零件。在零件脱模过程中，可以使用楔形脱模工具辅助脱模(工具应采用木质或塑料，禁止使用金属工具)。在脱模操作中，要特别小心，不能损伤零件或工装。

9.1.2　RTM 成型技术

RTM(Resin Transfer Molding)是将树脂注入闭合模具中浸润增强材料并固化成型的工艺方法，适于多品种、中批量、高质量先进复合材料成型。这种先进工艺有诸多优点，可使用多种纤维增强材料和树脂体系，有极好的制品表面，适用于制造高质量、复杂形状的制品，且纤维含量高，成型过程中挥发成分少，对环境污染小，生产自动化适应性强，投资少，生产效率高。因此，RTM 工艺在汽车工业、航空航天、国防工业、机械设备、电子产品上得到了广泛应用。

如图 9.5 所示，RTM 是在闭合模腔中预先铺覆好增强材料，然后将热固性树脂注入到模腔内，浸润其中的增强材料，树脂在室温或升温条件下固化脱模，必要时再对脱模后的制品进行表面抛光、打磨等处理，得到表面光滑制品的一种高技术复合材料液体模塑成型技术。

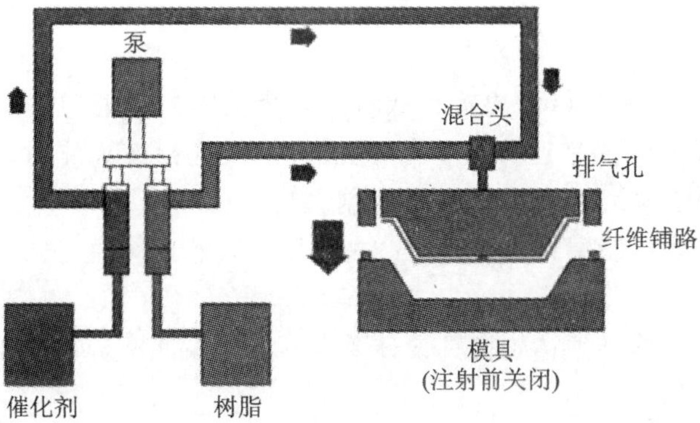

图 9.5　RTM 成型技术示意图

1. RTM 成型模具

决定 RTM 产品性能的首要因素是模具。由于 RTM 模具一般采用阴阳模对合方法，因而想办法提高阴阳模的表面质量和尺寸精度就成为决定产品质量的一个关键因素。在 RTM 工艺中，模具设计及其制作的质量直接关系到制品的质量、生产效率和模具寿命等。因此，模具制作技术是 RTM 工艺中一个极为重要的环节。RTM 工艺对模具的一般要求如下：

① 保证制品尺寸、形状的精度以及上下模匹配的精度；

② 具有夹紧和顶开上下模的装置及制品脱模装置；

③ 在模压力、注射压力及开模压力下表现出足够高的强度和刚度；

④ 可加热，并且模具材料能经受树脂固化放热峰值的温度；

⑤ 具有合理的注射孔、排气孔，上下模具密封性能好；

⑥ 寿命要长，成本要尽量低。

2. RTM 对树脂的要求

由于 RTM 工艺是低压成型工艺，不仅要求树脂具有较高的力学性能和物理性能，而且要求收缩率较低，并具有很低的黏度，以满足树脂对纤维的充分浸润及流动充模。RTM 工艺要求树脂体系在室温或较低温度下具有低黏度且具有一定的适用期；树脂对增强材料应具有良好的浸渍性、黏附性和匹配性，具有良好的固化反应性，固化温度不应过高，且有适宜的固化速率。此外，还要求在固化过程中不产生挥发物，不发生不良副反应。

由于 RTM 工艺对树脂体系的特殊要求，现有高性能基体树脂在应用 RTM 工艺之前一般都需进行改性。改性的方法可概括为两种：一是在现有树脂体系基础上，添加稀释剂以降低黏度；二是重新进行分子设计，合成出满足工艺要求的高性能基体树脂。采用稀释剂改性的树脂虽然获得了低黏度，却常常以耐热性和强度的降低为代价。在对耐热性和强度要求不高的民用领域，这些改性树脂拥有广阔的市场，但在要求苛刻的航空航天领域，这一改性方法不能满足要求。第二种改性方法从树脂的分子结构出发重新进行了分子设计，合成出的树脂不仅能满足工艺性能要求，而且能保持原树脂的耐热性和强度，甚至还有较大幅度的提高，在应用于高技术领域时更具竞争力。航空上可用的 RTM 树脂主要为环氧及双马来酰亚胺类。

3. RTM 成型工艺流程

(1) 模具设计与制造

RTM 模具由阳模和阴模两个半模组成。模具制作好后，应选择合适的位置开设注射口、排气口，铺设密封条，安装定位装置和紧固件等。在 RTM 模具制作过程中应注意如下几方面的问题：

① 合理选择注射口、排气口的位置和数量。一个模具的注射口一般为一个，而排气口则要根据制品的大小、结构形式来选择若干个，其位置一般选择在离注射口最远端处，以便使树脂充满模腔，且制品的外观质量可得到有效控制。

② 为了保证模具内树脂漏损率达到工艺规程要求，阴、阳模具必须密封好，通常采用橡胶条作为密封材料。

③ 模具表面的粗糙度必须达到模具设计要求，阴、阳模匹配应符合相应要求，以确保制品的外形尺寸与形状的精度要求。

④ 保证足够的强度和刚度，一般要求在 0.15 MPa 注射压力下，模具不损伤、不变形，且有较长的使用寿命，兼顾模具的制造成本。

RTM 的模具制作是一个关键环节。由于 RTM 技术引进时间还不算长，国内 RTM 的模具制作受原材料的限制加复合材料制品类型较多，模具的变化较大，模具制作困难较大。因此 RTM 模具制作是当前应深入研究的课题，它与复合材料制品的质量、生产效率、模具使用寿命以及操作者劳动强度等方面直接相关。

(2) 预成型体制备

预成型时采用定型剂或缝纫的方法把增强材料固定成与制品相同形状，所制备的制品叫预成型体。预成型体的制备是 RTM 成型中最关键的技术。一般情况下，根据模具尺寸分层裁剪，耗时且纤维易分散。为了操作方便，把增强材料编织或定型剂固定，使纤维不易分散，然后在加热加压的条件下使增强纤维变成一体，每层都用定型剂黏接。民用产品的 RTM 成型一般用热塑性树脂或热固性树脂。这些树脂在常温下为固体，加热时熔融，将纤维黏结在一起，之后冷却至室温，再变为固体。该技术主要应用于几何尺寸十分复杂的大制件。

(3) 合模与注胶

将增强体放入模具后即可合模，合模后需要检查模具的密封性，确保模具的密封性后即可注胶。影响 RTM 成型工艺的主要因素包括注胶压力、辅助真空、注胶温度，生产过程中需合理选择相关工艺参数。

(4) 固化与脱模

RTM 成型主要借助于鼓风烘箱进行加热固化，固化后分离阴、阳模并将产品与模具分离。

4. RTM 成型技术的应用

由于 RTM 工艺具有效率高、投资低、工作环境好、能耗低、工艺适应性强等优点，近年来发展迅速，已广泛应用于建筑、交通、电信、卫生、航空航天等领域。早在 20 世纪 80 年代初，美国的保龄球娱乐中心就使用了由 RTM 工艺生产的座椅，之后各国相继开发了汽车外壳、净化槽、游艇壳体、引擎盖、汽车保险杠等产品，从简单的手推车车身到复杂的小汽车、面包车的整体车身及高性能复合材料结构件飞机垂直尾翼、汽车底盘，均可采用 RTM 工艺制造。

汽车工业的发展以及纤维增强复合材料在汽车构件中的应用，为 RTM 工艺的发展提供了一个契机。为满足汽车车体结构轻量化，制备高性能、高品质汽车承力结构，又能满足环境要求和工业化汽车生产的需要，工业化 RTM 工艺制备汽车结构的复合材料技术近年来得到迅速发展和应用。世界著名汽车厂商如福特、雪铁龙等都竞相在汽车结构上采用复合材料。我国汽车厂商也投入大量人力和物力来研究和普及推广这种效率高、污染小、综合效益好的 RTM 复合材料成型工艺。

在铁路系统和船舶领域，RTM 工艺也得到广泛应用。在铁路系统中，利用 RTM 成型工艺制备高速列车(磁悬浮列车)的车身、内部设备、装修装饰件以及承重结构等。在民用船舶领域，生产轻质高速的私人游艇、帆船、救生艇、渔船以及豪华客轮。在军用领域，随着舰船本身隐身性能的提高，具有刚度高、耐腐蚀、抗生物附着、透波性能好、良好隐身性能的复合材料已开始研究和开发，制作工艺日益完善，如 RTM 成型桅杆具有外观光滑漂亮、尺寸精度高、质量稳定、厚度均匀的优点，相关性能也能达到技术要求。

9.1.3　VARI 成型技术

真空辅助成型工艺(Vacuum Assisted Resin Infusion，VARI)，又叫真空灌注工艺(VIP)或真空辅助树脂转移模塑(VARTM)，是一种新型、低成本制作复合材料大型制件的成型技术，是在真空状态下排除纤维增强体中的气体，利用树脂的流动、渗透，实现对纤维及其织物的浸渍，并在一定的温度条件下固化，形成一定树脂/纤维比例的工艺方法。

如图 9.6 所示，树脂管连接树脂桶和模具，真空管连接模具和真空泵。真空泵使得真空压力作用在铺放于模具中的干态纤维织物上，进而树脂灌入树脂管中，进入到增强纤维之间比较疏散的空间。树脂管路和真空管路的放置，以及增强材料的渗透率和树脂黏度将决定纤维织物被浸润的快慢。在纤维织物上铺设导流网能够有效促进树脂流动，导流网通常由无规方向的塑料或增强材料组成，在纤维织物上提供额外的空间以便让树脂能更快地进入和更好地浸润织物。

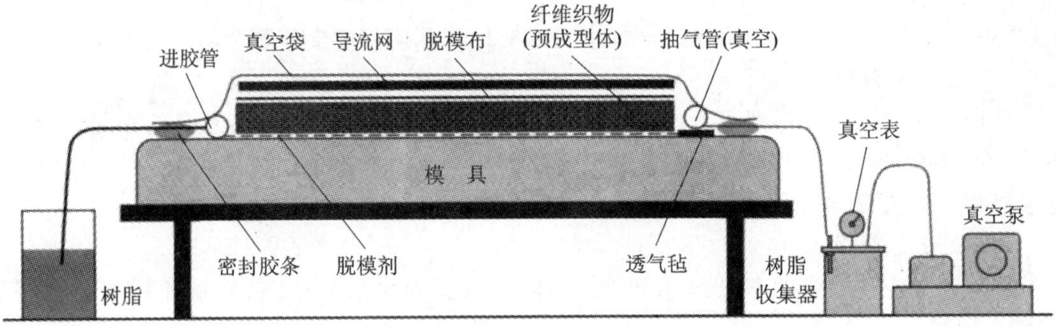

图 9.6 真空辅助成型工艺示意图

1. 真空辅助成型工艺特点

VARI 成型技术作为一种高性能、低成本的非热压罐成型技术在航空航天领域受到越来越广泛的重视，并被 CAI 计划认定为一项关键低成本制造技术。VARI 成型技术是在真空压力下，利用树脂的流动、渗透实现对纤维及其织物浸渍，并在真空压力下固化的成型方法。与传统的工艺相比，VARI 成型技术不需要热压罐，仅需要一个单面的刚性模具(其上模为柔性的真空袋薄膜)用来铺放纤维增强体，模具只为保证结构型面要求，简化了模具制造工序，节省了费用，而且仅在真空压力下成型，无需额外压力，有助于降低成本。因此，其主要特点是成本低，产品孔隙率低，性能与热压罐工艺接近，适合制造大型制件等。

VARI 方法针对 RTM 方法的局限性，通过适当的工艺措施，仅在真空条件下完成树脂向包覆在真空袋内的增强纤维预成型体的转移，并在真空条件下完成结构的固化过程。该法摆脱了对热压罐设施的依赖，对大型结构而言，是一种明显具备低成本潜力的制造方法。但与其他的树脂转移方法相同，此法对树脂的流动性有较高的要求。同时，在实现高性能材料方面，低压成型工艺过程中遇到的困难会大于高压下的成型，因此对材料力学性能的期望不能简单攀比预浸料工艺方法。对结构的设计理念要求进行相应的更新。VARI 方法的工程化发展亟需材料、工艺和设计人员的协同配合。VARI 工艺主要有以下几个方面的特点：

① 衍生自 RTM 工艺，基本特点与 RTM 相同；

② 与 RTM 不同，树脂流动由真空压力驱动；

③ 单面模具，另一面为真空袋，制品只有一面光滑；

④ 模具通常需要加热，满足树脂固化条件；

⑤ 机械化、自动化程度低，生产周期较长；

⑥ 生产成本低。

尽管 VARI 具有很多优点，但作为一种液体成型技术，在复合材料成型过程中，依然有许多难点需要解决，如对树脂流动的控制、干斑的防治以及树脂/纤维比例的一致等，需要从微观和宏观的机理上深入研究。

2. 真空辅助成型工艺流程

(1) 模具准备

清理模具表面残留，用溶剂清洗模具表面。模具清洁以后，在模具边缘粘贴密封胶带，用于模具和真空袋的密封。密封胶带的粘贴一般在模具表面涂抹脱模剂之前，主要是因为模具表面涂抹脱模剂以后密封胶带与模具表面的黏性变差，从而导致真空的泄漏。密封胶带的粘贴完毕之后，在模具表面涂抹脱模剂。

（2）纤维铺层

将纤维织物卷直接铺在自动裁床工作台面上，在控制电脑内导入裁剪图形，自动裁床将按照设计好的形状自动裁剪纤维织物。在铺放的过程中，可以适当地使用喷胶或专用的胶带临时固定纤维织物。有些纤维织物带有定型剂，可在第一层铺层和最后铺层后整体按照定型剂的工艺要求进行预定型，或者按照相应的要求每隔一定的铺层数进行一次预定型。预定型以后，每个纤维铺层之间可保持一定的黏接及形状。完成所有的纤维铺层以后，在铺层表面首先铺放一层脱模布用于制件和辅助材料的分离。脱模布上铺放导流网，用于树脂的迅速分布和渗透。

（3）铺放真空管和树脂管

真空管和树脂管应该放在模具中那些能够最有效和彻底吸引树脂到铺层中的地方。这些管路的铺放很大程度上由复合材料制件的几何结构决定，但真空管一般铺放在制件的边缘外，对于小的或方形的制件，树脂管可简单地放在增强体材料的一边，真空管放在另一边。更大的层合板或那些复杂形状的层合板，缠绕管和导流网应联合使用，缠绕管可放在制件的中间来缩短真空管和树脂管之间的距离。

（4）封装并抽真空

树脂管和真空管铺放正确之后，用普通的密封胶和真空袋将整个体系封装。与真空袋工艺相似，有需要的话应打褶，完全密封很重要，所以要把密封胶压实，以防止真空袋边缘漏气。然后连接真空源，抽真空。

在 VARI 工艺中需要用到一个特殊设备，即树脂收集器。树脂收集器是一个密封容器，至少有两个以上的真空接口，一个用于和模具的真空管连接，一个用于和真空泵连接。树脂收集器上安装真空表，用于检查模具的真空度。树脂收集器的作用主要是收集多余的树脂。由于在灌注过程中树脂通常是过量的，树脂收集器的作用就是排除并保存这些多余的树脂，并防止树脂吸入到真空泵内，导致真空泵的毁坏。

特别要说明的是，封装好模具以后还需要检查真空袋和模具内的密封性。检查的方法是，待模具抽真空一段时间并稳定以后，拔掉树脂收集器和真空泵连接的快速接头。观察树脂收集器上真空表的真空度。在一定时间内，真空度保持不变，确保密封效果很好后，才可以进行下一步操作。此外，还可以根据需要封装第二层真空袋，用以防止第一层真空的泄漏以及防止树脂被过量的抽出；需要关闭真空时，第二层真空袋可以持续抽真空至制件完全固化并冷却。

（5）灌入树脂固化成型

模具密封性检查好以后，将模具推入烘箱，待模具和树脂温度达到灌注温度要求时，将树脂管路与装有树脂的容器连接，准备将树脂注入模具。树脂在灌入之前需要进行脱泡处理，防止树脂裹入的空气被带入其中并残留在纤维织物内部，引起缺陷。有些树脂需要加热到一定温度，充分降低其黏度以后进行脱泡，即在真空烘箱内加热到一定温度后进行抽真空，使裹在树脂内的空气充分排出。树脂注入完成后在真空下固化，此时应保持层合板上的压力，有利于在固化时纤维压实合并。固化完成后，制件脱模，进行切边及必要的修饰，最后得到成型制件。

9.1.4　模压成型工艺

模压成型工艺是指将一定量的模压料（粉状、粒状、片状或丝状等模压料）放入金属对模中，在一定温度和压力下，固化成型为异形制品的工艺过程。模压成型必须满足四个基本条件：① 模压料在模具开启状态下加入；② 成型过程中，模压料需要在一定温度条件下塑化、流动充模、固化定型；③ 模压料在充模流动过程中，不仅树脂流动，增强材料也随树脂流动，成型过程中需要较高的成型压力，压力一般由液压机施加；④ 制品尺寸和形状主要由闭合状态下的模具型腔保证，需要高强度、高精度、耐高温的金属模具。

与其他成型工艺相比较，模压成型工艺具有生产效率高，制品尺寸精确、表面光洁（可以有两个精制表面），生产成本低，易实现机械化和自动化，多数结构复杂的制品可一次成型，无需有损玻璃钢强度的二次加工，制品的外观尺寸重复性好等优点。但是，模压成型工艺的压机和模具设计与制造都比较复杂，初次投资高，制品尺寸受设备限制，一般只适于制造中小型制品。

9.2 金属基复合材料成型技术

金属基复合材料（MMCs）的制备方法因材料不同而千差万别的，大体上可将 MMCs 的制备方法分为固态法、液态法以及其他制备技术。本节将针对这几类方法简要介绍一些常用的成型技术。

9.2.1 固态法

固态法是金属基体处于固态情况下与增强材料混合组成新的复合材料的方法，包括粉末冶金法、热压固结法、热等静压法、轧制法、挤压法和拉拔法、爆炸焊接法等。固态法典型的特点是制备过程中温度较低，金属基体与增强相处于固态，可抑制金属与增强相之间的界面反应。

1. 粉末冶金法

粉末冶金法制备复合材料是指将金属基体与增强体粉末混合均匀后压制成型，利用原子扩散使金属基体与增强体粉末结合在一起制备复合材料的方法。粉末冶金法是最早开发的制备金属基复合材料的工艺，早在 1959 年就有学者利用粉末冶金工艺制备了 Al_2O_3 颗粒增强 Fe 基复合材料。

粉末冶金法制备复合材料的工艺过程如图 9.7 所示。其分为冷压、烧结和热压，主要步骤包括：① 筛分粉末；② 基体粉末与增强体粉末均匀混合；③ 通过预压把复合粉末制成生坯，其致密度为 70%～80%；④ 除气；⑤ 热压/烧结；⑥ 二次加工（挤压、锻造、轧制、超塑性成型等）。粉末冶金工艺结合二次加工不仅可获得完全致密的坯锭或制品，还可满足所设计材料结构性能的需求，也可以直接将混合粉末进行高温塑性加工，在致密化的同时达到最终成型的目的。粉末冶金法对基体合金和增强体粉末种类基本没有限制，并且可以任意调整增强体的含量、尺寸和形貌等，复合材料的可设计性强。此外，粉末冶金法的制备温度较低，有效减轻了基体与增强体之间的界面反应，所制备的复合材料具有良好的物理力学性能且质量稳定。

粉末冶金制备复合材料涉及多道制备工序，制备过程中需从材料的性能要求出发，综合考虑各个工序对材料性能的影响，如基体、增强体材料的选择、粉末处理、粉末固结、二次加工及后续处理过程等。

（1）粉体混合

粉末处理是保证复合材料质量的一个重要环节，金属粉末与颗粒、晶须的均匀混合及防止

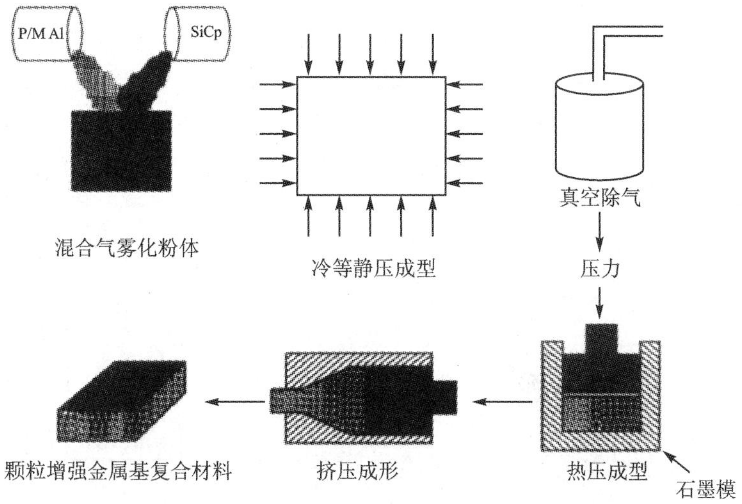

图 9.7　粉末冶金制备金属基复合材料的工艺过程

金属粉末的氧化是粉末处理的关键。一般混粉的方式有普通干混、球磨和湿混。普通干混及湿混容易出现增强体分布不均匀及大量的团聚、分层等现象。目前，较为常用且有效的为球磨，利用下落研磨体（如钢球等）的冲击作用及研磨体与球磨内壁的研磨作用将物料粉碎并混合。采用高能机械球磨可以实现亚微米乃至纳米颗粒的均匀混合，并有效细化基体晶粒，获得均匀的超细复合结构。

（2）固结成型

生坯经除气处理后，即可采用热压烧结的方式对其进行致密化处理。加压促使生坯发生一定程度的塑性变形，不仅可以提高颗粒增强复合材料坯锭的致密度，还可以改善颗粒的分散状况。与未增强合金相比，由于增强体多数为刚性陶瓷，复合材料具备较高的弹性模量、强度及硬度等，但塑性和韧性有所下降，因而改变了复合材料的塑性加工性能。为了提高复合材料的塑性变形能力，一般需要对固结成型的复合材料进行二次加工，通过挤压有效破碎颗粒氧化膜，改善界面结合和增强颗粒的分散状况，从而大幅度提高强度和塑性。常用的二次加工方法有挤压、轧制、锻造、超塑性成型等。

（3）后处理

某些情况还需要对复合材料零件进行均匀化处理和尺寸稳定化处理，通过热处理改善增强体分散状况，或通过降低、消除材料内部残余应力来提高尺寸稳定性。粉末冶金法适于制造 $SiC_p/A1$、SiC_w/Al、Al_2O_3/Al、TiB_2/Ti 等金属基复合材料零部件、板材和锭坯等。常用的增强材料有 SiC、Al_2O_3、W、B_2C 等颗粒、晶须及短纤维等，常用的基体金属有 Al、Cu、Ti 等。

2. 扩散黏接法

扩散黏接法也称扩散焊接，是在高温、较长时间、较小塑性变形作用下依靠接触部位原子间的相互扩散进行的。扩散黏接过程可分为三个阶段：① 黏接表面之间的最初接触，在加热和加压的共同作用下，黏接表面发生变形、移动、表面膜（通常是氧化膜）破坏；② 产生界面扩散和体扩散，使接触界面紧密接触；③ 热扩散结合界面消失，黏接过程完成。影响扩散黏接过程的主要参数是温度、压力和一定温度及压力下维持的时间，其中温度最为重要。常用的扩散黏接技术有热压技术和热等静压技术。

(1) 热压法

热压法是制备连续纤维增强金属基复合材料的典型方法之一。如图 9.8 所示，热压法制备金属基复合材料时，先将经过预处理的连续纤维按设计要求与金属基体组成复合材料预制片，然后将预制片按设计要求剪裁成所需的形状并进行叠层排布。根据对纤维的体积分数要求，在叠层时适当添加基体箔，随后将叠层置于模具中，进行加热加压，最终制得所需的纤维增强金属基复合材料。

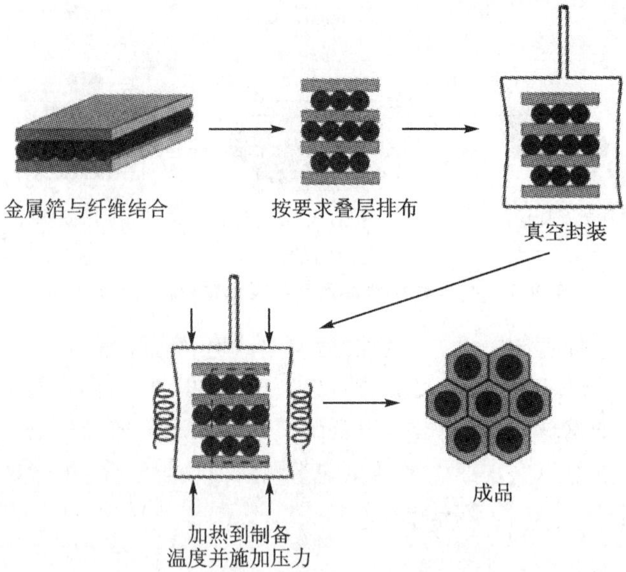

图 9.8 热压法示意图

在金属基复合材料的热压制备过程中，预制片制备和热压过程是最重要的两道工序，直接影响复合材料中纤维的分布、界面的特性和性能。预制片的主要制备方法有等离子喷涂、离子涂覆(物理气相沉积、化学气相沉积等)、箔黏接法及液态金属浸渍法。对直径较粗的纤维，如硼纤维、钨纤维等，直径为 100～400 μm，容易排列，可用等离子喷涂、离子涂覆法或箔黏接法制作复合材料预制片。而对于碳纤维、碳化硅束丝、氧化铝纤维等，因纤维直径较细，数百数千根纤维集成一束，为使金属充分填充到纤维孔隙间，需采用液态金属浸渍法制成复合丝或复合带，再排布成预制片。热压过程是整个复合材料制备过程中最重要的工序，在此工艺过程中最终完成复合，热压温度和压力为主要的两个工艺参数。提高热压温度可改善基体合金的流动性，促进扩散黏接。但热压温度也不能过高，以免增强体与基体之间发生反应，影响材料性能。热压温度一般控制在稍低于基体的固相线温度。有时为了复合得更好，希望有少量的液相存在，热压温度控制在基体的固相线和液相线之间。压力的选择与温度有关，温度高，压力可适当降低，温度低，则压力应适度提高。

(2) 热等静压法

热等静压(Hot Isostatic Pressing，HIP)法也是热压法的一种，工作原理是将金属基体(粉末或箔)与增强材料(纤维、晶须、颗粒)按一定比例均匀混合，或用预制片叠层后放入金属包套中，待抽气密封后装入密闭的压力容器中，利用压力容器中的高压惰性气体向粉末颗粒施加各个方向相等的压力并加以高温，使颗粒之间发生烧结和致密化而形成复合材料。

采用 HIP 法制造金属基复合材料的过程中，温度、压力、保温保压时间是主要工艺参数。温度是保证工件质量的关键因素，一般选择的温度低于热压温度，以防止发生严重的界面反应。压力根据基体金属在高温下变形的难易程度而定，易变形的金属压力要低一些，难变形的金属则选择较高的压力。保温保压时间主要根据工件的大小来确定，工件越大，保温时间越长，一般为 30 min 至数小时。热等静压法适用于多种复合材料的管、筒、柱及形状复杂零件的制造，特别适用于钛、金属间化合物及超合金基复合材料。

3. 爆炸焊接法

爆炸焊接利用炸药爆炸驱动基体与增强材料发生高速碰撞，通过使碰撞的材料发生塑性变形、黏接处金属局部扰动及热过程，使基体与增强材料结合而形成复合材料，如图 9.9 所示。如果用金属丝作为增强材料，焊接前应将其固定或编织好，以免其移位或卷曲，并且基体和金属丝在焊接前必须除去表面的氧化膜和污物。爆炸焊接用底座材料的密度和声学性能应尽可能与复合材料的相近，一般将金属板放在碎石层或铁屑层上作为底座。爆炸焊接的工艺特点是作用时间短，材料的温度低，因而组分材料之间发生界面反应的可能性小，产品性能稳定。爆炸焊接可以制造形状复杂的零件和大尺寸的板材，还可以一次作业制造多块复合板。爆炸焊接主要用来制造金属层合板和金属丝增强金属基复合材料，例如钢丝增强铝、钼丝或钨丝增强钛、钨丝增强镍等复合材料。

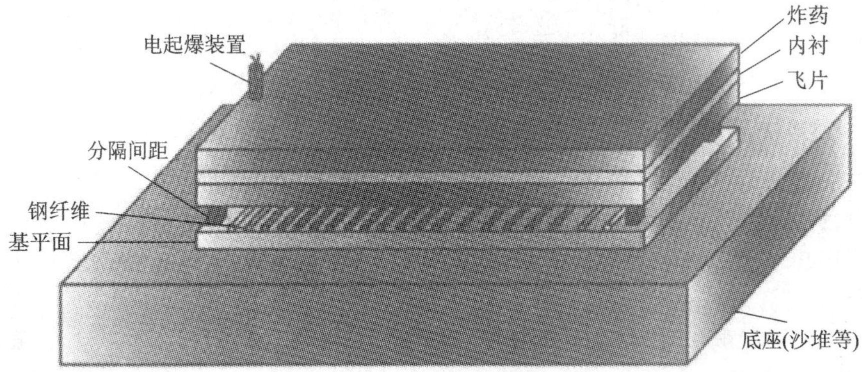

图 9.9　爆炸焊接过程示意图

9.2.2　液态法

液态法是指金属基体处于熔融状态下与固体增强材料复合而制备金属基复合材料的工艺过程。液态成型的温度较高，熔融状态的金属流动性好，在一定条件下利用液态法可容易制得性能良好的复合材料。相比于固态成型，液态法具有工程消耗小、易于操作、可以实现大规模工业生产和零件形状不受限制等优点，是金属基复合材料的主要制备方法。

1. 液态浸渍法

液态浸渍法是指在一定条件下将液态金属浸渗到增强材料多孔预制件的孔隙中，凝固后获得复合材料的制备方法。按照浸渗过程有无外部压力，可将液态浸渍法分为无压浸渗工艺、压力浸渗工艺和真空压力浸渗工艺。

(1) 无压浸渗工艺

无压浸渗工艺是指金属熔体在无外界压力作用下，借助浸润导致的毛细管压力自发浸渗

入增强体预制块而形成复合材料。为了实现自发浸渗,金属熔体与固体颗粒需要满足以下四个条件:

① 金属熔体能对固体颗粒浸润。金属基体与增强体之间的浸润性是决定金属基复合材料工艺成败及性能优劣的重要因素之一。金属熔体的表面能通常为103 mJ/m^2 量级。若该熔体对固体的浸润角为0°,在与颗粒度为1 μm粉体压成的预制体接触时,所受到的毛细管压力达数百个大气压。这一压力足以使该熔体自发渗入并充满预制件中的所有孔隙。浸润性还能保证颗粒与基体间的牢固结合,充分发挥颗粒增强增韧效应。

② 粉体预制件具有相互连通的渗入通道。除化学成分和杂质含量外,颗粒形状、尺寸及分布是粉体的重要参数。需要采取适当的工艺措施,使预制件内作为渗入通道的孔隙尺寸分布均匀,互相连通,熔体能均匀渗入,达到完全致密、消除缺陷的效果。

③ 体系组分性质需匹配。浸渗相的熔点需远低于颗粒相的熔点,两者的化学反应或互溶反应应对渗入过程及最后制品质量有利,两者的热膨胀系数要匹配。浸润性来自组分间适当的反应和互溶,过度的反应会破坏组分界面的稳定性而成为不利因素。

④ 渗入条件不宜苛刻。自发渗入必须在熔体熔点以上温度完成,以保证熔体足够的流动性。这一温度应该与实验室和工业化条件相适应。渗入还需要非氧化气氛环境,如惰性气氛或真空条件。

目前,研究发现的容易实现自发渗入的体系主要有:

① 低熔点延展性金属对高熔点(耐高温)金属粉末预制件的自发渗入,金属对金属的润湿一般较易实现。较为成功的例子有W-Cu、W-Mg、Mo-Cu及Mo-Ag等。硬质合金主体材料,如WC、TiC和Mo_2C粉体,通常以Co、Ni等韧性金属粉作为胶黏剂,通过粉末冶金烧结技术,制成机械配件,这些韧性黏结剂也满足自发渗入熔体所必须具备的条件。

② 过渡金属及其合金熔体对耐高温碳化物的自发渗入,如Ni-Cr和V(C<0.5%,Mn<0.75%,Si<0.6%,Cr=28%~32%,Mo=5%~7%,其余为Co)为渗体自发渗入TiC粉体预制件。

金属熔体与陶瓷颗粒的润湿性一般较差,并且金属熔体与增强体容易发生严重的化学反应,难以实现自发浸渗。为此,常采取以下几种技术措施:一是通过合金化改善润湿性,二是增强体表面金属化改性,三是金属间化合物的自发渗入。无压浸渗具有工艺简单、成本较低、可实现近终成型等优点,主要适用于润湿性良好的体系,目前已成功地制备出低熔点韧性金属/高温合金复合材料、金属/陶瓷复合材料及金属间化合物/陶瓷复合材料等。

(2) 压力浸渗工艺

压力浸渗工艺是在外加压力作用下将金属基体溶液充入增强体预制件的孔隙中,从而形成金属基复合材料的工艺过程,具体工艺过程如图9.10所示。制备时,先把预制件预热到适当温度,然后将其放入预热的铸型中,浇入液态金属并加压,使液态金属浸渗到预制件的孔隙中,保压直至凝固完毕,从铸型中取出即可获得复合材料。

压力浸渗的优点有:工艺简单、生产效率高,制造成本低,适合批量生产;复合材料与铸型接触好,可利用铸型散热,冷速快,形成的组织致密;压力较大(70~100 MPa),有效改善了增强体与金属熔体之间的润湿性,并且增强体与金属熔体在高温下的接触时间较短,不会出现严重的界面反应,同时液态金属可有效地填充,孔隙率低。因此,采用压力浸渗工艺制造出的复合材料力学性能较好,已成为批量制造陶瓷短纤维、颗粒、晶须增强铝(镁)基复合材料零部件

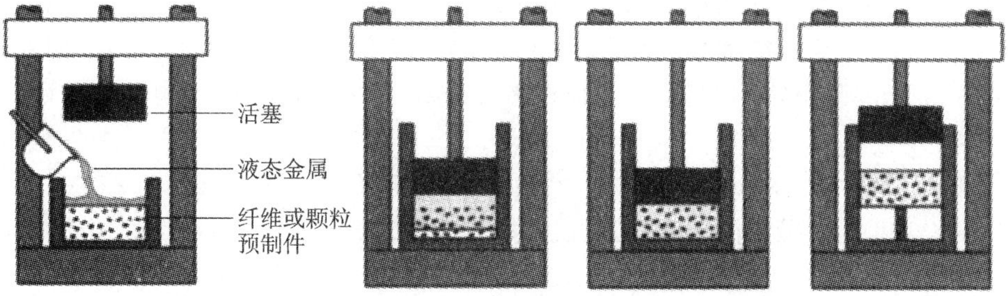

图 9.10 压力浸渗工艺制备金属基复合材料示意图

的主要方法之一 。

压力浸渗的缺点有：浸渗需要压室，并且由于压力较大，要求压室有一定的壁厚；仅适合制备不连续增强体（如颗粒、晶须等）增强复合材料，不适合连续制造金属基复合材料型材，也不能生产大尺寸零件；压力较高，要求预制件有较高的力学性能，能承受较高压力而不变形，并且在制备纤维预制件时，可能会发生增强体的偏聚。

(3) 真空压力浸渗工艺

真空压力浸渗工艺是在真空和高压惰性气体共同作用下，将液态金属压入增强材料制成的预制件孔隙中，制备金属基复合材料的方法，其兼具压力浸渗和真空吸铸的优点。具体工艺过程为：将预制件和基体金属分别置于浸渍炉的预热炉和熔化炉中，然后抽真空，当炉腔内达到预定真空度时，熔化合金并对预制件进行预热。控制加热过程，使预制件和熔融金属达到预定温度，然后将液态金属浇注进预制件中，随后通入高压惰性气体，使液态金属浸渍充满预制件的孔隙，冷凝固后即可获得复合材料。

真空压力浸渗的特点在于：适用面广，可用于多种金属基体和连续纤维、短纤维、晶须和颗粒等增强材料的复合，增强材料的形状、尺寸、含量基本上不受限制；可直接制成复合零件，特别是形状复杂的零件，基本上无须进行后续加工；浸渍在真空中进行，在压力下凝固，无气孔、缩松、缩孔等铸造缺陷，组织致密，材料性能好；工艺参数易于控制，可根据增强材料和基体金属的物理化学特性，严格控制温度、压力等参数，避免严重的界面反应；真空压力浸渗法的设备比较复杂，制造大尺寸的零件要求大型设备，投资大，且工艺周期长、效率低、成本高。

该工艺适于制备 C/Al、C/Cu、C/Mg、SiC_w/Al、SiC_p/Al、SiC_p 非晶及 W 非晶等复合材料零部件、板材、锭坯等。常用的增强材料为各种纤维、晶须、颗粒等增强材料。常用的基体材料为 Al、Mg、Cu、Ti、Ni 等及其合金。

2. 搅拌铸造法

液态金属搅拌铸造法是一种适合工业规模生产颗粒增强金属基复合材料的方法，工艺简单，制造成本低廉。其基本原理是：将不连续增强体直接加入到熔融的基体金属中，并通过一定的方式搅拌，使增强体混入且均匀弥散地分散在金属基体中，与金属基体复合成金属基复合材料熔体，然后浇铸成锭坯、铸件等。搅拌复合时，根据搅拌温度的不同，基体合金在液相区称为搅拌铸造法，在液-固两相区称为半固态铸造或者复合铸造法。

液态金属搅拌法制备金属基复合材料具有设备简单、成本低、易规模生产的优点，但也存在一些问题，主要表现为：为了提高增强效果，要求加入尺寸细小的颗粒，但 10～30 μm 的颗粒由于与金属熔体的润湿性差而不易进入和均匀分散在金属熔体中，易产生团聚；强烈的搅拌容易造成金属熔体的氧化和大量吸入空气；混合均匀的熔体在停止搅拌或浇铸后，在凝固过程中会发生增强颗粒因密度差异导致的上浮/下沉，造成增强颗粒分布均匀性差的问题。因此，必须采取有效的措施来改善金属熔体与颗粒的润湿性，防止金属的氧化和吸气，防止增强颗粒的偏聚等。

3. 共喷沉积法

共喷沉积法是指将液态金属在惰性气体气流的作用下雾化成细小的液态金属液滴，同时将增强颗粒加入，与金属液滴混合后共同沉积在衬底上，凝固而形成金属基复合材料的方法，如图 9.11 所示。

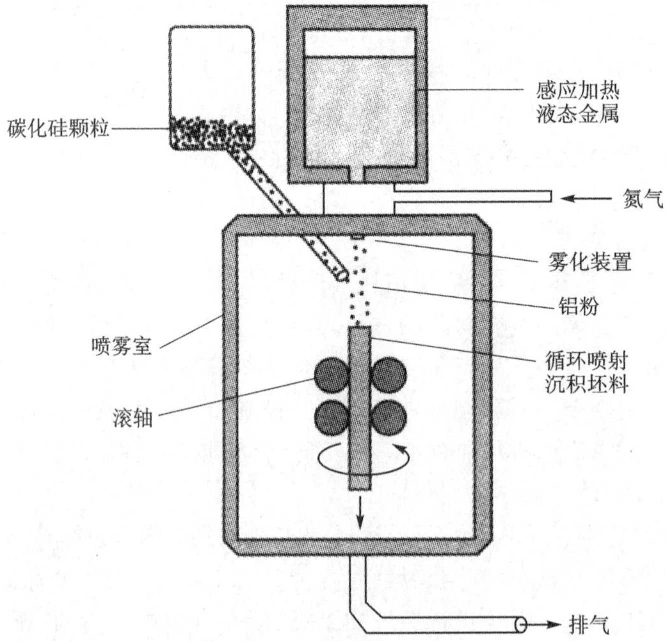

图 9.11　共喷沉积法示意图

共喷沉积法工艺包括基体金属熔化、液态金属雾化、颗粒加入及与金属液滴的混合、沉积和凝固等工序。其中，液态金属雾化过程决定了熔滴尺寸大小、粒度分布及液滴的冷却速率，是制备金属基复合材料的关键工艺过程。液态金属在雾化过程中形成大小不同的液滴，并在气流作用下迅速冷却，部分细小的液滴迅速冷却凝固，大部分液滴处于半固态(表面已经凝固，内部仍为液体)和液态。为了使增强颗粒与基体金属复合良好，对液态金属雾化后液滴的大小的分布有一定的要求，使大部分金属液滴到达沉积表面时保持半固态和液态，在沉积表面形成厚度适当的液态金属薄层，以利于填充到颗粒之间的孔隙，获得均匀致密的复合材料。

共喷沉积法制备颗粒增强金属基复合材料的主要特点有：

① 适用面广。可用于铝、铜、镍、钴等有色金属基体，也可用于铁、金属间化合物基体，增强颗粒可以为 SiC、Al_2O_3、TiC、Cr_2O_3和石墨等多种材料。

② 生产工艺简单、高效。与粉末冶金相比，不需要繁杂的制粉、研磨、混合、压型、烧结等工序，可实现一次复合成型，雾化速率高达 25～200 kg/min，沉淀凝固迅速。

③ 冷却速度快。冷却速度可达 103～106 K/s，晶粒细小，无宏观偏析，组织均匀。

④ 颗粒分布均匀。通过工艺参数调控，可实现增强颗粒与金属基体的均匀混合。

⑤ 复合材料中的气孔率较大。气孔率在 2%～5%，获得的毛坯件需经致密化处理。

共喷沉积法作为一种高效的快速凝固成型工艺，已被成功应用于铁基、铜基、钛基和铝基等颗粒增强复合材料的制备领域，增强颗粒主要为氧化铝、碳化硅等。

4. 3D 打印技术

增材制造技术又叫 3D 打印技术，是以数字化模型文件为基础，运用粉末状金属或线材塑料等可黏合材料，通过选择性黏接、逐层堆叠积累的方式来形成实体的过程。采用 3D 打印技术制备金属基复合材料，在制备过程中能有效抑制增强相分布不均匀、增强相晶粒过大、气孔率过高等现象的发生，两相比例可控且能够制备高基体相含量的复合材料，应用前景广阔。其中，以激光作为热源的激光增材制造技术，因可熔融多种金属粉末，已成为金属基复合材料制备的研究热点。根据金属粉末是否完全熔化以及粉末的添加方式，一般可将激光增材制造分为选区激光烧结成型、选区激光熔化成型以及激光直接金属沉积成型。

(1) 选区激光烧结成型

选区激光烧结(Selective Laser Sintering，SLS)成型工艺是采用高能激光束有选择地对预置固体粉末床进行分层烧结，烧结过程中，激光束逐行、逐层地移动进行区域化扫描，并使烧结成型的固化层逐层叠加，生成所需形状的零件。

SLS 成型一般过程为：将用于铺放金属粉末的基体固定在工作台上并调整水平，然后将成型工作空间充入惰性气体使氧含量降低到规定水平以下；通过铺粉装置将一薄层酥松的金属粉末铺放在基体上(粉体厚度一般小于 100 μm)；根据即将成型零件的 CAD 工艺数据，使用激光按一定的路径扫描烧结粉体，使得具有零件断面形状的一层粉体被熔为一体；再重复上述铺粉过程和烧结过程，通过逐层烧结堆积的形式最终打印出所需要的零件形状。

SLS 成型用于金属复合材料制备时，选用的金属粉末一般为增强体和基体材料的粉末混合体。激光烧结成型技术的典型特点是成型过程中金属粉末未完全熔化，属于液相烧结机制，即粉末部分熔化状态下的半固态成型机制，故在成型材料中含有未经熔化的颗粒。这在一定程度上会影响成型致密度，并且由于液相黏度较高、表面张力效应显著，致使“球化”现象严重，会使得大量孔隙存在于成型组织中。SLS 技术在烧结铁粉过程中，由于激光束作用于粉末时的温度比较高，能量比较大，在成型过程中易发生烧结层的分层，从而产生球化现象，形成比较大的裂纹，球化、分层、裂纹等工艺缺陷的存在会显著降低成型件的致密度。

(2) 选区激光熔化成型

选区激光熔化(Selective Laser Melting，SLM)成型技术的工作原理与 SLS 技术的相似，区别在于 SLS 技术作用于粉末时粉末未被完全熔化，呈半熔化状态制备成所需的成型件。SLM 技术作用于粉末时，其使粉末发生完全熔化/凝固的方式，使成型件的成型质量相比于选区激光烧结技术制备出的成型件有着显著的提高。采用 3D 打印技术制备金属基复合材料，在制备过程中能有效抑制增强相分布不均匀、增强相晶粒过大、气孔率过高等现象的发生，两相比例可控且能够制备高基体相含量的复合材料，应用前景广阔。然而，激光熔化成型也存在其本身缺点。由于成型过程需要是金属粉末完全熔化，制造过程需要的激光能量水平一般更高，从而增大了熔池的不稳定性。其直接影响是使得金属在固态-液态相变时收缩增大而在成型材料中产生大量的残余应力，如果控制不好将严重影响成型件的质量及零件的力学性能。

(3) 激光直接金属沉积成型

激光直接金属沉积(Laser Metal Deposition,LMD)成型技术与SLS和SLM技术的最大区别在于用来成型的金属粉末不是以粉床的形式预置在工作台上,而是通过送粉喷嘴同步激光照射将其熔化并沉积在基板上,并逐层堆积而形成金属零件,如图9.12所示。因此,LMD技术不仅可用于机械零件的直接近净成型制造,还可用于零件表面涂层改性以及报废零件的再制造修复等,具有广泛的应用前景。

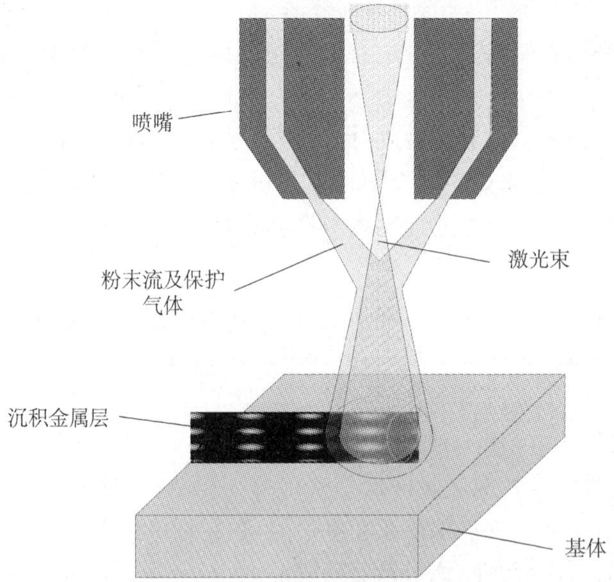

图9.12 激光直接金属沉积制造技术示意图

9.2.3 原位合成法

原位合成法是指在复合材料制造过程中增强材料由基体中自己生成或生长的方法。增强材料以共晶的形式从基体中凝固析出,也可与加入的相应元素发生反应,或者由合金熔体中的某种组分与加入的元素或化合物之间的反应生成。前者得到定向凝固共晶复合材料,后者得到反应自生成复合材料。尤其是当增强材料与基体之间有共格或半共格关系时,能非常有效地传递应力,界面上不生成有害的反应产物,因此这种复合材料具有比较优异的力学性能。

1. 定向凝固法

定向凝固法是在共晶合金凝固过程中通过控制冷凝方向,在基体中生长出排列整齐的类似于纤维的条状或片层状共晶增强材料而得到金属基复合材料的一种方法。定向凝固的速率大小直接影响定向凝固共晶复合材料中增强相的体积分数和形状。在满足平面凝固生长条件下,增加定向凝固的温度梯度,可加快定向组织生长速度,同时也可降低纤维(层)状间距,有利于提高定向凝固共晶复合材料的性能。

在定向凝固共晶复合材料中,纤维、基体界面具有最低的能量,即使在高温下也不会发生反应,适于用作高温结构用材料(如发动机的叶片和涡轮叶片)。常用的基体金属为镍基和钴基合金,其增强材料主要为耐热性好、热强度高的金属间化合物。此外,定向凝固共晶复合材料也可用作功能复合材料,主要应用于磁、电和热相互作用或叠加效应的压电、电磁和热磁等功能元器件，如 InSb/NiSb 定向凝固共晶复合材料可以制作磁阻无接触电开关，以及不接触位置和位移传感器等。定向凝固共晶复合材料的主要问题在于定向凝固速率非常低，可选择的共晶材料体系有限，且共晶增强材料的体积分数无法调整。

2. 反应自生成法

原位合成技术的基本原理是在一定条件下，通过元素之间或元素与化合物之间的化学反应，在基体内原位生成一种或几种高硬度、高弹性模量的陶瓷或金属间化合物作为增强相，从而达到强化基体的目的。该技术的优势在于：增强相在热力学上是稳定的，高温使用时性能降低少；增强相与基体的界面清洁，界面结合力强；增强相颗粒尺寸细小，能在基体中均匀分布，力学性能优异；省去了增强相单独合成、处理和加入等工序，生产工艺简单，成本低。根据参与合成增强相的两反应组分存在的不同状态，原位合成技术可分为气-液法、固-液法、液-液法和固-固法四种制备方法。

9.2.4　其他成型技术

1. 物理气相沉积技术

物理气相沉积的实质是材料源的不断汽化和在基材上的冷凝沉积，最终获得涂层。物理气相沉积可分为真空蒸发、溅射和粒子涂覆三种，是成熟的材料表面处理的方法。后两种方法也被用来制备金属基复合材料的预制片(丝)。

溅射是靠高能粒子(正离子、电子)轰击作为靶的基体金属，使其原子飞溅出来，然后沉积在增强材料上，得到复合丝，经由扩散黏接法最终制得复合材料或零件。电子束由电子枪产生，离子束可使惰性气体(如氩气)在辉光放电中产生。沉积速度为 5～10 μm/min。溅射的优点在于适用面较广，如用于钛合金、铝合金等，且基体成分范围较宽，合金成分中不同元素的溅射速率的差异可通过靶材成分的调整得到弥补。对于溅射速率差别大的元素，可先不将其加入基体金属中，而作为单独的靶同时进行溅射，以便在最终的沉积物中得到需要的成分。

离子涂覆的实质是使气化了的基体在氩气的辉光放电中发生电离，在外加电场的加速下沉积到作为阴极的纤维上形成复合材料。例如，在用离子涂覆法制备碳纤维-铝复合材料预制片时，先将铝合金制成直径为 2 mm 的丝，清洗后送入涂覆室的坩埚内熔化蒸发，铝合金蒸气在氩气的辉光放电中发生电离，沉积到作为阴极的碳纤维上。碳纤维均为一束多丝，在送入涂覆室前必须将其分开，使其厚度不超过 4～5 根纤维直径。在涂覆前，纤维先经离子刻蚀。调节纤维的运送速度可方便地控制铝涂层的厚度，得到的无纬带的宽度为 50～75 mm。

物理气相沉积法尽管不存在界面反应问题，但其设备比较复杂，生产效率低，只能制造长纤维复合材料的预制丝或片，如果是一束多丝的纤维，则涂覆前必须先将纤维分开。

2. 化学气相沉积技术

化学气相沉积技术是化合物以气态在一定的温度条件下发生的分解或化学反应，分解或化学反应产物以固态沉积在工件上得到涂层的一种方法。最基本的化学沉积装置有两个加热区：第一个加热区的温度较低，维持材料源的蒸发并保持其蒸气压不变；第二个加热区温度较高，使气相中(往往以惰性气体作为载气)的化合物发生分解反应。化学气相沉积技术用的原材料应是在较低温度下容易挥发的物质。这种物质在一定温度下比较稳定，但能在较高温度下分解或被还原，作为涂层的分解或还原产物在服役温度下是不易挥发的固相物质。常用的化合物是卤化物(以氯化物为主)和金属的有机化合物。化学气相沉积技术常用来制备长纤维复合材料预制丝，大多数的基体金属只能用它们的有机化合物作为材料源。这些化合物有铝的有机化合物三异丁基铝，价格高昂，在沉积过程中的利用率低。但是这种方法可用来对纤维进行表面处理，涂覆金属镀层、化合物镀层和梯度涂层，以改善纤维与金属基体的润湿性和相容性。

3. 电镀、化学镀和复合镀技术

电镀是利用电解沉积的原理在纤维表面附着一层金属而制成金属基复合材料的方法。其原理是以金属为阳极，位于电解液中的转轴为阴极，在金属不断电解的同时，转轴以一定的速度旋转或调节电流大小，可以改变纤维表面金属层的附着厚度，将电镀后的纤维按一定方式层叠、热压，从而制成多种制品。例如，利用电镀技术在氧化铝纤维表面附着镍金属层，然后将纤维热压固结在一起，制成的复合材料在室温下显示出良好的力学性能。但是，在高温环境下，可能因纤维与基体的热膨胀系数不同，强度不高。又如，在直径为 7 μm 的碳纤维的表面上镀一层厚度为 1.4 μm 的铜，将长度切为 2～3 μm 的短纤维，均匀分散在石墨模具中，先抽真空预制处理，再在 5 MPa 和 700 ℃下处理 1 h 得到碳纤维体积含量为 50%的铜基复合材料。

化学镀是在水溶液中进行的氧化还原过程，溶液中的金属离子被还原剂还原后沉积在工件上，形成镀层，常用来在碳纤维和石墨粉上镀铜。化学镀过程不需要电流，因此化学镀有时也称为无电镀。由于不需要电流，工件可以由任何材料制成。

复合镀是通过电沉积或化学液相沉积，将一种或多种不溶固体颗粒与基体金属一起均匀沉积在工件表面上，形成复合镀层的方法。这种方法在水溶液中进行，温度一般不超过 90 ℃，因此可选用的颗粒范围很广，除陶瓷颗粒（如 SiC、Al_2O_3、TiC、ZrO_2、B4C、SiN_4、BN、$MoSi_2$、TiB_2）、金刚石和石墨等外，还可选用易受热分解的有机物颗粒，如聚四氟乙烯、聚氯乙烯、尼龙。复合镀还可同时沉积两种以上不同颗粒制成的混杂复合镀层。如同时沉积耐磨的陶瓷颗粒和减磨的聚四氟乙烯颗粒，可使镀层具有优异的摩擦性能。复合镀主要用来制造耐磨复合镀层和耐电弧烧蚀复合镀层。

9.3 陶瓷基复合材料成型技术

制备陶瓷基复合材料(CMCs)时，由于增强颗粒一般不需要进行特殊处理，因此颗粒增强复合材料多沿用传统陶瓷制备工艺，但纤维增强对陶瓷基复合材料的性能影响较大。本节简要介绍其主要成型方法。

9.3.1 浆料浸渍热压烧结工艺

浆料浸渍热压烧结工艺通常用于制备玻璃及玻璃陶瓷复合材料，主要是因为它们的加工温度比晶体陶瓷低。晶体陶瓷的一个问题是熔点非常高，即使带有涂层的纤维也可能熔融或者性能严重退化；另一个问题是它的加工温度和室温相差很大，会导致材料收缩和基体开裂。当温度达到晶体陶瓷的熔点时，晶体陶瓷熔化后的黏性很强，非常不利于预制体的渗透。

制备玻璃陶瓷的原料是非晶玻璃，非晶玻璃通过高温加热处理可以转化为晶体陶瓷脱玻化作用。在热处理过程中，大小为 1 nm 左右的微晶开始形成、生长，直到它们撞到邻近的晶体，进一步加热之后，尺寸小于 0.04 μm 的角微晶出现，最终形成的玻璃陶瓷是一种微晶陶瓷基材料，其中晶体含量达 95%～98%。

需要注意的是，并不是所有的玻璃都可加工制成玻璃陶瓷材料。大多商业玻璃陶瓷都由

$Li_2O-Al_2O_3-SiO_2$(LAS)复合而成。LAS 玻璃通常会添加少量的氧化钛(TiO_2)作为成核剂，根据最初玻璃的组成成分，LAS 玻璃最终转变为 β-锂辉石($Li_2O-Al_2O_3-4SiO_2$)或者石英(SiO_2)。LAS 玻璃在 760 ℃的温度中加热 1.5 h 时，氧化钛开始在玻璃基质中沉淀晶核；温度升高到 955 ℃时，氧化钛(TiO_2)晶核开始生长出晶体。

浆料浸渍工艺让纤维束或预制体浸渍在盛有浆液基体的容器中，如图 9.13 所示。浆料中包括陶瓷基体粉末、有机胶黏剂和载液(如水或酒精)。浆料组成成分对成品非常重要，基体粉末的含量、粉体粒径大小的分布情况、胶黏剂的类型及含量以及载液等因素都会对成品的质量产生重要影响。例如，采用粒径尺寸小于纤维直径的基体粉末有利于浆料的完全浸渍，从而减少孔隙。有时还加入润湿剂，帮助浆料更好地渗透纤维束或预制体。

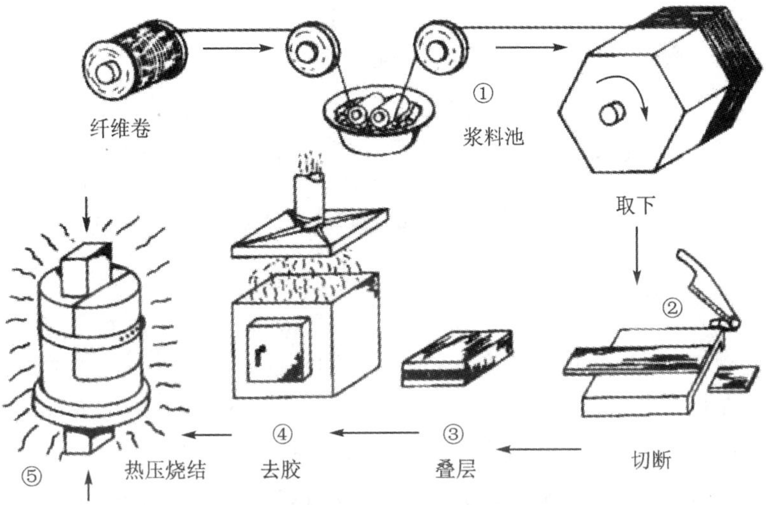

图 9.13　浆料浸渍热压烧结工艺

浸渍结束后，蒸发载液，将预制体放入模具中进行固化。在固化之前，须进行高温去胶。通常用热压工艺对预制体进行加压处理，当预制体形状较为复杂时，可采用 HIP 工艺。固化的时间、温度以及压力的大小对成品的质量都会产生影响。长时间的高温和高压可以减少孔隙，但会导致纤维的损伤。高压使纤维的力学性能退化，高温和长时间的加压导致界面涂层发生反应。

浆料浸渍工艺的优点是成品的纤维分布均匀、孔隙率较低；缺点是只适用于低熔点和低软化点的陶瓷基体材料。

9.3.2　聚合物先驱体渗透裂解工艺

聚合物先驱体渗透裂解(Precursor Impregnation and Pyrolysis，PIP)工艺与制作聚合物复合材料的工艺类似，既可由纤维制成的预浸料通过高温裂解形成陶瓷材料，也可用纤维预制体经过多次有机先驱体溶液渗透，然后高温裂解形成陶瓷材料。若采用预浸料制作，则完成陶瓷材料的转化之后，还要在先驱体溶液中继续渗透数次。PIP 工艺采用金属有机聚合物代替传统的热固性树脂(如环氧树脂)，工艺流程如图 9.14 所示，主要步骤有：① 聚合物先驱体渗透预制体；② 浸渍后的预制体固化；③ 养护聚合物基体，避免其在后续制备过程中熔化；④ 裂解先驱有机聚合物，制成陶瓷基体；⑤ 重复浸渍裂解过程，达到成品密度的制备要求。

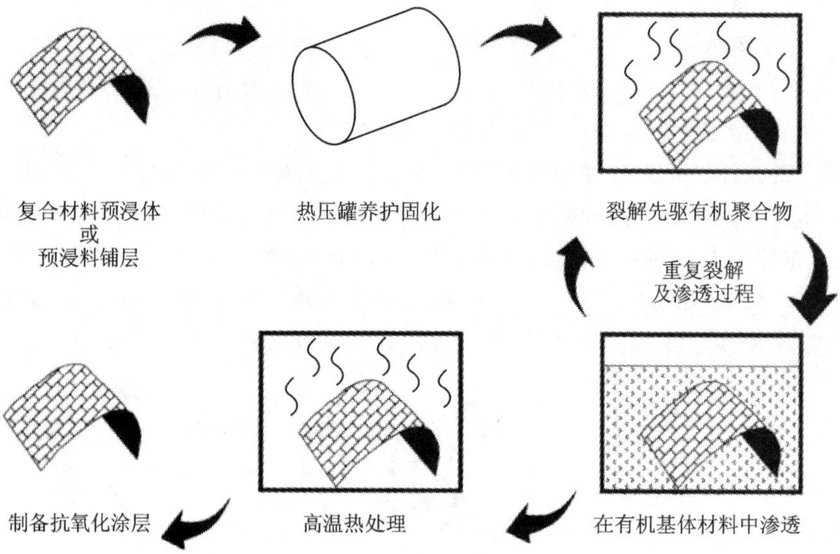

图 9.14　聚合物浸渍裂解工艺流程

9.3.3　化学气相渗透工艺

化学气相沉积(Chemical Vapor Deposition,CVD)技术是一种较为成熟的涂层工艺。当使用化学气相沉积技术制备陶瓷基体材料时,称为化学气相渗透工艺(Chemical Vapour Infiltration,CVI)。采用传统的粉末烧结或热等静压工艺制备先进陶瓷基复合材料时,纤维易受到热、机械和化学等作用而产生较大的损伤,严重影响材料的使用性能。使用化学气相渗透法则可避免此类问题。CVI是将具有特定形状的纤维预制体置于沉积炉中,通入的气态前驱体通过扩散、对流等方式进入预制体内部,在一定温度下由于热激活而发生复杂的化学反应,生成固态的陶瓷类物质,并以涂层的形式沉积于纤维丝表面;随着沉积的继续进行,纤维表面的涂层越来越厚,纤维间的空隙越来越小,最终各涂层相互重叠,成为材料内的连续相,即陶瓷基体。

化学气相渗透工艺主要是质量和热量的传输过程,目标是使基体沉积效率最大化,密度梯度最小化。由于整个过程是反应物沉积的过程,纤维基本不产生应力。但CVI工艺的主要问题是气体优先在最先接触到的纤维表面发生反应,导致纤维编织预制体内部形成闭合的孔隙。为减少这一因素的影响,制备过程应尽可能采用较低的温度和气压,稀释反应物浓度(但这些措施都会增加制备的时间)。

为得到理想的微观结构,延迟预制体表面孔隙的闭合,需要对制备温度、压力、气体的流动速度以及预制体的温度等参数进行良好的控制。需要说明的是,与热压工艺相比,用CVI工艺制备的材料微观结构略差。此外,碳纤维和碳化硅基体的热膨胀系数相差较大,导致碳化硅基体产生大量微裂缝。在服役过程中氧气会透过微裂缝进入结构内部氧化纤维。因此,碳化硅纤维经常与碳化硅基体同时使用。

CVI工艺优点很多,主要包括:加工温度较低,对纤维造成的损伤较小,大多数界面涂层采用CVI工艺制备,完成后可立即进行基体沉积;CVI工艺适用于制备尺寸较大形状较复杂的预制体;由于基体纯度较高且微观结构控制较好,CVI制备的材料热力学性能良好。CVI

工艺的主要缺点是不能保证成品完全致密，孔隙率大约为 15%～20%。而在氧化环境中，基体开裂之后，孔隙会对材料的热力学性能产生重要的影响。制备时间长是 CVI 工艺的另一个缺点，制备周期通常需要 100 h 以上，多次的机械加工循环也提高了材料的制备成本。

9.3.4　直接金属氧化工艺

直接金属氧化（Directed Metal Oxidation，DMO）法又称反应性熔体渗透法，是利用液态的铝与空气（氧气）发生氧化反应制备氧化铝（Al_2O_3）或者与氮气发生反应制备氮化铝（AlN）的方法。纤维预制体设有氮化硼（BN）界面涂层以及碳化硅防护涂层，与熔融的铝合金一起置于反应容器中，与氧气或氮气发生反应，生成氧化铝或氮化铝，反应方程为

$$4Al(l) + 3O_2(g) \rightarrow 2Al_2O_3(s)$$

$$2Al(l) + N_2(g) \rightarrow 2AlN(s)$$

DMO 工艺的几个关键制备参数包括合金的组成成分、基体生长温度、氧分压以及添加剂（添加剂作为晶体成核的场所，控制晶粒的大小）。镁作为微量合金元素，可在熔融金属的表面形成一层薄氧化镁层。氧化镁层阻止了氧化铝致密层的出现，否则氧化铝致密层将会阻碍氧气的深层扩散。基体以每天 25.4 mm 的速度在纤维预制体中缓慢生长，将预制体内部的孔隙逐渐填满。由于反应部件不连续且内部含有孔道，熔融的金属在毛细管作用下到达孔道表面与气相空气发生反应。

对于不连续陶瓷基复合材料，预制体可采用陶瓷的传统制备工艺，例如注浆成型法、热压法、喷射铸造法等。对于连续纤维增强陶瓷基复合材料，可利用多种纺织技术制作预制体，如织物铺层、机织、编织、纤维缠绕等技术。在氧化铝陶瓷基体复合材料的基体生长过程中，较薄的碳涂层或氮化硼涂层都将很快氧化。为了保护纤维并且提供界面弱结合，通常采用氮化硼与碳化硅组合的双涂层系统。碳化硅涂层作为外涂层，厚度为 3～4 μm，可保护内部的氮化硼涂层在制备过程中不受熔融氧化铝溶液的侵蚀，氮化硼涂层厚度为 0.2～0.5 μm。

直接金属氧化工艺的成本较低，具有生产接近终形产品的能力，可用于制备复杂形状的部件。基体通过生长的方式填满预制体的孔隙，不破坏纤维预制体的形状，在制备过程中材料发生的尺寸变化很小。DMO 工艺的缺点为基体中会残余 5%～10%的铝。若材料的使用温度超过铝的熔点 660 ℃，则必须将基体中的铝相移除。基体中残余的金属可以用酸处理的方式溶解掉，只留下开气孔后面的残余金属，含量仅为 1%。氧化铝基体和碳化硅防护涂层热膨胀系数的不同会导致基体开裂，基体开裂及溶解金属残余导致的开气孔降低了材料的强度和热传导率。直接金属氧化工艺的商业化名称是 Dimox，即 directed metal oxidation。

9.3.5　液态硅渗工艺

液态硅渗（Liquid Silicon Infiltration，LSI）工艺是指将液态硅或熔点更低的合金用于渗透纤维预制体，制备碳化硅基体的技术。纤维必须要有界面涂层以及外部的防护涂层，用来防止液态硅的损害作用。在液态硅渗透之前，添加碳化硅细颗粒浆料至纤维预制体中。当浆料载液被移除之后，液态硅的熔渗在 1 400 ℃的温度下进行，通常持续几小时。液态硅与碳化硅颗粒结合到一起，能形成比 CVI 工艺更强更致密的基体。LSI 工艺制备的基体中含有多至 50%的未反应硅，因此材料的长期使用温度不能超过 1 205 ℃。为减少未反应硅的含量，在液态硅渗透之前可先用液态碳浆料载液浸渍纤维预制体，但基体中总会残留一些未反应的硅。另一

种液态金属渗透工艺采用液态硅与没有涂层保护的碳纤维反应，制备碳化硅基体。先采用先驱体制备多孔的碳基体部件，然后用液态硅渗透进入结构，硅与碳发生反应形成碳化硅，同时伴有未反应的硅和碳。碳纤维需要与硅反应，所以纤维表面不设涂层，但这样碳纤维的抗氧化性能很弱，因此复合材料整体需要外部的防护涂层。

液态金属渗透工艺的主要优点有：碳化硅基体较为致密，孔隙率非常小；制备时间比其他大部分工艺短；基体致密且表面为封闭孔隙，不需要最后的抗氧化防护涂层。液态金属渗透工艺的主要缺点是液态硅的渗透温度很高，超过 1 400 ℃，而高温以及液态硅的腐蚀性都有可能导致纤维的性能退化。此外，由于硅和碳的反应放热，纤维的温度可能会更高。

思考与练习

1. 常用的树脂基复合材料成型技术有哪些？
2. 热压罐成型工艺有哪些优缺点？简述其工艺流程。
3. 什么是 RTM 成型技术？该技术有何特点？
4. RTM 成型技术对树脂有什么要求？
5. 什么是 VARI 成型技术？
6. VARI 成型技术有什么特点？
7. 简述 VARI 成型工艺流程。
8. 模压成型工艺有哪些优点和缺点？
9. 简述粉末冶金法制备复合材料的工艺过程。
10. 简述热压法制备连续纤维增强金属基复合材料的过程。
11. 简述热等静压法制备复合材料工作原理。
12. 实现无压浸渗工艺需满足哪些条件？
13. 相对于无压浸渗工艺，压力浸渗有什么优点和不足？
14. 简述金属搅拌铸造法生产颗粒增强金属基复合材料的基本原理。
15. 生产中使用搅拌铸造法制备复合材料一般面临哪些问题？
16. 什么是共喷沉积法？
17. SLS 技术制备复合材料容易出现哪些成型问题？
18. SLM 技术跟 SLS 技术最大的区别是什么？用其制备复合材料容易出现什么问题？
19. LMD 技术跟 SLM 技术最大的区别是什么，使用 LMD 技术可实现哪些应用？
20. 简述金属复合材料制备的原位合成法。
21. 列举常用的陶瓷基复合材料成型技术。
22. 晶体陶瓷制备面临的主要问题是什么？
23. 简述 PIP 制备陶瓷基复合材料的工艺流程。
24. CVI 工艺是如何实现陶瓷基复合材料制备的？
25. CVI 工艺制备陶瓷基复合材料有什么优点和缺点？
26. DMO 工艺制备陶瓷基复合材料有什么优点和缺点？
27. LSI 工艺制备陶瓷基复合材料有什么优点和缺点？

第 10 章　材料及成型方法的选用

10.1　合理选择航空材料

10.1.1　合理选材的意义

航空器区别于一般机械产品或地面、水面运载工具，一般以多样化、跨地域、跨气候工作为主，由于飞行工况和自然环境的影响，材料的服役环境极端复杂而苛刻且不同部件、组件之间的差异较大，对材料性能的要求极高，如输油管道中的精微齿轮轴承及钛合金阀门、涡轮发动机中的涡轮叶片与涡轮盘、飞行员座椅弹射器中的弹触器等关键部件，必须保证其高性能及高稳定性。

飞机服役涵盖了海洋（岛礁）、高原、沙漠、寒区、山区、戈壁等多种地形，受温度、湿度、雨量、紫外线、海洋环境、酸雨等不同因素的影响，不同部位还会承受高温高速燃气、高应力、高腐蚀性、交变载荷、冷热循环冲击、撞击、磨损等作用。以发动机为例，由于海洋盐度、湿度、温度、雾、云、降水等环境的影响，容易引起金属材料及零部件的腐蚀，特别是发动机的冷端部件的腐蚀，而腐蚀又会严重影响零部件的力学性能，如强度、疲劳寿命下降等。高原环境下，高的辐照强度及温差将造成非金属零部件的老化，如橡胶件密封性能的下降等。沙漠环境下，沙尘的冲刷与盐性颗粒沉积的双重作用，会造成压气机部件及风扇叶片的冲刷腐蚀等。因而，飞机服役环境的多样性对航空材料提出了极高的要求，通常要求材料具有高性能（高比强度及比刚度，耐高低温）、长寿命（抗疲劳、耐氧化和腐蚀、抗磨损）以及良好的空间环境适应能力。

10.1.2　材料选用需考虑的主要因素

航空器的成本、性能、安全、使用寿命和环境影响等很大程度上取决于机身和发动机所用材料。航空材料的选择在飞机设计阶段进行，但贯穿于飞机产品生命周期，直到飞机退役为止。因此，飞机材料的选择必须考虑若干重要因素并遵循一定的原则。在人类航空发展的不同时期，由于性能需求及使用条件的变化，对材料的选用也提出了不同要求，如图 10.1 所示。图 10.1 表明，在飞机设计的早期阶段，材料的力学性能、理化性质是主要考虑的因素，而后期材料成本以及对环境保护的要求逐渐成为主要因素。

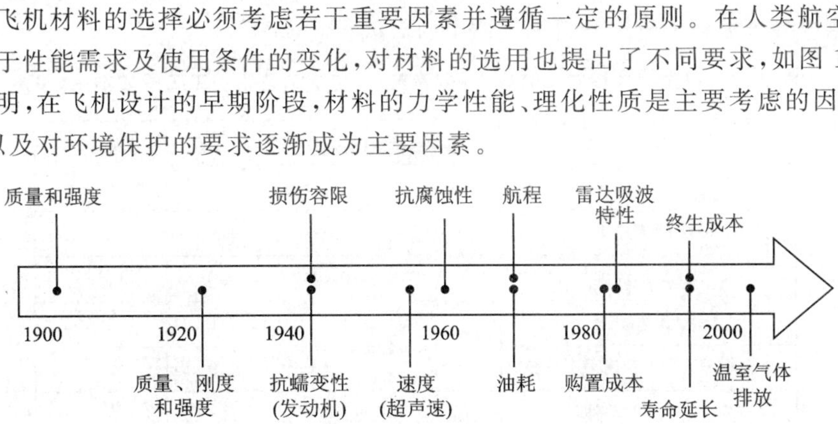

图 10.1　不同时期飞机设计中对材料的要求

航空材料的选择是各种因素最终平衡的结果，但轻质高强、高温耐蚀、优良的质量要求以及低成本始终是航空材料选择的基本要求。材料的自身特性是决定其是否满足航空使用的关键因素。表10.1所列为飞机结构设计时影响材料选用的主要因素。

表10.1　影响材料选用的主要因素

因　素	内　容
成本	原材料成本，加工成本，维护成本，回收和处理成本
可获性	充足、稳定、长期供应
可生产性	易加工，加工成本低，加工工艺性
质量/密度	轻量化
力学性能	刚度（弹性模量），强度（屈服极限，强度极限）
结构耐久性	疲劳韧性
损伤容限	断裂韧性，缺口敏感性，抗破坏撞击
环境耐久性	抗腐蚀性，抗氧化性，防潮性，耐磨性，空间环境
温度特性	高温热稳定性，软化温度，低温特性，低热膨胀，可燃性，（燃烧）低毒烟雾
电磁特性	（雷击）导电性，（雷达罩）电磁透明度，吸波特性

（1）成　本

航空材料的成本必须在飞机制造商可接受范围内，并且越低越好。材料的成本包括原材料成本、加工成本（主要包括机加、成型、热处理、装配等）、维修成本（主要包括检修、维修成本）、回收和处理成本。不同材料对应的原材料成本、加工成本以及维护成本等差异较大，这也是限制一些先进材料应用的重要因素之一。以铝合金、钛合金和复合材料为例，钛合金材料价格约为铝的8～10倍，复合材料价格约为铝的50～70倍，先进材料对飞机原材料采购成本的影响是显而易见的。同时受到加工工艺、零件复杂性、材料构成等因素的影响，不同材料的加工成本也存在显著的差异。表10.2列出了20世纪80年代末的各类零件的相对工时成本（生产单位质量的该类材料工时成本与单位质量的铝生产工时成本的比值）。当然，随着各种先进制造技术的发展，从数控加工到增材制造，从自动化到智能化，从数字化到增强现实，先进制造技术的成熟进一步推动了航空材料加工成本的降低。

表10.2　各类零件相对工时成本（中等复杂、传统工艺铝加工工时成本=1.0）

材料/加工工艺	简　单	中　等	复　杂	非常复杂
铝/传统加工	0.7	1.0	1.5	2.3
钛/传统加工	0.7	1.2	1.7	2.9
铝/高速切削	0.6	0.8	1.0	1.5
钛/高速切削	0.7	1.1	1.5	2.5
复合材料/自动剪裁手工铺层	1.1	1.6	1.9	2.6
复合材料/自动铺层	0.7	1.3	1.7	2.4

维修成本是飞机直接运营成本的重要组成部分，主要包括航材消耗件消耗成本、发动机大

修成本、发动机中小修成本、日常航材送修成本、高价周转件折旧。以民用航空为例，维修成本是航空公司发展和获取利润的关键，具有较强的可控性。维修成本的高低受到诸多因素的影响，如：机队的规模和通用性、机龄和利用率、维修基地位置、所用维修方法、定检间隔和频率、外委修理程度、周转件与消耗件的比例以及材料价格等因素。数据统计表明，维修成本占航空公司总成本约 12%～15%。因此，合理控制并降低维修成本是飞机全寿命周期中成本管理的重要方面。

航空材料选择是成本控制的重要组成。例如，除了降低飞机质量大小，采用复合材料主结构还可以降低航空公司的定期和非常规维护负担。波音 B777 的经验表明，与非复合材料相比，复合材料结构所需定期维护更少。波音 B777 复合材料尾翼比波音 B767 铝合金尾翼大 25%，但所需维护工时却减少 35%，其原因是复合材料相比于金属材料腐蚀和疲劳的风险要低，通过选择复合材料进一步减少了非常规维护。

(2) 可获性

航空材料应该能够在世界市场上广泛购买，原材料能够获得长期、稳定的供应，避免出现短缺和延迟。

(3) 可生产性

航空材料应使用现有方法加工，同时具有良好的加工工艺性，可选择合理的具有良好成本效益和时间效益的制造方法。以钛合金为例，传统的加工方式生产出来的零件的材料利用率不到 10%，采用增材制造技术后节约了 90% 十分昂贵的原材料，加工费用却只需要原来的 10%。图 10.2 所示为激光增材制造的整体钛合金飞机构件。

图 10.2　激光增材制造的整体钛合金构件

(4) 质量大小

使用密度小而比强度高的材料进行飞机结构的轻量化设计，是飞机控制减重的重要措施。正在服役的主要航空材料中，钛合金密度大于铝合金，小于钢材，钛合金的比强度、热强性、抗蚀性等多方面的特性均明显优于铝合金，因此在飞机结构设计中逐渐成为主要材料，其应用比例不断增大。复合材料由于其高比强度、比刚度等优异特性，越来越广泛应用于飞机结构。近年来复合材料生产成本的降低，加速了飞行器结构选材从金属材料向复合材料转变的进程。复合材料的应用具有可使飞机结构减重 10%～40%、结构设计成本降低 15%～30% 的优势。

(5) 力学性能

飞机在服役过程中受到多种载荷作用，如飞机起飞、降落过程中受到的冲击载荷，风载荷，极端情况下的撞击(如鸟撞、冰雹)等，航空材料应具有较大的刚度和强度，能够承受极端载荷下的冲击。

(6) 疲劳和损伤容限

航空材料应具有一定的抵抗开裂、破坏和失效的能力，同时在极端载荷条件下遭受破坏(如开裂、分层、腐蚀)后不发生断裂，这种极端条件指鸟撞、冰雹、雷击以及日常维护中的突然撞击等。

(7) 环境耐久性

飞机服役期间面临的环境复杂多变,万米高空飞行时舱外温度在−40 ℃以下,同时射线、臭氧、高空急流、乱流、积冰、雷雨、雷暴等均会影响航空材料的性能,可能会降低材料的性能、功能和安全性。因此,飞机服役环境决定了所选择的航空材料必须具备在复杂环境下保持良好使用性能的能力。

(8) 温度特性

材料的温度特性表现为高温和低温两种极端情况下的性质。高温主要反映在机身与空气高速摩擦、发动机燃烧以及高空辐射,因而所使用的材料应具有良好的热稳定性、尺寸稳定性和机械性能稳定性,即高温持久强度、蠕变强度、热疲劳强度以及高温抗氧化、抗腐蚀性能等。

低温主要来自飞机所处的外界环境,如飞机同温层亚声速飞行时的外界气温,冬天高寒地区机场环境。低温下航空材料应具有良好的保持力学性能稳定的能力。

飞机内饰是与人员直接接触面积最大的材料,在着火事件中对人员安全有很大的影响,内饰非金属材料包括复合材料、塑料、泡沫、橡胶、纤维等,在高温和燃烧状况下,其材料需要满足阻燃、低烟、低热释放等要求。

(9) 电磁特性

飞机穿过积雨云雷电活动空间时,受到大气强电场作用,可能会发生雷击。雷击可能导致机身蒙皮被烧坏,突出的非金属物(翼尖、风挡加热器等的防护罩)被击碎,电气仪器仪表、通信和导航设备等受电磁干扰或被磁化。因此,部分航空材料必须具备良好的导电性。另外,航空材料必须具有低电磁特性,以避免干扰飞机的控制及导航设备。对于军用隐身飞机而言,材料吸波性对飞机隐身性能起着决定性作用,这也是现代军事技术发展对航空材料提出的新要求。

雷达罩作为飞行器的结构/透波功能一体化部件,不仅要保护雷达系统不受任何形式的损伤和破坏,更主要的是保证电磁波的透波性。因而雷达罩所用材料应满足一定的力学性能、耐热性能、耐环境性能、电磁性能和机械性能等的要求。

10.1.3 选材的一般原则和方法

从零件设计和制造的一般程序来看,先是按照零件工作条件的要求来选择材料,然后根据所选材料的机械性能和工艺性能来确定零件的结构形状和尺寸。在着手制造零件时,也要按所用的材料来制订加工工艺方案。判断零件选材是否合理的基本标志是:能否满足必需的使用性能,能否具有良好的工艺性能,能否实现最低成本。因此,零件选材的一般原则主要有使用性原则、工艺性原则和经济性原则。

1. 零件选材的一般原则

(1) 使用性原则

使用性原则是正确选用零件材料的重要且首要原则,是保证零件正常工作和使用寿命的前提,是零件选材过程的切入点。使用性原则是指所选用的材料制成零件后,能否保证其使用性能要求。使用性能是材料在使用过程中表现出来的性能,是选材时考虑的主要根据。不同零件所要求的使用性能是不一样的,例如,有的零件主要要求高强度,有的则要求高的耐磨性,而有的甚至仅仅要求外观而无严格的性能要求。因此,在选材时首要的任务就是准确地判断零件所要求的主要使用性能。

所选材料的使用性能要求是在对零件的工作条件及失效情况分析的基础上提出的。零件的工作条件往往是复杂的，要从受力状态、载荷性质、工作温度、环境介质等几个方面全面分析。受力状态有拉、压、弯、扭等；载荷性质有静载荷、冲击载荷、交变载荷等；工作温度可分为低温、室温、高温、交变温度；环境介质为与零件接触的介质，如润滑剂、海水、酸、碱、盐等。为了能更准确地了解零件的使用性能，还必须分析零件的失效方式，从而找出对零件失效起主要作用的性能指标。

(2) 工艺性能原则

工艺性能原则是指所选用的材料能否保证顺利地加工制造成零件。任何零件都是由不同的工程材料通过一定的加工工艺制造出来的，材料的工艺性能（加工成零件的难易程度）也是选材的重要依据之一。零件的生产方法不同，将直接影响其质量和生产成本。对于金属材料，其工艺性能一般包括切削加工性能、铸造性能、塑性加工性能（包括热塑性变形）、焊接性能等。此外，针对不同的复合材料在其成型及加工制造过程中也需要考虑其工艺性能。相关工艺性能要求，可参考本书前面章节的内容。

与使用性能的要求相比，工艺性能一般处于次要地位。但在某些情况下，工艺性能也可成为主要考虑的因素。当工艺性能和使用性能矛盾时，有时正是工艺性能的考虑使得某些使用性能显然合格的材料不得不被放弃，这对于大批量生产的零件特别重要。因为在大批量生产时，工艺周期的长短和加工费用的高低，常常是影响产品制造周期及生产成本的关键。例如，为了提高生产效率，采用自动机床实行大批量生产时，零件的切削性能成为选材时考虑的主要问题。此时，应选用易切削钢之类的材料，尽管它的某些性能并不是最好的。

(3) 经济性原则

经济性原则是指所选用的材料加工成零件后能否做到价格便宜，成本低廉。材料在满足使用性能与工艺性能条件下，须考虑材料的经济性问题。选材的经济性不单是指选用的材料本身价格应低廉，还需要考虑采用所选材料来制造零件时的加工成本以及使用维护成本等，应使总的成本降至最低，同时所选材料应符合国家的资源情况和供应情况等。

在考虑以上选材基本原则情况下，应考虑产品的实用性和市场需求。如某项产品或某种机械零件的优劣不仅仅要求能符合工作条件的使用要求，从商品的销售和用户的愿望考虑，产品还应当具有质量小、美观、经久耐用等特点。这就要求在选材时，应突破传统观点的束缚，尽量采用先进科学技术成果，作到在结构设计方面有创新有特色，在材料制造工艺和强化工艺上有改革有先进性。

2. 材料的选择方法流程

一般在产品概念设计阶段，可选可用的材料种类较多，进入详细设阶段后，由于受到使用条件、质量、环境等诸多限制条件的影响，实际可供选择的材料数量锐减。但是“选什么”“怎么选”“为什么选”始终是材料选择中需要明确的问题。一般情况下，材料选择包括四个主要阶段：需求转化、筛选、排序和支持信息的研究，如图 10.3 所示。

(1) 设计需求转化

设计需求的转化也就是将设计的要求、目标等具体化甚至函数化，是材料选择的第一步。通常情况下，设计需求的转化需要考虑功能和目标，也就是设计产品的作用和目的。以航空产品为例，任意零部件具有的功能不单一（如承受一定温度下的载荷、保持一定的强度），一般以极限情况（最大或最小）为目标，如质量最小强度最大、成本最少耐蚀性最强。设计目标会受到约束条件的限制，对于特定的零部件而言约束条件不可更改，例如，飞机起落架的尺寸空间要求，发动机涡轮叶片高温下的抗蠕变性，风挡、涡轮进气叶片抗鸟撞要求，直升机旋翼叶片在一定循环载荷下的开裂要求等等。起落架以质量和体积最小为目标，发动机则以大推重比、低温室气体排放、高燃料利用率等为目标。

(2) 筛　选

筛选是将不符合约束条件限制的材料从材料备选目录中剔除的过程。除了对机械性能的限制外，也可以将经济、环境、制造等同时作为约束用来筛选材料。

(3) 排　序

材料的优异性如何评价需要引入材料指数进行量化。材料指数有多种，如单位质量最大强度或单位产品最小制造成本。排序则是按照材料指数对筛选出的材料进行排序。

(4) 支持信息研究

候选材料排序完成后，进入选择过程的最后阶段，即寻找并研究支持信息来描述每种材料的使用可能性，支持信息不仅仅包括与设计相关的材料特性，还包括如材料的使用历史、材料的可用性、制造企业的生产经验、与材料相关的认证问题(先前是否已经已获得航空监管机构的认证)，制造过程中的特殊要求以及对人员健康性影响，材料的可回收性等。支持信息收集完成后，设计人员通过分析支持信息确定最终的材料。

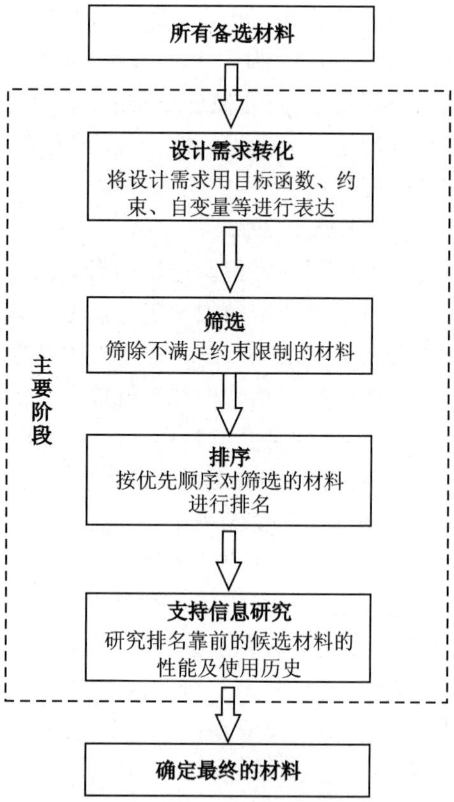

图 10.3　材料选择的四个阶段

10.2　典型航空零件的选材及成型工艺

金属材料具有优良的综合力学性能和某些特殊的物理和化学性能，被广泛地用于制造各种重要的机械零件和工程结构。目前，虽然各种新型材料不断被研发，但各种航空航天器的制造总体上仍以金属材料为主。下面简单列举一些常见的航空零件的材料选用。

10.2.1　飞机蒙皮

飞机蒙皮的作用是维持飞机外形，使之具有良好的空气动力学特性，同时为内部载体提供一个舒适的密闭空间。蒙皮承受空气动力作用并将作用力传递到相连的机身机翼骨架结构上，受力复杂，加之蒙皮直接与外界接触，所以不仅要求蒙皮材料强度高、塑性好，还要求表面光滑，有较高的抗腐蚀能力。在满足这些要求的前提下，为了实现航空器的减重，现代飞机蒙皮常用的金属材料有2024以及7075铝合金，而不选用钢铁。此外，近年来CFRP等树脂基复合材料在飞机蒙皮上的应用也越来越广泛。

当选用金属材料时，不同部位蒙皮的成型工艺过程虽有不同，但一般成型工艺流程如下：

轧板→退火→清理→固溶处理→拉伸成型(滚弯成型)→时效→机械加工→表面处理

对于 2024 铝合金，其热处理工艺一般为 495～503 ℃保温 0.4 h，水冷，室温放置 96 h 以上，热处理工艺曲线如图 10.4 所示。

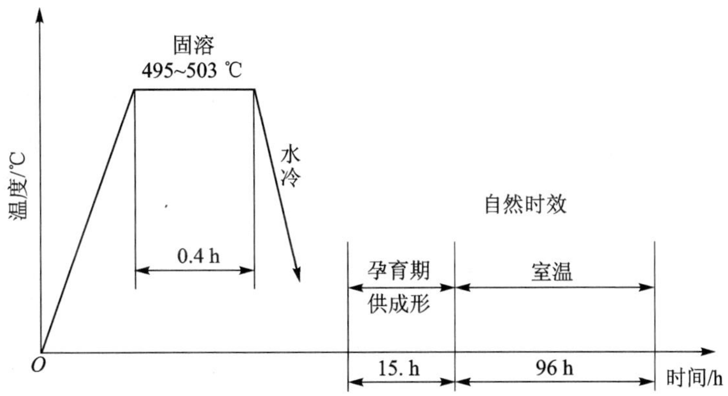

图 10.4　2024 铝合金蒙皮热处理工艺曲线

10.2.2　飞机主梁

飞机主梁是机翼与机身连接的主要承力零件，机翼上的载荷通过主梁传至机身。其受到的主要负荷有飞行时空气的动力(升力、阻力)，机动飞行时产生的惯性力，着陆时起落架的冲击力等等。这些巨大的负荷使主梁承受弯曲和剪切应力，在飞机飞行过程中还会由于机翼振动产生交变应力而引起主梁的疲劳损伤。因此，对于主梁材料的要求中，强度指标是放在首位的，常用的材料为 30CrMnSiNi2A。

30CrMnSiNi2A 是在 30CrMnSiA 钢的基础上加入 1.6% 的镍形成的。镍的加入增加了钢的强度和韧性，也提高了淬透性。30CrMnSiNi2A 是飞机结构中应用最广的钢材，故得名飞机钢。这种钢不含贵重金属，价格较低。30CrMnSiNi2A 的性能大大优于 30CrMnSiA 钢，常用作飞机上一些负荷很大和很重要的零件，如起落架的支柱、轮叉、机翼主梁等。

制造飞机大梁其工艺流程为：

模锻→正火+不完全退火→机加工→等温淬火及低温回火→精加工→低温回火→表面处理→装配。

热处理工艺方面，由于毛坯模锻后晶粒粗大，为了细化晶粒降低硬度，采用正火+不完全退火(加热至 A_c 以上 20～50 ℃，保温后缓冷)。主梁淬火变形是热处理的关键。此零件质量大，各部分厚薄相差悬殊，强度要求又高，因此采用等温淬火及低温回火。此外，30CrMnSiNi2A 在静载荷下对应力集中有很高的敏感性。为消除加工应力，在精加工之后还需进行一次去应力退火。

10.2.3　航空发动机压气机涡轮盘/叶片

风扇/压气机是航空发动机主要部件之一，其功能是对进入发动机的空气增压，使空气的压力达到预定值，提供发动机工作时所需要的压缩空气，起到气源的作用。风扇/压气机叶片是压气机的关键件，而且风扇/压气机转子叶片是易损件，对选材和制造工艺均有特殊的要求。

航空发动机压气机分轴流式和离心式两种。其中，轴流式压气机主要用于大中型发动机，离心式压气机主要用于小型发动机。压气机由转子和静子组成。在涡轮风扇发动机中，低压压气机往往就是风扇。风扇/压气机叶片的制造质量取决于设计、材料和工艺，其中设计是主导，材料是基础，工艺是保证。只有三者有机地结合在一起，才能制造出质量优异、价格合理、使用可靠的风扇/压气机叶片。风扇/压气机叶片的内存质量取决于材料的冶金质量和制造工艺，而特种工艺更为重要。

飞机发动机的叶片分为导向叶片、涡轮叶片和压气机叶片等。它们所处的位置和最大工作温度的不同，选材和热处理工艺也不同。涡轮叶片着重强度指标和承受动载荷的能力，而导向叶片着重热疲劳性能。压气机叶片前几级温度低，一般用铝合金制成；后几级温度高，一般用强度较高的耐热合金制成。但第一级叶片由于容易受到吸入砂子的碰撞，一般须用合金钢制造。压气机部件中以转子叶片受力最大、最复杂，脉动疲劳应力是压气机叶片破坏的主要原因。压气机叶片承受本身高速转动产生的离心力，还承受空气动力所产生的扭力、弯曲力和脉动疲劳应力，因此要求具有高的比强度。此外，还要求有高的抗应力疲劳和热疲劳能力，良好的抗氧化性和抗大气腐蚀、应力腐蚀的能力。

航空发动机压气机整体叶盘工作时，叶片和叶盘承受的温度条件和应力条件有着显著差异。相对而言，叶片工作温度高、应力小、振动频率大，主要承受离心拉应力和高频振动应力的综合作用，且有受到外物冲击的可能，因此应重点考虑叶片的拉伸强度、高周疲劳和抗外物冲击性能；叶盘承受高的多轴低频循环应力作用，工作温度相对较低，且从盘心到盘缘沿径向有较大的温度梯度和应力梯度，又考虑到叶片与机匣需保持小的间隙以及盘破裂会带来发动机非包容损伤的巨大危害，因此应更加强调盘的高温蠕变、低周疲劳和损伤容限性能。可见，同一个整体叶盘零件的不同部位对力学性能是有不同特定要求的。

传统的压气机转子叶片、叶盘的榫齿连接结构、叶片和盘分别制造，可以灵活选用合金材料及组织状态。钛合金叶片宜采用 $\alpha+\beta$ 区变形和 $\alpha+\beta$ 区热处理，以得到细小的双态组织；叶盘宜采用 β 区锻造或 β 区热处理，以得到细小的网篮组织或片层组织，可以实现力学性能的最优化配置。但是，对于采用整体锻件并采用高速铣削或电化学加工等减材方法制造的整体叶盘，整体锻件一般得到的是“均质”组织，即锻件所有区域的组织是相同的。随着航空发动机性能的提高，要求转子承受愈加严苛多变的热力条件，为了进一步优化发动机的结构设计，需要保证钛合金整体叶盘各部位有适应使用条件的力学性能，一个很好的解决措施是实现整体叶盘“双性能”，即叶片与盘体获得不同且特定的显微组织。

现代航空发动机发展的主要特点是提高涡轮前温度，以有效地改善发动机的性能。涡轮前温度的提高，必然导致风扇/压气机叶片工作温度的提高，从而需要提高叶片材料的耐高温能力。目前，第二代发动机的风扇/压气机叶片选材多为铝合金和不锈钢；第三代发动机选材多为钛合金和高温合金；第四代发动机选材除继续选用高温钛合金和高温合金外，还选用比较成熟的金属基复合材料、金属间化合物材料和树脂基复合材料。目前航空领域所用发动机型号众多，不同发动机的性能要求不同，涉及的材料范围很广、牌号不一。总的来说，当前使用的材料还是以钛合金系列以及高温合金系列为主。

钛合金的优点是可以大大减小发动机的质量，典型的钛合金叶盘/叶片材料有 TC4、TC6、TC11、TC17 等。但钛合金零件的局限性在于能承受的最高温度相对较低，选用高温合金可以进一步提升叶片的耐高温能力，但高温合金零件的质量一般比钛合金大。常用的航空发动机用高温合金材料有 Cr－Ni 高温合金（如 GH4169、GH4037、GH4037 等），Cr－Ni－Co 高温合金(如 GH4049、GH4105、GH4220 等),Fe - Ni - Cr 高温合金(如 GH2036、GH2132、GH4169 等)以及其他镍基高温合金(如 K403、K418、DD6、DD9、DZ4、DZ125 等)。

航空发动机叶片制造工艺十分复杂,一般涉及锻造、热处理、机加工、再次热处理等工艺流程。同时由于材料众多,采用不同材料制造叶盘或叶片时成型工艺及材料热处理工艺也各不相同。以 TC4 钛合金为例,用于发动机叶盘/叶片零件时需强调其持久强度,一般要求在 400 ℃的试验温度下,应力为 568 MPa 时的持续时间需不低于 100 h。压气机叶片的生产制造一般有机械加工以及精密锻造两种方法。若采用机械加工,其热处理工艺为退火(800±10)℃时,保温 1~1.5 h(最大截面厚度≤25 mm 者保温 1 h,最大截面厚度为 20~50 mm,则保温 1.25 h),空冷。机加工后进行去应力处理,加热到(650±10)℃,保温 1 h,空冷。

以 GH2036 铁基高温合金材料为例。该材料属于奥氏体面心立方结构,主要依靠碳化物和金属间化合物 υ' 相进行强化。合金中含有 0.34%~0.4%C,12%Cr 提高合金抗氧化能力。含有 8%Ni、8%Mn 稳定奥氏体基体,并加入少量 Mo、V,Ti、Nb 等元素提高其热强性。合金在固溶处理(淬火)+时效状态下使用,适用于制造 600~700 ℃工作的零部件。

固溶热处理的目的是溶解碳化物相,使合金成分均匀化,获得过饱和固溶体(奥氏体组织),为时效强化作准备。固溶处理温度的选择要使碳化物相充分溶解在固溶中,温度一般为 1 140 ℃。热处理时,首先将工件放入≤700 ℃的炉中,以≤80 ℃/h 的速度升温至 850 ℃保温 2 h,再升温到 980 ℃保温 2 h,以促使碳化物溶解,然后升温到 1 050 ℃保温 2 h,以消除锻造的热机械加工效应,最后快速升温至(1 140±10)℃保温 3 h,使 VC、$Cr_{23}C_6$ 基本溶解完,水冷,得到过饱和奥氏体。淬火是在流动水中冷却,水温最好不超过 30 ℃,因为冷却水温偏高时,对大截面零件则易淬不透,表面与中心硬度不同,反映在 $\sigma_{0.2}$ 和高温持久性能偏低,控制冷却速度对稳定综合性能有利。

合金固溶处理后,要经双时效处理才能保证合金具有室温和高温的良好综合性能。时效处理的目的是将硬化物强化相(VC、$Cr_{23}C_6$)重新析出,使合金强化。第一次时效析出均匀分布的细小的强化相,硬度值最高。第二次时效,强化相继续析出的同时形成 VC 及 $Cr_{23}C_6$ 的一定聚集。这时合金的强度下降,塑性增加。实践证明,第一次时效温度采用(670±10)℃,第二次时效温度采用(780±10)℃较为适宜。

10.2.4　起落架支柱外筒

起落架是飞机的一个主要承力的部件,供飞机起飞、着陆,陆地上滑跑,滑行和停放等。起落架不仅承受静载荷,而且还承受很大的冲击力和疲劳载荷,直接影响飞机的使用和安全。因此,对材料不仅要求有较高的抗拉强度,而且要求具有足够的冲击韧性和抗疲劳性能。为了减轻结构的质量,就要采用比强度高、抗裂纹扩张能力强的材料。

起落架主要有支柱式和摇臂式两类构造形式。支柱式的支柱就是由外筒和活塞杆套接起来的减震支柱,而摇臂式的特点是机轮不与减震支柱直接连接,而是通过摇臂与减震器相连。支柱式起落架的支柱外筒主要承受压力、弯矩,滑行过程中受阻时还要承受一部分扭力。由于支柱与减震器合一,起落架外筒就是减震器的一个组件,因此着陆时,由于充气,外筒承受较大的内压力。

在结构和材料选择方面,大型飞机起落架主要结构件选材有钛合金及超高强度钢锻件,材料一般选用真空冶炼工艺。超高强度钢材料有 A - 100 钢、4340 钢、300M 钢及 30CrMnSi-

Ni2A 等，钛合金选材有 Ti6Al6V2Sn、TC18、BT22 等，对于中小型飞机起落架的选材还有超硬铝合金。300M 钢作为一种成熟的超高强度钢材料，在现代飞机起落架上获得了广泛应用，国际、国内的各种军用、民用飞机都有选用。另外，钛合金具有比强度高、耐蚀性好的显著特征，在起落架上也有越来越多的应用。不论选择什么材料，起落架外筒的成型过程都包括外筒大规格锻件锻造过程中的制坯、锻造工艺，锻件探伤检测，相关热处理工艺以及机加工艺等。此外，新兴的研究逐渐把增材制造技术用于起落架相关零件的生产制造中去。

思考与练习

1. 航空零件材料选用需考虑的主要因素有哪些？
2. 航空零件选材的一般原则有哪些？
3. 简述零件选材的一般方法流程。
4. 对飞机蒙皮的材料选择有哪些要求？列举常用的蒙皮材料。
5. 飞机主梁材料选择考虑的首要指标是什么？为什么？
6. 简述航空发动机压气机叶片工作载荷情况及对材料的要求。
7. 简述整体叶盘零件的叶片和叶盘对材料力学性能有什么不同要求。
8. 列举航空发动机叶片和叶盘制造常用材料的种类牌号。
9. 列举大型飞机起落架常用的材料的种类牌号。

参考文献

[1] 梁春华，魏慧丰. 先进航空材料对飞机机体成本的影响研究[A]// 中国航空学会. 探索 创新 交流(第7集)——第七届中国航空学会青年科技论坛文集(上册)[C]. 北京：中国科学技术出版社，2016：360-364.

[2] 水宜航，王正兴. 民用飞机直接维修成本分析与控制技术[J]. 神州(上旬刊)，2020(1)：231.

[3] 胡燕萍. 2016 年度国外航空材料技术重大进展[J]. 科技中国，2017(4)：1-3.

[4] 胡燕萍，陈济珩. 2017 年国外先进航空材料技术的重要进展[J]. 国际航空，2018(2)：72-74.

[5] 陈亚莉，赵群力. 航空材料技术发展展望[J]. 国际航空，2016(10)：41-43.

[6] 胡燕萍. 航空材料技术进展[J]. 国际航空，2017(2)：62-63.

[7] 胡燕萍，陈济珩. 全球航空材料技术的最新进展[J]. 国际航空，2020(4)：58-60.

[8] 赵爱莹. 浅谈飞机机体结构的选材[J]. 科技视界，2015，(28)：62-63.

[9] 刘劲松，蒲玉兴. 航空工程材料[M]. 长沙：湖南大学出版社，2015.

[10] 程秀全，刘晓婷. 航空工程材料[M]. 北京：国防工业出版社，2010.

[11] 张琳，王仙萌. 航空工程材料及应用[M]. 北京：国防工业出版社，2013.

[12] 北京航空材料研究院. 航空材料技术[M]. 北京：航空工业出版社，2013.

[13] 梁文萍，王少刚. 航空航天工程材料[M]. 北京：北京航空航天大学出版社，2016.

[14] 王立军，胡满红. 航空工程材料与成形工艺基础[M]. 北京：北京航空航天大学出版社，2010.

[15] 李志. 航空超高强度钢的发展[M]. 北京：国防工业出版社，2012.

[16] Mouritz A. Introduction to Aerospace Materials[M]. Cambridge：Woodhead Publishing Ltd，2012.

[17] Prasad，Wanhill R J H. Aerospace Materials and Material Technologies[M]. Berlin：Springer，2017.

[18] 余东梅. 铝锂合金在航空结构设计中的应用[J]. 铝加工，2018，245(06)：5-10.

[19] 曹景竹，王祝堂. 铝合金在航空航天器中的应用(1)[J]. 轻合金加工技术，2013(2)：1-5.

[20] 戴圣龙. 先进航空铝合金材料与应用[M]. 北京：国防工业出版社，2012.

[21] 李红萍，叶凌英，邓运来，等. 航空铝锂合金研究进展[J]. 中国材料进展，2016(11)：856-862.

[22] 蒋斌，刘文君，肖旅，等. 航空航天用镁合金的研究进展[J]. 上海航天，2019，36(002)：22-30.

[23] 丁文江，付彭怀，彭立明，等. 先进镁合金材料及其在航空航天领域中的应用[J]. 航天器环境工程，2011(2)：103-109.

[24] 吴国华，陈玉狮，丁文江. 镁合金在航空航天领域研究应用现状与展望[J]. 载人航天，2016(3)：281-292.

[25] 赵怿，董刚，赵博. 镁合金在航空领域应用的研究进展[J]. 有色金属工程，2015(2)：23-27.

[26] 丁文江，吴国华，李中权，等. 轻质高性能镁合金开发及其在航天航空领域的应用[J]. 上海航天，2019(2)：1-8.

[27] 程仁山，潘虎成，谢东升，等. 新型高强度低合金化镁合金研究进展[J]. 中国材料进展，2020(1)：31-38.

[28] 黄旭，朱知寿，王红红. 先进航空钛合金材料与应用[M]. 北京：国防工业出版社，2012.

[29] 朱知寿，商国强，王新南，等. 低成本高性能钛合金研究进展[J]. 钛工业进展，2012(6)：1-5.

[30] 曾立英，赵永庆，洪权，等. 600 ℃高温钛合金的研发[J]. 钛工业进展，2012(5)：1-5.

[31] 郭举乐，田永武. 600 ℃高温钛合金的研究进展[J]. 铸造技术，2020(9)：894-896.

[32] 周思颖. 高温钛合金的特性及其在航空发动机中的应用[J]. 中国高新科技，2019(3)：93-95.

[33] 曹京霞，黄旭，弭光宝，等. Ti-V-Cr 系阻燃钛合金应用研究进展[J]. 航空材料学报，2014(4)：92-97.

[34] 赖运金，张平祥，辛社伟，等. 国内阻燃钛合金工程化技术研究进展[J]. 稀有金属材料与工程，2015(8)：2067-2073.

[35] 蔡建明，弭光宝，高帆，等. 航空发动机用先进高温钛合金材料技术研究与发展[J]. 材料工程，2016(8)：

1-10.

[36] 莫依谢耶夫. 钛合金在俄罗斯飞机及航空航天上的应用[M]. 北京:航空工业出版社，2008.

[37] 黄旭，李臻熙，高帆，等. 航空发动机用新型高温钛合金研究进展[J]. 航空制造技术，2014(7):70-75.

[38] 付青峰，杨细莲，刘克明. 航空发动机高温材料的研究现状及展望[J]. 热处理技术与装备，2018，039(003):69-73.

[39] 黄旭，李臻熙，黄浩. 高推重比航空发动机用新型高温钛合金研究进展[J]. 中国材料进展，2011，030(006):21-27.

[40] 焦华宾，莫松. 航空涡轮发动机现状及未来发展综述[J]. 航空制造技术，2015，481(012):62-65.

[41] 胡燕萍，苏霓. 航空发动机高温材料技术不断获突破[J]. 国际航空，2017:52-53.

[42] 金捷，钟燕. 先进航空发动机设计与制造技术综述[J]. 航空制造技术，2012，401(5):34-37.

[43] 王增强. 先进航空发动机关键制造技术[J]. 航空制造技术，2015，58(22):34-38.

[44] 中国金属学会高温材料分会. 中国高温合金手册[M]. 北京:中国标准出版社，2012 年.

[45] 王晓峰，周晓明，穆松林，等. 高温合金熔炼工艺讨论[J]. 材料导报，2012，026(007):108-113.

[46] 高海燕，贺跃辉，沈培智. FeAl 金属间化合物研究现状[J]. 材料导报，2008，22(007):68-71.

[47] 董虹星，贺跃辉. Ni3Al 金属间化合物的研究进展[J]. 粉末冶金材料科学与工程，2009，14(002):83-88.

[48] 江涛，陈阳，成铭，等. NiAl 金属间化合物材料的制备技术及其研究发展趋势和应用现状[J]. 科技创新导报，2015(25):80-81.

[49] 李金山，张铁邦，常辉，等. TiAl 基金属间化合物的研究现状与发展趋势[J]. 中国材料进展，2010，29(003):1-5.

[50] 杜宇雷，欧园园，卢晓阳，等. TiAl 金属间化合物的增材制造研究进展[J]. 徐州工程学院学报(自然科学版)，2016，31(002):1-4.

[51] 周海涛，孔凡涛，陈玉勇. TiAl 金属间化合物粉末冶金技术研究进展[J]. 稀有金属材料与工程，2016，45(009):2466-2472.

[52] 陈玉勇，苏勇君，孔凡涛. TiAl 金属间化合物制备技术的研究进展[J]. 稀有金属材料与工程，2014，43(003):757-761.

[53] 张永刚，金属间化合物结构材料[M]. 北京:国防工业出版社，2001.

[54] 杨锐. 钛铝金属间化合物的进展与挑战[J]. 金属学报，2015，51(2):129-147.

[55] 宫声凯，尚勇，张继，等. 我国典型金属间化合物基高温结构材料的研究进展与应用[J]. 金属学报，2019，55(9).

[56] 殷为宏，汤慧萍. 难熔金属材料与工程应用[M]. 北京:冶金工业出版社，2012.

[57] 马立敏，张嘉振，岳广全，等. 复合材料在新一代大型民用飞机中的应用[J]. 复合材料学报，2015(2):317-322.

[58] 王衡. 先进复合材料在军用固定翼飞机上的发展历程及前景展望[J]. 纤维复合材料，2014(4):41-45.

[59] 何楠，杨加斌，高峰. 先进复合材料在军用无人机上的应用动向[J]. 玻璃钢/复合材料，2013(2):94-97.

[60] 郑锡涛，陈浩远，李泽江，等. 先进复合材料在未来飞行器中的应用[J]. 航空工程进展，2011(2):181-187.

[61] 黄发荣，周燕. 先进树脂基复合材料[M]. 北京:化学工业出版社，2008.

[62] 周冰洁，张代军，张英杰，等. 高性能热塑性复合材料在航空发动机短舱上的应用[J]. 航空制造技术，2020(7):86-91.

[63] 赵云峰，孙宏杰，李仲平. 航天先进树脂基复合材料制造技术及其应用[J]. 宇航材料工艺，2016(4):1-7.

[64] 马绪强，苏正涛. 民用航空发动机树脂基复合材料应用进展[J]. 材料工程，2020(10):48-59.

[65] 胡记强，王兵，张涵其，等. 热塑性复合材料构件的制备及其在航空航天领域的应用[J]. 宇航总体技术，2020(4):61-70.

[66] 陈巍. 先进航空发动机树脂基复合材料技术现状与发展趋势[J]. 航空制造技术,2016(5):68-72.

[67] 邱海鹏,陈明伟,谢巍杰. SiC/SiC 陶瓷基复合材料研究及应用[J]. 航空制造技术,2015(14):94-97.

[68] 李闯,顾冬冬,沈以赴,等. 选区激光熔化制备 TiC_x/Ti 纳米复合材料的致密化及显微组织[J]. 中国有色金属学报, 2011, 21 (07): 1554-1561.

[69] GU D, ZHANG H, DAI D, et al. Laser Additive Manufacturing of Nano-TiC Reinforced Ni-based nanocomposites with Tailored microstructure and Performance[J]. Composites Part B: Engineering, 2019, 163: 585-597.

[70] 徐萃萍,孙方红,齐秀飞. 材料成型技术基础[M]. 北京: 清华大学出版社,2013.

[71] 俞汉清,陈金德. 金属塑性成型原理[M]. 北京: 机械工业出版社,2017.

[72] 韩国明. 焊接工艺理论与技术[M]. 北京: 机械工业出版社,2018.

[73] 王立军,原梅妮. 航空工程材料与成型工艺基础[M]. 2 版. 北京:北京航空航天大学出版社,2015.

[74] 潘利剑. 先进复合材料成型工艺图解[M]. 北京:化学工业出版社,2015.

[75] 薛云飞. 先进金属基复合材料[M]. 北京:北京理工大学出版社,2019.

[76] GU D. Laser Additive Manufacturing of High-Performance Materials[M]. Springer-Verlag Berlin Heidelberg, 2015.

[77] 坎贝尔 F C. 结构复合材料[M]. 上海:上海交通大学出版社,2019.

[78] 张美娟,南海,鞠忠强,等. 航空铸造钛合金及其成型技术发展[J]. 航空材料学报,2016,36(3):13-19.

[79] 李铭. 大型飞机起落架制造技术[J]. 航空制造技术,2008,(21):68-71.

[80] 江武,刘木君,郝晓宁,等. 大型整体金属结构增材制造技术适航验证[J]. 航空材料学报,2019,39(2):90-98.